U0182007

智能电网技术与装备丛书

柔性直流输电

Voltage-Sourced Converter Based High Voltage Direct Current Transmission

饶　宏　著

科学出版社

北　京

内 容 简 介

成套设计是柔性直流输电工程自主研发、设计建设的核心技术，本书按照成套设计技术体系，系统介绍了柔性直流输电技术、主要构成和工程基本情况，共11章，主要包括绪论、柔性直流输电工作原理与主回路设计、柔性直流输电关键设备、柔性直流输电控制保护系统、柔性直流换流站电磁兼容、柔性直流输电过电压与绝缘配合、柔性直流输电接入系统稳定性、柔性直流输电实时数字仿真技术、柔性直流输电谐波及谐振特性、柔性直流输电工程系统试验、柔性直流输电工程。

本书可供专业从事柔性直流输电技术开发和电力系统科研、规划、设计、建设、运行的工程师使用，也可作为高等院校相关专业教师和研究生的参考书。

图书在版编目(CIP)数据

柔性直流输电=Voltage-Sourced Converter Based High Voltage Direct Current Transmission / 饶宏著. —北京：科学出版社，2022.12

(智能电网技术与装备丛书)

国家出版基金项目

ISBN 978-7-03-074598-9

Ⅰ. ①柔… Ⅱ. ①饶… Ⅲ. ①直流输电 Ⅳ. ①TM721.1

中国版本图书馆CIP数据核字(2022)第255185号

责任编辑：范运年 纪四稳 / 责任校对：王萌萌
责任印制：赵 博 / 封面设计：赫 健

科 学 出 版 社 出版
北京东黄城根北街16号
邮政编码: 100717
http://www.sciencep.com
三河市春园印刷有限公司印刷
科学出版社发行 各地新华书店经销
*
2022年12月第 一 版 开本：720 × 1000 1/16
2024年 5 月第三次印刷 印张：24
字数：480 000

定价：116.00 元

(如有印装质量问题，我社负责调换)

“智能电网技术与装备丛书”编委会

“智能电网技术与装备丛书”序

国家重点研发计划由原来的“国家重点基础研究发展计划”（973 计划）、“国家高技术研究发展计划”（863 计划）、国家科技支撑计划、国际科技合作与交流专项、产业技术研究与开发基金和公益性行业科研专项等整合而成，是针对事关国计民生的重大社会公益性研究的计划。国家重点研发计划事关产业核心竞争力、整体自主创新能力和国家安全的战略性、基础性、前瞻性重大科学问题、重大共性关键技术和产品，为我国国民经济和社会发展主要领域提供持续性的支撑和引领。

“智能电网技术与装备”重点专项是国家重点研发计划第一批启动的重点专项，是国家创新驱动发展战略的重要组成部分。该专项通过各项目的实施和研究，持续推动智能电网领域技术创新，支撑能源结构清洁化转型和能源消费革命。该专项从基础研究、重大共性关键技术研究到典型应用示范，全链条创新设计、一体化组织实施，实现智能电网关键装备国产化。

“十三五”期间，智能电网专项重点研究大规模可再生能源并网消纳、大电网柔性互联、大规模用户供需互动用电、多能源互补的分布式供能与微网等关键技术，并对智能电网涉及的大规模长寿命低成本储能、高压大功率电力电子器件、先进电工材料以及能源互联网理论等基础理论与材料等开展基础研究，专项还部署了部分重大示范工程。“十三五”期间专项任务部署中基础理论研究项目占 24%；共性关键技术项目占 54%；应用示范任务项目占 22%。

“智能电网技术与装备”重点专项实施总体进展顺利，突破了一批事关产业核心竞争力的重大共性关键技术，研发了一批具有整体自主创新能力的装备，形成了一批应用示范带动和世界领先的技术成果。预期通过专项实施，可显著提升我国智能电网技术和装备的水平。

基于加强推广专项成果的良好愿景，工业和信息化部产业发展促进中心与科学出版社联合策划出版以智能电网专项优秀科技成果为基础的“智能电网技术与装备丛书”，丛书为承担重点专项的各位专家和工作人员提供一个展示的平台。出版著作是一个非常艰苦的过程，耗人、耗时，通常是几年磨一剑，在此感谢承担“智能电网技术与装备”重点专项的所有参与人员和为丛书出版做出贡献的作者和工作人员。我们期望将这套丛书做成智能电网领域权威的出版物！

我相信这套丛书的出版，将是我国智能电网领域技术发展的重要标志，不仅能供更多的电力行业从业人员学习和借鉴，也能促使更多的读者了解我国智能电网技术的发展和成就，共同推动我国智能电网领域的进步和发展。

刘建明

2019 年 8 月 30 日

前　言

柔性直流输电的概念于1990年提出，采用可关断功率半导体器件，基于电压源换流器原理，相比常规直流输电技术，具有谐波含量低、占地面积小、有功/无功独立控制、不依赖电网支撑等显著优点，是各国竞相发展的新一代直流输电技术。

柔性直流输电发展至今已有30多年，2001年出现的模块化多电平技术理念，推动了高压大容量柔性直流输电技术的快速发展。截至2021年，国际上已经投运的柔性直流输电工程达54个（中国占比超过20%），总变电容量约63GW（中国占比超过50%），主要分布在欧洲和中国，在欧洲甚至已取代常规直流输电。

中国对柔性直流输电技术的发展做出了重要贡献。2011年，上海南汇风电场并网工程投运，电压等级和容量为±30kV/18MW，是我国首个采用模块化多电平换流器技术的柔性直流输电工程；2013～2014年，南澳、舟山多端柔性直流输电工程陆续投运，是世界范围内首批多端柔性直流输电工程，被国际大电网组织列为柔性直流输电里程碑工程；2015～2016年，厦门岛供电、鲁西背靠背柔性直流输电工程陆续投运，在世界范围内首次将柔性直流输电电压提升至±350kV、容量提升至1000MW；2020年，张北±500kV柔性直流电网工程、±800kV乌东德电站送电广东广西特高压多端直流示范工程投入运行，均为世界首创，代表了柔性直流输电技术的最高水平。

为实现“双碳”目标，需要构建以新能源为主体的新型电力系统，国家发展改革委、国家能源局印发的《“十四五”现代能源体系规划》要求加快推进以沙漠、戈壁、荒漠地区为重点的大型风电光伏基地项目建设……鼓励建设海上风电基地，推进海上风电向深水远岸区域布局。大规模新能源基地的开发与送出，送端电源侧网架薄弱，缺少甚至没有常规同步机电源支撑，受端电网多直流集中馈入导致的安全稳定风险突出，客观上推动了柔性直流输电技术在未来电网输电通道、柔性互联等建设中发挥更为重要的作用。在国家高技术研究发展计划项目（863计划项目，编号2011AA05A102）、国家重点研发计划项目（编号2016YFB0901000）、直流输电技术国家重点实验室的支持下，南方电网公司以南方电网科学研究院为主体组建的科研攻关团队，联合相关高等院校和设备制造商，系统开展了柔性直流输电基础理论、成套设计、关键技术与装备、工程应用等研究。在柔性直流输电的主回路拓扑与接线、核心装备规范、系统控制保护、过电压与绝缘配合、稳定性与可靠性分析、实时数字仿真技术、系统试验等方面取得了丰硕的研究成果，先后建成了±160kV 南澳多端柔性直流输电工程、±350kV 鲁西背靠背柔性直流输电工程和±800kV 乌东德电站送电广东广西特高压多端直流示范工程等世界柔性直流输电里程碑工程，长期运行，稳定可靠。目前，南方电网科学研究院正在开展大湾区中通道/南粤直流背靠背工程(2022 年投运)和世界范围内容量最大的海上风电柔性直流送出工程(±500kV/2000MW，计划 2024 年投运)成套设计。

为满足新型电力系统建设需要，特组织撰写了本书，本书总结了南方电网科学研究院和国内外相关单位在柔性直流输电技术方面的主要研究成果与工程最新进展，共有 11 章，主要内容为：第 1 章介绍直流输电发展概况，简述柔性直流输电工程系统基本情况与工程现状；第 2 章详细介绍柔性直流输电工作原理和主回路设计，包括换流器拓扑结构、数学模型及稳态特性、工程接线方式、参数设计方法，在此基础上论述混合直流输电系统基本特性和控制方式；第 3 章介绍柔性直流输电关键设备的系统构成、特性与相关试验技术，包括柔性直流换流阀、柔直变压器、桥臂电抗器、启动电阻、穿墙套管、直流开关设备、直流电缆及其他设备；第 4 章介绍柔性直流输电控制系统结构、设计及其保护原理、配置等，并对测量装置的最新进展进行阐述；第 5 章重点对柔性直流换流站电磁兼容进行介绍，包括设计原则、技术指标和研究方法，并列举设计实例和实测分析结果；第 6 章介绍柔性直流输电过电压机理及抑制措施，包括柔性直流输电工程过电压特性、换流阀和变压器过电压保护方案、控制保护系统对过电压的抑制策略等；第 7 章介绍常规直流、柔性直流与交流系统的耦合机理，提出柔性直流接入多直流馈入系统的稳定性评估方法与多直流短路比，并结合工程实例和远景规划分析柔性直流对多直流馈入受端电网稳定性的提升作用；第 8 章介绍柔性直流输电实时数字仿真技术，分别从仿真建模、系统构成、项目设计等方面阐述，首次给出特高压多端混合直流输电仿真实例；第 9 章针对柔性直流输电在大电网应用的谐振问题和高背景谐波运行特性进行重点阐述；第 10 章介绍柔性直流输电工程系统试验的主要工作、项目设置与内容，给出±800kV 乌东德电站送电广东广西特高压多端直流示范工程典型试验结果；第 11 章介绍柔性直流输电工程的主要进展和展望。

在柔性直流输电技术研究、工程应用与本书撰写过程中，得到了南方电网公司的大力支持，李立浧院士给予了指导和帮助，许树楷博士和李岩博士做了许多基础性研究工作。南方电网科学研究院的李巍巍、周月宾、程建伟、李桂源、辛清明、黄东启、林雪华、邹常跃、侯婷、侯帅、朱俊霖、黄伟煌、曹润彬、徐迪臻、田宝烨、蔡万通、刘志江、陈钦磊、冯俊杰、杨双飞、卢毓欣、陈俊、喻松涛等承担了部分调研、设计、仿真和资料整理等工作，对书稿的完成做出了重要贡献，在此深表谢意。从这个意义上来说，他们都是本书的合作作者。作者还要对书中所列参考文献的作者表示深深的谢意。由于水平和经验有限，书中难免存在不足或疏漏之处，恳请广大读者批评指正。

作　者
2022 年元旦

目　录

第1章 绪　论

1.1 直流输电发展概况

电力技术的发展从直流电开始，早期电能由直流电源送往直流负荷，发电、输电和配电均为直流，如1882年在德国建成的2kV/1.5kW/57km向慕尼黑国际展览会的送电工程[1]。当时的技术条件下，直流电升降压难度大，为提高输电效率，需通过直流发电机串联等复杂方式实现远距离直流输电，如1889年在法国通过直流发电机串联实现的125kV/20MW/230km的毛梯埃斯到里昂直流输电工程。随着三相交流发电机、电动机与变压器的迅速发展，交流电的升降压可通过变压器方便、经济地实现，交流电在发电、输电和用电领域迅速占据主导地位。

20世纪以来，随着世界范围内经济的快速增长，实施远距离、大容量的电能输送，成为优化资源配置、解决能源与电力负荷逆向分布的客观要求，也是将欠发达地区的资源优势变为经济优势，促进区域经济共同发展的重要措施。由于交流输电方式电压、电流的交变特性，随着输电距离的增加，输电容量提升受稳定极限等限制，同时在异步电网互联以及中远距离电缆送电应用场景，交流方式均面临较大的技术挑战且经济性显著下降。直流输电在上述场景下具有交流方式不可替代的优势，随着交流与直流之间的电力变换技术（即换流技术）与装备的突破性进展，直流输电在世界范围内获得迅速发展。根据不同阶段换流技术与装备的特点，直流输电的发展可划分为以下三个时期[1]。

1.1.1 汞弧阀换流时期（1954～1972年）

汞弧阀在阳极和阴极（水银）之间布置有栅极，在阳极加有正电压时，由栅极触发，触发后，阳极至阴极导通，电流过零时熄灭，汞弧阀照片如图1-1(a)所示。汞弧阀换流时期采用电网换相换流器，1954年投运的瑞典Gotland I期工程是世界上第一个完全商业化的直流输电工程，其六脉动换流单元如图1-1(b)所示。

1954～1972年，世界范围内共建设11项汞弧阀高压直流输电工程，单阀最高电压超过150kV、电流超过1800A。高压汞弧阀的成功研制使远距离大容量直流输电成为现实，但仍主要存在以下问题，限制了直流输电技术的进一步发展：

(1) 汞弧阀制造技术复杂、价格昂贵；

(2) 逆弧故障率高、可靠性低；

(3) 运行维护不方便、成本高；

(4) 容量受限。

(a) 汞弧阀照片[2]　　(b) 1954年Gotland Ⅰ直流输电工程六脉动换流单元[3]

图 1-1　汞弧阀及其六脉动换流单元照片

1.1.2　晶闸管阀换流时期(1972 年至今)

1957 年，通用电气公司开发出世界首款晶闸管产品，为直流输电换流技术与装备的变革提供了重要基础。晶闸管基于功率半导体技术，包含阳极、阴极和门极，其导通关断条件如下[4]：

(1) 在阳极与阴极之间施加正向电压且外加门极触发电流的情况下晶闸管导通，这就是晶闸管的闸流特性，即可控特性；

(2) 晶闸管导通后，由于内部的正反馈效应，即使撤除门极电流，仍可维持晶闸管的导通状态；

(3) 如需关断晶闸管，需在阳极与阴极之间施加反向电压，并迫使阳极电流下降至正反馈效应无法维持，才可恢复晶闸管正向阻断能力。

晶闸管仅可通过门极触发电流控制导通，无法通过撤除门极电流关断，因此称为半控型器件，图 1-2 给出了晶闸管[5]、阀组件、晶闸管换流阀[6]的照片。晶闸管阀换流时期仍采用电网换相换流器，1970 年起瑞典 Gotland Ⅰ期工程中的部分汞弧阀被替换为晶闸管换流阀，世界范围内晶闸管换流阀首次投入商业运行。1972 年加拿大伊尔河±80kV/320MW 背靠背直流输电工程投运，为世界上首个完全采用晶闸管换流的直流输电工程，晶闸管换流阀采用空气冷却方式。1978 年加拿大纳尔逊河Ⅱ期工程投运，电压等级和容量为±250kV/900MW，晶闸管换流阀首次采用水冷方式。

由于晶闸管换流阀不存在逆弧问题、可靠性更高，制造、试验、运行、维护等均比汞弧阀简单，且同一时期内远距离输电、电网互联等需求进一步增加，在 1972～1997 年直流输电迅速发展，世界范围内新建成直流输电系统约 90 项，为 1954～1972 年新建数量的 9 倍。

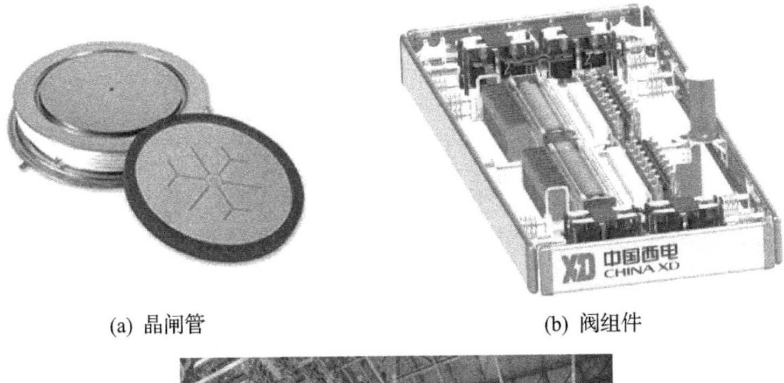

(a) 晶闸管　　(b) 阀组件

(c) 晶闸管换流阀

图 1-2 晶闸管、阀组件、晶闸管换流阀照片

20世纪80年代，立足“西电东送”客观需求，中国开始建设直流输电工程，1987年舟山直流输电工程投入试运行，电压等级和容量为±100kV/50MW；1989～2002年，葛上、天广等直流输电工程陆续建成投运；2004年，国家发展和改革委员会以贵广Ⅱ回直流输电工程作为±500kV直流输电工程国产化依托项目，2007年工程投运，全面实现直流输电系统设计、换流站设备成套设计、直流输电工程设计自主化和设备制造自主化，综合自主化率达到70%以上；2009～2010年，云广、向上两项±800kV特高压直流输电工程投运，世界范围内首次将直流输电电压等级提升至±800kV、容量提升至6400MW；2019年准东—皖南±1100kV/12000MW特高压直流输电工程投运，电压等级和容量均为世界之最，中国直流输电技术发展实现了由跟跑到并跑再到领跑的转变。

由于晶闸管固有的半控器件特性，需要依赖电网进行换相，且开关频率低，在工程实践中存在以下问题，限制了多回直流集中馈入负荷中心、可再生能源大规模接入等新形势下直流输电的进一步发展：

(1)有功/无功功率耦合，无法独立控制；

(2)需配置大量滤波器，以满足入网谐波与无功功率要求，占地面积大；

(3)阀厅噪声大；

(4)存在换相失败风险，换流器接入系统需要较强的电网支撑，以保证系统可靠运行，对可再生能源发电接入能力相对较差；

(5)多回直流密集馈入的受端电网面临安全稳定问题。

1.1.3　全控阀/电压源换流时期

20世纪80年代，绝缘栅双极型晶体管(insulated gate bipolar transistor，IGBT)问世，该器件为金属氧化物-半导体场效应晶体管(metal oxide semiconductor field effect transistor，MOSFET)和双极型晶体管结合的复合全控型电压驱动式功率半导体器件，通过门极电压可主动开通/关断IGBT，阻断电压高、驱动功率小、开关速度快、导通压降低[7]。IGBT的全控器件特性，使得直流输电的换流技术发生了根本性变化，由电网换相换流器发展至电压源换流器(voltage source converter，VSC)，如图1-3所示。基于电压源换流器的直流输电技术于1990年由加拿大麦吉尔大学的Boon-Tech-Ooi教授等提出，相对基于晶闸管技术的常规直流，彻底消除了换相失败风险，具有有功/无功的独立控制、可再生能源高效接入等显著优势，国内统一命名为柔性直流输电技术[8,9]。

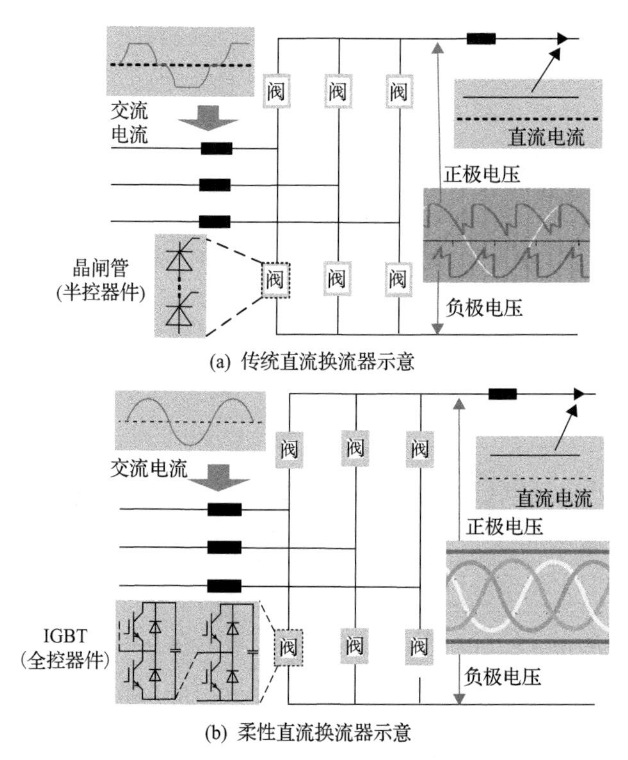

(a) 传统直流换流器示意

(b) 柔性直流换流器示意

图1-3　不同换流器对比示意

1997年，世界首个采用IGBT电压源换流技术的赫尔斯扬直流输电工程在瑞典投运，采用两电平换流器结构，电压等级和容量为±10kV/3MW，输送距离为 10km。2001 年，德国慕尼黑联邦国防军大学的 Marquardt 等提出适用于直流输电的模块化多电平换流器(modular multilevel converter，MMC)技术[8]，避免了 IGBT 器件直接串联，显著降低了高压大容量柔性直流输电技术与装备的制造难度，基于 MMC 技术的柔性直流输电系统输出谐波含量极小且开关频率低，无须交流滤波器，换流效率高，图 1-3(b)给出了基于半桥子模块的 MMC 拓扑示意。2010 年，世界首个 MMC 高压直流输电工程 Trans Bay Cable 在美国投运，电压等级和容量提升至±200kV/400MW。自此之后，柔性直流输电在世界范围内迎来了暴发式增长，1997～2009 年，共建成柔性直流输电工程 9 项，截至 2021 年，该数量已达到 54 项，主要分布在欧洲和中国，总容量约 63GW，其中中国占比约 55%。

中国对柔性直流输电技术的发展做出了重要贡献。2011 年，上海南汇风电场并网工程投运，电压等级和容量为±30kV/18MW，是我国首个采用 MMC 技术的柔性直流输电工程；2013～2014 年，南澳、舟山多端柔性直流输电工程陆续投运，是世界范围内首批多端柔性直流输电工程，被国际大电网组织列为柔性直流输电里程碑工程；2015～2016 年，厦门岛供电、鲁西背靠背柔性直流输电工程陆续投运，在世界范围内首次将柔性直流输电电压提升至±350kV、容量提升至 1000MW；2020 年，张北±500kV 柔性直流电网工程、±800kV 乌东德电站送电广东广西特高压多端直流示范工程(以下简称“昆柳龙直流工程”)投入运行，均为世界首创，代表了柔性直流输电技术的最高水平。

面对能源供需格局新变化、国际能源发展新趋势，2016 年 12 月，我国发布了《能源生产和消费革命战略(2016—2030)》，明确能源革命战略取向以保障安全为出发点，以节约优先为方针，以绿色低碳为方向，以主动创新为动力。电网作为能源革命的重要基础平台，格局必将发生深刻变革，需要积极推进电源结构清洁转型，构建新一代电力系统、源端基地和终端消费综合能源系统，进一步加快输配电新技术研发，建设新型电能和综合能源传输和配给系统[10]。柔性直流输电作为最新一代的直流输电技术，灵活可控、安全可靠，有利于可再生能源的高效、大规模接入与受端负荷中心电网的安全稳定运行，是打造能源互联网的重要技术手段，在能源革命中扮演着重要的角色。同时，能源革命、新型电力系统构建也为柔性直流输电技术的发展带来新挑战，需要在总体技术方案、关键设备、核心元部件、控制保护技术与设计、仿真研究工具等方面取得进一步突破，以适应大规模新能源基地电能送出、周边国家电网互联互通、常规直流输电工程柔性化改造、多直流馈入负荷中心分区组网等电网演进新趋势。本书考虑世界直流输电技术的新发展，结合我国在柔性直流输电科研、设计、工程建设与运行中的经验，主要针对柔性直流输电关键技术与装备、工程应用实践进行介绍，并就柔性直流输电技术未来发展的重要方向进行探讨。

1.2　柔性直流输电工程系统构成与特点

柔性直流输电工程根据系统结构可分为两端柔性直流输电系统和多端柔性直流输电系统，这里的“端”指与交流系统连接的端口，通过换流站实现交流与直流之间的电能变换。单端系统无法进行有功功率传输，因此两端系统是结构最简单的柔性直流输电系统，也称为端对端柔性直流输电系统；多端系统与交流系统有三个或三个以上的连接端口，包含三个或三个以上的换流站[1]。

1.2.1　两端柔性直流输电系统

图 1-4 给出了两端柔性直流输电系统构成示意图，为展示方便，柔性直流换流站 1 和柔性直流换流站 2 分别选取了两电平/三电平换流器和 MMC，实际工程中两端柔性直流换流站通常采用同类换流器。由图 1-4 可以看出，两端柔性直流输电系统主要由两端柔性直流换流站和直流输电线路三部分构成。根据功率输送需求，柔性直流换流站 1 和柔性直流换流站 2 可分别运行于整流和逆变工况，相同输送功率逆变侧柔性直流换流阀的损耗通常大于整流侧[11]。

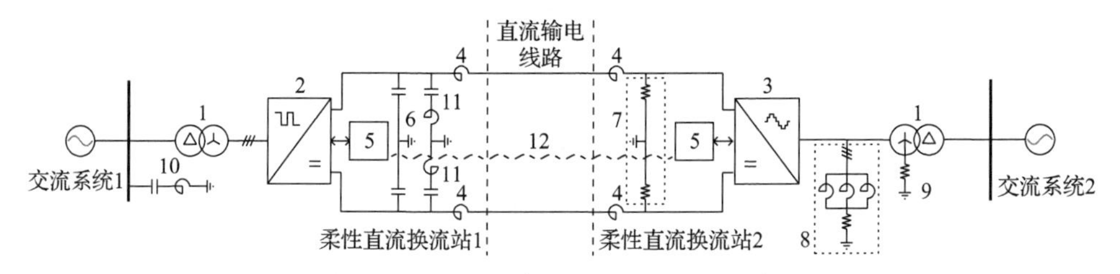

图 1-4　两端柔性直流输电系统构成示意图

1-柔性直流输电用变压器；2-两电平/三电平换流器；3-MMC；4-平波电抗器；5-控制保护系统；6-直流侧电容中性点接地方式；7-直流侧电阻中性点接地方式；8-阀侧星型电抗器中性点接地方式；9-柔直变压器阀侧中性点接地方式；10-交流滤波器；11-直流滤波器；12-远动通信系统

柔性直流换流站 1 采用了两电平/三电平换流器，此类换流器交流侧输出电压电平数较少，通常为两电平或三电平，通过脉冲宽度调制（pulse width modulation，PWM）方式等效得到正弦波，谐波电压、电流含量相对较大，为满足接入交流系统的谐波要求，通常需要配置交流滤波器，在 2010 年 Trans Bay Cable 直流输电工程投运前，柔性直流换流站主要采用此类换流器。柔性直流换流站 2 采用了 MMC，此类换流器交流侧输出电压电平数较多，通过台阶数较高的阶梯波等效得到正弦波，波形质量高，谐波电压、电流含量很小，已满足接入交流系统的谐波要求，通常无须配置交流滤波器，目前新建的柔性直流输电工程主要采用该类换流器。

柔性直流换流站的直流侧出口的平波电抗器主要用于限制直流侧陡波冲击波等引起的换流阀电压应力，同时也能够限制直流侧故障电流上升率，起到保护柔性直流换流阀的作用。直流输电线路为架空线的柔性直流输电工程通常配置平波电抗器，直流输电线路为纯电缆或无直流输电线路的工程通常不配置平波电抗器。

柔性直流换流站接地方式的选择决定了直流输电系统的绝缘水平，对工程造价有显著影响，图 1-4 中标注的“6～9”均为不同的柔性直流输电系统接地方式，其中接地方式 8 和 9 工程应用相对较多，如 Trans Bay Cable 工程采用了接地方式 8、上海南汇风电场并网工程和南澳多端柔性直流输电工程等采用了接地方式 9。这类接地方式主要基于对称单极接线形式(也称为伪双极接线形式)，正负极对地电压的绝对值相同，接地点正常运行时不会流过工作电流，无须专门设置接地极。但是，当换流器或单极线路发生故障时，整个系统需停运，不具备直流输电双极接线形式的单极运行能力。由于目前已建成的柔性直流输电工程容量相对较小且电缆线路居多，对称单极接线为主要采用的接线方式。常规直流输电工程采用的非对称单极和双极接线形式[1]在柔性直流输电工程中也有所应用，但仍相对较少，随着柔性直流输电容量的提升，双极接线由于其可靠性和传输容量等方面的优势，将获得越来越多的应用，如欧洲的±525kV/1400MW Nordlink 柔性直流输电工程、中国的±800kV/8000MW/5000MW/3000MW 昆柳龙直流工程和±500kV/3000MW 张北柔性直流电网工程等均采用了双极接线形式。

柔性直流输电工程的控制保护与整个系统的稳态性能、动态性能、运行可靠性等密切相关，通常采用三层两网的控制体系架构，根据柔性直流输电工程电压等级采用双重化或三取二等冗余设计保障系统可靠性。控制保护系统涉及控制保护策略、测量技术、多处理器、光通信、网络、辅助供电系统等软硬件关键技术，是柔性直流输电工程的核心技术与装备之一。与基于电网换相换流器的常规直流输电工程相比，柔性直流输电工程的功率调节、故障响应等更为迅速，但同时也要求控制保护系统速度更快、延时更小、测量精度更高等。

背靠背柔性直流输电系统主要指无直流输电线路的两端柔性直流输电系统，可用于区域电网异步互联(不同频率或频率相同但不同步)、电力交易等场景。由于不存在直流输电线路，背靠背柔性直流输电系统通常不配置平波电抗器且设计时无须考虑直流输电线路损耗，可采用低压大电流的方案降低直流侧绝缘水平以节省成本、提高功率密度，如采用 4500V/3600A IGBT 器件或更大电流的集成门极换流晶闸管(integrated gate commutated thyristor，IGCT)器件。

随着西电东送战略的持续实施，我国已形成多回常规直流输电通道集中馈入受端珠三角、长三角等负荷中心的电网格局，受端交流故障引发多回常规直流同时换相失败，存在引发大面积停电风险。“送端采用基于电网换相换流器的常规直流技术+受端采用柔性直流输电技术”的混合直流输电工程(图 1-4 中柔性直流换流站 1 替换为常规直流换流站)，兼顾了受端电网安全稳定运行水平与工程造价，是有效应对上述风险的新型直流输电系统，已在昆柳龙直流工程中获得首次应用[12]。随着已建成的常规直流输电工程经年运行后改造升级需求增加，混合直流输电技术将获得更为广阔的应用，其工作原理与主回路设计将在第 2 章进行详细介绍。

1.2.2 多端柔性直流输电系统

多端柔性直流输电系统由三个或三个以上柔性直流换流站以及连接换流站之间的直流输电线路组成，与交流系统有三个或三个以上连接端口。由于直流输电线路的复用，多端柔性直流输电系统通常比多个两端柔性直流输电系统经济性好。多端柔性直流输电系统的组网方式分为串联与并联两类[1]。并联组网方式各端换流站工作在相同等级的直流电压下，通过调节并联各端的电流大小实现功率的调节，系统可扩展性强，运行经济性显著优于串联组网方式。目前的多端常规直流与柔性直流输电工程均采用并联组网方式，如纳尔孙河常规直流输电工程、印度 NEA 四端特高压常规直流输电工程、南澳三端柔性直流输电工程、舟山五端柔性直流输电工程、昆柳龙直流工程等。

由于柔性直流换流站采用电压源换流器，当并联各端潮流方向发生改变时，仅通过调节各端电流方向即可实现，避免了多端常规直流输电工程各常规直流换流站端口的专用电压极性反转开关(如禄高肇三端传统柔性直流工程)，因此柔性直流输电采用并联式多端组网方式主回路接线更简洁、控制更灵活。

对于双端柔性直流输电工程，当直流侧发生永久故障时，需要整个系统停运，因此对直流侧故障电流清除速度要求不高，考虑换流阀耐受能力，数百毫秒内清除直流侧故障电流即可，通常通过跳开交流进线断路器实现故障电流的切除。对于多端柔性直流输电工程，如采用跳开交流进线断路器切除直流侧故障电流[13]，会导致整个系统较长时间停运，可靠性相对较低，难以充分发挥多端柔性直流输电系统的优势。因此，多端柔性直流输电工程通常采用以下两种方式实现直流侧故障电流清除与各端换流站的在线投退功能。

(1) “具备直流故障电流清除能力的换流器+直流高速并列开关”：采用全桥型 MMC 或混合型 MMC 等具备直流侧故障电流清除能力的换流器拓扑，发生直流侧永久故障时，通过闭锁换流器或不闭锁穿越控制实现直流故障电流的清除；直流故障电流清除后，控制直流高速并列开关(high speed switch，HSS)断开实现直流侧故障的隔离，随后系统重新启动。通过类似方式可在不影响在运系统的情况下实现各端换流站的在线投退功能。该类方法系统结构简单、成本相对较低，适用于直流网架结构相对简单的多端柔性直流输电工程，如昆柳龙直流工程[12]，图 1-5 给出了该工程主回路接线示意图。

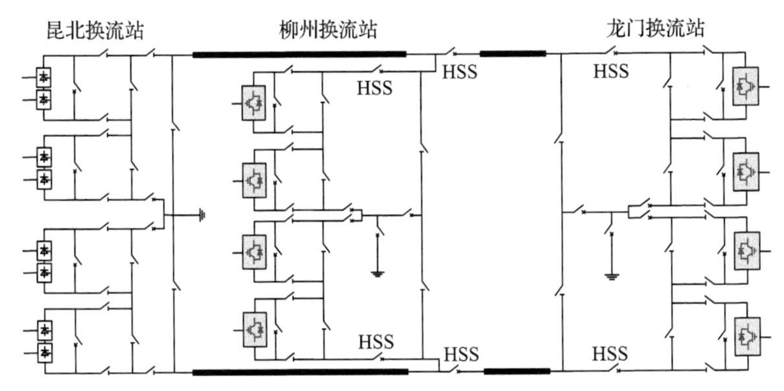

图 1-5 昆柳龙直流工程主回路接线示意图

(2) 直流断路器：采用具备快速开断直流侧故障电流的混合式或机械式直流断路器[14]，发生直流侧永久故障时，分断对应直流断路器，非故障侧换流站无须闭锁，故障影响范围小。各端换流站的在线投退也可通过类似方式实现。该类方法无须采用具备直流侧故障电流清除能力的换流器拓扑，但是为保证直流断路器开断直流侧故障电流前各端换流阀不发生过流闭锁、控制保护系统能够准确定位故障，通常需要选择相对较大的直流平波电抗器[15]。该方式能够实现直流侧故障情况下整个系统传输功率不中断，适用于直流网架节点数较多、潮流路径具有冗余的直流电网工程，如张北柔性直流电网工程，图 1-6 给出了张北柔性直流电网工程主回路接线示意图[15]。

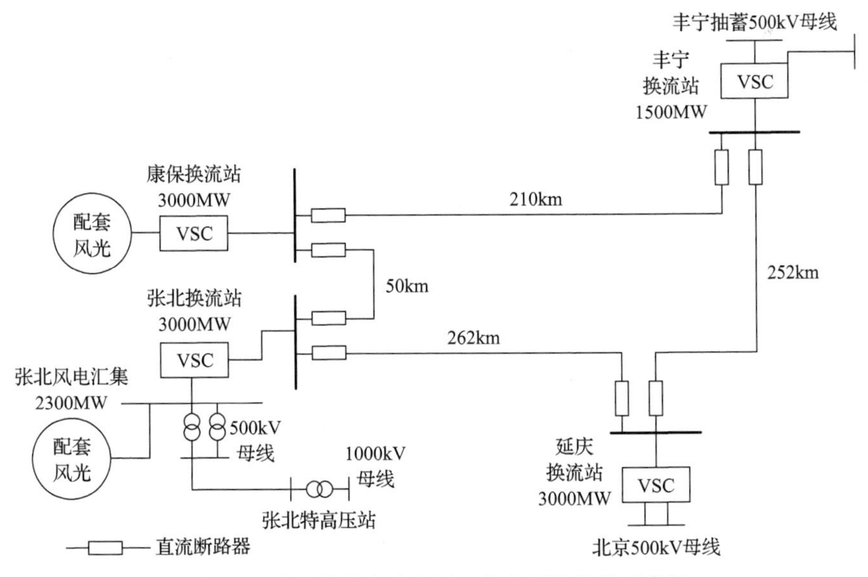

图 1-6 张北柔性直流电网工程主回路接线示意图

多端柔性直流输电系统的结构更为复杂、运行方式与故障种类繁多，多端换流站间协调控制与故障定位、隔离、恢复等难度大，对控制保护系统要求高，相关技术与配置要求详见第 4 章。

背靠背柔性直流输电系统在多端柔性直流输电工程中应用相对较少，主要为研发试验性质工程，如 1999 年在日本新信依建成的三端背靠背柔性直流输电工程（10.6kV/37.5MW/37.5MW/37.5MW），2019 年在中国建成的昆柳龙直流工程混合三端背靠背试验平台（±10.5kV/66MW/66MW/66MW）。随着柔性直流技术向中低压领域的拓展，多端背靠背柔性直流输电系统将在中低压领域获得更多工程应用。

1.2.3　柔性直流输电系统的特点

相对于交流输电系统，柔性直流输电系统继承了直流输电系统的主要特点[1]，但与常规直流输电系统也存在显著区别，本书主要结合功率半导体器件技术、柔性直流输电关键技术与装备的最新进展、工程实践，对柔性直流输电系统特点进行归纳。

1. 柔性直流输电系统的优点

（1）无换相失败风险，交流系统故障全穿越：常规直流输电基于晶闸管半控型器件，换相依赖电网电压，其逆变侧换流站在接入的交流系统发生故障时，存在换相失败风险。某区域电网常规直流换相失败工程实用判据如图 1-7 所示，当换流站母线电压低于 0.9p.u.时，将发生换相失败；当换流站母线电压低于 0.7p.u.时，直流输电系统传输功率将下降至零，无法输送功率。柔性直流输电采用 IGBT、IGCT 等全控型器件，无须依赖电网换相，因此在交流系统发生故障时无换相失败风险，能够在交流系统电压跌落至零等极端故障情况下保证输出电流可控，实现交流故障的全穿越。

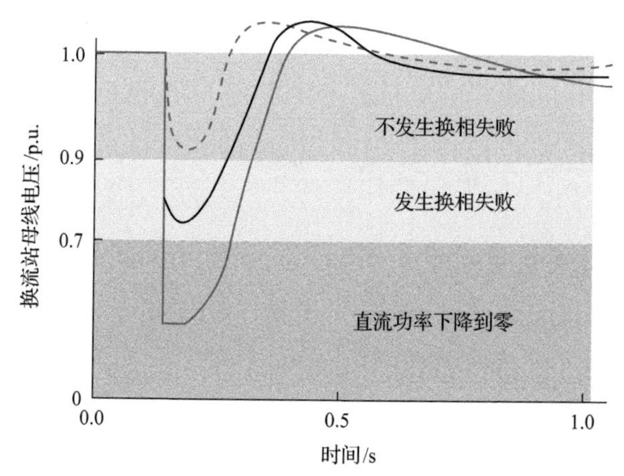

图 1-7　某区域电网常规直流输电逆变侧换流站换相失败实用判据

(2)谐波含量小：常规直流输电系统换流器对于交流侧相当于谐波电流源、直流侧相当于谐波电压源，由于晶闸管触发脉冲间隔长，换相依赖工频电网电压，换流产生的交直流侧谐波频率低、含量大，滤除难度相对较大，通常需要装设较大容量的交流、直流滤波器，限制交直流侧谐波。基于两电平/三电平换流器的柔性直流输电系统，采用高频 PWM 技术，最低次谐波频率与常规直流比较高，装设较小容量的滤波器即可将交直流侧谐波限制在允许范围内；基于 MMC 的柔性直流输电系统，采用阶梯波逼近工频正弦波，电平数较高、谐波含量低，通常无须在交直流侧配置滤波器。

(3)有功功率与无功功率独立控制：常规直流输电换流器运行时需消耗大量无功功率(占直流输送功率的 40%～60%)[1]且随着传输直流功率的调节变化，需装设大量的无功补偿装置并根据相关控制策略进行投切以实现无功的平衡与补偿。柔性直流输电技术实现了有功功率与无功功率的独立控制，无功功率可在设计范围内根据需要灵活调节，不仅无须在交流侧装设无功补偿装置，还可向接入的交流系统提供稳态、动态无功支撑，提高交流系统运行稳定性。

(4)占地面积小：由于柔性直流输电系统无须装设滤波器与无功补偿装置，其换流站占地面积通常小于常规直流输电系统，图 1-8 给出了鲁西背靠背直流输电工程的背靠背柔性直流单元(VSC，1000MW)与常规直流背靠背单元(LCC1 和 LCC2，1000MW)的占地对比，可以看到柔性直流阀厅面积高于常规直流阀厅的占地面积，但常规直流配置的交流滤波器(alternating current filter，ACF)占地面积较大，背靠背柔性直流单元比常规直流背靠背单元节省占地约 40%。但是，随着柔性直流输电系统电压等级与容量的不断升高，由于绝缘水平的增加，柔性直流阀厅占地面积越来越大，柔性直流换流站与常规直流输电换流站占地面积的差距逐渐减小，当柔性直流输电电压等级达到±800kV 特高压水平时，柔性直流换流站占地面积与常规直流换流站基本相当。

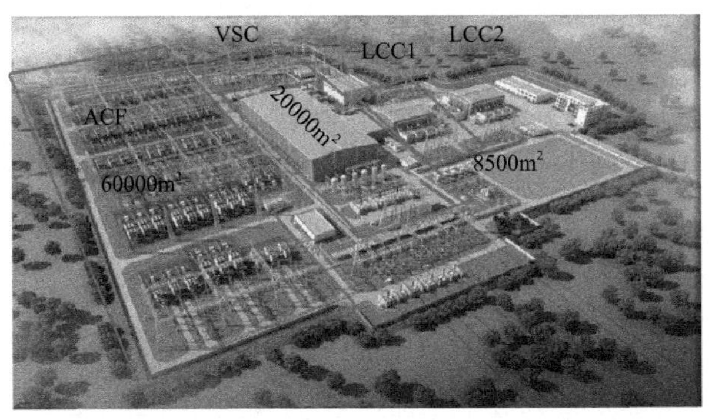

图 1-8　鲁西背靠背直流输电工程背靠背柔性直流单元(VSC)与常规直流背靠背单元(LCC1 和 LCC2)占地对比

(5)适合多端组网：1.2.2 节已指出，柔性直流换流站仅通过调节各端电流方向即可实现潮流反转，避免了多端常规直流输电工程的各常规直流换流站端口的专用电压极性反转开关，多端柔性直流输电系统的主回路接线更简洁、控制更灵活。

(6)控制频带宽、响应速度快：常规直流输电六脉动换流器晶闸管触发间隔为 3.33ms，控制保护系统截止频率通常较低，因此电流、功率等控制响应速度相对较慢。柔性直流输电系统采用全控型器件，器件开关速度快、等效电平数多，控制保护系统中电流控制环的截止频率相对较高，控制频带宽，通常可达到数千赫兹，因此电流、功率等控制响应速度快、特性好。值得注意的是，柔性直流输电系统控制系统的宽频带与快速响应，对控制保护装置提出了更高的标准，要求控制链路延时更小、采样精度更高，需要从测量环节到阀控触发脉冲送出环节进行全链路优化，否则较大的控制链路延时可能导致柔性直流输电系统与接入的交流系统在某些特定接线方式下发生高频谐振，如鲁西背靠背柔性直流输电工程的 1.27kHz[16]和渝鄂背靠背柔性直流输电工程的 1.8kHz[17]左右的高频谐振现象。

2. 柔性直流输电系统面临的挑战

柔性直流输电技术与装备的不断发展，已逐步克服了发展初期面临的输电容量较小、不适用于远距离架空线路输电等缺点，目前柔性直流输电最大容量已提升至 5000MW、架空线输电距离已超过 1000km。但是，目前的技术水平下，柔性直流输电仍面临以下挑战。

(1)降低损耗：柔性直流输电系统的损耗主要由换流站损耗和直流输电线路损耗组成。柔性直流输电系统与常规直流输电系统的直流输电线路损耗均取决于输电线路长度与导线截面的选择，两类系统的直流输电线路损耗差别不大，对于选定的直流输电线路，若传输功率相同，直流电压等级越高，线路损耗通常越小，因此远距离大容量输电工程通常选择高压、特高压直流输电。柔性直流换流站损耗主要由换流阀、柔性直流输电用变压器等主要设备组成，常规直流输电换流站损耗主要由换流阀、换流变压器、平波电抗器、交直流滤波器和无功补偿装置组成。图 1-9 以 1000MW 背靠背直流输电工程为例，给出了柔性直流输电单元和常规直流输电单元的主要设备损耗对比。可以看出，柔性直流输电单元损耗和约为 0.75%，常规直流输电单元损耗和约为 0.55%，柔性直流输电单元的损耗仍相对较大，主要原因在于柔性直流换流阀的损耗水平较高，约为 0.55%，而常规直流换流阀损耗仅约为 0.25%。柔性直流换流阀损耗的降低可通过采用新型主回路拓扑、新型功率半导体器件和优化调制策略等方式实现，根据目前功率半导体器件研究的最新进展，随着 IGBT 器件的进一步定制化开发(如芯片设计阶段的导通损耗和开关损耗的权衡优化)以及 IGCT、高压碳化硅 IGBT 等新型器件在柔性直流输电

系统的普及使用，柔性直流换流阀损耗有望进一步下降。

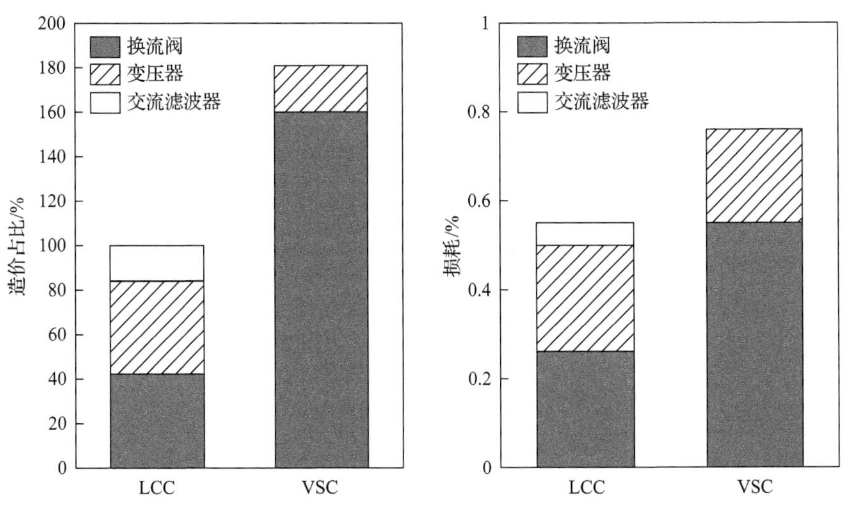

图 1-9 柔性直流输电单元与常规直流输电单元主要设备损耗与造价对比

(2)降低成本：图 1-9 以 1000MW 背靠背直流输电工程为例，给出了柔性直流输电单元和常规直流输电单元的主要设备造价对比，可以看出柔性直流换流阀是柔性直流输电造价的主要组成。柔性直流换流阀 IGBT、电容器、驱动等关键部件依赖进口，是造价较高的原因之一。目前，中车株洲电力机车研究所有限公司研制的国产化 IGBT 器件已陆续在厦门岛供电、张北柔性直流电网和昆柳龙直流工程中获得应用，随着 IGBT、电容器、驱动等国产化进程的不断推进，柔性直流输电系统造价有望进一步下降。

1.3 柔性直流输电工程典型应用场景

直流输电工程应用包括远距离大容量输电、电力系统联网、直流电缆送电、现有交流输电线路增容改造等典型场景[1]。柔性直流输电作为第三代直流输电技术，其应用范围涵盖了上述全部直流输电典型场景，图 1-10 给出了柔性直流输电工程典型应用场景示意图，包括以下几部分：

(1)远距离大容量输电；

(2)高密度负荷中心送电；

(3)大规模新能源送出；

(4)交流电网分区互联；

(5)构建多端直流输电系统(含直流电网)；

(6)向海上钻井平台、海岛等无源系统供电；

(7)受端电网多直流集中馈入。

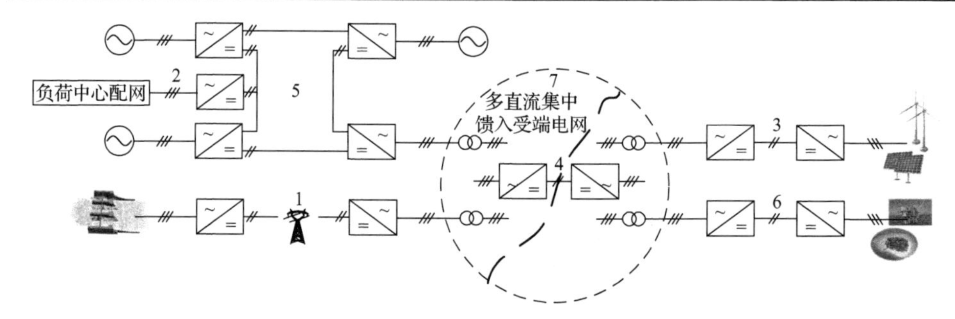

图 1-10　柔性直流输电工程典型应用场景

1.4　柔性直流输电工程成套设计

柔性直流输电工程的应用场景类型和工况多，实现谐波、无功、损耗等系统性能优化与多类型设备能力匹配，工程方案与参数确定难度大，需要综合送电需求、设备能力、电网和环境条件等复杂因素进行定制化设计，即成套设计。成套设计决定工程的方案、设备参数、技术规范，是直流输电工程建设的依据。2004年，国家决定攻克这一核心技术难题，立项开展攻关，依托贵广 II 回直流输电工程(2007 年投运)实现了常规直流输电工程的全面自主成套设计。在常规直流输电工程自主成套设计、建设与运行的基础上，我国柔性直流输电工程跳过了国外引进、消化吸收环节，直接实现了柔性直流输电工程的全面自主成套设计。

柔性直流输电工程成套设计涵盖系统研究、总体设计、仿真验证与现场调试等。图 1-11 给出了柔性直流输电工程成套设计技术系统示意图，其中系统研究是对直流接入系统开展研究，得到完整的设计边界与基本参数，包括稳定性研究、直流输电工程对电网与环境的影响、交直流相互影响、无功控制策略等；总体设计是对直流换流站、线路等全部设备开展设计，确定系统和设备详细参数、规范与策略，包括主回路设计、暂态性能设计、控制保护系统设计等；仿真验证是通过全电磁暂态、机电与电磁暂态混合仿真等离线或实时仿真手段，优化系统性能、验证设计结论，对直流输电工程调试与电网安全稳定运行至关重要，难点主要在于同时实现超大规模电网与小步长电力电子设备的精确、快速模拟，目前直流输电工程中常用的离线仿真工具主要包括加拿大曼尼托巴公司的 PSCAD、瑞士 Plexim 公司的 PLECS 等，常用的实时仿真系统主要包括加拿大曼尼托巴公司的 RTDS，Opal-RT 公司的 RT-LAB、HYPERSIM 等；现场调试是对单体设备、换流站与整个系统开展测试与调整，通过现场测试与整体运行验证设计效果，实现工程的按期投运与可靠运行，包括单体试验、站系统试验、系统试验等。本书的后续章节将对柔性直流输电工程成套设计的主要内容进行详细介绍。

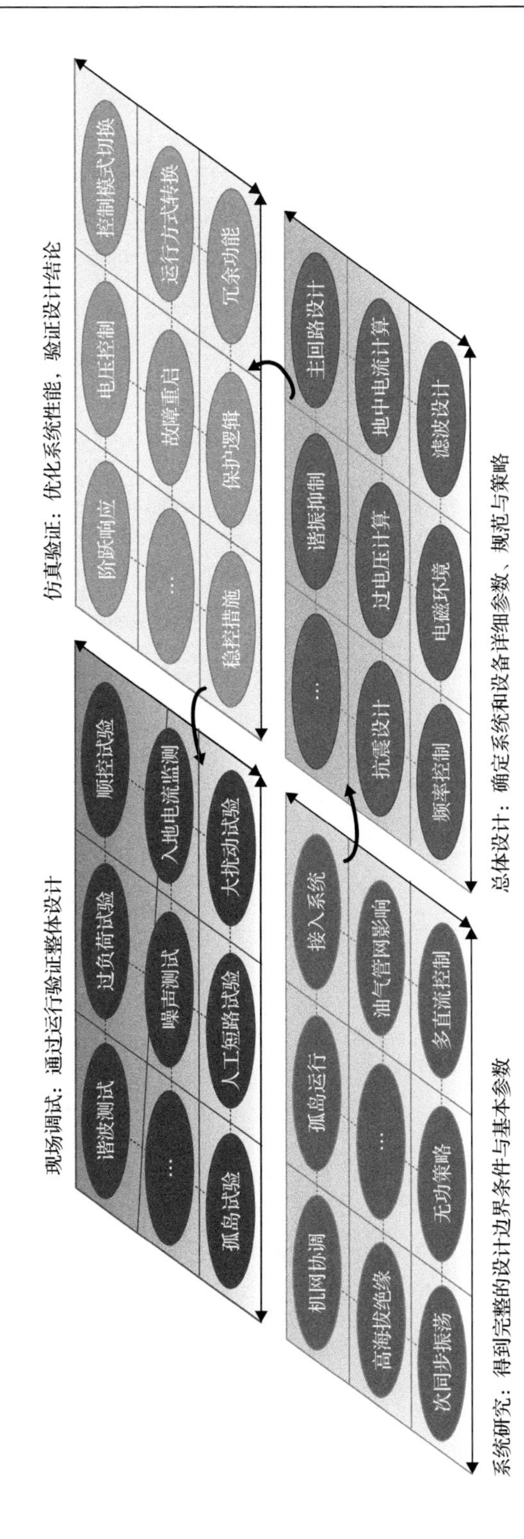

图1-11 柔性直流输电工程成套设计技术系统示意图

1.5　柔性直流输电工程现状

近年来，柔性直流输电工程发展迅速，图 1-12 给出了已投运柔性直流输电工程电压等级与容量发展趋势。世界范围内已投运的主要柔性直流输电工程如表 1-1 所示，欧洲新规划的直流输电工程均采用柔性直流。柔性直流输电工程的典型实例将在第 11 章进行详细介绍。

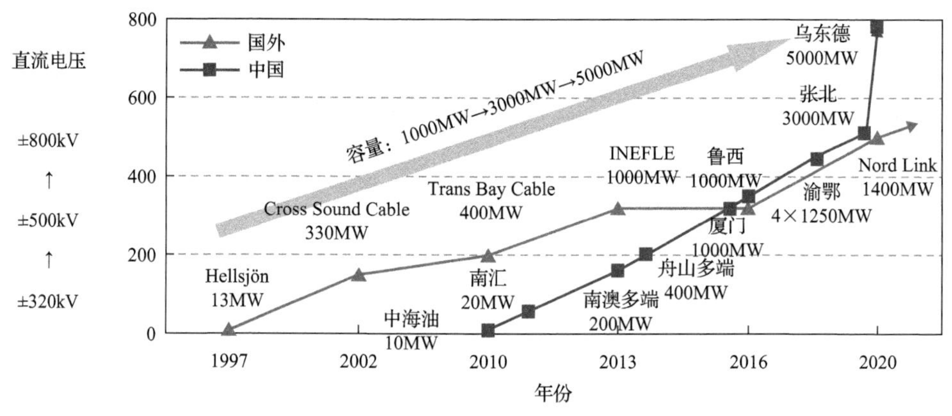

图 1-12　柔性直流输电工程电压等级与容量发展趋势

表 1-1　已投运的主要柔性直流输电工程一览表

序号	工程名	地点	投运年份	输送功率/MW	直流电压/kV	交流电压/kV	输送距离/km
1	赫尔斯扬试验性工程 (Hellsjön)	瑞典	1997	3	±10	10	10
2	哥特兰工程 (Gotland)	瑞典	1999	50	±80	80	70(陆缆)
3	迪莱克特联络工程 (Directlink)	澳大利亚	2000	3×60	±80	132/110	59(陆缆)
4	泰伯格工程 (Tjaereborg)	丹麦	2000	7.2	±9	10.5	4.3(陆缆)
5	伊格—帕斯背靠背互联工程 (Eagle Pass BTB)	美国—墨西哥	2000	36	±15.9	132	—
6	克劳斯—桑德工程 (Cross Sound Cable)	美国	2002	330	±150	345/138	40(海缆)
7	莫里联络工程 (Murraylink)	澳大利亚	2002	220	±150	132/220	176(陆缆)
8	泰瑞尔工程 (Troll A)	挪威	2005	2×44	±60	56/132	70(海缆)

续表

序号	工程名	地点	投运年份	输送功率/MW	直流电压/kV	交流电压/kV	输送距离/km
9	伊斯特联络工程 (Estlink)	芬兰	2006	350	±150	400/330	31(陆缆) 74(海缆)
10	卡普里维联络工程 (Caprivi Link)	纳米比亚	2010	300	–350	330/400	950
11	跨湾工程 (Trans Bay Cable)	美国	2010	400	±200	230/138	85(海缆)
12	瓦尔哈工程 (Valhall)	挪威	2011	78	150	300/11	292(海缆)
13	南汇工程	中国	2011	18	±30	35/35	8.4(陆缆)
14	博尔温1工程 (BorWin1)	德国	2012	400	±150	155/400	75(陆缆) 125(海缆)
15	东西联络工程 East-West Link	爱尔兰/英国	2013	500	±200	400	75(陆缆) 186(海缆)
16	南澳三端工程	中国	2013	200/150/50	±160	110	—
17	舟山五端工程	中国	2014	400/300/ 3×100	±200	110/220	—
18	麦基诺互联工程 (Mackinac BTB)	美国	2014	200	±71	138	—
19	斯卡格拉克海峡4工程 (Skagerrak 4)	挪威/丹麦	2014	700	500	400	104(陆缆) 140(海缆)
20	博尔温2工程 (BorWin2)	德国	2015	800	±300	155/400	75(陆缆) 125(海缆)
21	海尔温1工程 (HelWin1)	德国	2015	576	±250	155/400	45(陆缆) 85(海缆)
22	伊内尔费工程 (INELFE)	法国/西班牙	2015	2×1000	±320	400	65(陆缆)
23	西尔温1工程 (SylWin1)	德国	2015	864	±320	155/400	45(陆缆) 160(海缆)
24	海尔温2工程 (HelWin2)	德国	2015	690	±320	155/400	46(陆缆) 85(海缆)
25	多尔温1工程 (DolWin1)	德国	2015	800	±320	155/400	90(陆缆) 75(海缆)
26	厦门工程	中国	2015	1000	±320	220	10.7(海缆)
27	泰瑞尔3&4工程 (Troll A 3&4)	挪威	2015	2×50	±60	60/132	70(海缆)
28	奥尔联络工程 (ÅL-link)	芬兰	2015	100	±80	110	158(海缆)

续表

序号	工程名	地点	投运年份	输送功率/MW	直流电压/kV	交流电压/kV	输送距离/km
29	北巴尔特工程（NordBalt）	瑞典	2015	700	±300	400/330	400（海缆）50（陆缆）
30	鲁西背靠背直流异步联网工程（柔性直流单元）	中国	2016	1000	±350	500	—
31	多尔温 2 工程（DolWin2）	德国	2016	916	±320	155/400	45（陆缆）90（海缆）
32	多尔温 3 工程（DolWin3）	德国	2017	900	±320	155/400	80（陆缆）80（海缆）
33	麦瑞泰姆联络工程（Maritime Link）	加拿大	2017	500	±200	230/345	187（陆缆）170（海缆）
34	渝鄂直流背靠背联网工程	中国	2018	4×1250	±420	500	—
35	凯斯内斯-莫瑞联络工程（Caithness-Moray Link）	苏格兰	2018	1200	±320	275/400	113（海缆）
36	约翰-斯维尔德鲁普工程（Johan-Sverdrup）	挪威	2019	100	±80	300/33	200（海缆）
37	可布拉工程（COBRAcable）	荷兰/丹麦	2019	700	±320	400	325（海缆）
38	尼莫联络工程（NEMO Link）	英国/比利时	2019	1000	±400	400	140（海缆）
39	博尔温 3 工程（BorWin3）	德国	2019	900	±320	155/400	30（陆缆）130（海缆）
40	北海道-本州工程（Hokkaido-Honshu）	日本	2019	300	250	275	24（陆缆）98（海缆）
41	克里格斯弗莱克互联工程（Krigers Flak BTB）	丹麦/德国	2020	410	±140	150/400	—
42	IFA2 联络工程（IFA2 Link）	英国/法国	2020	1000	±320	400	240（海缆）
43	诺德联络工程（Nordlink）	德国/挪威	2020	1400	±525	400/380	107（陆缆）516（海缆）
44	张北柔性直流电网工程	中国	2020	3000/3000/1500/1500	±500	500	666
45	昆柳龙直流工程	中国	2020	8000/5000/3000	±800	500	1452
46	阿莱格罗联络工程（ALEGrO）	比利时/德国	2020	1000	±320	400	90（陆缆）
47	普加卢尔—特里苏尔工程（Pugalur–Thrissur）	印度	2021	2×1000	±320		165

续表

序号	工程名	地点	投运年份	输送功率/MW	直流电压/kV	交流电压/kV	输送距离/km
48	西南联络工程（SydVästlänken）	瑞典	2021	2×600	±300	400	190（陆缆） 60（海缆）
49	江苏如东海上风电工程	中国	2021	1100	±400	220/500	9（陆缆） 99（海缆）

参考文献

[1] 赵畹君. 高压直流输电工程技术[M]. 北京: 中国电力出版社, 2010.

[2] Korytowski M. Uno Lamm: The father of HVDC transmission[J]. IEEE Power and Energy Magazine, 2017, 15(5): 92-102.

[3] Rashwan M. HVDC, past, present and future[C]. 第三届国际高压直流会议, 2016.

[4] 陈坚. 电力电子学——电力电子变换和控制技术[M]. 北京: 高等教育出版社, 2004.

[5] 直流输电用大功率晶闸管. http://www.chinaxaperi.com/pshow.asp?thex=79&Cla=1&Ncla=0&Clink=[2022-02-07].

[6] 中国电力科学研究院, 西安电力电子技术研究所. 高压直流输电术语: GB/T 13498—2017[S]. 北京: 中国国家标准化管理委员会, 2017.

[7] Asplund G, Carlsson L, Tollerz O. 50 years of HVDC transmission: The semiconductor "takeover" [J]. ABB Review, 2003, (4): 6-13.

[8] 徐政, 等. 柔性直流输电系统[M]. 北京: 机械工业出版社, 2017.

[9] 汤广福. 基于电压源换流器的高压直流输电技术[M]. 北京: 中国电力出版社, 2010.

[10] 周孝信, 陈树勇, 鲁宗相, 等. 能源转型中我国新一代电力系统的技术特征[J]. 中国电机工程学报, 2018, 38(7): 1893-1904.

[11] 饶宏, 李建国, 宋强, 等. 模块化多电平换流器直流输电系统损耗的计算方法及其损耗特性分析[J]. 电力自动化设备, 2014, 34(6): 101-106.

[12] Rao H, Zhou Y, Xu S, et al. Key technologies of ultra-high voltage hybrid LCC-VSC MTDC system[J]. CSEE Journal of Power and Energy Systems, 2019, 5(3): 365-373.

[13] Tang L, Ooi B. Locating and isolating DC faults in multi-terminal DC systems[J]. IEEE Transactions on Power Delivery, 2007, 22(3): 1877-1884.

[14] 魏晓光, 杨兵建, 汤广福. 高压直流断路器技术发展与工程实践[J]. 电网技术, 2017, 41(10): 3180-3188.

[15] 郭贤珊, 周杨, 梅念, 等. 张北柔性直流电网的构建与特性分析[J]. 电网技术, 2018, 42(11): 3698-3707.

[16] Zou C Y, Hong R G, Xu S K, et al. Analysis of resonance between a VSC-HVDC converter and the AC grid[J]. IEEE Transactions on Power Electronics, 2018, 33(12): 10157-10168.

[17] 郭贤珊, 刘斌, 梅红明, 等. 渝鄂直流背靠背联网工程交直流输电系统谐振分析与抑制[J]. 电力系统自动化, 2020, 44(20): 157-164.

第 2 章　柔性直流输电工作原理与主回路设计

换流器是柔性直流输电系统实现电能交直流变换的核心环节。柔性直流输电采用基于全控型电力电子器件的电压源换流器(VSC)，其拓扑选择与换流站内的直流主设备构成密切相关，也影响了柔性直流输电工程的设备投资、性能指标和运行方式等。结合柔性直流输电的工程实践经验，工程应用的柔性直流换流器拓扑主要有两电平(2-level)、二极管箝位型三电平(3-level)和模块化多电平换流器(MMC)三种[1-3]。为有效解决直流侧线路故障难题，在 MMC 整体结构框架的基础上，多种具备直流故障自清除能力的换流器拓扑被提出，如箝位双功率模块(又称子模块)拓扑结构、半压箝位功率模块拓扑、半全桥混合拓扑等[3-5]。

本章首先介绍不同换流器拓扑的基本工作原理和工作特性，然后以 MMC 为对象，阐述柔性直流的基本分析理论和典型接线等关键问题。

2.1　柔性直流换流器拓扑结构

2.1.1　两电平和三电平拓扑结构

两电平拓扑是早期柔性直流输电工程中使用的拓扑结构，如图 2-1 所示，共有 3 相，每相由上、下两个桥臂构成。整个换流器由 6 个桥臂和直流侧储能电容构成，每个桥臂由若干个串联的 IGBT 器件和与之反向并联的二极管构成，直流侧储能电容可等效为共接地点(或中性点)的上、下两部分。每个桥臂需要串联的 IGBT 数量与直流电压的大小和单个 IGBT 额定电压有关。相对于直流侧接地点(或

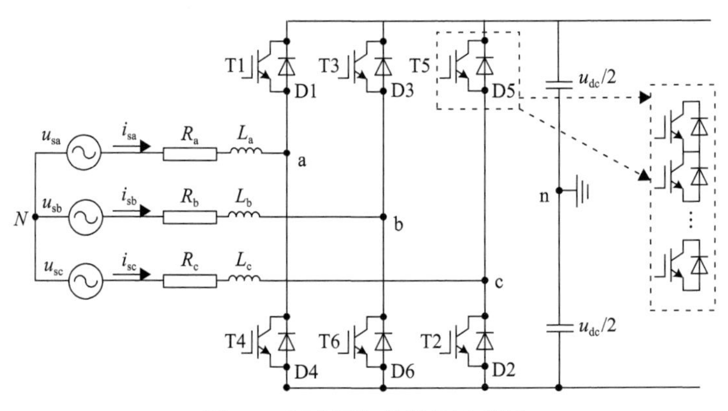

图 2-1　两电平拓扑结构示意图

中性点），每相交流侧可以输出两个电平，即$+\frac{1}{2}U_{dc}$和$-\frac{1}{2}U_{dc}$。为了降低换流器交流侧输出电压的谐波含量，IGBT 的触发脉冲生成采用脉冲宽度调制技术，载波频率一般达到 1～2kHz[2]。

二极管箝位型三电平拓扑结构如图 2-2 所示。整个换流器由 6 个桥臂和直流侧储能电容构成，每个桥臂由若干个串联的 IGBT 器件和与之反向并联的二极管构成，同一相上下两个桥臂分别通过一个箝位二极管与接地点相连，直流侧储能电容可等效为共接地点(或中性点)的上、下两部分。相对于直流侧接地点(或中性点)，每相交流侧可以输出三个电平，即$+\frac{1}{2}U_{dc}$、0 和$-\frac{1}{2}U_{dc}$。

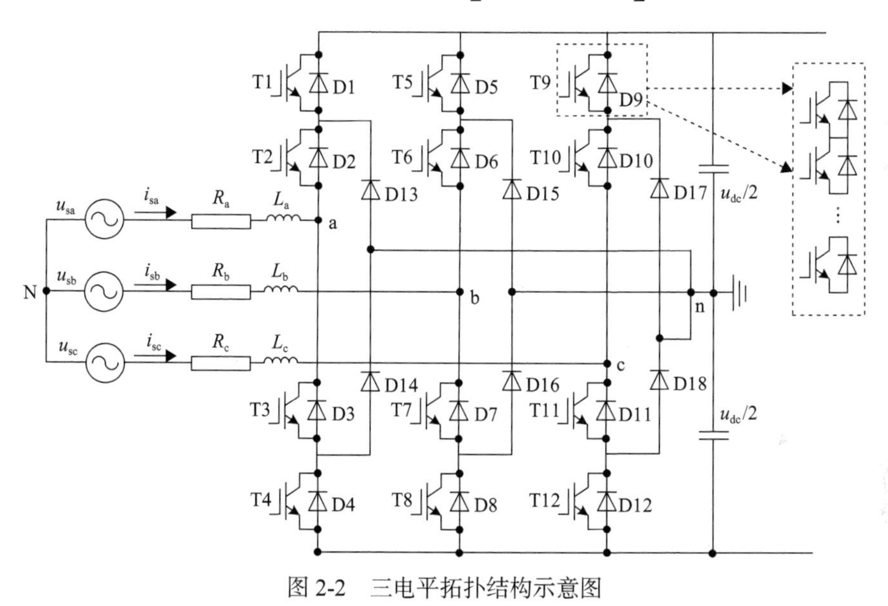

图 2-2　三电平拓扑结构示意图

两电平和三电平拓扑结构主要存在以下问题，从而限制了其直流电压和输电容量的提升：

(1)采用脉冲宽度调制技术，交流输出电压的谐波含量较大，为了满足接入电网的电能质量谐波要求，通常需要配置一定数量的交流滤波器。

(2)脉冲宽度调制开关频率高，达到 1～2kHz，系统运行损耗可高达 1.7%～3%。

(3)为了提高直流输送电压，通常由数十个，甚至上百个 IGBT 器件串联承受高压，需要解决 IGBT 串联存在的动、静态均压问题。

2.1.2　模块化多电平拓扑结构

为了解决两电平和三电平拓扑的技术难题，MMC 应运而生。与两电平和三电平拓扑相比，MMC 型柔性直流输电工程具有明显优势，主要如下：

(1)输出电压质量高。交流输出电压接近正弦波，使得换流器交流侧不需要安装滤波装置，从而节约占地面积和设备成本。此外，各个子模块的工作电压通常比较低，开关器件只需耐受子模块电压，从而解决了开关器件串联的难题。

(2)运行损耗低。开关频率一般较低，通常在 200Hz 以下，这使得 MMC 的开关损耗大为降低，目前单站主设备的运行损耗已经可以达到 0.85%左右。

(3)模块化设计。这使得 MMC 便于采用标准器件并具有良好的扩展性，有利于缩短工程周期，方便电压等级的提高以及输送功率的提升。

正是由于上述原因，MMC 一经提出，便得到广泛关注并快速发展，成为当前柔性直流输电工程采用的主流拓扑结构。MMC 由三个相单元构成，一个相单元由上、下两个桥臂构成，每个桥臂由 N 个功率模块和一个桥臂电抗器 L_0 串联而成，如图 2-3 所示。功率模块是 MMC 的基本单元，目前已经投运的工程上采用的主要有两种电路结构，即半桥功率模块和全桥功率模块，如图 2-4 所示。当 MMC 桥臂中仅包含半桥功率模块时，称为半桥型 MMC；当 MMC 桥臂中仅包含全桥功率模块时，称为全桥型 MMC；当 MMC 桥臂中同时包含半桥功率模块和全桥功率模块时，称为半桥全桥混合型 MMC。

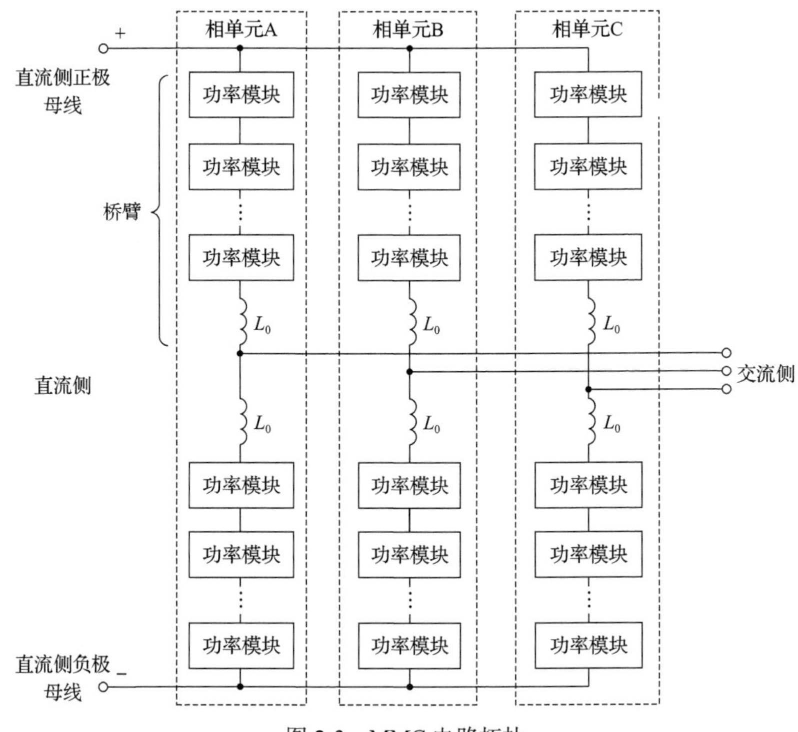

图 2-3　MMC 电路拓扑

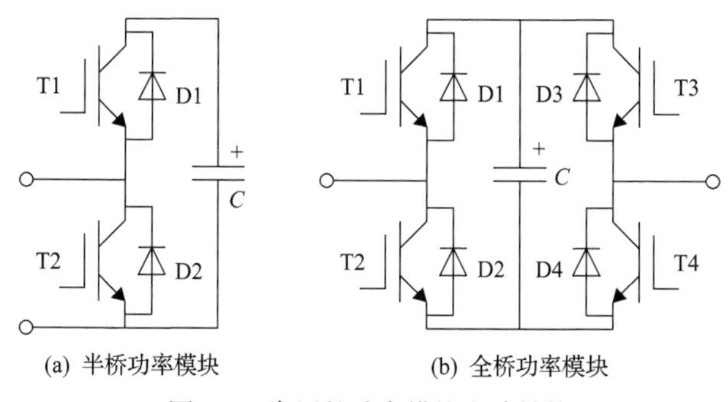

(a) 半桥功率模块　　(b) 全桥功率模块

图 2-4　常用的功率模块电路结构

表 2-1 为半桥功率模块的输出状态表。在正常工作过程中，半桥功率模块有三种工作状态[6]。

(1) 投入状态：T1 导通(ON)，T2 关断(OFF)，此时半桥功率模块输出为电容电压；若为正向桥臂电流，则半桥功率模块电容充电；若为负向桥臂电流，则半桥功率模块电容放电。

(2) 切除状态：T1 关断(OFF)，T2 导通(ON)。此时半桥功率模块输出近似为零，半桥功率模块电压保持不变。

表 2-1　半桥功率模块输出状态表

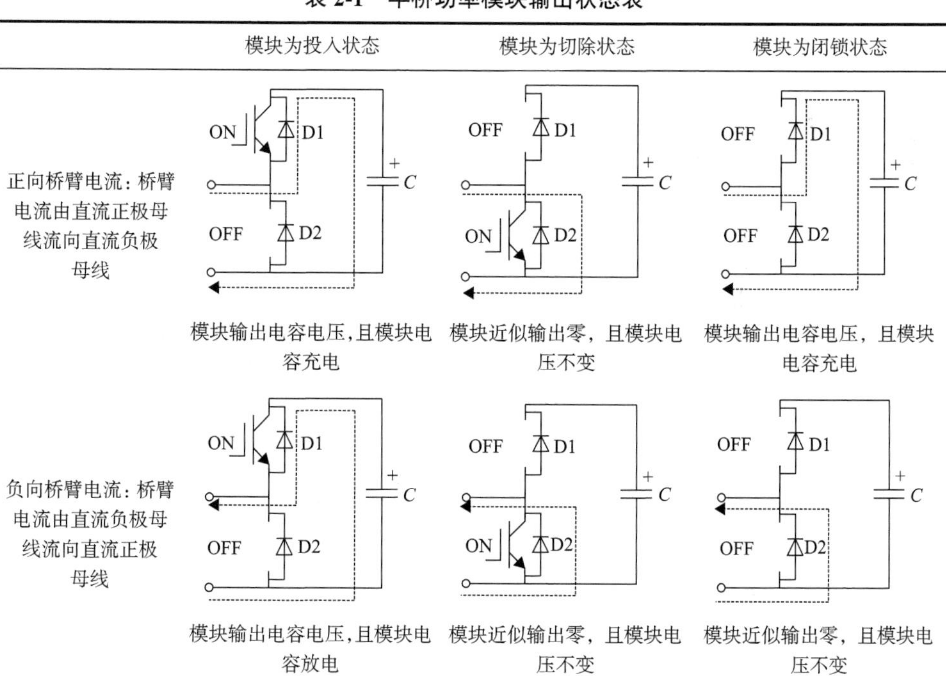

	模块为投入状态	模块为切除状态	模块为闭锁状态
正向桥臂电流：桥臂电流由直流正极母线流向直流负极母线	模块输出电容电压，且模块电容充电	模块近似输出零，且模块电压不变	模块输出电容电压，且模块电容充电
负向桥臂电流：桥臂电流由直流负极母线流向直流正极母线	模块输出电容电压，且模块电容放电	模块近似输出零，且模块电压不变	模块近似输出零，且模块电压不变

(3) 闭锁状态：T1 关断(OFF)，T2 关断(OFF)。此时半桥功率模块输出取决

于桥臂电流方向；若为正向桥臂电流，则半桥功率模块输出为电容电压，且半桥功率模块电容充电；若为负向桥臂电流，则半桥功率模块输出近似为零，且半桥功率模块电压保持不变。

表 2-2 为全桥功率模块的输出状态表。在正常工作过程中，全桥功率模块有四种工作状态。

(1)正投入状态：T1 和 T4 导通(ON)，T2 和 T3 关断(OFF)，此时全桥功率模块输出为正电容电压；若为正向桥臂电流，则全桥功率模块电容充电；若为负向桥臂电流，则全桥功率模块电容放电。

(2)负投入状态：T2 和 T3 导通(ON)，T1 和 T4 关断(OFF)，此时全桥功率模块输出为负电容电压；若为正向桥臂电流，则全桥功率模块电容放电；若为负向桥臂电流，则全桥功率模块电容充电。

(3)切除状态：T1 和 T3 导通(ON)、T2 和 T4 关断(OFF)或者 T2 和 T4 导通(ON)、T1 和 T3 关断(OFF)。此时全桥功率模块输出近似为零，功率模块电压保持不变。

(4)闭锁状态：T1、T2、T3、T4 均关断(OFF)。此时全桥功率模块输出取决于桥臂电流方向；若为正向桥臂电流，则全桥功率模块输出为正电容电压，且功率模块电容充电；若为负向桥臂电流，则全桥功率模块输出为负电容电压，且功率模块电容依然充电。

表 2-2　全桥功率模块输出状态表

	模块为正投入状态	模块为负投入状态	模块为切除状态	模块为闭锁状态
正向桥臂电流：桥臂电流由直流正极母线流向直流负极母线	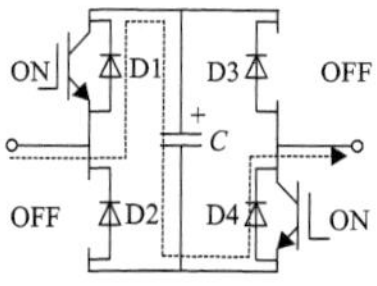 模块输出正电容电压，且模块电容充电	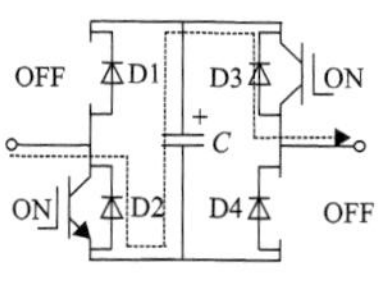 模块输出负电容电压，且模块电容放电	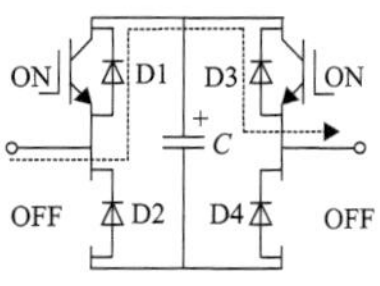 模块近似输出零，且模块电压不变	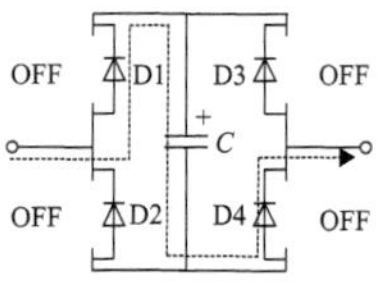 模块输出正电容电压，且模块电容充电
负向桥臂电流：桥臂电流由直流负极母线流向直流正极母线	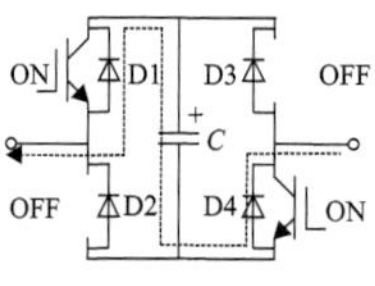 模块输出正电容电压，且模块电容放电	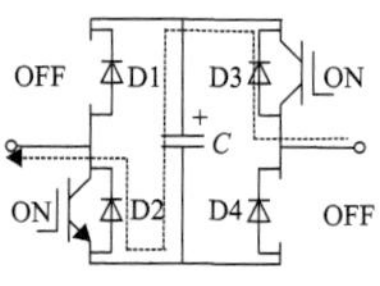 模块输出负电容电压，且模块电容充电	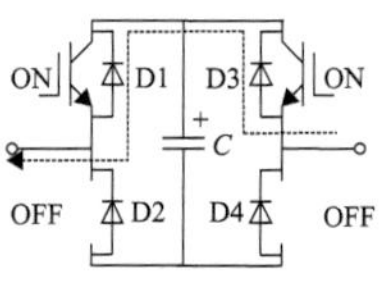 模块近似输出零，且模块电压不变	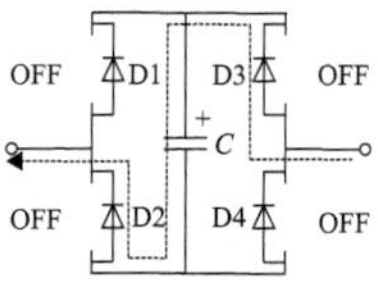 模块输出负电容电压，且模块电容充电

实际工程应用中，为了保障 MMC 运行的可靠性，通常会配置一定数量的冗余功率模块。为了使故障的功率模块能够被隔离出去而不影响 MMC 运行，功率模块通常都会配置旁路开关。当有功率模块发生故障时，通过闭合旁路开关将其

隔离出去。图 2-5 为半桥和全桥功率模块正常运行、故障旁路时旁路开关的状态。

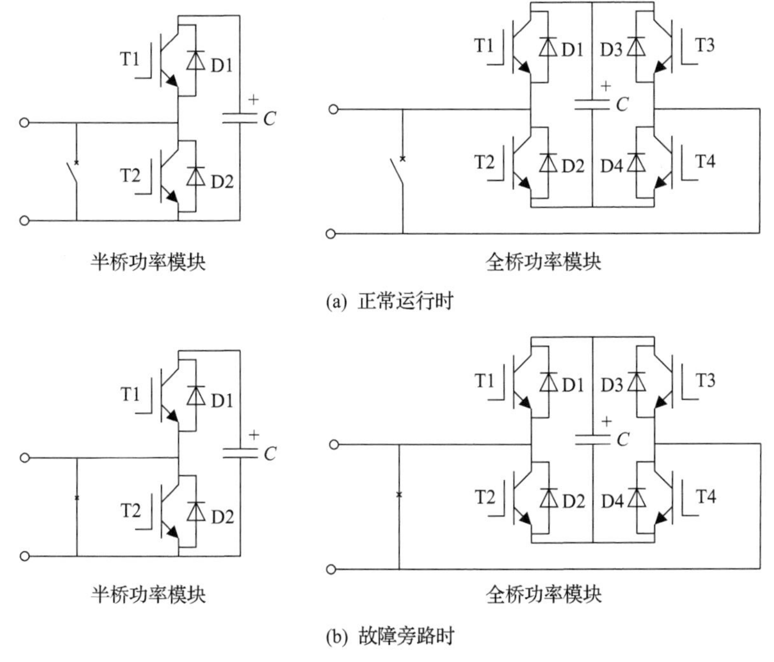

图 2-5　半桥和全桥功率模块旁路开关的状态

图 2-6 为半桥型 MMC 交流输出电压与直流电压的原理性关系示意图[6]。一般情况下，当不考虑三次谐波注入等过调制技术手段时，MMC 交流输出电压的相电压峰值始终小于或者等于直流电压的一半。当采用三次谐波注入时，半桥型 MMC 可以在相同的相电压峰值限值条件下，获得更高的基波输出电压，提高直流电压的利用率。

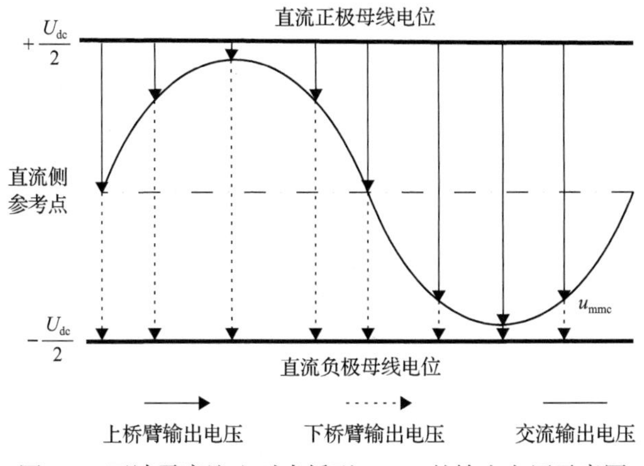

图 2-6　不计零序注入时半桥型 MMC 的输出电压示意图

图 2-7 为全桥型或者半桥全桥混合型 MMC 交流输出电压与直流电压的原理性关系示意图。由于全桥功率模块具有负电平输出能力，MMC 桥臂可以输出负电压。换言之，换流器的交流输出电压的相电压峰值可以突破直流电压的限制，高于直流电压的一半。

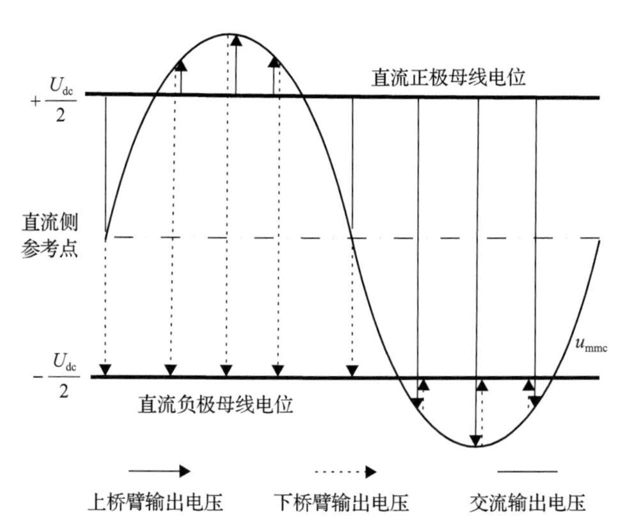

图 2-7　全桥型或者半桥全桥混合型 MMC 的输出电压示意图

假设换流器直流侧虚拟参考点的电位为零，换流器正、负极直流母线相对于参考点的电位分别是$\frac{1}{2}U_{dc}$和$-\frac{1}{2}U_{dc}$，u_{mmc}为换流器交流侧相对于直流侧参考点的电位。

对于半桥型 MMC，功率模块电压的额定运行值 U_{cref}、桥臂模块数 N(不计冗余)和直流电压 U_{dc} 满足如下约束[6]：

$$U_{dc} = NU_{cref} \tag{2-1}$$

半桥型 MMC 上、下桥臂输出电压 u_p 和 u_n 需满足以下约束：

$$\begin{cases} 0 \leqslant u_p, \ u_n \leqslant U_{dc} \\ u_p + u_n = U_{dc} \end{cases} \tag{2-2}$$

对于全桥型或半桥全桥混合型 MMC，功率模块电压的额定运行值 U_{cref}、桥臂模块数 N(不计冗余)除了与直流电压 U_{dc} 有关，还与需要交流输出相电压的幅值 U_{ac} 有关，满足如下约束：

$$\frac{U_{dc}}{2} + U_{ac} = NU_{cref} \tag{2-3}$$

全桥型 MMC 上、下桥臂输出电压 u_p 和 u_n 满足以下约束：

$$\begin{cases} U_{ac}-\dfrac{U_{dc}}{2}\leqslant u_p,\ u_n\leqslant U_{ac}+\dfrac{U_{dc}}{2} \\ u_p+u_n=U_{dc} \end{cases} \tag{2-4}$$

MMC 各个桥臂的输出电压由各个功率模块的输出电压合成。在满足上述约束条件的前提下，科学合理地控制上、下桥臂各个功率模块的投入和切除状态，即可得到预期需要输出的桥臂电压，从而在交流侧得到期望的输出电压。然而，功率模块电容电压的稳定运行是 MMC 能够正常工作的前提条件，即必须使得 MMC 所有功率模块存储的能量整体保持稳定。与此同时，还需要保持桥臂内各个功率模块电压相互之间是平衡的，这可以通过一定的模块电压平衡控制算法来实现[7,8]。

2.2　柔性直流输电工作原理

对于柔性直流输电，其换流器交流侧基波等效电路如图 2-8 所示。

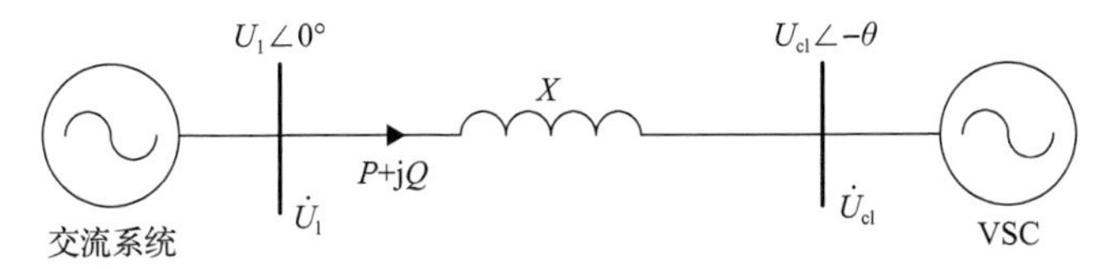

图 2-8　柔性直流换流器交流侧的基波等效电路

假设交流母线的电压相量 $\dot{U}_1=U_1\angle 0°$，柔性直流换流器输出电压基波相量 $\dot{U}_{c1}=U_{c1}\angle -\theta$，交流母线与柔性直流换流器之间的等效电抗为 X，交流母线流入柔性直流换流器侧的有功功率为 P、无功功率为 Q。P、Q 可通过式(2-5)和式(2-6)表达：

$$P=\frac{U_1U_{c1}}{X}\sin\theta \tag{2-5}$$

$$Q=\frac{U_1(U_1-U_{c1}\cos\theta)}{X} \tag{2-6}$$

由式(2-5)可知，当 $\dot{U}_{c1}$ 滞后于 $\dot{U}_1$ 的角度 $\theta>0°$ 时，有功功率从交流母线流向柔性直流换流器侧，意味着柔性直流换流器工作在整流状态；当 $\dot{U}_{c1}$ 滞后于 $\dot{U}_1$ 的角度 $\theta<0°$ 时，有功功率从柔性直流换流器侧流向交流母线，意味着柔性直流换

流器工作在逆变状态。

由式(2-6)可知，当$U_1 - U_{c1}\cos\theta > 0$时，意味着柔性直流换流器工作在吸收无功状态(感性)；当$U_1 - U_{c1}\cos\theta < 0$时，意味着柔性直流换流器工作在发出无功状态(容性)。

图 2-9 为 PQ 平面上柔性直流换流器稳态运行时的基波相量图。图中以交流母线电压相量$\dot{U}_1$为参考相量，当$\dot{U}_{c1}$滞后于$\dot{U}_1$的角度$\theta > 0°$时，$\dot{U}_{c1}$落在 PQ 平面的第一、四象限内，交流母线流向柔性直流换流器侧的有功功率 $P>0$；当$U_1 < U_{c1}\cos\theta$时，$\dot{U}_{c1}$落在 PQ 平面的第三、四象限内，交流母线流向柔性直流换流器侧的无功功率 $Q<0$。

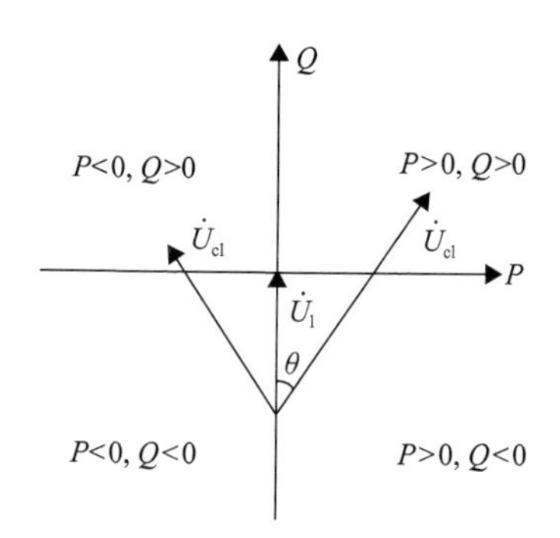

图 2-9　柔性直流换流器稳态运行时的基波相量图

综上，通过控制柔性直流换流器输出电压与交流母线电压的相角差可以控制有功功率 P 的大小和方向，通过控制柔性直流换流器输出电压与交流母线电压的幅值差可以控制无功功率 Q 的大小和方向。柔性直流换流器正常工作时，各桥臂分别根据对应的调制波生成 IGBT 的触发信号，通过控制各桥臂 IGBT 的导通与关断，即可在柔性直流换流器交流侧生成期望的交流电压，从而实现对输出电压幅值、相角的独立控制，并进而实现有功、无功的四象限控制。

2.3　MMC 的稳态运行分析

现有柔性直流输电工程基本采用 MMC 拓扑结构，因此本节重点介绍 MMC 的基本分析理论。MMC 上、下桥臂的参考电压可以表示为[6]

$$
\begin{cases}
u_{\text{parm\_ref}} = \dfrac{1}{2}U_{\text{dcref}} - E\cos(\omega_0 t) + \Delta u & \text{(2-7)} \\
u_{\text{narm\_ref}} = \dfrac{1}{2}U_{\text{dcref}} + E\cos(\omega_0 t) + \Delta u & \text{(2-8)}
\end{cases}
$$

式中，$u_{\text{parm\_ref}}$、$u_{\text{narm_ref}}$为上、下桥臂参考电压；U_{dcref}为直流参考电压；E为交流参考电压的幅值；Δu为用于环流抑制控制、阻尼控制等产生的补偿电压参考值，幅值较小，在换流器主回路分析中可以将其忽略；ω_0为工频角频率。

在柔性直流输电中，MMC每个桥臂的功率模块数量多达几百个，一般采取最近电平逼近调制获得需要投入和切除功率模块个数，然后根据排序等逻辑获得IGBT的触发脉冲。该过程可以表示为

$$\sum_{i=1}^{m} S_i + \sum_{j=1}^{m} S_j = \text{round}(u_{\text{arm\_ref}} / U_{\text{sm\_ref}}) \tag{2-9}$$

式中，$U_{\text{sm_ref}}$为功率模块额定运行电压值；$u_{\text{arm_ref}}$为桥臂参考电压；round(x)为就近取整函数，如round(1.1)=1、round(1.6)=2。

为了便于统一分析，本节以半桥全桥混合型MMC为例进行分析。S_i为第i个半桥功率模块的状态，$1 \leqslant i \leqslant m$，$S_i=1$表示投入，$S_i=0$表示切除；$S_j$为第$j$个全桥功率模块的状态，$1 \leqslant j \leqslant m$，$S_j=1$表示正投入，$S_j=-1$表示负投入，$S_j=0$表示切除。

为维持换流器的稳定运行，需要将MMC的电容电压波动控制在一定范围内，一般为±10%以内。同时，还会通过电容电压平衡控制措施将一个桥臂内功率模块电容之间的电压偏差控制在较小范围[7,8]。因此，在不降低分析准确性的条件下，可以假设一个桥臂内所有功率模块的电容电压是相同的。

考虑上述因素，联立式(2-8)和式(2-9)，且忽略高次谐波分量，可得MMC上、下桥臂中一个功率模块的开关函数为

$$\begin{cases} S_{\text{p}} = \left[m_{\text{dc}} - m_{\text{ac}} \cos(\omega_0 t)\right] / 2 \\ S_{\text{n}} = \left[m_{\text{dc}} + m_{\text{ac}} \cos(\omega_0 t)\right] / 2 \end{cases} \tag{2-10}$$

将其表示为相量形式，可得

$$\begin{cases} S_{\text{p}} = (m_{\text{dc}} - m_{\text{ac}} \text{e}^{\text{j}\omega_0 t}) / 2 \\ S_{\text{n}} = (m_{\text{dc}} + m_{\text{ac}} \text{e}^{\text{j}\omega_0 t}) / 2 \end{cases} \tag{2-11}$$

式中，m_{dc}为直流调制比，m_{ac}为交流调制比，分别定义为(其中$N=n+m$)：

$$\begin{cases} m_{\text{dc}} = U_{\text{dcref}} / (N U_{\text{sm\_ref}}) \\ m_{\text{ac}} = 2E / (N U_{\text{sm\_ref}}) \end{cases} \tag{2-12}$$

式中，$0 \leqslant m_{\text{dc}} \leqslant 1$。当$m_{\text{dc}}=1$时，为MMC非过调制运行工况且不考虑冗余功率

模块。

为了提高系统可靠性，柔性直流输电工程均配置一定比例的冗余功率模块。对于高压/特高压远距离架空线柔性直流输电工程，当采用全桥型 MMC 或者半桥全桥混合型 MMC 时，换流器可以工作在过调制状态下，此时 m_{dc} 小于 m_{ac}。

当上、下桥臂参数对称时，MMC 内部仅包含偶次谐波环流；当上、下桥臂参数不对称时，如功率模块数量不同、桥臂电抗器电感值不同，MMC 内部会产生奇频环流，造成上、下桥臂能量转移，可通过优化控制策略解决[6,9]。

MMC 上、下桥臂电流的时域表达式为

$$\begin{cases} i_{\mathrm{p}} = I_{\mathrm{d}} - \dfrac{1}{2} I_1 \cos(\omega_0 t + \varphi_1) + \sum\limits_{k=2}^{+\infty} I_k \cos(k\omega_0 t + \varphi_k) \\ i_{\mathrm{n}} = I_{\mathrm{d}} + \dfrac{1}{2} I_1 \cos(\omega_0 t + \varphi_1) + \sum\limits_{k=2}^{+\infty} I_k \cos(k\omega_0 t + \varphi_k) \end{cases} \tag{2-13}$$

将其表示为向量形式，可得

$$\begin{cases} i_{\mathrm{p}} = I_{\mathrm{d}} - \dfrac{1}{2} I_1 \mathrm{e}^{\mathrm{j}\omega_0 t} \mathrm{e}^{\mathrm{j}\varphi_1} + \sum\limits_{k=2}^{+\infty} I_k \mathrm{e}^{\mathrm{j}k\omega_0 t} \mathrm{e}^{\mathrm{j}\varphi_k} \\ i_{\mathrm{n}} = I_{\mathrm{d}} + \dfrac{1}{2} I_1 \mathrm{e}^{\mathrm{j}\omega_0 t} \mathrm{e}^{\mathrm{j}\varphi_1} + \sum\limits_{k=2}^{+\infty} I_k \mathrm{e}^{\mathrm{j}k\omega_0 t} \mathrm{e}^{\mathrm{j}\varphi_k} \end{cases} \tag{2-14}$$

式中，i_{p} 和 i_{n} 分别为上、下桥臂电流值；I_{d} 为桥臂电流直流分量，当 MMC 对称运行时，I_{d} 为直流电流的三分之一；I_1 为换流器工频输出电流的幅值；φ_1 为换流器基频电流相角；I_k 为换流器内部谐波环流的幅值；φ_k 为换流器内部谐波环流的相角；k 为谐波次数，为非零偶数。MMC 的二次谐波环流占据内部环流主要成分，其余谐波含量较小，本书分析将其忽略。

MMC 上、下桥臂功率模块电容的纹波电流可通过式(2-15)计算：

$$\begin{cases} i_{\mathrm{p\_sm}} = S_{\mathrm{p}} \cdot i_{\mathrm{p}} \\ i_{\mathrm{n\_sm}} = S_{\mathrm{n}} \cdot i_{\mathrm{n}} \end{cases} \tag{2-15}$$

联立式(2-11)、式(2-14)和式(2-15)，可得

$$\begin{cases} i_{\mathrm{p\_sm}} = i_{\mathrm{c}0} + i_{\mathrm{c}1} + i_{\mathrm{c}2} + i_{\mathrm{c}3} \\ i_{\mathrm{n\_sm}} = i_{\mathrm{c}0} - i_{\mathrm{c}1} + i_{\mathrm{c}2} - i_{\mathrm{c}3} \end{cases} \tag{2-16}$$

式中

$$\begin{cases} i_{c0} = \dfrac{m_{dc}I_d}{2} + \dfrac{m_{ac}I_1}{8}e^{j\varphi_1} \\ i_{c1} = -\left(\dfrac{m_{dc}I_1}{4}e^{j\varphi_1} + \dfrac{m_{ac}I_d}{2} + \dfrac{m_{ac}I_2 e^{j\varphi_2}}{4}\right)e^{j\omega_0 t} \\ i_{c2} = \left(\dfrac{m_{ac}I_1}{8}e^{j\varphi_1} + \dfrac{m_{dc}I_2}{2}e^{j\varphi_2}\right)e^{j2\omega_0 t} \\ i_{c3} = -\dfrac{m_{ac}I_2}{4}e^{j\varphi_2}e^{j3\omega_0 t} \end{cases} \tag{2-17}$$

为保持 MMC 运行过程中功率模块电容电压的稳定，需保持 $i_{c0}=0$。

MMC 上、下桥臂功率模块电容的纹波电压可通过式(2-18)计算：

$$\begin{cases} u_{p\_sm} = \dfrac{1}{C}\displaystyle\int i_{p\_sm}dt \\ u_{n\_sm} = \dfrac{1}{C}\displaystyle\int i_{n\_sm}dt \end{cases} \tag{2-18}$$

由此可得

$$\begin{cases} \Delta u_{p\_sm} = u_{c1} + u_{c2} + u_{c3} \\ \Delta u_{n\_sm} = -u_{c1} + u_{c2} - u_{c3} \end{cases} \tag{2-19}$$

式中

$$\begin{cases} u_{c1} = -\dfrac{m_{dc}I_1 e^{j\varphi_1} + 2m_{ac}I_d + m_{ac}I_2 e^{j\varphi_2}}{j4\omega_0 C}e^{j\omega_0 t} \\ u_{c2} = \dfrac{m_{ac}I_1 e^{j\varphi_1} + 4m_{dc}I_2 e^{j\varphi_2}}{j16\omega_0 C}e^{j2\omega_0 t} \\ u_{c3} = -\dfrac{m_{ac}I_2 e^{j\varphi_2}}{j12\omega_0 C}e^{j3\omega_0 t} \end{cases} \tag{2-20}$$

MMC 上、下桥臂的输出电压可以表示为

$$\begin{cases} u_p = N\cdot S_p\cdot\left[U_{sm\_ref} + \Delta u_{p\_sm}\right] \\ u_n = N\cdot S_n\cdot\left[U_{sm\_ref} + \Delta u_{n\_sm}\right] \end{cases} \tag{2-21}$$

将式(2-11)和式(2-18)代入式(2-19)可得，MMC 上、下桥臂的不平衡电压为

$$
\begin{aligned}
u_{\Sigma} &= \frac{u_{\mathrm{p}} + u_{\mathrm{n}}}{2} \\
&= \left(\frac{3m_{\mathrm{ac}} m_{\mathrm{dc}} N I_1}{\mathrm{j}32\omega_0 C} \mathrm{e}^{\mathrm{j}\varphi_1} + \frac{m_{\mathrm{ac}}^2 N I_{\mathrm{d}}}{\mathrm{j}8\omega_0 C} \right) \mathrm{e}^{\mathrm{j}2\omega_0 t} \\
&\quad + \frac{(3m_{\mathrm{dc}}^2 + 2m_{\mathrm{ac}}^2) N I_2}{\mathrm{j}24\omega_0 C} \mathrm{e}^{\mathrm{j}\varphi_2} \mathrm{e}^{\mathrm{j}2\omega_0 t} \\
&\quad + \frac{m_{\mathrm{ac}}^2 N I_2}{\mathrm{j}48\omega_0 C} \mathrm{e}^{\mathrm{j}\varphi_2} \mathrm{e}^{\mathrm{j}4\omega_0 t}
\end{aligned} \tag{2-22}
$$

式中，四倍频分量的幅值远小于二倍频分量的幅值，可将其忽略。另外，MMC上、下桥臂的不平衡电压还满足以下约束条件：

$$
u_{\Sigma} = -I_2 \cdot \mathrm{e}^{\mathrm{j}2\omega_0 t} \mathrm{e}^{\mathrm{j}\varphi_2} \cdot (R + \mathrm{j}2\omega_0 L) \tag{2-23}
$$

式中，R 为 MMC 一个桥臂的等效损耗电阻，L 为桥臂电抗器的电感值。联立式(2-22)和式(2-23)，可得

$$
I_2 \mathrm{e}^{\mathrm{j}\varphi_2} = \frac{\mathrm{j}\left(\dfrac{3m_{\mathrm{ac}} m_{\mathrm{dc}} I_1}{32} \mathrm{e}^{\mathrm{j}\varphi_1} + \dfrac{m_{\mathrm{ac}}^2 I_{\mathrm{d}}}{8} \right)}{\dfrac{R\omega_0 C}{N} + \mathrm{j}\left(\dfrac{2\omega_0^2 LC}{N} - \dfrac{3m_{\mathrm{dc}}^2 + 2m_{\mathrm{ac}}^2}{24} \right)} \tag{2-24}
$$

由式(2-24)可以看出，二次谐波环流存在谐振点。当发生谐振时，MMC 主回路参数、运行条件等满足以下约束：

$$
\omega_0 = \sqrt{\frac{3m_{\mathrm{dc}}^2 + 2m_{\mathrm{ac}}^2}{48LC} N} \tag{2-25}
$$

式中，定义二次谐波环流的自然谐振角频率 ω_{res} 为

$$
\omega_{\mathrm{res}} = \frac{1}{2} \sqrt{\frac{N}{LC}} \tag{2-26}
$$

联立式(2-25)和式(2-26)，为满足在所有功率水平条件下 MMC 不会发生二次谐波环流的谐振，在主回路参数设计阶段，桥臂电感值、功率模块电容值和每桥臂功率模块数量应满足以下约束条件：

$$
\omega_{\mathrm{res}} = \frac{2\sqrt{3}\omega_0}{\sqrt{3m_{\mathrm{dc}}^2 + 2m_{\mathrm{ac}}^2}} \tag{2-27}
$$

式中，m_{ac} 和 m_{dc} 在 MMC 不同功率水平、不同直流运行电压下是不同的。在 m_{ac} 和 m_{dc} 均等于 1 时，式(2-27)右边取得最小值，由此可得 ω_{res} 的取值约束条件应该为

$$\omega_{res} = 1.55\omega_0 \tag{2-28}$$

2.4　柔性直流输电工程的接线方式

2.4.1　端对端柔性直流输电系统接线

与常规直流输电类似，柔性直流输电工程可以分为单极系统、双极系统和背靠背直流输电系统[10]。单极系统可以进一步分为对称单极系统和非对称单极系统[11]；双极系统可以进一步分为双极两端中性点接地方式、双极一端中性点接地方式、双极金属中线方式[10]。早期的柔性直流输电工程多采用两电平和二极管箝位型三电平拓扑结构，通过直流侧电容中性点接地，构成对称单极系统，换流站的典型接线如图 2-1 和图 2-2 所示。目前的柔性直流输电工程基本采用模块化多电平拓扑结构。

换流站接线形式选择与输送电压和输送容量密切相关。在确定的直流电压等级下，功率器件的通流能力决定了柔性直流单个换流器能够输送功率的大小。根据 MMC 交流侧和直流侧之间的有功功率平衡要求，可得到以下约束项：

$$\begin{cases} mk\cos\varphi = 2 \\ m = 2E / U_{dc} \\ k = 1.5I/I_{dc} \end{cases} \tag{2-29}$$

式中，E 为 MMC 内部交流电压的幅值；U_{dc} 为直流电压；I 为交流电流的峰值；I_{dc} 为直流电流；$\cos\varphi$ 为功率因数；m 为调制比；k 为电流比。由此可得桥臂电流有效值的表达式如式(2-30)所示：

$$I_{rms} = \sqrt{\left(\frac{I_{dc}}{3}\right)^2 + \left(\frac{I_{dc}}{3}\cdot\frac{2}{m\cos\varphi}\cdot\frac{1}{\sqrt{2}}\right)^2} \tag{2-30}$$

考虑器件运行结温和暂态故障时的安全裕量，并结合实际应用经验，IGBT 器件的电流利用率约在 65%，即桥臂电流的有效值约为 IGBT 额定电流的 65%。假设 m=0.95、$\cos\varphi$=1.0、IGBT 的电流利用率为 65%，可得不同直流电压等级下的传输容量与 IGBT 额定电流之间的关系如图 2-10 所示。

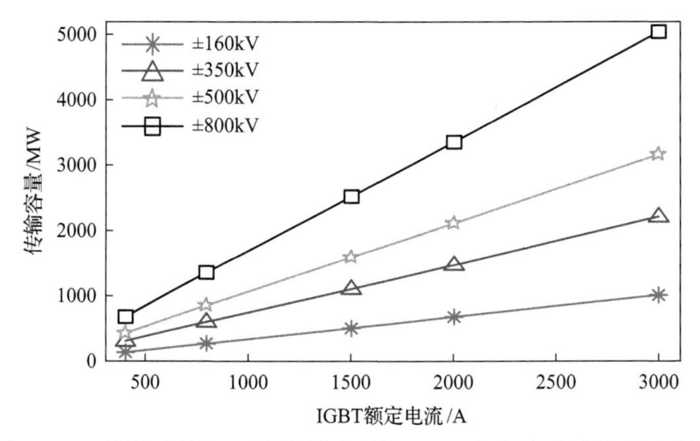

图 2-10　不同电压等级下的传输容量与 IGBT 额定电流的关系示意图

由图 2-10 可知，当采用额定电流为 3000A 的 IGBT 器件时，直流电压±500kV 下柔性直流的传输容量能够达到 3000MW，直流电压±800kV 下柔性直流的传输容量能够达到 5000MW。如果需要更大的传输容量，就应该选择额定电流更高的 IGBT 器件，或者采用 IGBT 并联的接线方式，抑或采用多个换流器并联运行方式。

对称单极接线是现阶段柔性直流输电工程应用较为广泛的一种主回路接线方式，如图 2-11 所示。该接线方式下，为了向直流输电系统提供地电位参考，换流站一般采取变压器阀侧绕组中性点经大电阻接地方式或者经大电抗-大电阻串联接地方式（图 2-11 中接地方式 1），或者采用变压器阀侧经大电抗接地方式（图 2-11 中接地方式 2）。对称单极接线的主要优点如下：柔直变压器采用一般的电力变压器即可，正常运行过程中换流阀交流侧的设备不需要承受直流偏置电压；换流

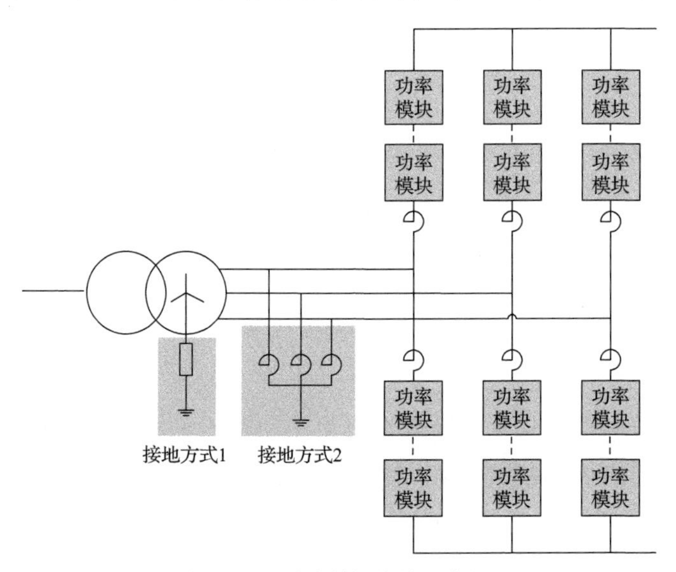

图 2-11　对称单极接线示意图

站接地采用站内接地即可，无须设置专门的接地极及接地极线路。对称单极接线的主要缺点如下：直流输电系统故障将损失全部直流功率；直流侧的绝缘水平较高，当发生直流单极接地故障时，健全极需要承受全部直流电压；柔直变压器一般为三相双绕组或者单相双绕组接线方式，当输送容量较大时，需要多台变压器并联运行。在当前技术发展水平下，对称单极接线柔性直流的输电电压可达±500kV，输送能力达到 2000～3000MW。未来随着直流电缆、功率器件等核心装备技术的发展，输电电压和输送功率有望进一步提升。

当直流输送电压进一步提升至±500～±800kV 后，综合考虑设备能力、可靠性、经济性、运行方式灵活性等因素，通常采取对称双极接线。在对称双极接线方案下，根据换流站每极换流单元的数量，柔性直流的阀组接线可以有单阀组和多阀组串联等形式。最简单且有工程应用的多阀组串联结构为高低阀组形式。

对称双极单阀组接线示意图如图 2-12 所示。该接线方式下，换流站的 1 个极为 1 个换流器单元，换流站地电位通常由接地极提供。柔直变压器阀侧绕组一般采取 Y 或者△接线，起到隔离零序电流通路的作用。

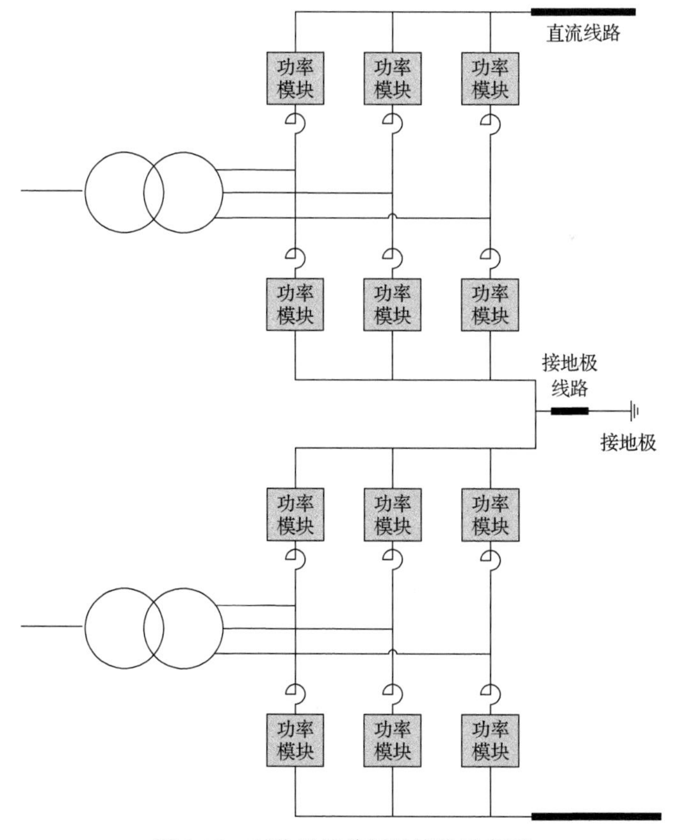

图 2-12　对称双极单阀组接线示意图

对称双极高低阀组接线示意图如图 2-13 所示。该接线方式下，换流站的 1 个极为 2 个换流器单元，换流站地电位由接地极提供。

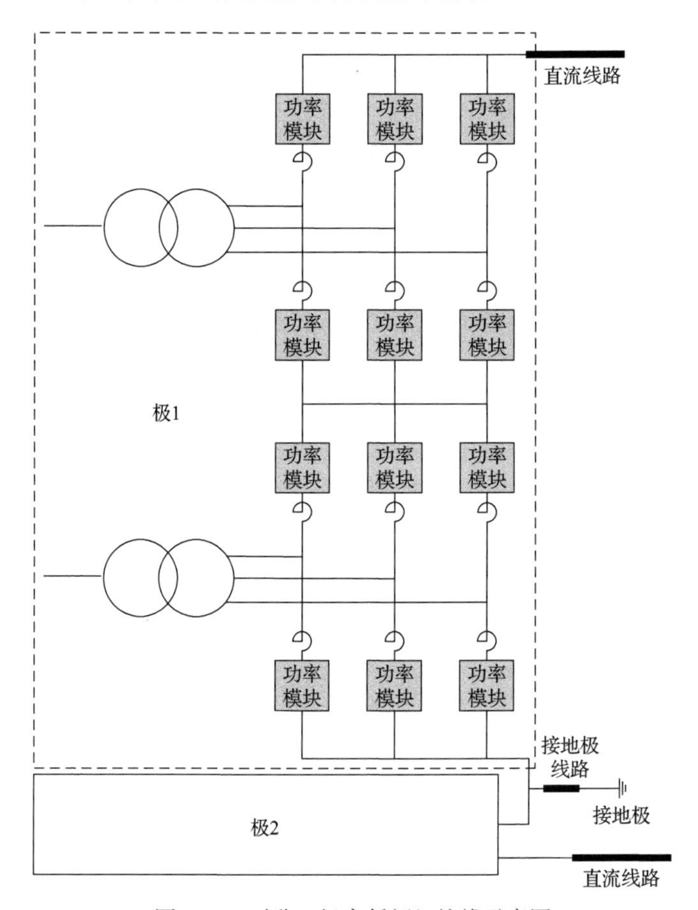

图 2-13　对称双极高低阀组接线示意图

以±800kV/5000MW 特高压柔性直流输电为例，在对称双极接线方式下，单阀组和高低阀组两种方案的设备特性和运行特性综合对比分别如表 2-3 和表 2-4 所示。

表 2-3　单阀组和高低阀组方案全站主要设备特性对比

对比项		单阀组	高低阀组
启动电阻	数量	3 台	6 台
换流阀	模块数量	约 5000 个	约 5000 个
	绝缘水平	800kV 级	高端阀组 800kV 级 低端阀组 400kV 级
	冷却系统	4 套	4 套

续表

对比项		单阀组	高低阀组
控制保护（不含冗余）	站控	1 套	1 套
	极控	2 套	2 套
	阀组控制	2 套	4 套
	测量	约 80 路	约 110 路
变压器	台数	共 12 台，需 2 台并联构成 1 相	共 12 台
	单台容量	约 500MVA	约 500MVA
	阀侧绝缘水平	800kV 等级	一半为 800kV 等级 一半为 400kV 等级
桥臂电抗器	总电感值	基本相当	基本相当
800kV 穿墙套管	数量	6	6
400kV 穿墙套管	数量	0	12
中性线穿墙套管	数量	6	6

表 2-4 单阀组和高低阀组方案运行特性对比

对比项		单阀组	高低阀组
运行方式	双极运行	支持	支持
	单极大地	支持	支持
	单极金属	支持	支持
	降压运行	支持	支持
	阀组投退	不支持	支持
控制特性	控制模式	一致	一致
	稳态特性	一致	一致
	暂态特性	—	暂态响应受到高低阀组参数差异影响
	附加控制	控制参数需要适应变压器退出工况	需要增加阀组间电压平衡控制

在设备特性综合对比方面：①两种方案的换流阀功率模块数量相等，当采用 4500V IGBT 器件时，单站功率模块总数量约为 5000 个，阀冷容量需求一致，但是高低阀组方案中有 50%数量阀塔的对地绝缘水平较低；②两种方案所需变压器台数和容量基本一致，但是高低阀组方案中有 50%数量的变压器绝缘水平为 400kV 等级，设备造价大为降低；③高低阀组方案需要多 2 套阀组控制，由于换流器单元数量变多，变压器阀侧电压和电流、桥臂电流等测点数量变多；④两种方案下，

桥臂电抗器每相总的电感值基本相当，单阀组方案每个极的每相电感值较大，每个电抗器可能需要由 2 个串联线圈构成，而高低阀组方案每个极的每相由 4 个桥臂构成(分布在两个换流器单元中)；⑤高低阀组需要多出 12 根 400kV 穿墙套管。

在运行特性方面，两种方案的主要差异在于阀组的投入和退出。对单阀组方案而言，其本身没有阀组投入的工况，如采取全桥型 MMC 或者半桥全桥混合型 MMC 拓扑结构，则单阀组方案可以通过 50%降压运行实现近似的 400kV 运行。对于高低阀组方案，柔性直流换流器拓扑结构仅影响阀组投入和退出的具体过程，如果采取全桥型 MMC 或者半桥全桥混合型 MMC，则高低阀组方案可以实现阀组的在线投入与退出。在控制特性方面，两种方案的控制模式、稳态控制特性一致。但是高低阀组的暂态控制特性会受到两个阀组主回路参数差异性的影响。附加控制中，高低阀组需要增加两个阀组的平衡控制，单阀组需要考虑控制参数对换流单元回路等效阻抗变化的适应性(主要考虑 1 组变压器退出运行)。

总体而言，对于特高压柔性直流输电，综合考虑阀组在线投退等运行方式和系统能量可用率要求，高低阀组接线是更加适合的接线方式。

2.4.2　多端柔性直流输电系统接线

多端柔性直流输电系统是由多个(三个及以上)换流站及其相互连接的各直流输电线路所组成的直流输电系统。按照接线方式，多端柔性直流输电主要有并联型和串联型。每种结构形式有不同的运行控制特性，通过控制换流站不同的电气量来达到功率分配的目的。并联型多端柔性直流输电系统各换流站间以同等级直流电压运行，如图 2-14 所示。这类结构的输电系统正常工况下由一个换流站控制系统的直流电压，其余换流站控制直流电流，从而达到功率分配的目的。串联型多端直流输电系统是指各换流站串联连接，流过同一直流电流的多端柔性直流输电系统，换流站之间的功率分配主要靠改变直流电压来实现，如图 2-15 所示。在串联型多端柔性直流输电系统中，一般由一个换流站承担整个串联电路中直流电压的平衡，同时也起调节电流的作用。

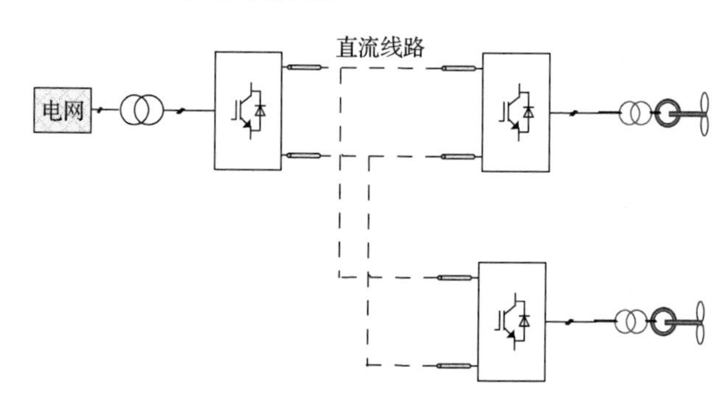

图 2-14　并联型多端柔性直流输电系统示意图

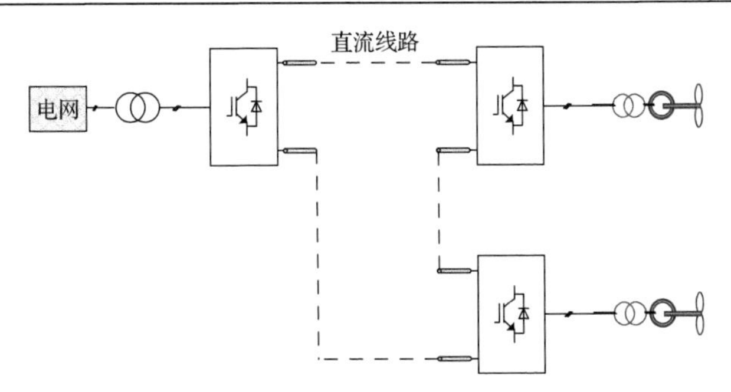

图 2-15　串联型多端柔性直流输电系统示意图

迄今为止，国内外已有 10 项多端直流输电工程建成投运，均为并联型多端直流输电系统，其中 6 项采用常规直流输电技术，3 项采用柔性直流输电技术，1 项采用混合直流输电技术，如表 2-5 所示。

表 2-5　多端直流输电工程

序号	工程名称	年份	电压/kV	功率/MW	特征
1	意大利-科西嘉-撒丁岛	1987	200	200	常规直流三端
2	魁北克-新英格兰	1992	±500	2250	常规直流五端
3	日本新信侬	2000	10.6	153	常规直流三端
4	加拿大纳尔逊河	1985	±500	3800	常规直流四端
5	美国太平洋联络线	1989	±500	3100	常规直流四端
6	印度 NEA 800	2015	±800	6000	常规直流三端
7	南澳多端直流输电工程	2013	±160	200	柔性直流三端
8	舟山多端直流输电工程	2014	±200	400	柔性直流五端
9	张北柔性直流电网工程	2020	±500	3000	柔性直流四端
10	昆柳龙直流工程	2020	±800	5000	混合直流三端

由于多端柔性直流输电网络拓扑结构和输电功能的特殊性，其控制保护策略与两端直流输电存在较大差异，多端柔性直流输电控制系统需要统一协调控制多个换流站，需要多个控制等级，在高层控制上比两端直流更加复杂，与交流系统的相互影响也更为复杂。

2.5　柔性直流输电工程参数设计

2.5.1　直流电压选取方法

在实际工程初步估计电压等级时，有以下几种方法可以确定直流电压等级[12]。

(1)经验公式法。瑞典 E.乌尔曼的经验公式：

$$V_{\mathrm{d}} = \pm 12\sqrt{P}$$

(2)西德公式：

$$V_{\mathrm{d}} = \pm 12\sqrt{\frac{PL}{3.398\times 10^{-3}\times L + 1.4083\times 10^{-3}\times P}} \tag{2-31}$$

式中，V_{d}为双极直流线路对地线电压，kV；P 为双极直流线路的输送功率，kW；L 为双极直流线路的长度，km。

(3)由电缆参数确定法。参照厂家提供的电缆参数，根据输送容量选择电缆型号，从而进一步选择柔性直流输电电压等级。

对于背靠背直流输电工程，由于不存在直流线路的制约，直流电压的选择与额定直流电流密切相关，额定直流电流的选取主要取决于换流阀功率器件的发展水平。为了降低直流电压，减小占地面积，宜选择通流能力高的 IGBT 器件，以增大系统直流电流。

在相同输送容量下，对于 MMC 拓扑结构，若选用同样电压等级的功率模块，直流电压与功率模块数量成正比，即直流电压降低可减少模块数量。但同时功率器件的集电极电流一般会随着直流电压的降低而增大，有可能需要选择更大通流能力的功率模块。另外，在相同直流电压下，若选用高电压等级的功率器件，则功率模块数量将会减少，有利于降低损耗。

2.5.2　主回路参数计算需要的基础数据

开展柔性直流输电工程的主回路参数设计，一般需要以下输入条件：系统接线、运行方式、额定直流电压、考虑的功率输送能力、交流系统特性、直流线路参数、变压器、电抗器等设备制造公差、测量误差。

2.5.3　柔直变压器与桥臂电抗器设计

柔直变压器与桥臂电抗器是柔性直流换流站与交流系统之间传输功率的纽带，柔直变压器的变比选择应使得换流器出口电压与阀侧电压匹配，而柔直变压器的漏抗与桥臂电抗器的电感值往往需要综合考虑。柔直变压器变比、漏抗和桥臂电抗器的电感值设计需要综合考虑以下因素。

1. 换流器额定功率输出范围

在额定运行条件下，柔性直流换流器的功率输出范围满足以下约束条件：

$$\begin{cases} P^2+Q^2=S_{\mathrm{N}}^2 \\ P^2+\left(Q-\dfrac{U_{\mathrm{s}}^2}{X}\right)^2=\left(\dfrac{U_{\mathrm{s}}U_{\mathrm{c}}}{X}\right)^2 \end{cases} \tag{2-32}$$

式中，P、Q 分别为换流器与交流母线交换的有功功率和无功功率；S_{N} 为视在功率；X 为变压器漏抗与等效桥臂电抗值(桥臂电抗值的一半)之和；U_{c} 为换流器在额定运行工况下输出线电压有效值；U_{s} 为交流系统额定电压折算到柔直变压器二次侧的有效值。

2. 功率器件通流能力

额定运行工况下，要求柔性直流换流阀流过的电流有效值不能超过其额定电流，并保留足够的安全裕度，电流利用率通常在 65%左右。

3. 变压器有载调压分接开关

变压器是否设置有载调压分接开关与柔性直流的应用场景有关。对于海上风电送出工程，海上换流站主要向风电场提供并网参考电压，变压器一般不设置分接开关。对于接入电网应用的柔性直流换流站，采用有载调压柔直变压器可以扩大换流站的调节范围，并优化换流器运行的电压和电流，需要根据交流电压波动范围计算出额定直流电压运行时柔直变压器有载调压分接开关级数需求。变压器有载调压分接开关调节挡位方向约定为挡位数越高，变压器二次侧电压越低；挡位数越低，变压器二次侧电压越高。

变压器最大有载调压分接开关级数计算公式为

$$N_{\max}=\frac{\dfrac{U_{\mathrm{smax}}}{U_{\mathrm{SN}}}\cdot\dfrac{U_{\mathrm{tr2N}}}{U_{\mathrm{tr2}}}-1}{0.0125} \tag{2-33}$$

变压器最小有载调压分接开关级数计算公式为

$$N_{\min}=\frac{\dfrac{U_{\mathrm{smin}}}{U_{\mathrm{SN}}}\cdot\dfrac{U_{\mathrm{tr2N}}}{U_{\mathrm{tr2}}}-1}{0.0125} \tag{2-34}$$

式中，U_{SN} 为柔直变压器一次侧额定电压；U_{smax} 为系统最大电压；U_{smin} 为系统最小电压；U_{tr2N} 为柔直变压器二次侧额定电压；U_{tr2} 为不同运行方式下要求的柔直变压器二次侧电压。

4. 桥臂电抗器

桥臂电抗器是模块化多电平拓扑结构换流器缺一不可的关键部件，与换流阀功率模块串联，其设计主要考虑：①在交流系统和换流器之间与柔直变压器一起提供联接电抗，需要考虑换流器的功率输出能力；②故障时限制换流阀的短路电流水平，保护换流阀设备安全，必要时需与直流电抗器联合设计。除此以外，还应兼顾桥臂环流抑制、电流跟踪响应速度等因素。

2.5.4 换流阀参数设计

1. 功率模块数量

功率模块的直流电压等级需要与所选择的 IGBT 的电压等级相配合，相应地也决定了所需的功率模块数目。单桥臂串联功率模块数的计算公式为

$$N = \mathrm{ceil}\left(\frac{\max\left(U_{\mathrm{dcn}}, 0.5U_{\mathrm{dcm}} + U_{\mathrm{m}}\right)}{U_{\mathrm{cref}}}\right) \tag{2-35}$$

式中，ceil(·)为向上取整函数；U_{dcn} 为空载运行最大直流电压；U_{dcm} 和 U_{m} 为不同运行工况下的直流电压和柔性直流换流阀输出的交流相电压幅值。

IGBT 器件的标称电压通常是指其集电极和发射极之间所能承受的最大阻断电压，IGBT 器件在运行时所承受的电压(包括暂态过程的峰值电压)均不应超过此值。在实际设计时，考虑到开关器件开关动作时产生的尖峰电压，以及直流电容电压上存在的波动，在选择功率模块直流电压等级时通常需要考虑留有 1 倍左右的裕量。在计算功率模块数量时，需要换流阀一个桥臂的最大运行直流电压。为了提高直流输电系统的运行可靠性，功率模块还需配置一定冗余比例，一般的经验值为 5%～10%。

2. 功率模块直流电容

功率模块直流电容的主要作用是为换流器生成期望的交流电压提供直流电压支撑，正常运行中需要保持总储能水平稳定。由于输送功率，功率模块直流电容在开关器件调制作用下将承受纹波电流，因此会产生电压波动。为了限制电压波动幅度，需要选择合适的电容值，一般可通过式(2-36)选取初步设计值：

$$C \geqslant \frac{NS}{3(1+\lambda)m\omega\varepsilon U_{\mathrm{dc}}^{2}}\left[1-(m\cos\varphi/2)^{2}\right]^{3/2} \tag{2-36}$$

式中，m 为额定功率水平下的调制比；N 为每桥臂功率模块数量；C 为功率模块电容值；S 为换流器视在容量；$\cos\varphi$ 为额定功率因数；ω 为工频角频率；U_{dc} 为换流器额定直流运行电压；ε 为电容电压波动幅值设计值。在实际设计时，还需要考虑环流分量和阀控均压措施对功率模块电压波动幅度的影响，因此功率模块电容值还应该在上述计算结果的基础上取一定的裕度。一般工程经验值是将电容电

压波动在额定功率水平下控制在±10%以内。

对于远距离输电工程，需要关注直流线路储能对换流阀暂态能量的冲击。

2.5.5　直流电抗器

直流侧装设直流电抗器主要有以下作用：

(1) 抑制直流开关场或直流线路所产生的陡波冲击波进入阀厅，使换流阀免于遭受过电压而损害。

(2) 削减长距离输电直流线路上的谐波电流，消除直流线路上的谐振。

(3) 防止直流低负荷时发生电流断续现象。

(4) 抑制直流线路故障时，换流阀暂态电流上升率。

对于柔性直流输电，由于采取模块化多电平拓扑结构，其交、直流侧谐波含量非常低，直流电抗器设计不需要考虑谐波抑制问题。同时，柔性直流输电直流侧也不存在电流断续现象。因此，柔性直流输电的直流电抗器设计重点需要考虑换流阀暂态电流抑制要求和直流侧陡波冲击，同时需要避免直流线路上的谐振问题。

2.5.6　启动电阻和柔直变压器中性点接地电阻

柔性直流输电系统启动时需要通过启动电阻限制交流断路器合闸时的冲击电压和电流，实现换流阀的安全平稳充电。启动电阻阻值应综合考虑限制换流阀充电电流、控制充电时间以降低子模块电容电压发散风险等因素。

对称单极柔性直流输电系统可采用柔直变压器阀侧中性点经电阻接地的系统接地方式。柔直变压器中性点接地电阻阻值应综合考虑限制系统短路电流、便于保护设计等因素。

2.5.7　半桥全桥混合型 MMC 模块比例设计

半桥全桥混合型 MMC 是柔性直流用于远距离架空线输电应用中的一种典型结构，功率模块的比例设计是其最为核心的技术问题。通常，模块比例设计需综合考虑以下因素：满足换流器交流输出电压约束条件、满足直流降压运行约束条件、满足直流线路故障自清除约束条件、满足阀组在线投退约束条件。

当换流器需要满足预设的输出电压范围时，可以根据式 (2-37) 对半桥功率模块数量和全桥功率模块数量进行初步计算：

$$\begin{cases} N_{\mathrm{h}} = \dfrac{U_{\mathrm{dc}}}{U_{\mathrm{sm}}}, \\ N_{\mathrm{f}} = 0 \end{cases} U_{\mathrm{ac}} \leqslant 0.5U_{\mathrm{dc}} \quad 或 \quad \begin{cases} N_{\mathrm{h}} = \dfrac{U_{\mathrm{dc}}}{U_{\mathrm{sm}}} \\ N_{\mathrm{f}} = \dfrac{U_{\mathrm{ac}} - 0.5U_{\mathrm{dc}}}{U_{\mathrm{sm}}} \end{cases}, \ U_{\mathrm{ac}} > 0.5U_{\mathrm{dc}} \tag{2-37}$$

式中，U_{ac} 为额定功率下所述混合型换流器输出的交流相电压的幅值；U_{dc} 为所述混合型换流器的额定直流电压；U_{sm} 为功率模块的额定运行电压。

当换流器需要满足直流降压运行约束条件时，根据式(2-38)对半桥功率模块数量和全桥功率模块数量进行初步计算：

$$\begin{cases} N_h = \dfrac{(1+0.5\alpha)U_{dc} - U_{ac}}{U_{sm}} \\ N_f = \dfrac{U_{ac} - 0.5\alpha U_{dc}}{U_{sm}} \end{cases}, \ U_{ac} \leqslant 0.5U_{dc} \quad 或 \quad \begin{cases} N_h = \dfrac{0.5(1+\alpha)U_{dc}}{U_{sm}} \\ N_f = \dfrac{U_{ac} - 0.5\alpha U_{dc}}{U_{sm}} \end{cases}, \ U_{ac} > 0.5U_{dc} \tag{2-38}$$

式中，α 为直流降压运行的幅度，为 70%～80%。

当换流器需要满足直流线路故障自清除约束条件时，若通过闭锁换流器的方式清除直流线路故障，则根据式(2-39)对半桥功率模块数量和全桥功率模块数量进行初步计算：

$$\begin{cases} N_h = \dfrac{U_{dc} - \sqrt{3}U}{U_{sm}} \\ N_f = \dfrac{\sqrt{3}U}{U_{sm}} \end{cases}, \ U_{ac} \leqslant 0.5U_{dc} \quad 或 \quad \begin{cases} N_h = \dfrac{U_{ac} - \sqrt{3}U + 0.5U_{dc}}{U_{sm}} \\ N_f = \dfrac{\sqrt{3}U}{U_{sm}} \end{cases}, \ U_{ac} > 0.5U_{dc} \tag{2-39}$$

式中，U 为交流母线相电压的幅值。

若通过产生反向电压的方式清除直流线路故障，则根据式(2-40)对半桥功率模块数量和全桥功率模块数量进行初步计算：

$$\begin{cases} N_h = \dfrac{(1-0.5\beta)U_{dc} - U_{ac}}{U_{sm}} \\ N_f = \dfrac{U_{ac} + 0.5\beta U_{dc}}{U_{sm}} \end{cases}, \ U_{ac} \leqslant 0.5U_{dc} \quad 或 \quad \begin{cases} N_h = \dfrac{0.5(1-\beta)U_{dc}}{U_{sm}} \\ N_f = \dfrac{U_{ac} + 0.5\beta U_{dc}}{U_{sm}} \end{cases}, \ U_{ac} > 0.5U_{dc} \tag{2-40}$$

式中，β 为所述混合型换流器产生反向电压的幅值。

在半桥全桥混合型 MMC 中，对于半桥功率模块，只能输出零或者正向电容电压，流过功率模块的电流需是双方向的，才能保持模块电压的稳定。对于全桥功率模块，可以输出零、正向电容电压、负向电容电压，即使电流是单一方向的，也能实现模块电压的稳定。在柔性直流换流阀内部，流过功率模块的电流由直流分量和工频分量构成。直流分量为直流电流的三分之一，工频分量为交流电流的二分之一。在柔性直流阀组投入或者退出过程中，流过功率模块电流的直流分量是保持不变的：①在直流电压为零时，由于传输功率为零，柔性直流交流侧的电流也几乎为零，因此此时流过功率模块的电流仅有直流分量。②在直流电压为额定运行值时，由于传输功率为满功率，柔性直流交流侧的电流也为额定运行值，因此，此时流过功率模块的电流不但包含直流分量，还包含额定的交流分量，这使得换流阀电流存在过零点。③当直流电压在零和额定运行值之间变化时，流过功率模块电流的工频分量也将在零和额定值之间变化，这一过程中，流过功率模块的电流有一段区间是单向的，半桥全桥混合型 MMC 必须具备足够数量的全桥功率模块，满足换流阀交流侧和直流侧输出电压的要求，方能在技术原理上保持功率模块电压的稳定运行。否则，如果全桥功率模块数量不够，则势必要半桥功率模块参与到交流侧和直流侧输出电压中，这将会导致半桥功率模块电容持续充电(或放电)，出现过电压(或欠压)风险。以此为边界，若高压柔性直流换流阀采取半桥全桥混合型 MMC 拓扑，则全桥模块的比例设计一般不低于 70%。针对这类情况，若通过一定的控制手段，如主动在换流阀桥臂电流中产生一定的交流分量，解决单向桥臂电流问题，则可以进一步降低全桥模块的设计比例。

此外，对于半桥全桥混合型 MMC，通过主动降压控制清除直流线路故障期间，换流阀在控制器的自然响应下一般需要输出一定的负电压，所需要的负压全部由全桥功率模块产生，全桥比例越高，输出负压能力越强，越有利于直流故障的快速清除。直流故障清除过程中，柔性直流换流阀需要承受暂态能量冲击，主要由全桥功率模块来承担，全桥功率模块的比例越高，用来承担能量冲击的功率模块数量越多，越能保证功率模块的电压和电流应力在安全运行范围内。能量冲击的大小与具体工程的设计参数有关，需要具体分析。

2.6　柔性直流与常规直流的混合运行

2.6.1　混合直流输电的定义

混合直流输电是指在一个直流输电系统中同时融合常规直流和柔性直流的直流输电系统。广义来讲，混合直流输电的“混合”方式有以下几种：混合馈入、站-站混合、极内阀组混合等。

在混合馈入方式下，常规直流和柔性直流整体并联运行，可以分属不同的直流极或者不同的单元通道，原理示意图如图 2-16 所示。常规直流和柔性直流的接线、设备、控制保护相对独立，形成混合馈入应用。柔性直流可以通过动态无功补偿能力优化常规直流交流滤波器组配置，改善常规直流换相失败后的功率恢复特性。我国鲁西背靠背直流输电工程和丹麦 SK4 工程即采取此种形式[13,14]。

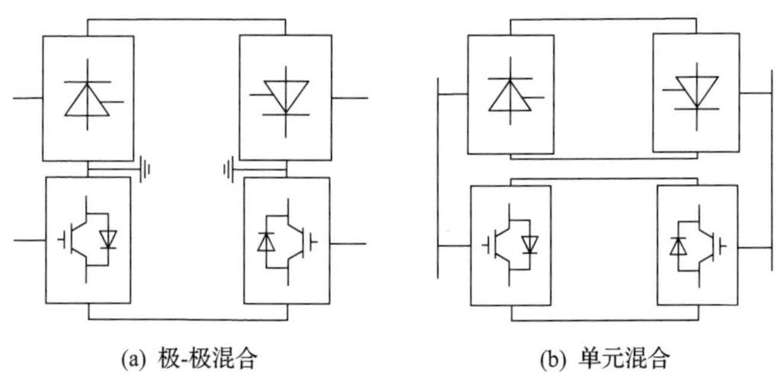

(a) 极-极混合　　　　(b) 单元混合

图 2-16　混合馈入直流输电原理示意图

在站-站混合方式下，常规直流和柔性直流分属整流站和逆变站，以同一直流输电系统的直流电压和直流电流并联运行，原理示意图如图 2-17 所示。该系统的接线、换流阀设备能力和控制保护需要匹配，以保障直流输电系统的功能、动态性能、设备安全、可靠性和运行方式灵活性等满足要求。该系统的协调控制将是一大挑战。站-站混合方式通常用于采用常规直流向柔性直流送电，柔性直流为逆变站。该方式能够充分利用柔性直流的技术优势穿越受端交流系统故障，通过常规直流和柔性直流拓扑结构、控制策略的相互配合可以快速清除直流线路上的瞬时性故障，保障直流输电系统的可靠性。我国昆柳龙直流工程即采取此种形式[15]。

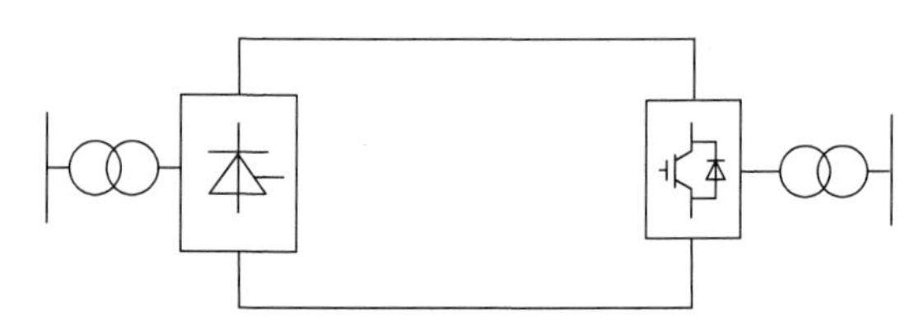

图 2-17　站-站混合直流输电原理示意图

在极内阀组混合方式下，常规直流和柔性直流串联构成直流输电系统的一个极，原理示意图如图 2-18 所示。常规直流和柔性直流流过同一直流电流，相互串

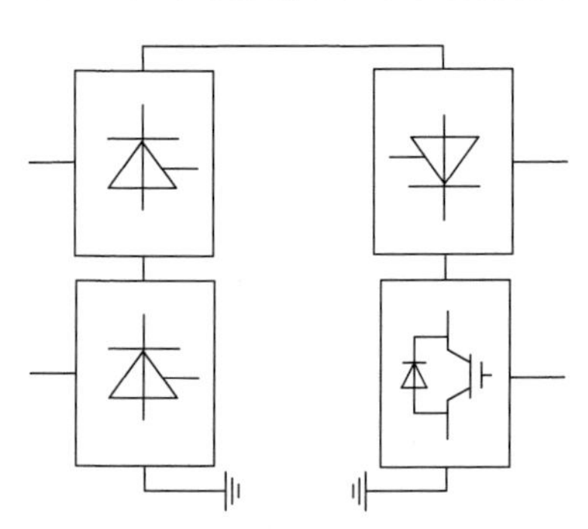

图 2-18　极内阀组混合直流输电原理示意图

联共同分担直流电压，电气量强耦合，换流阀设备能力和控制特性迥异，带来系统设计、协调控制和设备保护等挑战。该方式能够充分利用常规直流天然具备的单向电流特性解决直流线路瞬时性故障的快速清除难题，但是在交流系统故障时，常规直流易发生换相失败问题，此时串联的柔性直流将承受较大的过电压和过电流应力，需要配置适当的能量泄放措施。

对于多端混合直流输电系统，这里以三端直流输电系统为例，对站-站混合直流输电的基本构成形式进行说明，将其分为多送一收型和一送多收型两大类。

多送一收型可分为 LCC/VSC-LCC、LCC/LCC-VSC、LCC/VSC-VSC 和 VSC/VSC-LCC 四种组合，如图 2-19 所示。

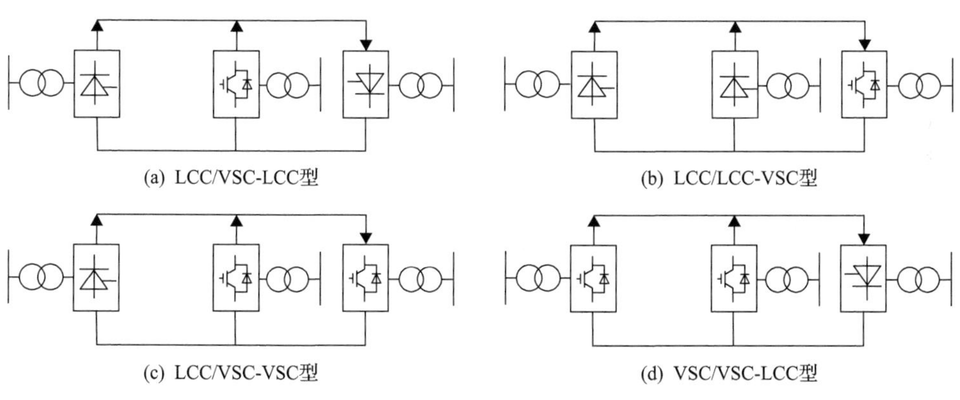

图 2-19　多送一收型三端站-站混合直流输电系统基本形式

一送多收型可分为 LCC-VSC/LCC、VSC-LCC/LCC、LCC-VSC/VSC 和 VSC-VSC/LCC 四种组合，如图 2-20 所示。

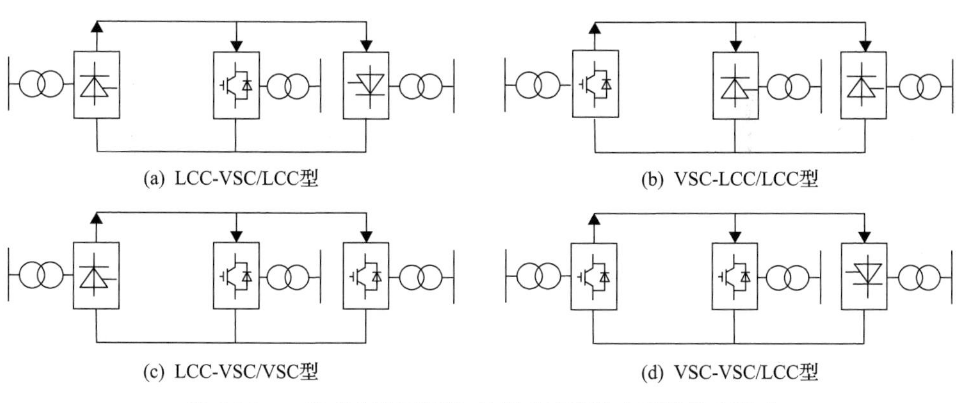

图 2-20　一送多收型三端站-站混合直流输电系统基本形式

在多送一收型系统中，LCC/VSC-LCC 型和 VSC/VSC-LCC 型的基本特征是隐含了 VSC-LCC 型或者 LCC-LCC 型直流输电系统，影响直流输电系统性能的主要因素是逆变站的换相失败。LCC/LCC-VSC 型和 LCC/VSC-VSC 型的基本特征是隐含了 LCC-VSC 型或者 VSC-VSC 型直流输电系统，多端系统的整体性能更优。

在一送多收型系统中，LCC-VSC/LCC 型、VSC-LCC/LCC 型和 VSC-VSC/LCC 型的受端存在常规直流与常规直流并联运行或者常规直流与柔性直流并联运行。常规直流逆变站换相失败是影响多端柔性直流输电系统性能的重要因素。当常规直流逆变站侧交流系统发生故障时，常规直流逆变站存在换相失败风险，一旦常规直流逆变站换相失败，直流电压会迅速跌落，输出功率将大幅度下降，甚至短时中断；由于直流电压下降，另一侧逆变站的直流电流也将急剧降低，即使该逆变站未感受到交流系统故障，其有功功率输送也将大幅度下降；也就是说，一侧交流系统故障引起的直流功率冲击，通过直流侧传递到了另外一侧交流系统，相当于变相扩大了交流系统故障的影响范围。而对于 LCC-VSC/VSC 型混合直流输电系统，因为逆变站均采用柔性直流输电技术，从根本上消除了交流系统故障引起的逆变站换相失败问题。当逆变站侧交流系统发生故障时，直流输电系统输送功率不会中断，甚至换流站还可以向故障的交流系统提供动态无功支撑，直流输电系统对交流故障起到一定的隔离作用。

因此，对于含有多个逆变站的混合直流输电系统，受端均采用柔性直流时技术性能最优。但是，受端均采用柔性直流时，需要关注直流电压控制权在各站之间的分配和平稳转移、柔性直流侧交流故障引起的直流侧过电压和振荡风险、柔性直流与交流电网的高频谐振风险等。

2.6.2 三种典型直流输电的对比

常规直流和柔性直流是直流输电的两种最基本形式，二者都达到了特高压、远距离输电的参数水平，技术特性的差异最根本源于换流阀所采用的开关器件。较常规直流而言，柔性直流输电的控制特性好，但是成本高、损耗高。站-站混合直流输电(整流站采用常规直流、逆变站采用柔性直流)融合了常规直流和柔性直流的技术特性，下面对三种直流输电方式进行综合对比，详见表 2-6。

表 2-6 三种直流输电系统的综合对比

对比项		直流输电类型		
		常规直流	柔性直流	站-站混合直流
系统配置	换流阀	采用晶闸管直接串联	采用功率模块串联	整流站和逆变站分别与常规直流和柔性直流相同
	变压器	采用换流变压器，设计上需要考虑晶闸管阀换相过程、抗短路电流耐受等	采用柔性直流输电用变压器。对称单极接线时，设计与普通电力变压器相似；对称双极接线时，设计需考虑直流偏置电压	整流站和逆变站分别与常规直流和柔性直流相同

续表

对比项		直流输电类型		
		常规直流	柔性直流	站-站混合直流
系统配置	交流滤波器	需要考虑滤波和无功补偿双重需求	不需要交流滤波器	常规直流侧需要，柔性直流侧不需要
	直流滤波器	考虑直流侧滤波要求	不需要直流滤波器	常规直流侧需要，柔性直流侧不需要
	电抗器	通常考虑平波电抗器和阻塞滤波器电抗器	需要配置桥臂电抗器，通常需考虑直流限流电抗器	整流站和逆变站分别与常规直流和柔性直流相同
	电阻	无	需要配置启动电阻，根据接线形式配置接地电阻	配置启动电阻
	避雷器	换流阀均配置避雷器	换流阀通常不配置避雷器，采取对称双极高低阀组接线时，需要考虑阀避雷器配置	整流站和逆变站分别与常规直流和柔性直流相同
	站间通信	需要	原理上不需要，设计上通常考虑配置站间通信	需要
控制特性	对交流电网依赖程度	依赖交流电网实现换相，需要交流电网强支撑	换流阀自换相，无须交流电网支撑	常规直流侧需要电网支撑，柔性直流无须电网支撑
	有功和无功控制特性	有功和无功不独立控制	有功和无功独立控制	整流站和逆变站分别与常规直流和柔性直流相同
	无功支撑	换流器从电网吸收大量无功，需配置无功补偿	既可以吸收无功，也可以提供无功支撑	整流站和逆变站分别与常规直流和柔性直流相同
	功率调节方式	1. 换流阀触发角； 2. 变压器有载调压分接开关	1. 换流阀输出交流电压相角和幅值； 2. 变压器有载调压分接开关	整流站和逆变站分别与常规直流和柔性直流相同
	最小直流电流	有要求，一般为 10%	无要求	有要求，由常规直流侧决定
	潮流反转特性	直流电压极性反转，直流电流方向不变，潮流反转时间较慢	直流电压极性不变，直流电流方向反转，潮流反转时间较慢	与柔性直流拓扑结构密切相关
	交流故障穿越能力	受端交流故障时易发生换相失败	可以全穿越送、受端交流系统故障	可以全穿越送、受端交流系统故障
	直流线路故障清除能力	具备	与柔性直流拓扑结构相关	与柔性直流拓扑结构相关
	黑启动能力	不具备	具备	具备

1. 系统配置对比

典型的常规直流输电换流站系统通常需要配置变压器、换流阀、交流滤波器、直流滤波器、平波电抗器、阻塞滤波器(如需要)、控制保护(含站间通信)等。与之对比，典型的柔性直流输电系统通常需要配置变压器、换流阀、桥臂电抗器、直流电抗器、启动电阻、接地电阻(如需要)、控制保护(含站间通信)等。混合直流输电的系统配置是常规直流和柔性直流的互补，就单个换流站而言，混合直流输电的换流站系统配置并无特殊之处，常规直流侧和柔性直流侧遵循各自的技术特点。就整体系统而言，混合直流输电的系统配置需要综合考虑常规直流和柔性直流的技术特性融合，例如：①常规直流和柔性直流的接线匹配性，这将影响运行方式灵活性以及直流侧开关配置；②柔性直流的拓扑选择，这将影响混合直流的控制特性；③直流侧阻抗特性，这将影响直流侧阻塞滤波器的配置。

2. 控制特性对比

在控制特性方面，站-站混合直流输电继承了常规直流整流站和柔性直流逆变站交流侧的功率传输特性和调节方式，以及主要的技术优势，如无换相失败、可穿越交流故障等；在直流侧，混合直流输电的控制特性与柔性直流的拓扑选择相关。常规直流具有直流电压、电流两象限运行能力，即通过调节触发角可使直流电压运行在–1.0～1.0p.u.、直流电流运行在 I_{min}～1.0p.u.范围，I_{min} 是最小运行电流，一般为 0.1p.u.，如图 2-21(a)所示。柔性直流的电压、电流运行能力与其拓扑结构有关。对于“非全桥类柔性直流”，如半桥型结构，可输出零电平或正电平，则柔性直流仅能直流电压、电流两象限运行，一般情况下直流电压运行在 0.85～1.0p.u.、直流电流运行在–1.0～1.0p.u.，如图 2-21(b)所示。对于“全桥类柔性直流”，可以输出正、负、零三个电平，则柔性直流可以直流电压、电流四象限运行，通过调节上下桥臂投入模块数之和可使直流电压运行在 U_{dmin}～1.0p.u.范围、直流电流运行在–1.0～1.0p.u.，U_{dmin} 是最小运行电压，其数值与全桥功率模块的设计比例有关，全桥比例越高，U_{dmin} 越小，当全桥比例为 100%时，U_{dmin} 为–1.0p.u.，如图 2-21(c)所示。可以看出，在直流侧外特性方面，常规直流与全桥类柔性直流的匹配性更好。如图 2-21 所示，当常规直流与非全桥类柔性直流构成混合直流输电系统时，直流电压和直流电流的运行区间非常有限(见区域 1)，运行范围一般仅能覆盖功率调节输送的需求。对于直流电压调节范围要求广的应用，如远距离输电中的降压运行、直流线路故障后的降压重启、特高压的阀组投退等，非全桥类柔性直流难以满足需求，此时混合直流输电系统中柔性直流可采用全桥类拓扑，其运行区间见区域 2。

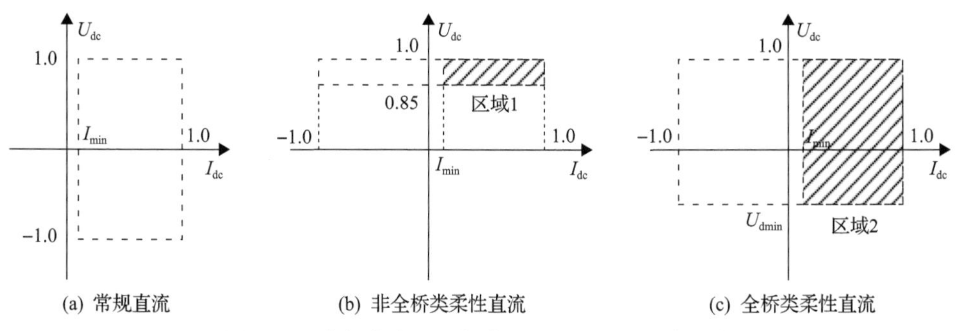

图 2-21　常规直流和柔性直流电压、电流运行区间

根据上述特性，常规直流在潮流翻转时，直流电压极性反转，但直流电流方向不变，潮流反转时间通常较慢，一般为几秒甚至几十秒。柔性直流在潮流反转时，直流电压极性不变，但直流电流方向反转，潮流反转时间通常较快，可在几十毫秒内完成。对于混合直流输电，它继承了常规直流输电最小直流运行电流要求，在潮流反转方面，若柔性直流不具备直流电压反转能力，则混合直流输电的潮流反转需借助外部开关倒换直流电压极性来实现；若柔性直流具备直流电压反转能力，则混合直流输电可在正向功率输送接线方式下具备一定的潮流反转能力。

在直流线路故障清除方面，常规直流输电具备天然的不闭锁直流线路故障自清除能力，其基本过程是：在识别到直流线路故障后，整流站在数毫秒内快速移相至逆变模式，将整流站至线路故障点间存储的能量泄放到送端交流系统；逆变站保持不闭锁，将逆变站至线路故障点间存储的能量泄放到受端交流系统。由于电流只能单向流通晶闸管，受端交流系统不会向故障点注入能量。通过这种方法，直流线路故障清除和功率恢复时间可以控制在 350ms(典型值)，并且直流输电系统具备多次重启和降压重启等能力。

柔性直流输电清除直流线路故障的方法主要有三种：①跳开交流断路器清除故障。该方法是目前半桥型柔性直流清除直流线路故障的主要方法，它需要闭锁换流器，在断路器跳开前交流系统将向故障点注入能量，断路器跳开后柔性直流和故障点间的线路储能主要泄放在回路电阻上，故障清除速度慢，直流重启时序复杂，功率恢复时间长。②通过直流断路器清除故障，一般与半桥型柔性直流配合；该方法需新增直流断路器设备，造价昂贵；直流故障时短路电流增长极快，换流阀短路电流耐受能力、直流断路器快速开断能力、故障快速检测和保护配合等技术配合复杂；柔性直流和故障点间的线路储能主要泄放在直流断路器的避雷器上，避雷器能量要求大；直流断路器连续开断、重合闸次数有限。③利用换流器自身开关特性清除直流故障。该方法需要改进换流阀拓扑结构，造价高于半桥拓扑结构，但故障清除与换流阀能力融合，技术难度较小，重启策略简单；柔性直流和故障点间的线路储能主要泄放至换流阀的储能电容或交流电网中，故障重启能力与换流器拓扑结构相关。从技术上看，方法②和方法③均能快速清除直流线路故障。方法②通过直流断路器快速将故障从剩余健康系统中隔离出去，再实现重合闸功能。方法③中换流阀集功率输送与故障清除能力于一体，通过直流自身控制快速将故障点熄弧，实现直流输电系统重启。

站-站混合直流输电通常用于远距离架空线输电，要达到与常规直流输电相同的直流线路故障清除能力，柔性直流需进一步改进其拓扑结构，配合常规直流完成故障清除与再启动。常规直流侧清除直流线路故障的方法与常规直流输电一致，柔性直流侧清除直流故障的方法则取决于其拓扑选择。若柔性直流选用非全桥类拓扑，则需要通过闭锁柔性直流来清除直流线路故障。在该方式下，柔性直流至故障点间线路存储的能量将会转移至柔性直流的模块电容中，会造成柔性直流换流阀产生一定的过电压。若柔性直流选用全桥类拓扑，则清除直流线路故障有两种方法：其一是闭锁柔性直流；其二是不闭锁柔性直流，利用柔性直流快速降压特性来清除直流线路故障。后者的优势是可以实现柔性直流不闭锁清除直流线路故障，将直流线路能量泄放至交流系统，同时也具备了降压重启和多次重启能力，在技术特性上与常规直流更加匹配。在全桥类柔性直流中，半桥和全桥功率模块按照一定比例串联合用，成本和损耗相对较低，技术上更优，如何决定全桥比例设计边界是核心问题，需要视具体工程参数加以研究确定。

在应对交流故障方面，受端交流系统故障容易引发常规直流换相失败，对交流电网造成有功功率和无功功率的冲击。柔性直流不依赖电网换相，可以全穿越交流系统故障并提供有功支援和无功支撑，但是对于风电并网等典型应用场景，需考虑受端交流故障时直流侧的过电压问题，设计中通常考虑配置泄能装置。对于混合直流输电，它继承了柔性直流输电全穿越交流系统故障的优势，但是由于常规直流和柔性直流控制响应速度的差异，受端交流系统故障可能引起直流侧的过电压，需要常规直流和柔性直流协调配合抑制过电压水平。

参 考 文 献

[1] Ooi B T, Wang X. Voltage angle lock loop control of the boost type PWM converter for HVDC application[J]. IEEE Transactions on Power Electronics, 1990, 5(2): 229-235.

[2] 汤广福. 基于电压源换流器的高压直流输电技术[M]. 北京：中国电力出版社, 2010.

[3] Marquardt R. Modular multilevel converter: An universal concept for HVDC-networks and extended DC-bus-applications[C]. Power Electronics Conference, 2010.

[4] Rao H. Architecture of Nan'ao multi-terminal VSC-HVDC system and its multi-functional control[J]. CSEE Journal of Power and Energy Systems, 2015, 1(1): 9-18.

[5] 李笑倩，刘文华，宋强，等. 一种具备直流清除能力的 MMC 换流器改进拓扑[J]. 中国电机工程学报, 2014, 34(36): 6389-6397.

[6] 周月宾. 模块化多电平换流器型直流输电系统的稳态运行解析和控制技术研究[D]. 杭州：浙江大学, 2014.

[7] 丁冠军，丁明，汤广福，等. 新型多电平 VSC 子模块电容参数与均压策略[J]. 中国电机工程学报，2009(30)：1-6.

[8] 管敏渊，徐政，潘伟勇，等. 模块化多电平换流器型直流输电的调制策略[J]. 电力系统自动化，2010，34(2)：48-52.

[9] 胡鹏飞，江道灼，周月宾，等. 模块化多电平换流器子模块故障冗余容错控制策略[J]. 电力系统自动化，2013，37(15)：66-70.

[10] 赵婉君. 高压直流输电工程技术[M]. 北京：中国电力出版社，2011.

[11] IEC 62747. Terminology for voltage-sourced converters (VSC) for highvoltage direct current (HVDC) systems[S]. London: IEC, 2014.

[12] 曾丹，姚建国，杨胜春，等. 柔性直流输电不同电压等级的经济性比较[J]. 电力系统自动化，2011(20)：103-107.

[13] Andersson G, Hyttinen M. Skagerrak the next generation, HVDC and power electronic technology system development and economics[C]. CIGRE B4 Symposium, 2015.

[14] Xu S K, Rao H, Hou T, et al. System design of the 3*1000MW Luxi back-to-back with hybrid LCC and VSC technology for regional interconnection [C]. CIGRE B4 Symposium, 2019.

[15] Rao H, Zhou Y B, Xu S K, et al. Key technologies of ultra-high voltage hybrid LCC-VSC MTDC system [J]. CSEE Journal of Power and Energy Systems, 2019, 5(3): 365-373.

第 3 章　柔性直流输电关键设备

柔性直流换流站关键设备包括柔性直流换流阀、柔性直流输电用变压器（简称柔直变压器）、桥臂电抗器、直流电抗器、启动电阻、直流开关设备、穿墙套管、避雷器、直流电缆、控制保护系统、直流支柱绝缘子、接地设备等，其中控制保护系统将在第 4 章进行详细介绍。柔性直流换流站典型布置与主要设备如图 3-1 所示。

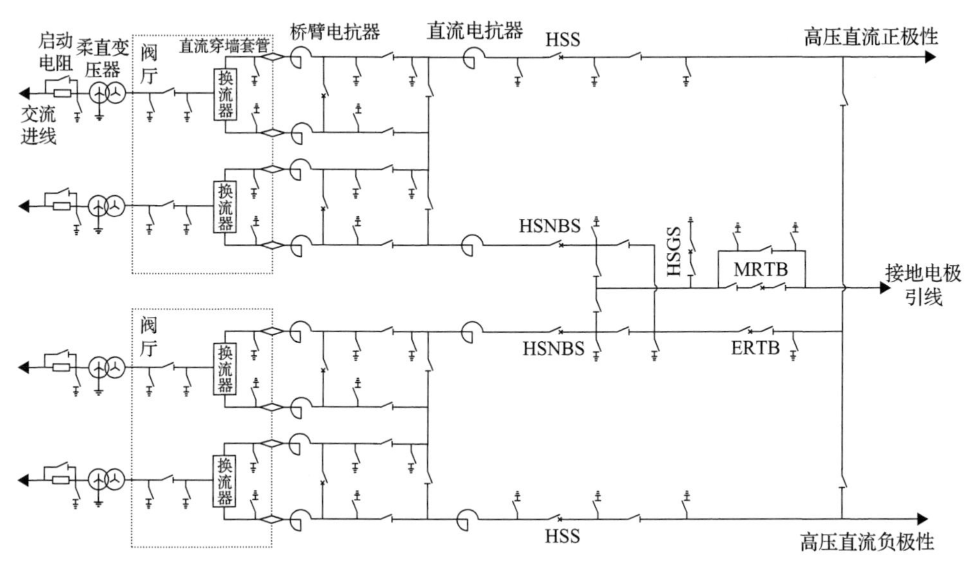

图 3-1　柔性直流换流站典型设备布置

柔性直流换流阀是实现柔性直流输电交直流电能转换最核心的设备，通常采用模块化多电平拓扑结构。换流阀可以逐级分解为相单元、桥臂单元、阀塔、阀段和功率模块，功率模块是最基本的换流单元。

柔直变压器布置在换流站交流侧和柔性直流换流阀之间，通过网侧、阀侧电压变比和分接开关的电压调整，提供与换流阀运行电压相匹配的阀侧电压，使阀运行在最佳的电压范围内；柔直变压器与桥臂电抗器一起提供连接阻抗，抑制换流站输出谐波及短路电流的上升速度；此外，柔直变压器还可以阻止零序电流在交流系统和换流阀间流动。

桥臂电抗器串联在换流器的桥臂上，主要起到抑制桥臂环流以及短路电流上升速度的作用，正常条件下流过的电流由直流、工频和叠加的谐波电流组成，在实际工程项目中，桥臂电抗器可布置在桥臂交流侧，也可布置在桥臂直流侧。

直流电抗器串联于柔性直流换流站直流场母线，其结构和功能与常规平波电抗器类似，可以削减长距离直流输电线路上的谐波电流，消除直流线路上的谐振，限制雷电侵入波电流和故障电流，背靠背柔性直流输电工程可不设置直流电抗器。

启动电阻串接入换流站交流侧启动回路，可减小柔性直流换流站不可控充电过程中换流器的充电电流，在柔性直流输电系统启动初期，保证换流阀的安全平稳充电，在充电结束后对启动电阻进行旁路。

柔性直流换流站穿墙套管用来实现户内和户外设备之间的电气连接。按照所在位置的不同，穿墙套管可分为交流穿墙套管(安装在柔性直流换流阀的交流侧)以及直流穿墙套管(安装在柔性直流换流阀的直流侧)。

此外，柔性直流换流站内还包含大量的开关设备，如直流高速并列开关(HSS)、隔离开关、接地开关、直流高速开关(HSNBS)、高速接地开关(HSGS)、金属回线转换开关(metallic return transfer breaker, MRTB)、大地回线转换开关(earth return transfer breaker, ERTB)、直流断路器等。其中 HSS 通常用于多端直流输电工程，实现故障隔离、恢复以及各端换流器的在线投退，直流断路器可以实现故障的快速切除和隔离，其余开关与常规直流输电系统没有明显差别。

控制保护系统通过闭环控制使柔性直流系统输出预期的有功功率和无功功率，并保证直流电压、电流的动态响应过程满足设计要求。在发生故障时，控制保护系统需要准确识别故障，正确触发相应的保护，确保直流主设备不遭受超过其设计能力的应力破坏。

其他为了实现柔性直流输电系统完整功能的设备还包括避雷器、直流电缆、直流气体绝缘金属封闭开关设备(gas insulated switchgear, GIS)/气体绝缘金属封闭输电线路(gas insulated transmission line, GIL)、直流支柱绝缘子、接地设备等。

3.1　柔性直流换流阀

3.1.1　概述

当前的柔性直流输电工程已经基本采用模块化多电平换流器，换流器由桥臂电抗器和换流阀组成，换流阀是实现电能交直流变换的核心。换流器各级子系统如下所述。

功率模块：换流阀基本的换流电路单元。半桥型结构主要由两个开关器件(如IGBT/二极管对)和一个直流电容构成，全桥型结构主要由四个开关器件和一个直流电容构成，具有实现功率模块旁路的功能。

阀段：换流阀的组成部分，通常是换流阀电气安装的基本单元和运行试验的基本单元。阀段由若干个功率模块串联构成，每个阀段所承受的电压为功率模块数乘以每个功率模块的工作电压。

阀塔：由若干个阀段组成，是独立的支撑结构或者悬吊结构，通常是换流阀绝缘试验的基本单元。

桥臂单元：若干个阀塔与一个桥臂电抗器构成一个桥臂单元。

相单元：每相的上、下桥臂和桥臂电抗器构成一个相单元。

换流器：基于模块化串联的多电平电压源换流器，由 3 个相单元构成。

阀冷系统：主要包括内冷系统和外冷系统，内冷系统采用闭式循环水系统，外冷系统可采用空冷或水冷方式。

柔性直流换流阀各层级结构分解如图 3-2 所示。一般情况下，柔性直流换流阀的一个完整桥臂由多个阀塔连接组成。阀塔的作用是为阀段及功率模块提供必要的机械支撑、高压绝缘及屏蔽、电气连接、水冷管路及光纤连接。阀塔一般分为多层，每层包含多个阀段。

图 3-2　柔性直流换流阀各层级结构分解

3.1.2　阀塔

柔性直流换流阀的阀塔采取水冷、空气绝缘形式，可以分为户内的悬吊安装和支撑安装结构。由于柔性直流换流阀包含了大量的支撑电容，体积、重量庞大，悬吊时对阀厅屋顶承重要求极高，在高压大容量工程中较少使用。国际上大多数的柔性直流输电工程都采用了户内支撑安装结构。从每个桥臂的阀塔数量看，可以分为背靠背型和手拉手型。背靠背型结构的每一个桥臂由一个阀塔组成，手拉手型结构的每一个桥臂由多个阀塔组成。手拉手型结构的阀塔层间电压更低，电气安装和试验时较为便捷。从结构布置上看，手拉手型结构还可以进一步分为单列式和双列式两种，图 3-3 为两种阀塔结构的示意图。与单列式结构相比，双列式结构的层间电位梯度更小，阀塔内的电磁应力更低，且可以设置检修通道，方便运维。鉴于上述原因，双列式手拉手型已经成为高压大容量柔性直流输电工程广泛采用的主流结构型式。

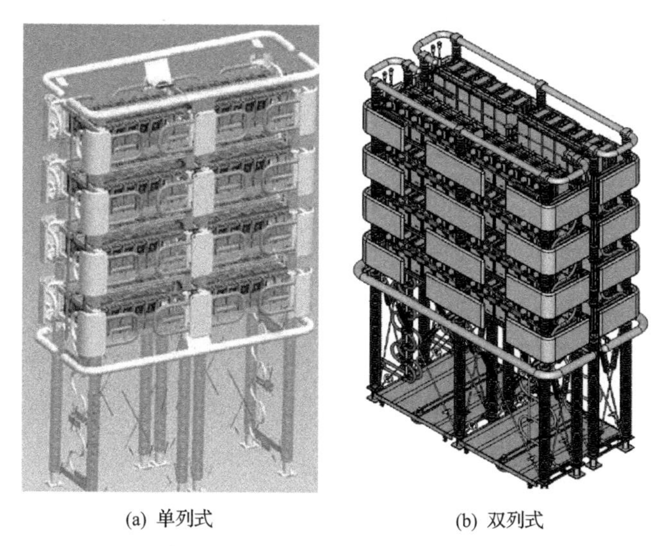

(a) 单列式　　(b) 双列式

图 3-3　手拉手型结构单列式和双列式阀塔结构示意图

3.1.3　功率模块

功率模块是柔性直流换流阀的基本单元，在硬件构成上有可关断电力电子功率器件、驱动、电容器、水冷散热器和控制板卡等多个部件。图 3-4 为典型的功率模块部件构成。功率模块对于整个换流阀能否长期稳定可靠地运行起着至关重要的作用。设计时，在满足功能的前提下，需要充分考虑防水、防火、防爆、便捷维护等需求。下面介绍功率模块中的几个核心元部件。

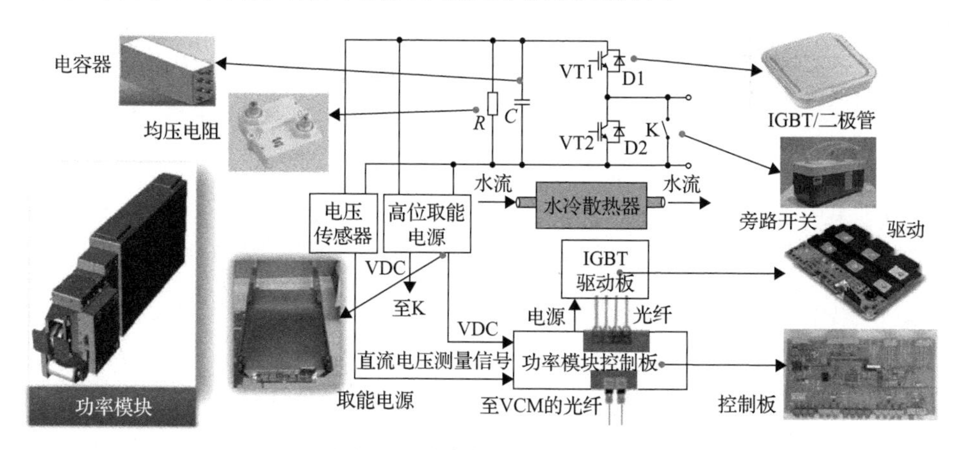

图 3-4　功率模块的基本组成

VDC 指直流电容电压，VCM 指阀控系统

1. 功率器件

柔性直流输电换流阀使用的开关器件实际上为 IGBT/二极管对，应用过程中根据需要可以将 IGBT 和二极管封装在一起，也可以独立封装。从封装型式上看，主要有模块式封装和压接式封装两种，如图 3-5 所示，模块式封装技术成熟、工艺简单，因此制造商相对多，但是能够实现的器件容量相对较小，器件失效后为开路模式，不具备长期短路失效能力，且损坏时可能发生爆炸。压接式封装是为应对大功率应用场合所开发的封装型式，其技术难度较高，工艺复杂，目前具备供货能力的厂商相对较少，主要有中国中车、ABB、东芝和英飞凌。压接式封装型式结构紧凑、散热性好，能够实现的器件容量较大，如 6500V/2000A、4500V/5000A。压接式封装器件在安装时需要专门的压接工艺，损坏后具备长期短路失效模式。

(a) 模块式IGBT外形

(b) 压接式IGBT外形

图 3-5　两种封装模式的 IGBT 功率器件实物

与开关电源、传动等传统工业领域相比，柔性直流输电使用的 IGBT 具有以下特点。

1) 器件电压、电流等级高

目前，国内外柔性直流输电工程采用的 IGBT 器件的电压等级主要为 3300V 和 4500V，我国已建柔性直流输电工程的功率器件选型如表 3-1 所示。

2) 开关频率低、通态损耗占比大

由于采用了模块化多电平的结构，柔性直流每个功率器件的开关频率可以得到有效降低，开关频率普遍在 200Hz 以下，而且随着电平数的升高该频率还呈下降趋势。相比于电力机车等其他领域，柔性直流中器件主要损耗形式为通态损耗。

3) 器件使用环境较好

柔性直流的换流阀多处于户内阀厅中，温度和湿度都控制在合适范围内，无振动，多采用水冷方式，器件散热条件好。优良的使用环境可以有效降低功率器件的失效率，提高运行的可靠性，同时也避免了功率器件额外的防护要求。

表 3-1　我国已建柔性直流输电工程 IGBT 应用实例

工程名	换流站	IGBT 集射极电压	IGBT 集射极电流	封装型式
南澳多端柔性直流输电工程	青澳站	3300V	400A	模块式
	金牛站	3300V	1000A	模块式
	塑城站	4500V	1500A	压接式
舟山多端柔性直流输电工程	洋山站	3300V	800A	模块式
	嵊礁站	3300V	800 A	模块式
	定海站	3300V	1500 A	模块式
	岱山站	3300V	1000 A	模块式
	衢山站	3300V	400 A	模块式
鲁西背靠背柔性直流输电工程	广西侧	3300V	1500A	模块式
	云南侧	4500V	1500A	压接式
厦门柔性直流输电工程	两侧站	3300V	1500A	模块式
渝鄂背靠背柔性直流输电工程	南通道	3300V	1500A	模块式
	北一通道	4500V	1500A/2000A	压接式
昆柳龙特高压多端柔性直流输电工程	龙门站	4500V	3000A	压接式
	柳州站	4500V	2000A	压接式
张北柔性直流电网工程	北京站/张北站	4500V	3000A	压接式
	康保站/丰宁站	4500V	2000A	压接式
如东海上风电送出柔性直流输电工程	海上站	4500V	2000A	压接式
	陆上站	4500V	2000A	压接式

近年来，柔性直流输电用 IGBT 逐渐向更高电压(如 6500V)、更大电流(如 5000A)、更低导通压降(如 2.5V)发展，以满足柔性直流输电工程容量进一步提升、损耗进一步降低、结构更加紧凑等应用需求。与此同时，IGCT 高耐压、大通流、低导通压降、低开关频率的特点非常切合柔性直流的技术需求，成为近年来研究和应用的热点。

2. 直流电容器

直流电容器是柔性直流换流阀关键元部件之一，主要作用是稳态工况下支撑直流电压，提供电压源；在暂态工况下存储/泄放能量，稳定直流电压。

模块化多电平换流器的直流电容器分散安装在各个功率模块中。柔性直流输电用的直流电容器为干式金属氧化膜电容器，杂散电感低、耐腐蚀，且具有自愈能力，直流电容器选型设计需核实电容的额定电压、额定容值、纹波电流、纹波电压、损耗、温升、寿命等参数。

额定电压和额定容值对电容器选型具有决定性影响。额定电压选择一般与功率器件标称电压匹配。根据已有的工程经验，4500V 器件配套的电容器额定电压通常为 2800V，3300V 器件配套的电容器额定电压通常为 2100V。电容容值的选取需要兼顾功率模块稳态情况下电压的波动、暂态电压波动、直流输电系统动态响应特性及直流双极短路时的设备安全裕度等多方面。一般情况下，电容器的总储能与额定功率的比值为 30～40kJ/MW。

3. 取能电源

为实现给功率模块内控制板、驱动板及其他板卡供电，柔性直流换流阀通常设计取能电源从直流电容进行高电位取电。取能电源具有宽电压输入范围、效率高、抗干扰能力强等特点，以保证在启动(包含交流侧和直流侧)、稳态运行和暂态工况过程中能够获得足够能量并且具备足够耐压能力以维持功率模块二次系统的可靠工作。为了提高取能电源的可靠性，设计上通常还会考虑短路电流限制、过流熔断等保护措施，并且设计一定的容量裕度，以保证外部电源断开后可以在数十毫秒内维持额定输出，以实现功率模块能够可靠闭锁、旁路，并反馈状态等。

4. 高速旁路开关

高速旁路开关用于实现故障功率模块的快速退出。高速旁路开关的额定电压值应满足功率模块工作电压需要，额定电流应满足桥臂通态情况下通流量的要求，工作电流为交直流复合电流。国内柔性直流输电工程中，旁路开关选型一般为含永磁机构的真空磁保持接触器，电驱动合闸后，可以由永磁力保持合闸，故障排除后，手动分闸之后可继续重复使用。国外也有部分柔性直流输电工程使用了一次性动作的旁路开关。

5. 功率模块控制板

功率模块控制板作为功率模块的控制核心，在功率模块中实现单元的控制、保护、监测及通信功能。在整个阀控系统中，控制板属于最底层控制单元，发送触发命令实现功率模块工作状态切换，同时采集电源电压、驱动板、取能电源状态并反馈给上层控制系统。控制板主要由板卡供电电路、主控芯片现场可编程逻辑门阵列(field programmable gate array, FPGA)或复杂可编程逻辑器件(complex programmable logic device, CPLD)、信号处理及模数转换电路、数字量输入输出电路、存储及其读写电路、光纤通信电路几部分组成，模拟和数字部分设计有专用的隔离芯片。一般情况下，为防止核心控制器 FPGA 功能失效导致无法发出旁路信号，会在控制板额外设计功率模块纯硬件过电压检测电路作为备用旁路开关触发电路。

3.1.4 阀级控制器

1. 阀级控制器功能

在柔性直流输电系统整体控制保护架构中，阀控控制器位于“换流器控制”与换流阀本体之间，接收“换流器控制”下发的调制波和控制命令，实现对换流阀本体的触发控制、监视和保护功能，工程中一般简称“阀控”。

阀级控制器软件功能是柔性直流输电整个控制保护软件功能的一环，通常包含基本功能配置和与特定柔性直流输电系统特定需求相关的软件功能。

阀级控制器包含的基本功能主要如下：

(1)脉冲调制。主要负责将上层换流器控制下发的调制波(桥臂输出电压参考值)转化为每个功率模块的电平信号,最近电平逼近调制方法是工程中最常用的调制方法。

(2)模块均压。通过选择性投切功率模块，实现桥臂内功率模块电容电压的相对平衡。

(3)模块冗余控制。主要对桥臂内发生的模块故障旁路事件进行管理，包括启动阶段旁路允许指令的下发，运行过程中模块旁路请求的响应，旁路模块数量、旁路时刻、旁路原因的记录和统计，冗余模块接近耗尽时的告警信号发出，冗余模块超出上限值后闭锁跳闸信号的发出等。

(4)换流阀自检功能。能够实现在充电后实现对换流阀所有功率模块的自检测，能够自动判别允许解锁运行条件等。

(5)环流抑制功能。通过内部计算，在上层换流器控制下发的调制波基础上叠加控制量，实现对桥臂间环流的抑制，以达到降低桥臂电流有效值和提高运行稳定性的目的。

(6)暂停触发再解锁功能。为了实现严重交直流故障下的穿越，阀控通常配置了过流后暂停触发并延时再解锁运行的功能，该功能一般与上层控制保护配合实现。

(7)状态监视功能。实现对模块的电容电压、旁路状态和故障状态等信息的监测，满足换流阀与阀控故障分析及异常情况指示等需求。

(8)换流阀基本保护功能。通常配置桥臂过流、桥臂过电压等直接保护阀且对时效性要求较高的保护类型。

随着柔性直流朝着大容量、多端和特高压等方向快速发展，拓扑型式和运行方式更加多样，阀级控制器的功能随之更加丰富，性能指标也逐步提高，众多新的功能在柔性直流输电工程发展中被提出并得到应用。

(1)可控充电功能。在解锁前通过阀级控制器的逻辑功能，使功率模块电容电压能够达到额定或者接近额定值。

(2)人机交互功能。实现对模块电容电压、开关频率、功率模块故障等信息进行实时读取，并具备人工输入功能，以满足阀级控制器日趋复杂功能的需求。

(3)就地录波功能。考虑功率模块和阀控控制的信息量巨大，全站统一故障录波通常无法满足精细化需求，而在阀级控制器中配置了就地录波功能，达到模块级故障分析的需求。

(4)检修试验功能。便于运行人员操作，实现在检修状态下对功率模块进行测试的功能。

(5)在线状态评估功能。通过功率模块电压波动、开关频率、器件温度变化、功率模块与阀控通信故障率等信息实现对功率模块健康状态进行评估和预测。

(6)“黑模块”识别及处置功能。“黑模块”是指阀控无法获得功率模块运行状态的模块。正常情况下，功率模块控制板卡由高位取能电源供电，通过与阀级控制器之间的上行光纤发送模块的状态信息至处于地电位的阀级控制器，如电容电压值和“正常/故障”状态等。如果功率模块上送了功率模块“故障”状态，阀级控制器则通过下行光纤向功率模块下发旁路命令将其旁路。如果由于某种故障原因，阀控也可能无法获得功率模块的运行状态，这可能会影响换流阀的安全运行。

2. 阀级控制器层级接口

模块化多电平拓扑与两电平相比，换流阀的上层控制保护无明显差异，主要差异在阀级控制器环节。在模块化多电平拓扑下，每个功率模块都可以看成含有一、二次元件和逻辑处理环节的独立电力电子装置，均需要独立的控制、保护和监视。面对数量庞大的功率模块，柔性直流阀级控制器将比常规直流具有更高的复杂程度。同时，为了换流阀更为快速的保护，作为与换流阀本体层级最近的控制保护层，阀级控制器还配置了换流阀桥臂过流、过电压等关键保护功能。

阀级控制器与上层控制保护的接口层面普遍在调制波层。接口一般采用高速光纤通信，通信时间间隔不大于换流器的主控制周期，通常不大于 100μs，每次通信所用时间宜尽量缩短，以减少整体的控制链路延时。近年来，为了缩短控制链路延时，降低柔性直流发生高频谐振的风险，该接口已经改进为千兆通信，通信时间仅需要几微秒即可完成。

上层控制器下发至阀级控制器通常采用两根光纤，一根用于传输包含“主/备”信息的调制信号，另一根用于传输六个桥臂调制波和控制命令的协议信号，控制命令通常包含“解锁/闭锁指令”“运行/停运状态”“充电模式”“可控充电指令”等。阀级控制器上送至上层控制器通常采用协议通信的一根光纤，上送信号内容主要包括“换流阀运行状态”“换流阀就绪信号”“请求闭锁信号”“桥臂内功率模块电容电压平均值”等。

阀级控制器与换流阀功率模块之间通常采用“一对一”的高速光纤进行连接，以实现处于高电位的换流阀本体与处于地电位的阀级控制装置间的电气隔离。从功率模块控制器向阀级控制器方向传送信号的光纤通常称为“上行光纤”，从阀级控制器向功率模块控制器方向传送信号的光纤通常称为“下行光纤”，均采用协议通信。

下行光纤主要实现换流阀运行状态、IGBT 触发命令、旁路开关闭合命令、功率模块级保护使能等信号的下发，典型通信协议内容如表 3-2 所示。

表 3-2　下行光纤典型通信协议内容

	位	定义	说明
帧头	Bit15～Bit0		0x0564
下行控制字	Bit15～Bit12	顺控命令	0001——换流阀解锁 0010——换流阀闭锁 1111——复位
	Bit11～Bit10	换流阀运行状态	10——充电 11——运行 00——停机 01——无效
	Bit9	上行通信状态	0——正常，1——异常
	Bit8	使能欠压检测功能	0——禁止，1——使能
	Bit7～Bit6	上行数据控制字	00——只返回默认数据包 01——同时返回扩展数据包 1 10——同时返回扩展数据包 2 11——同时返回扩展数据包 3
	Bit5	晶闸管命令	0——无动作命令，1——导通命令
	Bit4	旁路开关命令	0——无动作命令，1——闭合命令
	Bit3	S4 驱动命令	0——关断，1——导通
	Bit2	S3 驱动命令	0——关断，1——导通
	Bit1	S2 驱动命令	0——关断，1——导通
	Bit0	S1 驱动命令	0——关断，1——导通
下行备用控制字	Bit15～Bit0		保留
校验码	Bit15～Bit0		CRC 校验码

上行光纤主要实现功率模块状态（IGBT 器件开关状态、旁路开关状态、解锁/闭锁状态、旁路请求）、功率模块故障代码和功率模块电容电压值的上送，典型通信协议内容如表 3-3 所示。

表 3-3　上行光纤典型通信协议内容

	位	定义	说明
帧头	Bit15～Bit0		0x0564
功率模块状态字	Bit15	旁路开关状态	0——打开，1——闭合
	Bit14	功率模块收到旁路命令	0——未收到，1——收到
	Bit13	功率模块请求旁路	0——无请求，1——请求
	Bit12	解闭锁状态	0——闭锁状态，1——解锁状态
	Bit11	S1 状态	0——关断，1——导通
	Bit10	S2 状态	0——关断，1——导通
	Bit9	S3 状态	0——关断，1——导通
	Bit8	S4 状态	0——关断，1——导通
	Bit7～Bit6	功率模块类型	00——半桥功率模块 11——全桥功率模块 01、10，留用，其他类型功率模块
	Bit5～Bit0	保留	
功率模块电容电压	Bit15～Bit0	功率模块电容电压	码值(实际电压=码值/4)
功率模块故障字	Bit15	电容压力异常	0——正常，1——异常
	Bit14	下行通信异常	0——正常，1——异常
	Bit13	下行数据校验错异常	0——正常，1——异常
	Bit12	取能异常	0——正常，1——异常
	Bit11	旁路开关拒动	0——无拒动，1——有拒动
	Bit10	旁路开关误动	0——无误动，1——有误动
	Bit9～Bit6	保留	
	Bit5	欠压	0——正常，1——异常
	Bit4	过电压	0——正常，1——异常
	Bit3	S4 驱动异常	0——正常，1——异常
	Bit2	S3 驱动异常	0——正常，1——异常
	Bit1	S2 驱动异常	0——正常，1——异常
	Bit0	S1 驱动异常	0——正常，1——异常
功率模块备用字	Bit15～Bit0		保留
校验码	Bit15～Bit0		CRC 校验码

3. 阀级控制器典型架构

阀级控制器典型架构如图 3-6 所示，总体上包含阀控主机、脉冲分配柜和监控柜三部分。阀控主机通常采用双重化配置，与上层换流器控制主、备套一一对应，包含阀控主机、阀控脉冲分配柜、阀控就地录波装置、人机交互界面等。脉冲分配柜主要包含信号汇集板和脉冲板等硬件，与换流阀功率模块直接连接，负责脉冲分发和功率模块上送信号汇集，通常不含逻辑处理功能。监控柜为辅助功能柜，主要包含在线状态评估工控机和显示器、漏水检测、避雷器监视(如有)等功能块硬件，该屏柜一般只从阀控主机和脉冲分配柜中读取数据，不返回控制信号，即该屏柜内装置故障不应影响阀控主机及脉冲分配柜的正常运行。

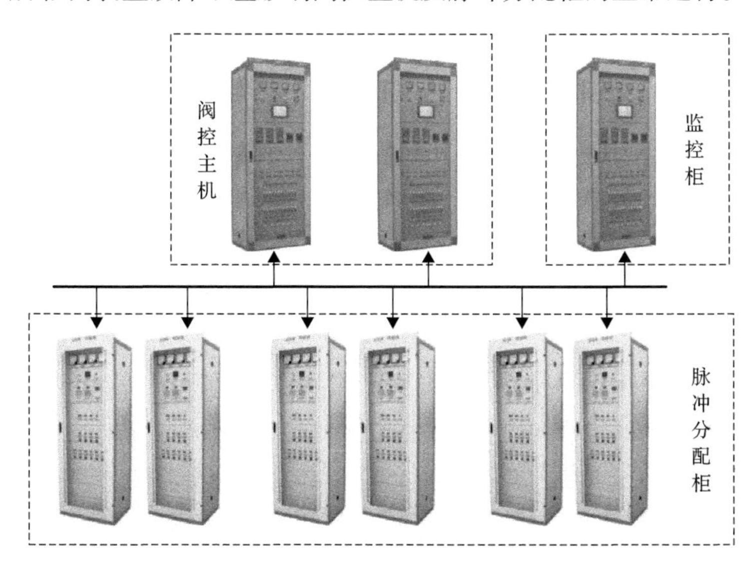

图 3-6　阀级控制器典型架构

3.1.5　主要技术参数

柔性直流换流阀的主要技术参数包括每桥臂额定功率模块数量、功率模块额定直流运行电压、冗余度、额定交直流电流、绝缘水平等。

每桥臂额定功率模块数量应满足换流阀的交直流侧电压输出能力，与直流电压、交流电压和功率模块额定直流运行电压相关。

为了保证工程的运行可靠性，实际工程中每个桥臂均会配置一定数量的冗余功率模块，在某些功率模块发生故障时，通过模块输出端口设置的旁路开关快速将其隔离，以维持剩余系统的稳定运行。冗余度即每桥臂冗余功率模块数量与每桥臂额定功率模块数量的比值。冗余度的设计应保证：在两次检修之间的运行周期内，如果在此运行周期开始时没有损坏的功率模块，要求在运行期间内不因冗余模块全部损坏而进行任何功率模块更换。

额定交直流电流是指柔性直流换流阀的桥臂电流，包括直流分量和工频分量两部分，直流分量为直流电流的三分之一，工频分量为换流阀输出交流电流的二分之一。此外，还通常包含一定的 100Hz 分量。

换流阀的绝缘水平通常包含交直流端间操作/雷电冲击耐受水平、端对地操作/雷电冲击耐受水平、换流阀桥臂相间(上/下桥臂相间、上/下桥臂间)操作/雷电冲击耐受水平、换流阀直流母线间操作/雷电冲击耐受水平等。

除此以外，换流阀应承受各种过电压，在交流系统运行方式变化、直流输电系统运行方式变化、交流系统故障和直流线路故障等工况下应安全可靠运行。在解锁状态时应在规定的直流过电压下稳定运行，在闭锁状态时应耐受规定的直流过电压，过电压水平和持续时间应根据不同工程需要由系统研究确定。换流阀还应承受各种暂态过电流冲击，在解锁状态时应具备短时过电流运行能力，在直流过电压解锁运行时应可以关断功率器件允许集电极重复峰值电流，在闭锁状态时应能耐受规定的浪涌电流，过电流和浪涌电流的峰值、持续时间应根据不同工程需要由系统研究确定。

3.1.6 换流阀试验技术

1. 试验要求和试验方法

柔性直流换流阀必须通过各种试验来确保其安全可靠，目前主要依据 IEC 62501 或 GB/T 33348—2016 提出对柔性直流换流阀的型式试验要求。此外，为了满足工程的实际需要，还会根据购买方与供应方协商确定一些必要的特殊试验项目。表 3-4 所列为典型的试验项目。本节重点介绍几个特殊试验的试验方法。

表 3-4 换流阀试验项目清单

试验类型	试品	依据标准
最大连续运行负荷试验	阀或阀段	GB/T 33348—2016 6.4
最大暂态过负荷运行试验	阀或阀段	GB/T 33348—2016 6.5
最小直流电压试验	阀或阀段	GB/T 33348—2016 6.6
阀支架直流电压试验	阀支架	GB/T 33348—2016 7.3.1
阀支架交流电压试验	阀支架	GB/T 33348—2016 7.3.2
阀支架操作冲击试验	阀支架	GB/T 33348—2016 7.3.3
阀支架雷电冲击试验	阀支架	GB/T 33348—2016 7.3.4
阀交流-直流电压试验	阀或阀段，由购买方与供应方协商确定	GB/T 33348—2016 9.3.1
阀操作冲击试验		GB/T 33348—2016 9.3.3
阀雷电冲击试验		GB/T 33348—2016 9.3.4

续表

试验类型	试品	依据标准
IGBT过电流关断试验	阀或阀段	GB/T 33348—2016 10
短路电流试验	阀或阀段	GB/T 33348—2016 11
阀抗电磁干扰试验	阀或阀段，由购买方与供应方协商确定	GB/T 33348—2016 12
最大暂态过电压运行试验	阀或阀段	特殊试验
故障旁路试验	阀或阀段	特殊试验
阀支架陡波前冲击试验	阀支架	特殊试验
阀交流-直流电压试验(湿态)	阀或阀段，由购买方与供应方协商确定	特殊试验
旁路开关误闭合试验	功率模块	特殊试验
功率模块过电压短路试验	功率模块	特殊试验

1) 最大暂态过电压运行试验

本试验的目的是验证换流阀在直流过电压下的连续运行能力是否满足设计要求。试验条件与最大连续运行负荷试验相同。试验开始前，试品应在最大连续运行负荷试验条件下运行，且达到热平衡状态。在此条件下开始最大暂态过电压运行试验，试验电流与最大连续运行负荷试验相同，试验电压和试验持续时间由购买方与供应方根据工况需求协商确定。试验后，应返回最大连续运行负荷试验状态，并持续运行不少于10min。

2) 故障旁路试验

本试验的目的是考核在功率模块故障发生到功率模块被旁路期间，功率模块的旁路开关能否及时有效触发，且该过程中各功率器件上电气应力满足设计要求。试验前，试品应在最大连续运行负荷试验条件下运行，试验可通过模拟功率模块故障，考核旁路开关动作，测试旁路触发信号发出到模块可靠旁路所需时间，检查模块旁路过程中对外部电压、电流的影响。若功率模块内部带放电回路，则考核旁路开关与放电回路开关的动作保护逻辑配合。需要说明的是，本试验适用于可重复闭合和打开的旁路开关，对于其他类型的旁路开关，由购买方和供应方协商确定。

3) 阀支架陡波前冲击试验

本试验的目的是验证在不同阀支架陡波脉冲下阀支架绝缘的耐压能力。试验电压应按照绝缘配合选取，并按照GB/T 33348—2016 4.2规定进行大气修正。试验在阀两个主端子(短接)对公共地之间施加不少于3个正极性和不少于3个负极性的陡波前冲击波。

4）阀交流-直流电压试验（湿态）

本试验的目的是验证换流阀在水冷管道发生漏水时的绝缘性能。试品要求与阀交流-直流电压试验要求相同。试验应在阀结构顶部的一个阀段发生冷却液体泄漏的情况下进行。泄漏量应不小于 15L/h，在施加试验电压时和在此之前至少 1h 内泄漏量应保持恒定，液体的电导率应比引发电导率报警定值高 5%。合闸电压不大于最高试验电压的 50%，电压上升到规定的试验电压（同阀交流-直流电压试验中的 10s 试验电压值）保持恒定并维持 10s，然后降低到规定的试验电压（同阀交流-直流电压试验中的 3h 试验电压值），保持恒定并维持 5min 后降到零。

5）旁路开关误闭合试验

本试验的目的是验证运行过程中旁路开关误闭合时功率模块保护措施，确保旁路开关误闭合时功率模块能够可靠处于短路状态。

当功率模块采用的可控功率器件型号和（或）供货厂家不同时，应各取一个功率模块进行试验，当功率模块的拓扑结构不同时，每种拓扑结构均应进行验证。

本试验应在阀段运行试验装置中开展，试品功率模块宜位于一个阀段中的非边缘位置，阀段水冷却回路工作正常。试验前，试品应在最大连续运行负荷试验条件下运行。

试验应在旁路开关误闭合且误闭合发生时上管 IGBT 处于开通状态工况开展，触发上管 IGBT 开通时，应考虑上管 IGBT 通流、上管二极管通流两种工况。试品功率模块呈现短路状态后，应对其进行通流试验，通流试验期间应监测功率模块阻抗或通流回路温升变化趋势。

6）功率模块过电压短路试验

本试验的目的是验证功率模块旁路开关拒动时保证功率模块短路的其他保护措施的安全有效性，功率模块在没有控制的情况下过电压后形成可靠短路状态，相关试验要求同旁路开关误闭合试验。

试验前试品功率模块的旁路开关应为“拒动状态”，阀应处于最大连续运行负荷试验条件下运行。

试验时模拟被试功率模块故障，使得功率模块发出旁路触发命令。旁路开关应始终保持拒动状态，形成功率模块持续升压，直至被试功率模块呈现短路状态。试验不应造成冷却回路破裂等损坏，被试功率模块应有继续通流的能力；不应影响被试功率模块所在阀段的其他功率模块以及陪试功率模块的运行，试验阀段保持运行。

2. 运行试验技术

柔性直流换流阀的运行电流同时包括了直流电流和交流电流，这对运行试验电路提出了特殊要求。为了使换流阀的稳态运行等效试验装置的电路结构更为简单，并使换流阀在试验电路中所承受的电压、电流运行工况与实际运行工况最为接近，能够最为准确地对被测换流阀进行稳态运行试验，需要对模块化多电平换流阀的功率对冲试验方法和装置进行研究。

图 3-7 为典型的功率对冲试验电路。该试验方法由若干个功率模块构成 2 个 MMC 桥臂，两个桥臂中点直接连起来，在两个桥臂之间对冲有功功率或无功功率。由一个直流电源提供直流电压支撑和损耗。一个桥臂可以由被测功率模块(如第一、二换流阀)构成，另一个桥臂则由陪测功率模块(如第三、四换流阀)构成。在控制上，两个桥臂采用 PWM 控制方式，控制两个桥臂间的幅值(调制比)和相角差,实现两个桥臂间无功功率和有功功率的传递。基本上通过控制幅值(调制比)来控制无功功率，通过控制相角差控制有功功率。功率对冲试验可以按照如下步骤进行：

(1) 设定换流阀电容电压值 U_C、有功功率 P、无功功率 Q。

(2) 闭合开关 K1，直流电源 E1 通过充电限流电阻 R_1 向换流阀电容充电。

(3) 当换流阀电容电压达到预设值 U_C 时，闭合开关 K2，换流阀充电完毕。

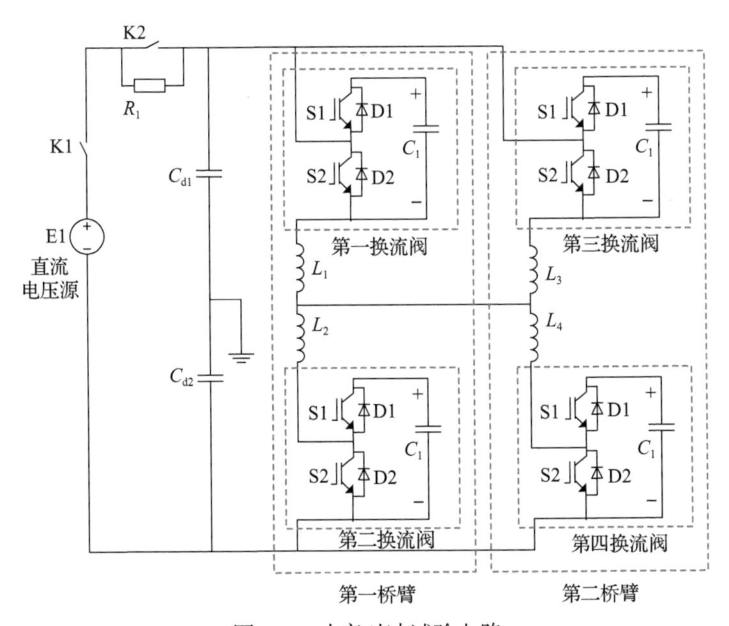

图 3-7　功率对冲试验电路

(4) 按照一定的调制策略发出桥臂 A(第一桥臂)触发脉冲，使桥臂 A 交流端输出对地电压的幅值为 V_A，相位角为 δ_A；按照一定的调制策略发出桥臂 B(第二桥臂)触发脉冲，使桥臂 B 交流端输出对地电压的幅值为 V_B，相位角为 δ_B。

(5) 调整桥臂 A 输出电压相位角 δ_A 与桥臂 B 输出电压相位角 δ_B 的差值,使桥臂 A 流向桥臂 B 的有功功率为 Q；调整桥臂 A 输出电压幅值 V_A 与桥臂 B 输出电压幅值 V_B 的差值，使桥臂 A 流向桥臂 B 的无功功率为 Q；电路进入稳态运行状态，桥臂 A 和桥臂 B 之间进行有功功率 P 和无功功率 Q 的对冲运行，在换流阀 A1（第一换流阀）、换流阀 A2（第二换流阀）、换流阀 B1（第三换流阀）、换流阀 B2（第四换流阀）中产生试验所需的电压应力和电流应力。

（6）断开开关 K1，闭锁换流阀，断开开关 K2，试验结束。

以下详细说明所提试验方法的工作原理。换流阀 A1 和换流阀 A2 构成桥臂 A，通过脉冲宽度调制策略可以控制桥臂 A 对地输出电压，脉冲宽度调制策略参考波的调制比为 M_A，相位角为 δ_A，则桥臂 A 的对地输出电压幅值为

$$V_{\mathrm{A}} = M_{\mathrm{A}} \frac{U_{\mathrm{d}}}{2} \tag{3-1}$$

换流阀 B1 和换流阀 B2 构成换流桥臂 B，通过脉冲宽度调制策略可以控制桥臂 B 对地输出电压，脉冲宽度调制策略参考波的调制比为 M_B，相位角为 δ_B，则换流桥臂 B 的对地输出电压幅值为

$$V_{\mathrm{B}} = M_{\mathrm{B}} \frac{U_{\mathrm{d}}}{2} \tag{3-2}$$

桥臂 A 和桥臂 B 之间的电流相量为

$$\begin{aligned} I &= \frac{V_{\mathrm{A}} - V_{\mathrm{B}}\cos(\delta_{\mathrm{A}} - \delta_{\mathrm{B}}) - \mathrm{j}V_{\mathrm{B}}\sin(\delta_{\mathrm{A}} - \delta_{\mathrm{B}})}{\mathrm{j}X} \\ &= \frac{V_{\mathrm{B}}\sin(\delta_{\mathrm{A}} - \delta_{\mathrm{B}})}{X} - \mathrm{j}\frac{V_{\mathrm{A}} - V_{\mathrm{B}}\cos(\delta_{\mathrm{A}} - \delta_{\mathrm{B}})}{X} \end{aligned} \tag{3-3}$$

式中，$X = 2\pi f_1 L$；f_1 为电网工频频率。

可以计算出由桥臂 A 流向桥臂 B 的有功功率为

$$P = \frac{V_{\mathrm{A}}}{\sqrt{2}} \frac{V_{\mathrm{B}}\sin(\delta_{\mathrm{A}} - \delta_{\mathrm{B}})}{\sqrt{2}X} = \frac{V_{\mathrm{A}}V_{\mathrm{B}}\sin(\delta_{\mathrm{A}} - \delta_{\mathrm{B}})}{2X} \tag{3-4}$$

将式（3-1）和式（3-2）代入式（3-4），可以得到

$$P = \frac{M_{\mathrm{A}}M_{\mathrm{B}}U_{\mathrm{d}}^2}{8X}\sin(\delta_{\mathrm{A}} - \delta_{\mathrm{B}}) \tag{3-5}$$

由桥臂 A 流向桥臂 B 的无功功率为

$$Q = \frac{V_{\mathrm{A}}}{\sqrt{2}} \frac{V_{\mathrm{A}} - V_{\mathrm{A}}\cos(\delta_{\mathrm{A}} - \delta_{\mathrm{B}})}{\sqrt{2}X} = \frac{V_{\mathrm{A}}^2 - V_{\mathrm{A}}V_{\mathrm{B}}\cos(\delta_{\mathrm{A}} - \delta_{\mathrm{B}})}{2X} \tag{3-6}$$

由于 δ_A 和 δ_B 之间的相位角度差比较小，可以近似将式(3-6)写为

$$Q \approx \frac{V_A^2 - V_A V_B}{2X} = \frac{V_A(V_A - V_B)}{2X} \tag{3-7}$$

将式(3-1)和式(3-2)代入式(3-7)，可以得到

$$Q \approx \frac{M_A U_d^2}{8X}(M_A - M_B) \tag{3-8}$$

通过式(3-5)和式(3-8)可以得到，只需简单地开环控制桥臂 A 和桥臂 B 调制策略的幅值和相位角，其中幅值是通过调制策略的调制比控制的，就可以控制换流桥臂 A 和换流桥臂 B 之间流动的有功功率 P 和无功功率 Q。有功功率 P 可以通过两个换流桥臂调制策略的相位角度差控制，无功功率 Q 可以通过两个桥臂调制策略的调制比差控制。这样，可以使各个换流阀工作于设定的电压和电流应力，进行稳态运行工况的测试。

根据功率平衡的原理，在进行稳态运行工况测试时，有功功率和无功功率只在桥臂 A 和桥臂 B 之间对冲流动，并不会流入直流电源中，因此直流电压源 El 只需提供直流电压以及换流阀在稳态运行测试时所产生的损耗，所需的功率很小。

换流阀在所提出的测试装置中的接线方式与其在实际 MMC 中的接线方式和运行原理是一致的，因此它们的运行测试时所承受的电压、电流工况与其在实际装置中的电压、电流工况也是一致的，能够实现最为接近实际运行工况的等效试验。

3.2 柔直变压器

柔直变压器布置在换流站交流侧和换流阀之间，其主要功能有：①将交流系统电压进行变换，使换流器工作在最佳电压范围内以减少谐波，并使得换流器的调制比在合适的范围内；②通过电压的变换，使换流站获得或输出设定的有功功率和无功功率；③在交流系统和换流站之间提供换流电抗；④防止由调制模式产生的零序分量从换流站流向交流系统。

图 3-8 是典型柔直变压器的实物，在外观上柔直变压器与常规换流变压器并无明显差异，主要的差异在于是否参与换相过程。常规直流换流过程是基于半控型器件的电网换相技术，以特高压常规直流输电工程为例，每个常规直流阀厅包含由上、下 2 个 6 脉动换流桥构成的 1 个 12 脉动换流器，高端阀厅上、下 6 脉动换流桥分别连接 3 台 Y 接和 D 接换流变压器，换流变压器参与换相，共同构成 30°的换相角，由此产生 12 脉动输出电压。柔性直流换流过程是基于全控型器件的电压源换相技术，特高压柔性直流高端阀厅和低端阀厅各包含 1 个由上下双桥

臂构成的单阀组，高端阀厅单阀组只需要接 3 台柔直变压器，阀组可以自行完成基于 MMC 技术的电压源自换相过程，柔直变压器不参与换相。

图 3-8　柔直变压器实物

3.2.1　运行特性

柔直变压器的性能要求与柔性直流输电系统的设计密切相关。换流器可采用单极/双极等多种接线方式，换流器可连接单组变压器或通过串并联方式连接多组变压器，柔直变压器也可能直接或通过电抗器等其他设备间接连接于换流器上。多样化的换流器结构、接线方式以及调制控制策略使得柔直变压器在设计选型、技术规范和试验要求等方面既可能与常规换流变压器相似，也可能与常规电力变压器相似，同时在联结组别、中性点接地方式、承受的运行电压、电流及技术性能、试验方法等方面也需要特殊考虑。

柔性直流输电系统的接线方式主要有两种，即对称单极接线方式和双极接线方式，如图 3-9 所示。通常电压等级较低、传输功率较小的可采用对称单极接线方式，电压等级较高、传输功率较大的可采用双极接线方式。在双极接线的换流站额定功率较大的情况下，为了避免受变压器容量的限制，可以采用柔直变压器并联或者柔性直流换流器串联的方式将传输功率分配给两组或多组变压器，如图 3-10 所示。

对称单极接线方式下柔直变压器阀侧的电压、电流均以工频量为主，很少或几乎不含其他频率的谐波分量。双极接线方式下柔直变压器阀侧的电压为含直流

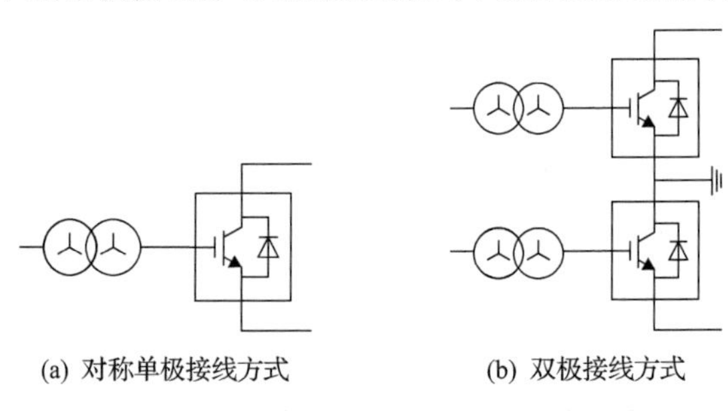

图 3-9　柔性直流输电系统主要接线方式

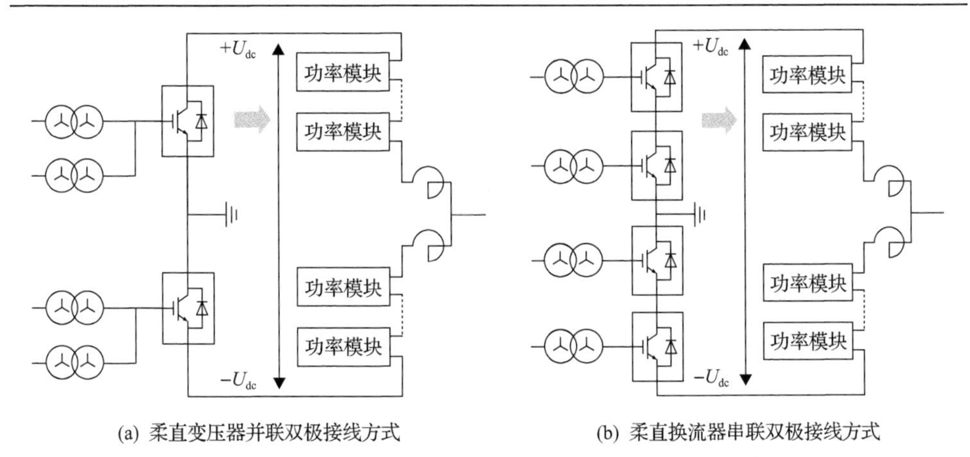

(a) 柔直变压器并联双极接线方式　　(b) 柔直换流器串联双极接线方式

图 3-10 大容量柔性直流双极输电系统接线方式

分量的工频电压，直流分量与换流器拓扑结构及柔直变压器接线方式有关，电流以工频量为主，很少或几乎不含其他频率的谐波分量。

3.2.2 主要元部件

柔直变压器的主要元部件与电力变压器及换流变压器相似，均包括铁心、绕组、油箱、分接开关、网侧及阀侧套管、出线装置、升高座、冷却器、油枕等。除了分接开关，柔直变压器在其余元部件性能要求方面与常规换流变压器和电力变压器无明显差异。采用对称单极接线方式的柔直变压器的结构参数与相近电压和容量的电力变压器类似，但其阀侧绝缘设计需满足阀侧绕组在柔性直流线路单极接地时耐受短时(数百毫秒级)直流电压分量的要求。采用双极接线方式的柔直变压器的结构参数与相近电压和容量的换流变压器类似，但以短时极性反转试验替代标准的极性反转试验，以模拟柔性直流线路单极接地故障工况下的短时电压非对称反转工况。目前工程用柔直变压器主流制造水平达到了单台容量 575MVA(大湾区中通道/南粤直流背靠背工程)，单台运行电压±800kV(昆柳龙直流工程)。

柔直变压器的分接开关可以通过电压的逐级调节使换流器工作在更优的电压范围内。柔直变压器的分接开关按灭弧介质可分为油中熄弧型或真空熄弧型，按调压方式可分为线性调压型或正反调压型，调压位置一般为网侧中性点处。若一台变压器采用多个分接开关或多极并联，则必须采取强制均流的措施。由于柔性直流换流器具有快速、灵活调节电压和电流的特点，柔直变压器分接开关通常采用较小的调压范围和较少的调压级数，而换流变压器分接开关调压级数一般较多。柔直变压器分接开关选型和设计应考虑换流器运行中可能出现的特定谐波导致切换过程中的高电流变化率，且分接开关应满足在《电力变压器 第1部分：总则》(GB/T 1094.1—2013)规定的谐波电压和谐波电流含量正常安全运行和操作的能力。

3.2.3　主要技术参数

柔直变压器的技术参数与其运行特性密切相关，除了个别参数，对称单极柔直变压器和双极柔直变压器大部分技术参数的定义和要求没有显著区别，且均可参考常规电力变压器、换流变压器以及标准《柔性直流输电用变压器技术规范》(GB/T 37011—2018)和《电力变压器》(GB/T 1094 系列)。本部分仅对差异技术参数进行说明。

1. 阀侧绕组额定电压

阀侧绕组额定电压(即阀侧空载电压)与换流器额定直流电压、对称单极柔直变压器短路阻抗、桥臂电抗器电抗以及换流器的调制比等因素有关。

由于柔性直流换流器的四象限运行特性，即工作在吸收或发出有功、无功四种状态，柔直变压器阀侧绕组额定电压的选取需综合考虑四种运行状态、分接开关的挡位偏差和系统电抗设计偏差。

2. 短路阻抗

柔性直流换流阀通常造价比较昂贵，因此需要设计合理的变压器短路阻抗值以限制交直流输电系统短路时流过换流器的短路电流。此外，变压器短路阻抗值还与正常运行时的损耗以及变压器本体的尺寸设计相关。柔直变压器短路阻抗的大小由系统研究给出，通常为 12%～20%。

3. 联结组别

对称单极柔直变压器：单相有 Ii0、Ii0i0 等，三相有 Dyn、YNyn、YNyn(+d)、YNd、YNyy 等。

双极柔直变压器：单相有 Ii0、Ii0i0 等，三相有 YNy、YNd、YNyy 等。

4. 阀侧绕组绝缘水平

柔直变压器阀侧绕组绝缘水平包括：

(1)阀侧绕组的最高持续运行电压；

(2)线端对地雷电全波冲击水平；

(3)线端间雷电全波冲击水平；

(4)线端对地雷电截波冲击水平；

(5)线端间雷电截波冲击水平；

(6)线端操作冲击水平；

(7)外施直流电压耐受水平；

(8)外施交流电压耐受水平；

(9)感应耐受电压水平；

(10)带有局部放电测量的感应电压水平；

(11)1min 直流外施耐受电压水平(仅适用于对称单极柔直变压器)。

对于对称单极柔直变压器，其阀侧绕组的线端和中性点的绝缘水平根据系统计算给出的阀侧绕组额定电压 U_{vr} 进行选择，并按照《电力变压器 第 3 部分：绝缘水平、绝缘试验和外绝缘空气间隙》(GB/T 1094.3—2017)的规定确定或计算。通过计算确定的阀侧绕组最高持续运行电压 U_{vmx} 可能不在 GB/T 1094.3—2017 中表 2 和表 3 所示的标准值序列中。此时，推荐的绝缘配合程序如图 3-11 所示，按照“就近向上调整”的原则在 GB/T 1094.3—2017 表 F.2 所示的标准值中选取规定的阀侧绕组最高电压 U_{vm}，进而确定绝缘水平。

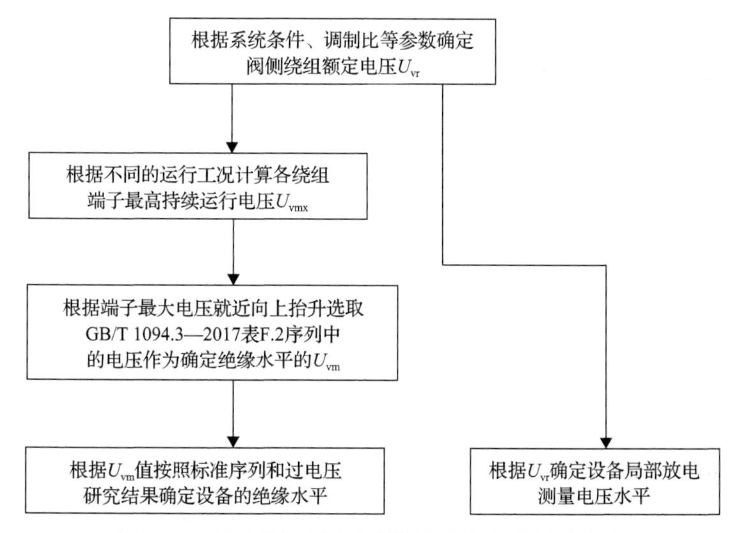

图 3-11　对称单极柔直变压器推荐的绝缘配合程序

对于双极柔直变压器，其外施直流耐受电压水平按式(3-9)进行计算：

$$U_{dc}=1.5\left[(N-0.5)U_{dm}+\sqrt{2}U_{vm}/\sqrt{3}\right] \tag{3-9}$$

其外施交流耐受电压水平按式(3-10)进行计算：

$$U_{dc}=\frac{1.5\left[(N-0.5)U_{dm}+\sqrt{2}U_{vm}/\sqrt{3}\right]}{\sqrt{2}}\text{(方均根值)} \tag{3-10}$$

3.2.4　试验技术

柔直变压器的试验包括例行试验、型式试验、特殊试验。试验的一般要求可参考 GB/T 1094.1—2013 和 GB/T 37011—2018。基于柔性直流输电系统特有的接线方式和运行工况，提出了针对柔直变压器的部分特殊试验，说明如下。

1. 对称单极柔直变压器阀侧绕组 1min 外施直流耐压试验

阀侧绕组 1min 外施直流耐压试验的目的是考核在发生直流单极极线接地故障时，单极柔直变压器阀侧绕组承受对地直流电压分量的能力。受目前试验设备能力的限制，阀侧绕组外施直流耐压试验的施加时间应为 1min。

1min 外施直流耐压试验电压应不低于阀侧绕组直流电压分量 U_{vdc1} 的 k 倍，k 的取值可协商确定。

试验时施加的直流电压为正极性，试验电源采用直流电压发生器。所有非被试端子应直接接地，阀侧绕组两端应短接，施加规定的直流电压，保持 1min，如果试验过程中无电流、电压突变和柔直变压器内部无异响，则认为该试验合格。实际开展时也可采用阀侧绕组操作冲击试验替代 1min 外施直流耐压试验。

此外，对称单极柔直变压器还应进行阀侧套管 1min 外施直流耐压试验，试验电压水平应不低于绕组试验电压的 1.15 倍。

2. 双极柔直变压器短时极性反转试验

双极柔直变压器以短时极性反转试验替代常规直流换流变压器例行试验中的标准极性反转试验。直流线路在发生接地故障和故障自清除过程中，柔直变压器阀侧绕组和套管的直流电压会出现短时间的极性反转，持续时间为几十毫秒。为考核此种工况下柔直变压器的阀侧绕组和套管的绝缘耐受能力，每种型号柔直变压器的首台套产品需开展阀侧绕组短时极性反转试验。具体试验方法如下：

试验应在完成外施直流耐压试验后进行，开始试验之前，所有的套管端子应至少接地 2h。试验时首先施加负极性电压 90min，然后在 1min 内将电压反转至正极性，保持 1min。再一次在 1min 内将电压反转为负极性，保持 90min。柔直变压器极性反转试验中极性转换可允许在 2min 内尽量短的时间内完成。

短时极性反转试验电压计算方法如下。

第一个 90min 负极性电压：

$$U_{PR-}=1.25[(N-0.5)U_{dm}+\sqrt{2}U_{vm}/\sqrt{3}]$$

第一次极性反转后的正极性电压：

$$U_{PR+-}=1.15\left[\frac{(N-0.5)U_{dm}}{2}+\frac{\sqrt{2}U_{vm}}{2\sqrt{3}}\right]$$

第二个 90min 负极性电压：

$$U_{\mathrm{PR}-}=1.25[(N-0.5)U_{\mathrm{dm}}+\sqrt{2}U_{\mathrm{vm}}/\sqrt{3}]$$

如果在施加负极性电压期间的任何 10min 间隔内，所记录的超过 2000pC 的脉冲数不超过 10 个，且正极性电压不发生跌落(局部放电值作为参考)，则试验结果应视为合格，不必进行其他局部放电试验。

此外，应对双极柔直变压器阀侧套管进行短时极性反转试验，试验电压为对应绕组试验电压的 1.15 倍。

3.3　桥臂电抗器

3.3.1　运行特性

对于模块化多电平换流器，串联在换流器桥臂上的桥臂电抗器，主要起到抑制桥臂间环流和抑制短路时上升过快的桥臂故障电流的作用。桥臂电抗器既不同于以承受直流大电流为主的平波电抗器，也不同于以承受交流电流为主的交流电抗器，其在运行中需承受电流幅值相当的交直流复合大电流。因此，桥臂电抗器既要考虑基于电感分布的交流电流分配特性，也要考虑基于电阻分布的直流电流分配特性。柔性直流输电系统的输送容量越大，交直流电流分配特性的平衡越困难并变得不可忽略。这使得桥臂电抗器在绕组层间电流分配、绕组及金属结构件的温升过热抑制、匝间和端子间绝缘耐受要求等方面的设计和检验原则不同于常规的交流电抗器和直流平波电抗器。

稳态运行情况下，在柔性直流输电系统中应用的桥臂电抗器承受的对地电压除工频分量外，根据接线型式和调制策略的不同还可能包括直流电压偏置分量和三倍频电压分量，很少或几乎不含其他频率的谐波分量。在桥臂电抗器中流过的电流既包含直流分量也包含工频分量，考虑到换流器控制系统环流抑制功能的投退，流过的电流也可能包含二倍工频的分量，很少或几乎不含其他频率的谐波分量。在启动过程或其他暂态过程中，所承受的电压和电流可能包含更高频次的谐波分量，由于各工程技术方案的特殊性，需要通过系统研究得到具体的数据。

目前柔性直流输电工程所用的桥臂电抗器线圈本体主要是干式空心结构，采用自然空气冷却方式。按照系统设计要求，桥臂电抗器可分别布置在换流阀桥臂内的交流侧或直流侧，可选择户内和户外两种布置方式，若桥臂电抗器户内布置，则可采用与换流器同厅布置或分厅布置方案。

3.3.2　主要元部件

构成桥臂电抗器的主要元部件有线圈、金属结构件、隔声罩、避雷器、支柱绝缘子等。由于桥臂电抗器运行中会承受交直流负荷大电流的作用，在线圈和金属结构件设计上需要重点解决非均匀温升及局部过热问题。

1. 线圈

目前柔性直流输电用桥臂电抗器基本采用干式空心的多层导线圆筒式并联结构，一般最内层和最外层为不含导线的假包封。线圈一般应用目前成熟的多股型换位导线及环氧树脂湿法绕制而成，股间、匝间导线采用H级耐热等级的聚酰亚胺薄膜和无纺布以一定比例的方式叠包而成，线圈匝间耐热等级一般为H级，整体耐热等级为F级。线圈需承受交直流复合电流作用，平衡直流与交流在导线层的分配特性是难点，设计不当很容易引起线圈热点温升超标。

桥臂电抗器线圈用电磁线由多股单丝导线包裹耐热等级较高的绝缘薄膜换位绞合而成，为保证电抗器通流及温升设计精度，应特别关注单丝导线直流电阻值与绝缘性能。矩形导线内各单丝导线间的直流电阻互差应控制在±1%的范围内，同一包封层不同并联导线间直流电阻偏差限值为±2%，最好不超过±1%。

2. 金属结构件

桥臂电抗器金属结构件的设计原则除满足机械强度外，电气上应同时满足通流能力及防止过热问题出现。线圈上、下端均由多支臂构成的星形汇流排，汇流排材料为高强度铝合金，汇流排除具有压紧线圈、承受一定的机械作用力外，电气上还具有汇流作用，各层导线电流可在汇流臂圆周方向均匀引出。汇流排中心一般采用内外径较大的开口圆环结构，在保证通流能力的条件下，环厚度和汇流排支臂厚度尽可能小，其优点是避免汇流排在交流大电流作用下产生的大量漏磁导致涡流发热问题。该汇流排结构目前在柔性直流输电工程桥臂电抗器中应用较为成熟，可有效防止过热问题，未来直流输电工程仍可能继续沿用。下部汇流排的过渡支座和支柱绝缘子的顶端法兰一般是不锈钢合金材质，能有效减少两者的附加损耗和温升。

3.3.3 主要技术参数

1. 额定电感

基于柔性直流换流器功率变化范围及抑制系统短路故障电流需要，根据系统研究可确定桥臂电抗器额定电感值，为保证产品可靠与稳定性，单台电抗值制造公差通常不大于±2.5%，互差不大于±2%。

2. 温升限值

桥臂电抗器额定工况下以承受直流电流、工频和二倍频电流为主，过负荷条件下三种电流幅值更高。为确保电抗器温升设计裕度，通常按过负荷条件下的通流能力开展温升设计校核。

桥臂电抗器温升限值一般参考《柔性直流输电用电抗器技术规范》(GB/T 37008—2018)规定，根据匝间绝缘和股间绝缘材料采用的耐热等级不同，线圈平均温升限值一般为 50～70K，热点温升限值一般为 70～90K，线圈过负荷条件下热点温升限值一般为 80～105K。桥臂电抗器金属结构件的温升限值为 100K，但实际工程中应尽可能低，以保证金属结构件不影响其与线圈本体相接处的温度，避免局部过热。

3. 绝缘水平

桥臂电抗器绝缘水平包括端间及端对地的雷电冲击耐受水平和操作冲击耐受水平、端对地的直流湿耐受电压水平。端间的雷电冲击耐受水平和操作冲击耐受水平一般根据并联避雷器冲击保护水平来确定，端对地雷电冲击耐受水平和操作冲击耐受水平由用户根据系统成套设计计算结果，并参考工程经验及厂家制造难度确定，端对地直流湿耐受电压水平一般取额定端对地最大运行电压的 1.5 倍。

4. 损耗和噪声

在保证温升不超限值要求和运输要求等条件下，桥臂电抗器损耗水平应尽可能小，根据厂家设计不同，一般可采用直径更小的导线与合适的温升设计方法来减小损耗。

根据环境保护要求，桥臂电抗器噪声水平应满足一定的限值要求。一般可通过内外假包封和安装中部隔声筒的方法来降低噪声水平。无线电干扰水平参考《高压直流输电用干式空心平波电抗器》(GB/T 25092—2010)，工程上应用一般不超过 1000μV。

3.3.4　试验技术

桥臂电抗器一般性试验项目可以参考国标 GB/T 37008—2018、GB/T 25092—2010 进行，应特别关注桥臂电抗器的不同温升试验及负载试验类型和试验方法，以保证交直流复合大电流下桥臂电抗器本体及金属结构件的温升满足设计要求。其中直流负载试验属于例行试验，直流温升试验和交流温升试验属于型式试验，交流负载试验属于特殊试验。

1. 直流负载试验

对试品施加直流负载试验电流 $I_{dc\text{-}t1}$，使热点温升达到稳定，以不大于 0.5h 的时间间隔读取热点温升数值并绘制热点温升变化曲线，用以确定热点温升的热时间常数。温升稳定后维持 3h，断开试验电流，按照《电力变压器 第 2 部分：液浸式变压器的温升》(GB/T 1094.2—2013) 规定的电阻法测取平均温升。

$I_{\text{dc-t1}}$ 由 80℃下的直流电阻 R_{dc80}、80℃下每次谐波频率的交流等效电阻 R_{h80}、最大连续直流电流 I_{dm} 和每次谐波电流 I_h 确定，按式(3-11)计算：

$$I_{\text{dc-t1}}=\sqrt{\frac{I_{\text{dm}}^2\times R_{\text{dc80}}+\sum_{h=1}^{50}I_h^2\times R_{h80}}{R_{\text{dc80}}}} \tag{3-11}$$

2. 直流温升试验

直流温升试验参考《高压直流输电用干式空心平波电抗器》(GB/T 25092—2010) 中 13.13 的相关规定进行。

3. 交流温升试验

对试品施加 50Hz 交流温升试验电流 $I_{\text{ac-t1}}$，使热点温升达到稳定，以不大于 0.5h 的时间间隔读取热点温升数值并绘制热点温升变化曲线，用以确定热点温升的热时间常数。温升稳定后维持 3h，断开试验电流，按 GB/T 1094.2—2013 规定的电阻法测取平均温升。

$I_{\text{ac-t1}}$ 由 80℃下的 50Hz 交流电阻 R_{50ac80}、80℃下每次谐波频率的交流等效电阻 R_{h80}、每次谐波电流 I_h 确定，按式(3-12)计算：

$$I_{\text{ac-t1}}=\sqrt{\frac{\sum_{h=1}^{50}I_h^2\times R_{h80}}{R_{\text{50ac80}}}} \tag{3-12}$$

4. 交流负载试验

桥臂电抗器正常运行工况下，含有直流电流、50Hz 交流电流以及 100Hz 交流电流，而三种电流同时作用在桥臂电抗器上的运行工况无法通过试验验证。因此，为了预防局部可能出现的过热情况，用户与制造方可协商开展以下交流电流负载试验。基于试验结果，并结合必要的理论计算来评估设备在交、直流复合电流下的综合热效应。试验过程中应测取绕组及金属结构件的热点温升。

1) 50Hz 交流负载试验

对试品施加 50Hz 交流负载试验电流 $I_{\text{ac-t2}}$，以不大于 0.5h 的时间间隔读取热点温升数值，$I_{\text{ac-t2}}$ 的电流值应大于 $I_{\text{ac-t1}}$，试验电流 $I_{\text{ac-t2}}$ 和试验时间可协商确定，

$I_{\text{ac-t2}}$ 原则上不超过 $I_{\text{ac-tmax}}$，$I_{\text{ac-tmax}}$ 按式(3-13)计算：

$$I_{\text{ac-tmax}} = \sqrt{\frac{I_{\text{dm}}^2 \times R_{\text{dc80}} + \sum_{h=1}^{50} I_h^2 \times R_{h80}}{R_{\text{50ac80}}}} \tag{3-13}$$

2) 100Hz 交流负载试验

对试品施加 100Hz 交流负载试验电流 $I_{\text{100ac-t}}$，以不大于 0.5h 的时间间隔读取热点温升数值，$I_{\text{100ac-t}}$ 的电流值和试验时间可协商确定，$I_{\text{100ac-t}}$ 原则上不超过 $I_{\text{100ac-tmax}}$，$I_{\text{100ac-tmax}}$ 按式(3-14)计算：

$$I_{\text{100ac-tmax}} = \sqrt{\frac{I_{\text{dm}}^2 \times R_{\text{dc80}} + \sum_{h=1}^{50} I_h^2 \times R_{h80}}{R_{\text{100ac80}}}} \tag{3-14}$$

5. 温升试验和负载试验的判据

在额定运行工况下和用户规定的短时过载电流作用下，绕组热点温升和绕组平均温升应不超过表 3-5 规定的限值，金属结构件及端子温升应不超过表 3-6 规定的限值。

表 3-5　桥臂电抗器绕组温升限值　(单位：K)

绝缘耐热等级	额定运行工况下		过载电流下热点温升限值
	平均温升限值	热点温升限值	
匝间绝缘和股间绝缘均不低于 180℃(H 级)，线圈其他绝缘材料不低于 155℃(F 级)	70	90	105
匝间绝缘不低于 180℃(H 级)，股间绝缘不低于 130℃(B 级)，线圈其他绝缘材料不低于 155℃(F 级)	50	70	80

表 3-6　桥臂电抗器金属结构件及端子温升限值　(单位：K)

材料		温升限值
金属结构件		100
端子板材质种类	裸铜或裸铝	50
	接触面镀锡	65
	接触面镀银或镀镍	75

注：端子板温升考核位置为与连接金具搭接位置，其余按照金属结构件考核温升。

3.4 启动电阻

3.4.1 运行特性

柔性直流输电系统启动时，交流侧断路器合闸时会产生较大的冲击电流和冲击电压，可能会对换流阀的 IGBT 器件等造成损坏，因此需要在回路中串接启动电阻以限制启动时的过电压和过电流，实现换流阀的安全平稳充电，在充电结束后将启动电阻旁路。系统启动特性和启动回路参数关乎系统是否能够安全启动并进入稳定运行，启动特性与柔性直流输电系统接线方式、换流阀结构以及整个系统的预充电策略密切相关，此外，启动特性与启动电阻参数取值也相关。

按照工程经验，启动回路一般布置在柔性直流换流阀的交流侧，根据系统需求和现场条件，可选择布置在柔直变压器网侧或阀侧。换流阀功率模块电容不控整流预充电分为两个阶段，第一阶段为从开始充电到充电电压基本稳定，第二阶段为充电电压稳定到解锁。不可控充电过程就是交流电源通过启动电阻对功率模块电容充电的过程，电路近似为 *RC* 串联回路。第一阶段交流电源合闸后启动电阻承受交流冲击电流和冲击电压，其后幅值随时间衰减，并趋于稳定。第二阶段交流电源需供给功率模块并联电阻与高位取能电源等元件损耗，以及流过直流电缆等设备对地电容的漏电流，因此产生了流过启动电阻的稳态电流。

启动电阻一次完整的工作周期会耐受一次启动冲击能量以及紧随其后的预充电末期的尾波电流能量，启动电阻尾波电流从产生持续到启动电阻被旁路，耐受时间取决于柔性直流输电系统预充电策略。启动电阻在系统启动过程中的电压、电流、能量变化如图 3-12 所示。

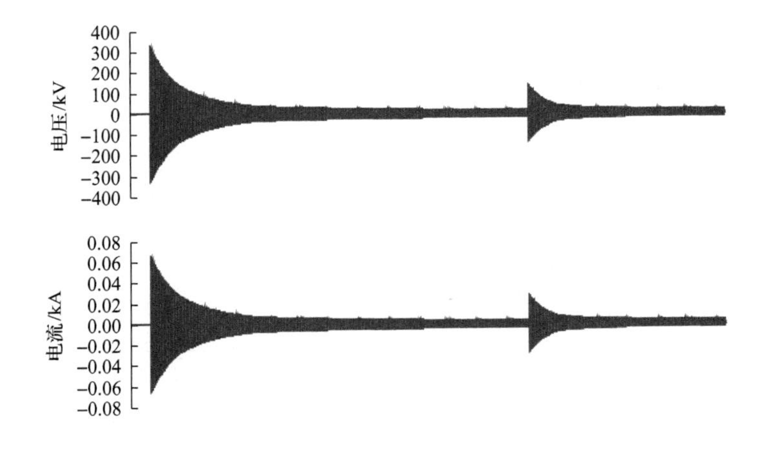

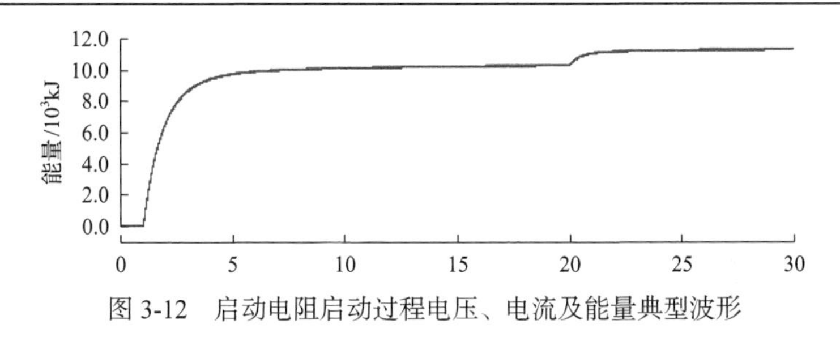

图 3-12　启动电阻启动过程电压、电流及能量典型波形

3.4.2　主要元部件

启动电阻一般为单相、空气自然冷却、户外或户内布置。目前，启动电阻两种主流结构型式分别为金属电阻箱式结构和陶瓷电阻套管封装结构，如图 3-13 所示。箱式启动电阻由金属电阻元件串并联并通过外壳箱体屏蔽组成电阻箱，若干电阻箱及绝缘子串联组成电阻整体。套管式启动电阻由陶瓷电阻片串联安装在绝缘套管中组成套管单元，若干套管单元及绝缘子串联组成电阻整体。金属电阻具有散热能力较好、长期小电流通流能力较好的特点，但其抗电流和能量冲击能力不突出，端间绝缘设计裕度一般不大，需要考虑杂散参数的影响。陶瓷电阻具有冲击电流、冲击能量和端间绝缘耐受能力较强的优点，但由于套管为密封结构，散热能力较差。因此，应根据启动电阻系统工况选取合适的设计方案，并尤其注意薄弱点的设计校核和试验验证。

(a) 金属箱式

(b) 套管式

图 3-13　启动电阻两种结构型式

启动电阻设计应考虑在运行、安装和维护期间的机械应力，在运行时的热应力，内部或外部故障对启动电阻的电磁力，风、冰载荷，温度变化引起的机械应力影响。对于电压等级较高的启动电阻，应特别注意需开展电场计算校核，必要时设置均压装置，并应考虑杂散参数对电阻单元电压分布不均匀的影响。

3.4.3 主要技术参数

启动电阻的主要技术参数可参考国家标准《柔性直流输电用启动电阻技术规范》(GB/T 36955—2018)，本部分仅对技术参数部分的重要技术细节进行说明。

冲击电流分为启动冲击电流和故障冲击电流，启动冲击电流为对柔性直流输电系统换流阀预充电时在启动电阻上产生的冲击电流峰值以及系统短路故障时在启动电阻上产生的冲击电流峰值。启动电阻应能承受启动冲击电流和故障冲击电流，通过数值计算或系统仿真计算确定。

尾波电流是柔性直流输电系统换流阀预充电末期在启动电阻上产生的最大稳态充电电流。启动电阻应能承受启动冲击能力后的尾波电流，启动电阻尾波电流自开始持续至启动电阻被旁路时间，耐受时间取决于柔性直流输电系统预充电策略。

耐受能量分为启动耐受能量和故障耐受能量，启动耐受能量是对柔性直流输电系统换流阀预充电在启动电阻上产生的冲击能量。故障耐受能量是系统短路故障时在启动电阻上产生的冲击能量。启动电阻一次完整的工作周期内，启动电阻启动耐受能量包括耐受一次启动冲击能量紧接预充电末期的尾波电流所产生的能量。启动电阻应能耐受系统启动冲击能量与故障冲击能量之和。

启动电阻一般应满足间隔 30min 再次充电的要求，可根据实际需求进行优化。

启动电阻整体对地绝缘水平应满足所在位置的对地绝缘水平。启动电阻端间绝缘水平应考虑启动电阻端对地等短路故障。

散热时间常数是电阻起始温度与环境温度存在温差时，电阻零功率条件下，电阻温度变化了该温差的 63.2%所需要的时间。应在设备设计和保护配置中考虑散热时间常数对运行和保护的影响。

3.4.4 试验技术

启动电阻试验可参照国家标准 GB/T 36955—2018，本节结合工程设计和运行经验，补充和优化部分试验项目，如下所示。

型式试验：电阻值测量、电感值测量、绝缘电阻测量、绝缘试验、冲击能量试验、温升试验、冲击电流试验、抗振试验、局部放电试验、无线电电压干扰试验、防护等级检查、密封试验以及部件的型式试验。

出厂试验：外观及一般检查、冷态电阻值测量、绝缘电阻测量、电感值测量、工频耐压试验和直流耐压试验。

现场试验：外观及一般检查、冷态电阻值测量、绝缘电阻测量、工频耐压试验和直流耐压试验。

3.5 穿墙套管

3.5.1 运行特性

穿墙套管是柔性直流换流站实现户内和户外设备之间电气连接的核心设备。已投运的特高压直流输电工程所使用的穿墙套管均采用一体式结构的环氧树脂浸渍干式电容芯子充气式套管，或者一体式结构的带均压电极的纯气体式套管，其中又以干式电容式套管使用更为广泛，穿墙套管的一端是户外空气端，另一端是阀厅户内空气端，两端运行外绝缘条件不同，由套管中部接地法兰与阀厅相对固定安装。

由于受接线方式及系统特性影响，特高压柔性直流穿墙套管相比常规直流穿墙套管有其特殊性，这主要表现在其安装位置的灵活性、运行电压、电流特性以及数量需求的多样性。从减少设备用量和采购成本出发，应优先选择穿墙套管使用较少的系统接线方案，并综合考虑系统运行要求与基建投资成本。无论哪种接线方式，当穿墙套管连接在桥抗回路时，其运行电流频谱都将出现与桥抗类似的“直流+工频+二倍频”的特征，运行电压为直流母线电压叠加少量的工频和二倍频分量。因此，在进行穿墙套管设计及试验时，需注意额定电压峰值以及额定电流分量与常规穿墙套管的差异性所带来的相关问题。

3.5.2 主要元部件

穿墙套管多采用典型的同轴电容分压式结构，通过同轴电容屏强制分压，达到套管轴向和径向电场分布均匀的目的。穿墙套管的代表性结构由内到外由四部分构成：最内层是套管导电杆(导体部分，通常为铜材)，次内层是环氧浸渍干式电容芯子(主绝缘)，次外层是 SF_6 气体填充(辅助绝缘)，最外层是玻纤环氧筒和复合护套(外绝缘)，具体如图 3-14 所示。穿墙套管户内端与换流阀母线相连，户外端与直流场母线相连，外绝缘介质为空气，穿墙部分是安装法兰，套管安装时法兰安装在阀厅钢结构上，并与小孔封堵一起形成密封结构。

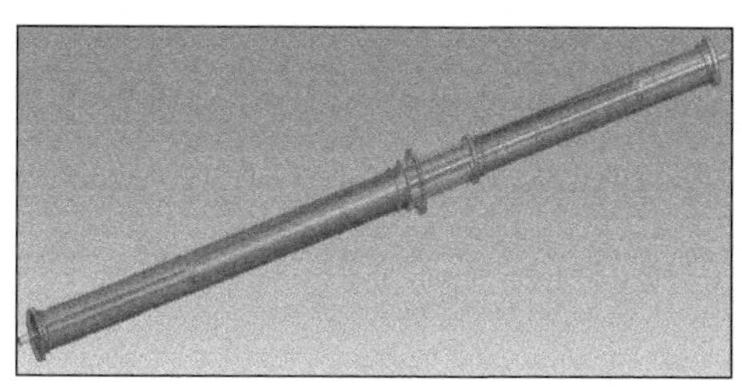

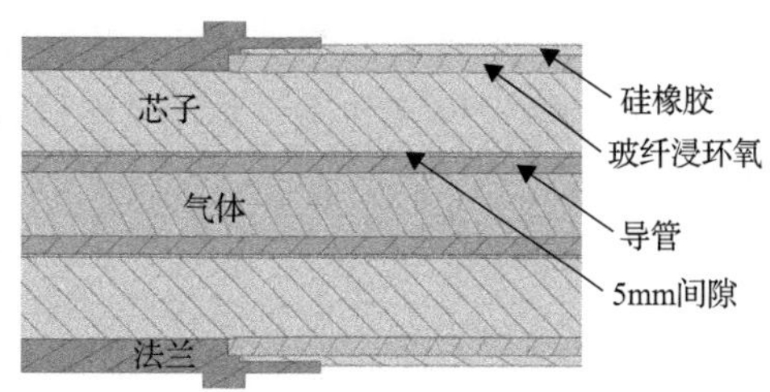

图 3-14　800kV 柔性直流穿墙套管外形结构及剖面

此外，在直流输电工程中使用到的另外一种穿墙套管结构为纯气体绝缘的穿墙套管，其采用一定压力的 SF_6 填充气体作为主绝缘，结构由内到外分别由套管导电杆、多层屏蔽电极、填充气体绝缘、支撑绝缘子、环氧筒和复合护套。该类型结构与电容分压式结构的最主要区别是主绝缘介质的不同。

3.5.3 主要技术参数

与常规直流穿墙套管一样，柔性直流穿墙套管的主要技术参数有额定电压/电流、绝缘水平、爬电距离、弯曲负荷耐受水平等。典型的特高压柔性直流穿墙套管的主要技术参数如表 3-7 所示。

表 3-7　某直流输电工程特高压柔性直流穿墙套管典型技术参数

序号	项目	技术参数		
		800kV	400kV	中性线
1	额定连续直流电压/kV	816	408	120
2	额定峰值电压/kV	861	453	120
3	额定连续运行电流/A	DC：1042 AC：(50Hz) 1472 AC：(100Hz) 393	5000	5000
4	最大持续运行电流/A (户内≤45℃，户外≤40℃)	DC：1042 AC：(50Hz) 1472 AC：(100Hz) 393	5000	5000
5	2h 过负荷电流/A (户内≤45℃，户外≤40℃)	DC：1251 AC：(50Hz) 1766 AC：(100Hz) 472	5318	5318
6	热短时耐受电流 (1s) /kA	30	40	40
7	雷电冲击耐受电压/kV	1950	1300	850
8	操作冲击耐受电压/kV	1600	1050	750

3.5.4 试验技术

柔性直流穿墙套管型式试验可依据 IEC/IEEE 65700-19-03、GB/T 22674—2008 和 GB/T 4109—2022 开展，其试验项目、试验方法及判断依据与常规直流穿墙套管试验相似。

需要注意的是，由于柔性直流穿墙套管存在谐波电流，按照 IEC/IEEE 65700-19-03 的要求，在温升试验时必须分别开展全等效直流温升试验和全等效交流温升试验。

直流温升试验电流计算公式如下：

$$I_{\mathrm{eq,dc}} = \sqrt{\frac{I_{\mathrm{dc}}^2 \times R_{\mathrm{dc}} + \sum_{h=1}^{n} I_h^2 \times R_h}{R_{\mathrm{dc}}}} \tag{3-15}$$

交流温升试验电流计算公式如下：

$$I_{\mathrm{eq,ac}} = \sqrt{\frac{I_{\mathrm{dc}}^2 \times R_{\mathrm{dc}} + \sum_{h=1}^{n} I_h^2 \times R_h}{R_{\mathrm{ac}}}} \tag{3-16}$$

式中，I_{dc} 和 I_h 分别为系统 1.0p.u.连续运行电流中直流分量值的 1.2 倍和交流分量值的 1.2 倍。

3.6　直流开关设备

为了换流站故障的保护切除、运行方式转换以及检修隔离等目的，在启动回路、阀厅和直流场均装设了数量众多的各类开关，特高压柔性直流换流站典型开关配置如图 3-15 所示。

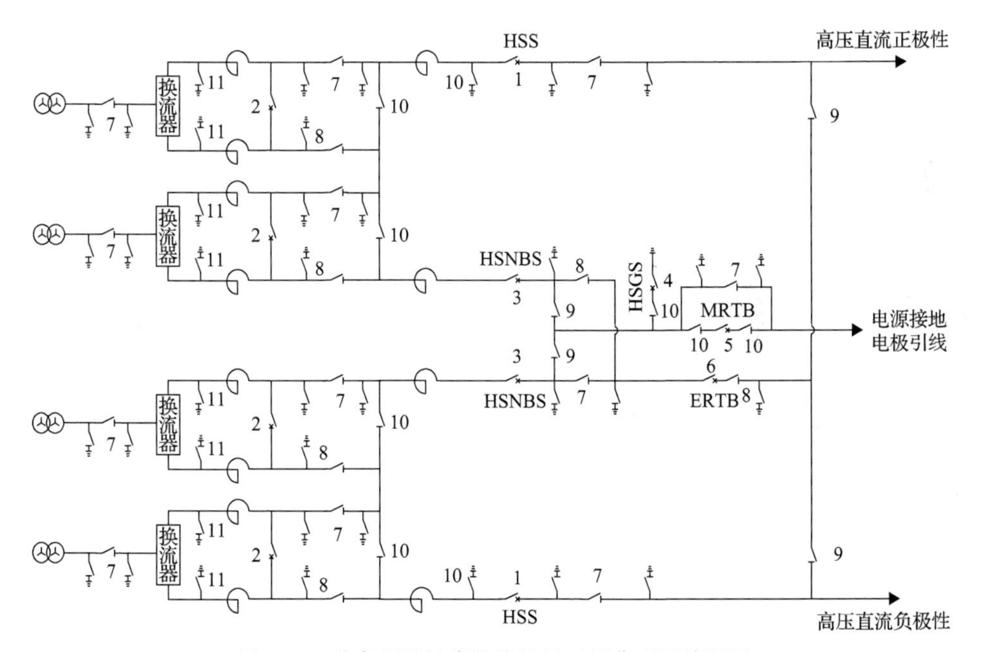

图 3-15　特高压柔性直流换流站双极典型开关配置

1-HSS；2-旁路开关；3-HSNBS；4-HSGS；5-MRTB；6-ERTB；7-隔离开关(双接地)；8-隔离开关(单接地)；9-隔离开关(不接地)；10-直流场接地开关；11-阀厅接地开关

3.6.1 直流高速并列开关

目前关于 HSS 的研究相对较少，国际上仅在±800kV 印度 NEA 工程中有应用，国内在±800kV 昆柳龙直流工程、±500kV 张北柔性直流电网工程和±500kV 云贵互联通道工程中进行了应用。本节结合工程实践，对 HSS 的基本结构、关键参数、控制保护策略以及试验等方面进行介绍。

1. 运行特性

HSS 也称为直流高速开关或直流母线快速开关，安装在直流正负极线上，用于直流故障的隔离、各端换流器的在线投退。图 3-16 是 HSS 的工程典型应用场景。

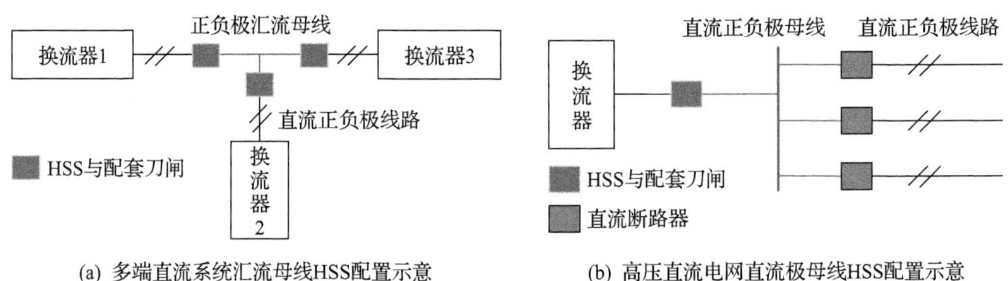

图 3-16 柔性直流输电工程 HSS 典型应用场景

图 3-16(a)所示的配置方案通常用于直流输电系统采用具备直流故障清除能力换流器的场景，如±800kV 昆柳龙直流工程、±500kV 云贵互联通道工程；图 3-16(b)所示配置方案主要用于直流输电系统采用直流断路器清除故障电流的应用场景，通过 HSS 取代部分直流断路器，保留故障清除能力的同时降低了成本，如±500kV 张北柔性直流电网工程。

HSS 通常与隔离开关、接地开关等配合使用将设备转为冷备用与检修等运维状态。由于 HSS 断开情况下，对应换流器同步停运，换流器侧的隔离开关可以不必配置；线路侧隔离开关通常必须配置，但可以与线路侧已有隔离开关复用。HSS 开关两侧的接地开关通常保留，当相邻接地开关与 HSS 距离较近时，可以复用。

2. 主要元部件

如图 3-17 所示，HSS 与高压交流断路器构造基本一致，主要由导电主回路、灭弧室、操动机构、绝缘支撑及传动部件等构成。考虑 HSS 特有工况，其各元部件的设计要求如表 3-8 所示。HSS 分合闸时间与高压交流断路器类似，通常合闸时间小于 100ms、分闸时间小于 30ms。高压直流输电系统长距离线路瞬时故障后重启前的去游离时间通常超过 350ms，因此 HSS 的分合闸速度满足工程应用需求。

图 3-17　HSS 实物照片

表 3-8　HSS 各元部件设计要求

关键部件	设计要求
动、静触头	校核 HSS 开断小电流直流以及偷跳情况下的触头烧蚀情况
灭弧室类型	推荐采用压气外能式，以实现较强的小电流直流灭弧能力
灭弧室绝缘护套	根据直流耐压确定爬距，推荐采用复合绝缘材料，以实现污秽条件下更好的断口间均压特性
支柱绝缘子	根据直流耐压确定爬距，推荐采用复合材料
单次储能操作循环	考虑 HSS 偷跳情况下重合时发生合后即分，推荐 2×CO

3. 主要技术参数

1) 端对地绝缘

HSS 的端对地直流、操作冲击和雷电冲击电压耐受要求与不配置 HSS 直流输电系统正负极线耐受要求一致。端对地爬距的要求通常根据设备布置情况，按照户内/户外设备的爬电比距结合直流电压耐受能力进行选取。

2) 端间绝缘

HSS 的端间操作冲击和雷电冲击电压耐受可与端对地绝缘要求保持一致。由于灭弧室的绝缘护套为水平布置，其爬电比距可略低于端对地爬电比距要求。HSS 的端间直流电压耐受能力主要从耐受直流电压数值和持续时间两个方面考虑。

考虑到高压直流电网容量较大，多为对称双极接线形式，HSS 正常工况下端间最大直流耐压为高压直流电网单极运行最高直流电压 U_{dc_max}。但是，当高压直流电网处于不对称运行工况时，由于架空线路正负极对地以及正负极间存在分布电容，HSS 在配套隔刀未断开的情况下，承受的直流电压可能超过 U_{dc_max}。根据工程经验，分布电容引起的感应电压导致 HSS 端间承压升高通常不超过 50%，因此考虑一定裕度，建议 HSS 的端间直流耐压数值 $U_{Terminal\_dc}$ 不低于

$$U_{\text{Terminal\_dc}} = 1.5 \times U_{\text{dc\_max}} \tag{3-17}$$

HSS 端间直流耐压持续时间要求可根据以下隔刀配置方案进行选择。

方案一：HSS 的两侧隔刀配置完备且复用较少，只有出现两侧隔刀同时拒动，HSS 开断时才会面临长时间较高的直流耐压。由于隔刀的动作时间通常为十几秒至数十秒，考虑一定裕度，可选取端间直流耐压持续时间为 1min。

方案二：HSS 仅配置线路侧隔刀，单侧隔刀拒动 HSS 即面临长期直流耐压，HSS 端间直流耐压持续时间要求为长期。

3）空充电流开断

采用 HSS 实现单端换流器在线投退时，由于系统不间断运行，换流器闭锁后 HSS 断开时，将面临开断空充线路电流的工况。考虑到电晕放电与振荡电流等的持续传导在线路上引起的损耗，高压直流线路的空充电流必然含有直流分量，且直流线路越长、电压越高，空充电流直流分量越大。电晕放电脉冲电流、谐波电流、振荡电流的存在有助于电流过零点的出现，有利于 HSS 开断空充电流。但是，由于上述三类电流分别受气候环境条件、线路谐波电压、线路分布参数影响，时刻发生变换且难以精确定量计算，实际工程推荐采用小电流直流开断能力 $I_{\text{cut\_dc}}$ 评估 HSS 的空充电流开断能力。

4）燃弧能力

由于强电磁干扰、操动机构老化等原因，高压交流断路器在合闸运行状态下存在偷跳风险。考虑到 HSS 与高压交流断路器构造上的相似性，且 HSS 安装在直流极线位置，正常运行处于合闸状态、流过直流极线额定电流，偷跳后电流无自然过零点，HSS 偷跳对设备安全与高压直流电网可靠运行带来了较大挑战。

考虑最恶劣情况：HSS 发生偷跳时，系统处于过负荷运行工况，直流极线电流为 $I_{\text{ol\_dc}}$；HSS 偷跳后重合失败，控制保护从 HSS 偷跳发生到重合失败系统停运所需的总时长为 T_{trip}，则 HSS 偷跳对设备燃弧能力的要求为燃弧电流达到 $I_{\text{ol\_dc}}$、持续时间超过 T_{trip} 设备不发生外观损坏。

4. 试验要求

HSS 关键性能参数需通过试验进行验证，其大部分型式试验、出厂试验和现场试验要求与直流旁路开关要求类似，本节仅对 HSS 试验的特殊要求进行阐述。

1）人工污秽试验

均匀积污会影响设备长期耐压能力，如端对地直流耐压与端间直流耐压。针对均匀积污，推荐将灭弧室绝缘护套、支柱绝缘子表面进行均匀人工污染，并施加长期直流电压测试是否发生闪络。

不均匀积污影响设备断口间均压，HSS 不同断口间积污程度不同，引起断口均压产生显著差异，影响设备安全。针对不均匀积污，推荐结合设备均匀积污试验或以往其他污秽试验泄漏电流数据进行计算，评估断口间均压特性，如不满足绝缘性能要求，需加装断口间均压回路或增加灭弧室绝缘护套爬距。

2) 空充电流开断试验

空充电流开断试验主要用于验证 HSS 的小电流直流开断能力，其试验回路示意如图 3-18 所示。试验中，将流过 HSS 的电流预加载至待开断电流，随后操作 HSS 至分闸状态，记录试验过程中的充电电压 U_c、开断电流 I_{cut_exp}、暂态恢复电压 U_{trv_exp}、燃弧时间 T_{arc} 和分闸时间 T_{open} 等关键数据。试验成功的判据为

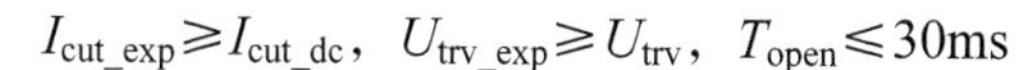

$$I_{cut\_exp} \geqslant I_{cut\_dc}, \quad U_{trv\_exp} \geqslant U_{trv}, \quad T_{open} \leqslant 30\text{ms}$$

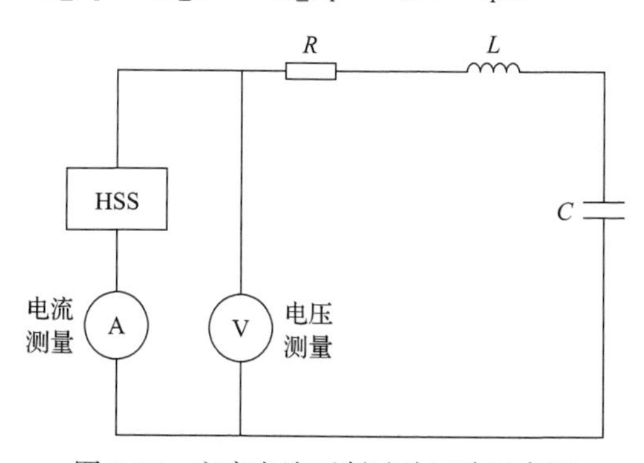

图 3-18　空充电流开断试验回路示意图

为确保暂态恢复电压达到预期要求，通常需考虑试验回路电感压降，使 U_c 略高于 U_{trv}。

3) 燃弧能力试验

燃弧能力试验用于验证 HSS 发生偷跳后对设备的损坏情况，可能发生的损坏包括大电流长时间烧蚀损坏触头、灭弧室 SF_6 气体组分发生异常影响绝缘、设备外观发生破损爆炸等。

试验回路如图 3-19 所示，试验时将流过 HSS 的电流加载至 I_{ol_dc}，操作 HSS 分闸，使电流持续 T_{trip} 后通过外部电路熄灭电弧。

为充分验证设备的燃弧能力，上述燃弧过程建议重复 5 次，每次之间可有适当设备冷却时间间隔。为评估燃弧能力试验对 HSS 性能的影响，应在燃弧能力试验前后分别开展空载试验，测量合闸时间、分闸时间、机械特性曲线、回路电阻、辅助喷口与动静触头的重量，试验结束后解体 HSS 灭弧室并分析气体组分。

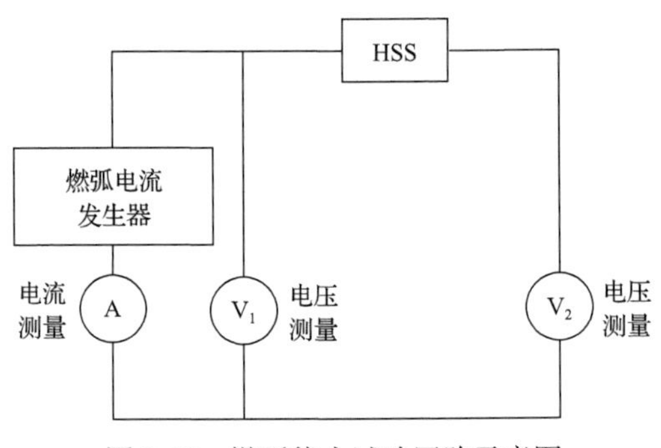

图 3-19　燃弧能力试验回路示意图

3.6.2　直流转换开关

1. 运行特性

直流转换开关包括金属回线转换开关(MRTB)、大地回线转换开关(ERTB)、中性母线开关(neutral bus switch, NBS)和中性母线高速接地开关(NBGS)。

MRTB 安装在接地极引线回路中，用于将大地回路中的直流电流转换到金属回路。ERTB 串联在接地极引线和极线之间，用于将直流电流从金属回路中转换到大地回路中。

对于 MRTB 和 ERTB，无论是金属回线转大地回线运行模式还是大地回线转金属回线运行模式，首先都是建立金属回线与大地回线并联的运行模式，然后根据转换要求，拉开 MRTB 或者 ERTB 完成转换。在转换过程中，开断装置分闸后产生电弧，由于电弧的电压-电流负特性，在开断装置和并联的辅助回路之间会产生振荡。这个并联的辅助回路由电感 L_p 和电容 C_p 组成，辅助回路振荡频率一般应达到几千赫兹，这样可使振荡电流快速振荡过零。图 3-20 中的电阻 R_p 为电抗器和辅助回路连接导线的电阻。高频振荡电流和直流电流叠加使开断装置的电流过零，从而使流过开断装置的电流过零开断。之后很短时间内，电流流过 C_p、L_p 和 R_p，对电容器充电使电容器电压升高直至避雷器动作。避雷器吸收的能量为转换回路电感上储存的能量减去转换过程中回路电阻消耗的能量。避雷器吸收能量的同时，流过接地极引线(对于 MRTB)或金属回路(对于 ERTB)的电流不断减小，并最终将电流转换到并联的金属回路上(对于 MRTB)或接地极引线(对于 ERTB)。

在双极运行方式下，换流阀内部发生接地故障时，故障电流除流过故障点外，还流过由接地极线和接地极组成的大地回路。NBS 需将故障回路的直流电流转换至大地回路中，使故障极退出运行，确保健全极正常运行。

在 HVDC 系统正常运行期间 NBGS 保持断开，承受一定的直流电压。使用 NBGS 的主要目的是防止双极停运以提高 HVDC 传输系统的可靠性。在接地极引线断开的情况下，不平衡电流将使得中性母线上的电压增加，NBGS 快速合闸将中性点母线通过站上的接地系统重新连接到大地回路，这样就可以继续双极运行。因此，NBGS 最重要的作用是作为一个快速合闸开关；另外，在 NBS 转换失败（开断不成功）时，NBGS 也可以提供暂时的大地回路通路。当地极引线可以重新使用时，NBGS 要能够将双极运行不平衡电流从站接地系统转换到地极引线中。

2. 主要元部件

直流电流和转换回路电感值的大小对直流开关能否转换成功具有决定性的影响。对于 MRTB、ERTB 及 NBS，其转换电流很大且其转换回路中的电感大，单独的 SF_6 断路器不能完成转换。因此，需为 MRTB、ERTB 及 NBS 配备一个与 SF_6 断路器并联的 LC 振荡回路及用于吸收能量的避雷器。而对于 NBGS，其不需要有转换大电流能力，因此与上述开关的差别为没有振荡回路及吸能避雷器。图 3-20 为 MRTB、ERTB 的主要配置及工程实物。

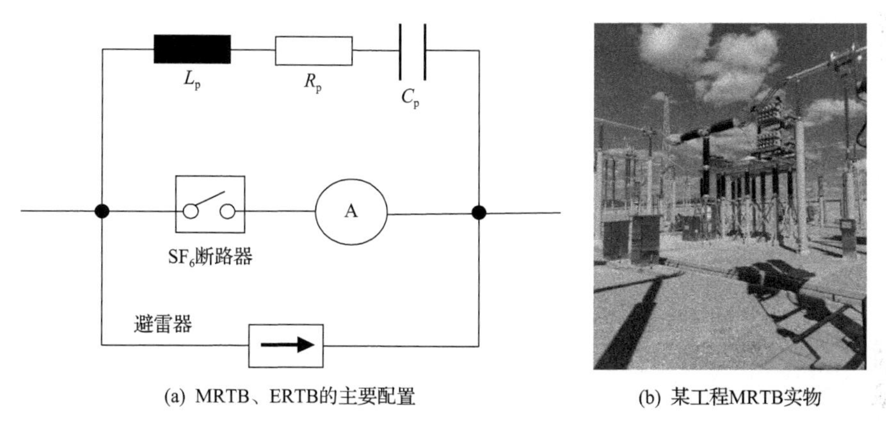

(a) MRTB、ERTB的主要配置　　(b) 某工程MRTB实物

图 3-20　MRTB、ERTB 及 NBS 的主要配置及工程实物

3. 主要技术参数

对于转换开关，下述参数决定了其性能，主要包括：

(1) 最大转换电流，表征转换开关应至少具备的电流转换能力。

(2) 分/合闸时间，表征开关动作速度快慢，对于 NBGS，其分合闸时间要求比其他转换开关更高。

(3) 最大直流电流下的燃弧时间，表征当 MRTB 开关出现偷跳情况时，从开关分闸到最终合闸完成，开关应具备的电弧耐受时间。

(4) 串联断口分闸同期性最大偏差，表征开关断口动作的同步性。

(5) 转换开关避雷器参考电压，表征转换开关避雷器的动作电压，其值应该大于中性母线可能出现的最大运行电压，小于中性母线避雷器的参考电压。

(6) 单次或两次转换吸收能力，表征转换开关进行一次转换或连续两次转换时吸收的能量，是避雷器能量配置的重要依据。

4. 试验技术

直流转换开关的试验应根据《高压直流转换开关》(GB/T 25309—2010)、《高压交流断路器》(GB/T 1984—2014)和《高压交流开关设备和控制设备标准的共用技术要求》(GB/T 11022—2020)中相关规定执行。型式试验包括雷电冲击电压试验、直流电压湿耐受试验、直流电压干耐受试验、操作冲击电压试验、人工污秽试验(200kV 以下设备不适用)、辅助回路和控制回路试验、状态检查的电压试验、主回路电阻测量、温升试验、短时耐受电流和峰值耐受电流试验、防护等级验证、密封试验、电磁兼容(electro magnetic compatibility, EMC)试验、室温下机械操作试验、端子静负载试验、直流电流转换试验、抗振试验。特殊试验包括直流转换开关的连续转换试验。

例行试验包括：主回路绝缘试验、主回路电阻测量试验、辅助回路和控制回路绝缘试验、外观检查试验、机械操作试验、气密性试验、接线检查试验、液压系统密封性试验、防跳试验、加热器电阻测量、接地端子检查试验、铭牌检查试验、检验质量试验、容值测量试验(若适用)、辅助回路检查试验，直流转换开关的辅助回路设备(电容器、电抗器、避雷器等)应能满足直流电流转换能力的要求。

3.6.3 直流断路器

柔性直流输电系统一旦发生短路故障，换流器和直流侧储能元件将迅速放电，导致故障电流在数毫秒内迅速达到电力电子器件的耐受上限，给换流站和系统安全运行造成巨大隐患。高压直流断路器可以实现快速切除并隔离故障，对保证直流电网安全可靠运行具有重要意义。直流断路器拓扑原理复杂多样，根据直流断路器中关键开断器件的不同，可以将直流断路器分为三类，即全固态式直流断路器、机械式直流断路器、机械开关与固态开关相结合的混合式直流断路器，其典型拓扑结构如图 3-21 所示。

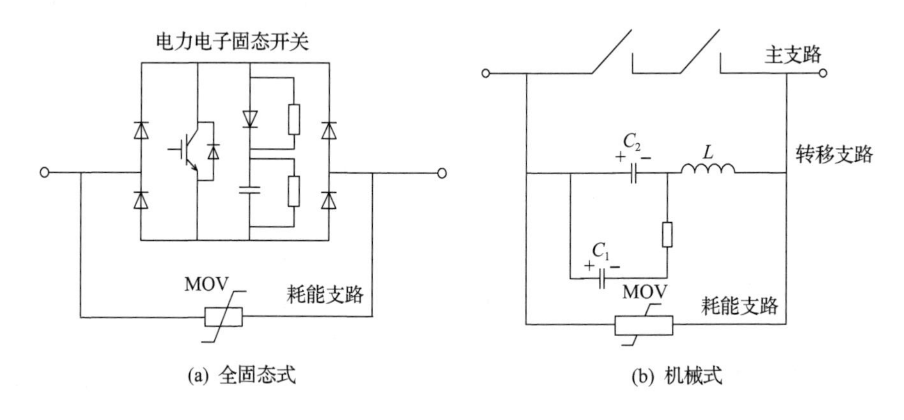

(a) 全固态式　　(b) 机械式

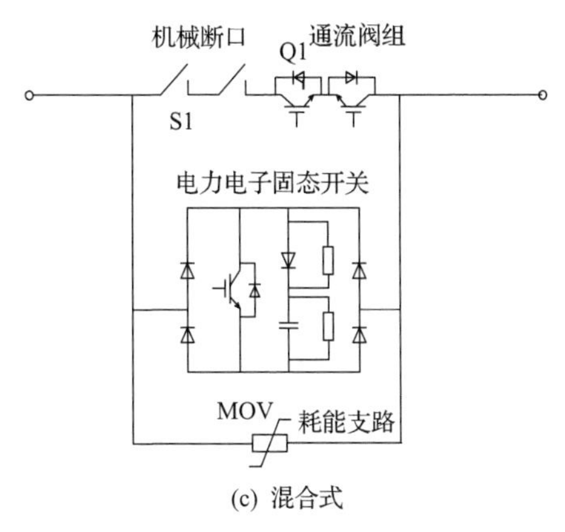

(c) 混合式

图 3-21　不同直流断路器的基本拓扑结构

全固态式直流断路器主要由电力电子固态开关和吸能支路两部分组成。线路正常运行时，电流直接流过电力电子固态开关。故障发生时，电力电子器件迅速关断。系统中感性元件存储的磁场能量转化为电场能量使断路器两端电压升高至吸能支路动作阈值，吸能支路动作并吸收系统能量，完成直流电流开断。全固态式直流断路器的优势在于动作迅速、无弧操作、结构简单，但由于电力电子器件耐压能力有限，在高压直流输电系统应用时需要串/并联大量的电力电子器件，带来了均压均流问题、冷却问题，同时通态损耗过高，故一般只能应用于中低压系统中。

机械式直流断路器将传统交流机械开断单元应用于不同直流开断拓扑结构中，完成直流开断。交流机械开关只具有电流过零开断的能力，而直流输电系统电流不存在自然过零点，利用交流机械开关形成的直流断路器，或者利用人工电流过零点完成直流开断，或者限制电流到足够小以实现电流的可靠分断。机械式直流断路器具有运行稳定、可靠性高、通态损耗小等优点，但由于自身结构的制约，断开时产生的电弧易损坏触头，故障电流切除时间相对较长，无法实时、灵活、快速动作。

混合式直流断路器是将机械开关与电力电子器件结合而构成的混合式断路器。该类型直流断路器充分利用机械开关的载流、绝缘能力以及固态开关的开断能力，实现直流开断。正常运行时该类型断路器的电流由包含机械开关的载流转移支路承担；故障发生后，故障电流由机械开关转移至固态开关；最终，由固态开关支路、吸能支路完成系统故障电流开断。混合式直流断路器结合了机械开关良好的静态特性与电力电子器件良好的动态性能，理论上具有开断时间短、通态损耗小、无需专用冷却设备等优点。但需要串联大量 IGBT 器件，存在可靠性低、一致性差和价格昂贵等缺点。

从当前国内外研究与工程应用现状来看，不同类型的直流断路器无论是在技术性能上(如开断大电流、承受高电压、动作快速性等方面)，还是在工程应用价值上(如体积小型化、经济可靠等方面)，都有自己的优势与不足。因此，直流断路器的研制工作应该选择在技术上满足特定系统要求的拓扑方案，然后结合具体经济性、可靠性和体积要求等指标，有针对性地进行优化设计。

3.7 直流电缆

3.7.1 运行特性

交联聚乙烯(cross linked polyethylene, XLPE)绝缘电缆造价低、输送容量大、维护简单，尤其适合海上风电送出及海岛换流站多端互联等柔性直流输电应用场景，国际上在过去几十年投运了数个高压直流海缆工程。欧洲已投运的最高电压等级挤包绝缘直流海缆为±400kV，目前全球在建工程直流海缆电压等级最高达到±525kV。英国和丹麦互联的 VikingLink 工程采用±525kV/1400MW 高压直流输电连接，全长约 765km，其中 620km 采用直流海底电缆，工程预计 2023 年底投运，这是目前世界上在建的输送距离最长、电压等级最高的高压直流海底电缆连接工程。国内从 2012 年开始了高压柔性直流输电示范工程建设，南澳±160kV 多端柔性直流工程、舟山±200kV 多端柔性直流工程、厦门±320kV 柔性直流工程、如东±400kV 海上风电送出工程的成功投运，使中国的挤包绝缘高压直流电缆在电压等级上实现了跨越式发展。目前我国研发的±525kV XLPE 挤包绝缘高压直流陆缆已通过型式试验，并已具备±525kV 直流海缆制造能力，正在开展型式试验和预鉴定试验，±500kV/2000MW 交联聚乙烯直流海缆即将在青洲五七海上风电直流送出工程中进行应用。据统计，未来 5 年全球±525kV 直流海缆需求量高达每年 2000km。

与交流电缆相比，高压直流电缆基本没有输送距离或功率水平的物理限制，同时会节省大量安装成本，降低输送损耗。对于给定的电缆导体横截面，高压直流电缆的线路损耗约为交流电缆的一半，这是因为交流电缆需要更多的导体(三相)、需传递无功部分的电流、具有趋肤和邻近效应，同时电缆金属屏蔽和铠装中会出现感应电流。此外，高压直流电缆系统不需要进行串联电抗器或移相变压器进行负载平衡。在海上风电送出应用中，采用挤包绝缘的柔性直流海底电缆可克服长达数十千米乃至上百千米的传输距离，并可进行几百到几千兆瓦的功率传输。

对于单极输电系统的回流路径，可采用海水或第二根电缆(金属回路)。海缆回流路径需要可靠和环保的电极系统，金属回路则对整个海底电缆输电工程的成本影响较大。针对上述问题，目前高压直流海底电缆有时采用集成回流导体的方式，由传输电缆和回流导体组成。回流导体是电缆铠装层的一部分，位于铅金属护套铠装层外面的编织钢丝层。

在稳态直流下，高压直流输电电缆的电场分布取决于各部分的电导率，而绝缘材料的电导率又会受到温度和电场的影响。在空载条件下，若材料电导率随电场变化影响较小，电缆的最大场强位于导体屏蔽与绝缘界面处。随着负载的接入，导体的焦耳热开始增加，电缆绝缘层中逐渐出现了温度梯度，电场的分布也发生了一定变化。随着绝缘温差的增加，直流电缆内部场强会发生显著的“反转”变化，直流电缆的最大场强将由导体屏蔽与绝缘界面处转移至绝缘与绝缘屏蔽处。

直流电缆在运行过程中除了会因为温度梯度发生电场“反转”，还会产生空间电荷积聚。直流电缆生产制造过程中会不可避免地产生微小缺陷或副产物，导致直流电场作用下在绝缘材料内部及交界面处会积聚空间电荷，而空间电荷的积聚会严重影响电场在绝缘厚度方向的分布，从而影响电缆系统的性能，如长期稳定性和预期寿命。目前，空间电荷的产生方式主要有两种，一种是由电极注入的自由电荷或束缚电荷，另一种是聚合物内部因添加物解离以及杂质、缺陷和物理化学陷阱存在产生的空间电荷。因此，为了提升高压直流挤包绝缘电缆的性能，可采用超净化绝缘专用材料和超纯净半导电材料，以抑制空间电荷的产生。另外，采用柔性直流输电技术，有效避免了由于空间电荷在电压极性反转下带来的电场急剧变化现象，大大提高了挤包绝缘高压直流电缆的使用寿命。

3.7.2　主要元部件

高压直流电缆主要有黏性浸渍(MI)电缆、充油电缆(OF)、聚丙烯层压电缆(PPL)、交联聚乙烯(XLPE)或其他聚合物电缆等几种型式，柔性直流输电工程目前多采用交联聚乙烯挤包绝缘电缆。下面以高压直流交联聚乙烯绝缘海底电缆为主介绍其主要构成，如图 3-22 所示。

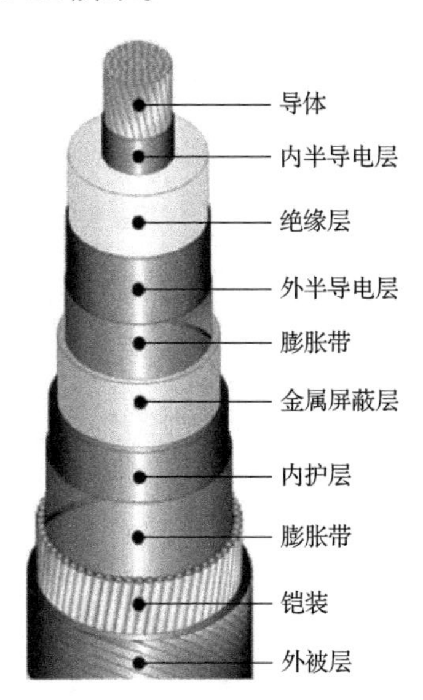

图 3-22　高压直流交联聚乙烯绝缘海底电缆典型结构

1. 导体

导体通常采用铜导体，以保证给定容量的输送并减少电缆的热损耗。在一些特殊情况下，可考虑采用铝导体以降低电缆自身的重量。一般情况下，导体应具有纵向阻水密封结构，以防止电缆损坏后海水进入导体。

2. 内半导电层

由于导体表面存在一定的间隙，当直接增加绝缘层时，可能在间隙处产生放电最终导致绝缘击穿。因此，需在导体表面挤包一层半导电层，一方面可使导体表面变得较为平整，另一方面可均匀径向电场从而不易产生放电。半导体材料的基料与绝缘材料相同，通过添加炭黑颗粒来改变其体积电阻率，从而改善电场。

3. 绝缘层

目前用于高压直流挤包绝缘电缆的交联聚乙烯材料主要分为两类，即纯材料和具有适当填料的材料。后者可以进一步分为两种填料，一种是可以改变材料热特性的填料，另一种是减少空间电荷积累的填料。由于绝缘层在挤出时可能存在由交联产生的添加剂或副产物，因此不可避免地导致空间电荷的形成和发展。柔性直流输电技术能够在不改变电压极性的情况下实现功率反转，从而大大促进了交联聚乙烯挤包绝缘电缆的使用和发展。

4. 外半导电层

在绝缘表面挤包一层半导电层，与内半导电层类似，同样具有均匀径向电场以及在绝缘与相邻金属屏蔽之间建立无间隙平滑界面的功能。随着电缆制造技术的发展，内半导电层、绝缘层以及外半导电层可通过三层共挤技术一次形成，大大降低了不同界面间的间隙等缺陷。

5. 膨胀带

在绝缘半导电层外通常设有缓冲层膨胀带，膨胀带由半导电材料组成，一方面使绝缘半导电层与金属屏蔽层保持电气连接，另一方面补偿电缆运行中热膨胀的要求，并在绝缘层与金属屏蔽层之间起到缓冲作用，防止电缆在运输、安装等过程中，金属屏蔽对绝缘层造成损伤。

6. 金属屏蔽层

绝缘屏蔽层外层是金属屏蔽层。除了均匀绝缘层的径向电场，它还可以加强电缆的机械强度。通过这种方式，电场被完全限制在绝缘层中。同时，金属屏蔽层还可以为短路电流提供释放路径。金属屏蔽层的材料和结构变化较大，取决于应用场合。对于直流海底电缆，金属屏蔽一般采用连续的铅护套。

7. 内护层

在金属屏蔽层外面，热塑性内护层通常用来保护金属屏蔽不受水分的影响以及通过电流或者电解质作用所引起的外部介质腐蚀，同时也可用来减少电缆在敷设过程中的损伤。热塑性内护层通常采用基于聚乙烯化合物或聚氯乙烯化合物的材料。

8. 铠装

在直流海底电缆中，由一层或多层(通常是两层)的钢丝或钢带构成金属铠装，用于保护热塑性内护层，以达到电缆敷设时所需的机械强度以及使用寿命。铠装作为一层保护性外壳用来保护电缆在海底移动时或是其在自由悬垂电缆段产生振动时不产生磨损，通常在铠装的内外加设由人工合成纱线制成的垫层，以作为缓冲保护。

9. 外被层

直流海底电缆的外被层通常由人工合成纱线(如聚丙烯纱线)制作的垫层构成，以提高电缆从船只上放线时的抓地力。

10. 光纤单元

通常高压直流海底电缆铠装层与铅套外内护层间配置光纤单元，以对海底电缆的温度或所受应力等参数进行监测，同时进行通信。光纤单元应置于聚乙烯填充条中，同时两侧应采取保护措施，防止铠装层挤压光缆。

3.7.3　主要技术参数

高压直流电缆的技术参数可参考行业标准《160kV～500kV 挤包绝缘直流电缆使用技术规范》(DL/T 1888—2018)，以下对重要技术要求进行说明。

高压直流电缆应具备防水、防腐蚀、防盐碱、防地震等特性，设计使用寿命不小于30年。电缆的具体结构设计应结合实际工程进行适当修改调整。

导体屏蔽、绝缘、绝缘屏蔽生产应采用三层共挤工艺以消除界面缺陷，交联工艺应采用全封闭干式交联。

直流电缆的绝缘厚度应综合考虑导体工作温度、绝缘电导率与温度、场强的关系，绝缘层及界面处空间电荷分布，绝缘层内部电场分布及不同温度下绝缘的直流击穿和冲击击穿特性。电缆绝缘厚度的平均值应不小于标称厚度，其最小测量厚度应不小于标称厚度的90%。

对于直流海底电缆，其应具有金属铠装层。铠装材料一般为镀锌钢丝，性能应符合《海缆铠装用镀锌或锌合金钢丝》（GB/T 32795—2016）的规定，也可根据情况对钢丝的锌层重量等指标提出更高的要求。

3.7.4 试验技术

高压直流电缆试验主要包括例行试验、抽样试验、型式试验、预鉴定试验以及特殊试验。例行试验倾向于检查直流电缆系统各部件的电气性能，而抽样试验则是在直流电缆上取样进行试验。型式试验旨在检验直流电缆是否具有满足预期使用条件的良好性能，分为电气与非电气性能试验两部分；预鉴定试验由型式试验发展而来，旨在检验直流电缆系统在正常工作条件下的长期工作稳定性，一般而言，型式试验与预鉴定试验由第三方进行。特殊试验是以上试验项目的拓展试验，并得到了国外直流电缆工程及相关国际标准化组织的认可与采纳。

有关直流电缆及电缆附件选型、试验、应用技术的主要参考标准如下。

（1）国家标准：

GB/T 31489.1—2015《额定电压 500kV 及以下直流输电用挤包绝缘电力电缆系统 第 1 部分：试验方法和要求》；

GB/T 31489.2—2020《额定电压 500kV 及以下直流输电用挤包绝缘电力电缆系统 第 2 部分：直流陆地电缆》；

GB/T 31489.3—2020《额定电压 500kV 及以下直流输电用挤包绝缘电力电缆系统 第 3 部分：直流海底电缆》；

GB/T 31489.4—2020《额定电压 500kV 及以下直流输电用挤包绝缘电力电缆系统 第 4 部分：直流电缆附件》。

（2）行业标准：

DL/T 1888—2018《160kV～500kV 挤包绝缘直流电缆使用技术规范》；

DL/T 2221—2021《160kV～500 kV 挤包绝缘直流电缆系统预鉴定试验方法》。

（3）团体标准：

T/CEC 117—2016《160kV～500kV 挤包绝缘直流电缆系统运行维护与试验导则》；

T/CEC 518—2021《挤包绝缘直流电缆脉冲电声法（PEA）空间电荷测试方法》；

T/CEC 517—2021《160kV～500kV 挤包绝缘直流电缆系统局部放电试验方法》。

3.8 其他设备

3.8.1 直流电抗器

直流电抗器与平波电抗器一样，以承受直流电流为主，其结构、参数与桥臂电抗器基本一致。不同的是，直流电抗器温升设计时主要考虑以电阻来分配电流的设计思想，而桥臂电抗器则必须同时考虑电阻与电感的电流分配特性，平衡两者的关系，以达到交直流的复合温升不超标。相应地，按照《高压直流输电用干式空心平波电抗器》(GB/T 25092—2010)的要求，直流电抗器一般进行直流温升试验即可，不必开展交流温升试验和交流负载试验，一般也不进行磁场测量试验，其余原材料、元部件、技术参数和试验要求与桥臂电抗器基本一致。

3.8.2　避雷器

柔性直流换流站避雷器配置的原则是：交流侧产生的过电压用交流侧的避雷器限制；直流侧产生的过电压由直流侧的避雷器限制；重点保护设备由紧靠它的避雷器直接保护。一般由保护其他设备的几种类型的避雷器串联来实现换流变压器阀侧绕组的保护。最高电位的换流变压器阀侧绕组可由紧靠它的避雷器直接保护。

避雷器参数的选择一般遵循下列原则：避雷器的持续运行电压 CCOV 和 PCOV 需高于安装位置的系统最高运行电压，并考虑严酷工况下的运行电压叠加谐波和高频暂态。避雷器的参考电压 U_{ref} 的选择需综合考虑荷电率、PCOV、操作冲击保护水平、雷电冲击保护水平和避雷器的能量等因素。

对于柔性直流换流站避雷器，由于电压谐波含量比常规直流低，对应的 CCOV 通常比同电压等级常规直流避雷器低，这有利于避雷器的稳态运行。但柔性直流避雷器在系统故障过程中需要承受直流输送能量，因此对避雷器吸收能量要求高于常规直流。各避雷器的详细运行特性见第 6 章。

柔性直流输电工程避雷器结构和常规直流相同，主要元部件包括电阻片、绝缘杆、复合外套等，避雷器的主要技术参数包括持续运行电压、参考电压、参考电流、保护水平、配合电流等，目前主流避雷器厂家均具备±800kV 柔性直流避雷器的研发制造能力。

柔性直流避雷器试验方法与常规直流避雷器一致，但由于并联柱数较多，通常需要进行额外的均流试验，相关要求如下：①限制各柱避雷器 5mA 直流电流对应的参考电压偏差，根据工程实际要求提出各柱参考电压极差和平均偏差要求；②均流试验波形按照操作冲击波形考虑，并考虑小电流下的操作冲击电流均流试验；③对避雷器电阻片进行二次筛选，除了常规的雷电波电流筛选，还需开展长波小电流下的阀片筛选。

3.8.3　直流 GIS/GIL

直流 GIS/GIL 即直流气体绝缘金属封闭输电装备，研究起步相对较晚，ABB、西门子等公司相继开发了直流 GIS 设备，但目前商业应用甚少，更无高压直流 GIL

产品工程应用的报道。与此形成对比的是，交流 GIS/GIL 已积累了大量的设计和工程经验，技术日趋成熟，且最初投运的 GIL 线路已经安全运行超过 40 年，证明了气体绝缘金属封闭输电技术的可靠性和稳定性。

直流 GIS/GIL 受多介质、多物理场、多影响因素等复杂工况作用，涉及电荷、微粒、界面、放电等多个科学问题，以及材料、结构、工艺、试验等多项关键技术，在绝缘结构优化设计、工艺性能提升、等效试验考核和绝缘状态评估方面尚有待进一步研究，以提升其运行可靠性和安全性。直流 GIS/GIL 的研发应用存在以下技术难点：

(1) 直流 GIS/GIL 电荷效应显著、界面特性复杂、金属微粒及运动特性多样，影响因素诸多，界面异物等典型缺陷引发沿面放电的发展过程和绝缘破坏机理尚不清楚。因此，直流 GIS/GIL 绝缘系统的电荷效应和微粒与运动特性是近年来的研究热点和难点，且已逐步形成了以仿真计算和模拟试验相结合的研究手段。由于表面电荷产生、输运、积聚和消散机制的复杂性，针对表面电荷积聚的主导机制国内外的学者还未达成共识，电荷效应对绝缘结构设计的影响、对电场设计的控制指标要求等也未形成结论。微粒运动特性和微粒对绝缘性能的影响也是直流 GIS/GIL 中的重要研究方向，当前微粒抑制措施仍缺乏明确的设计原则和对不同电压等级设备的设计针对性，针对实际结构 GIS/GIL 中绝缘子周围、间隙等位置的金属微粒运动特性、屏蔽抑制措施还需进一步分析和论证。

(2) 直流 GIS/GIL 结构紧凑，在不同工况下将承受直流、极性反转等工作电压和负荷电流，以及暂态过电压、短时大电流的作用，电场、热场、流场、应力场分布复杂，协同调控与优化难度大。特高压交流苏通 GIL 综合管廊工程中已对 GIL 多物理场特性开展了大量仿真研究，但直流 GIS/GIL 的表面电荷积聚、材料膨胀系数、热导率、电导率等参数及其随温度的变化关系对多物理场特性的影响还需深入研究。目前，对直流 GIS/GIL 绝缘子的材料、结构、电气等性能要求尚缺乏设计依据，且文献资料、研究基础薄弱，对工程应用指导有限。

(3) 直流 GIS/GIL 运行工况复杂，电、热、力、复杂环境等多因子联合作用显著影响其电气、温升、机械性能，全工况带电考核技术难度大、成本高、检测手段不成熟，有效性及等效性尚无成熟的评判准则。尽管特高压交流 GIL 在全电压大电流下的长期绝缘特性变化规律研究取得了进展，但直流电压下绝缘放电特性存在差异，对于运行工况下直流 GIS/GIL 设备的长期绝缘特性尚未深入开展。此外，直流 GIS/GIL 设备性能要求高，损耗、局部放电、击穿、老化等绝缘状态难以掌控，杂质颗粒、内部气隙等绝缘缺陷检测困难，包括 X 射线探伤、特高频局部放电、超声检测等技术以及对 GIS/GIL 典型缺陷的检出效能分析尚需进一步评估。

虽然直流 GIS/GIL 的研发应用存在诸多待攻克的技术难题，但在工程中仍具有广阔的应用前景，将为直流输电工程提供全新的技术实施方案。如超/特高压直流输电工程直流场采用直流 GIL，与敞开式母线相比将大幅度减小占地面积，而且对于环境条件较为恶劣的换流站(如海上换流站、高海拔换流站)可减小环境因素引起的外绝缘闪络、老化、劣化等问题。对于直流输电线路，采用直流 GIL 可减少架空线走廊占地，降低电磁环境的影响，避免交直流跨越干扰，节省工程造价。此外，对于海上风电经柔性直流送出工程，采用直流 GIL 也可以减小户内直流场的面积，节省海上平台的空间，而且对于直流海缆与陆缆的连接接头、海缆登陆段的设计提供了新的解决方案。因此，随着柔性直流、特高压直流、新能源送出等能源互联网输电技术的快速发展，以及海上风电、高低落差、穿江跨越、城市管廊等极端直流输电应用的特殊要求，大容量、低损耗、高可靠、少维护的直流 GIL 输电技术将在更多工程中得到广泛应用。

第4章 柔性直流输电控制保护系统

控制保护系统对直流输电系统功能的实现至关重要，它控制着交流系统与直流输电系统间的功率交换过程，监视和控制着直流输电系统中主辅设备的运行状态，并有相应的控制保护措施快速应对系统可能发生扰动和故障，保证直流设备安全稳定运行。

本章紧密结合工程实际，根据柔性直流设备及其运行的新特点，从直流输电系统成套设计角度出发，系统地介绍柔性直流输电工程的控制系统设计及其保护原理和配置等。基于柔性直流的可再生能源并网(如风电、光伏等)工程，除了本身运行特性所需的特有控制策略(如风电的启停)，其控制保护系统的主体结构与直流输电工程并无本质上的区别，因此可再生能源并网柔性直流输电工程控制保护系统的成套设计思想及技术也可参照本章内容。

4.1 柔性直流控制系统

4.1.1 总体结构

为了降低控制环节故障所造成的影响和危害程度，同时提高系统的可靠性和运维的方便性，在直流输电工程中需要对复杂的直流控制系统进行适当分层，基本设计要求如下：①各层次在结构上分开，层次等级高的控制功能可以作用于其所属的低等级层次，且作用方向是单向的，即低等级层次不能作用于高等级层次；②层次等级相同的各控制功能及其相应的硬、软件在结构上尽量分开，以减小相互影响；③直接面向被控设备的控制功能设置在最低层次等级，以避免单一设备故障时影响到其他正常设备的运行，控制系统中有关的执行环节也属于这一层次等级，它们一般就近设置在被控设备附近；④系统的主要控制功能尽可能地分散到较低的层次等级，以提高系统可用率；⑤当高层次控制发生故障时，各下层次控制能按照故障前的指令继续工作，并保留尽可能多的控制功能。

对于每极由单个阀组构成的柔性直流输电，其控制系统根据功能由高到低通常依次划分为站控制、双极控制、极控制、阀组控制和阀控五层控制结构。在直流输电工程中，控制功能应尽可能配置到较低的控制层次，例如，与双极功能有关的装置应尽可能地分设到较低控制层，使得与双极功能有关的装置减至最少，当发生任何单重电路故障时，不至于双极都受到影响。在双极直流输电系统中，建议将与极控制和双极控制有关的功能都集中在极控制中实现。因此，上述五层结构可简化为站控制、极控制、阀组控制和阀控四层控制结构。

对于每极由双阀组串联构成的特高压直流，其运行方式更加复杂。为了降低高、低阀组之间的耦合关联，控制系统应以阀组为基本单元配置，因此需要单独设置阀组控制层。与阀组有关的功能尽可能下放到阀组控制层实现，以保证单阀组的退出不至于影响本极另一阀组的正常运行。当前已投运的柔性直流输电工程每极由单个阀组构成，其控制系统构架及设计经验已相对成熟。本书以特高压柔性直流输电为例，参考实际工程中常用的构架，将控制系统划分为站控制、极控制、阀组控制、阀控制四层结构进行阐述，其中阀控相关内容已在第 3 章介绍，本章不再赘述。特高压柔性直流控制系统总体分层结构如图 4-1 所示，各层具体控制功能如图 4-2 所示。

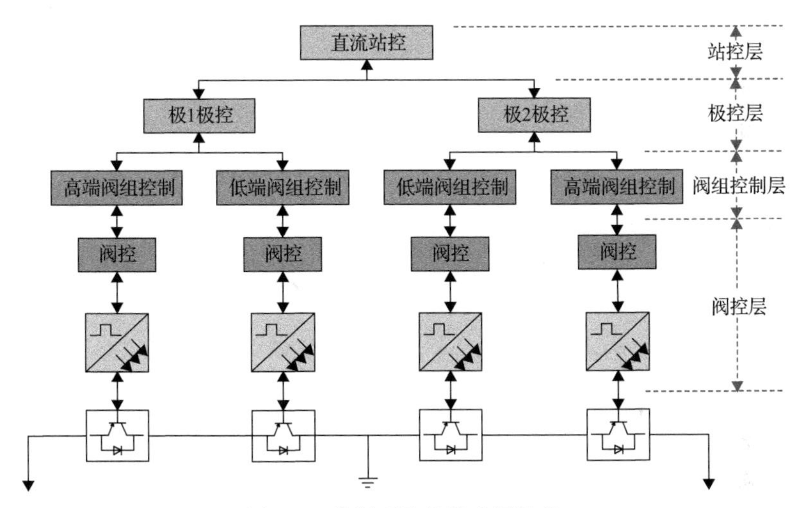

图 4-1　控制系统总体分层结构

为满足直流输电工程高可靠性要求，各层控制系统应采用一主一备双重化设计。双重化的范围从测量二次线圈开始包括完整的测量回路、信号输入/输出回路、通信回路、主机和所有相关的直流控制装置。控制系统的冗余设计可确保直流输电系统不会因为控制系统的单重故障(N–1)而发生停运，也不会因为单重故障而失去对直流输电系统的控制和监视。

4.1.2　直流站控

直流站控作为柔性直流输电控制系统中级别最高的控制层次，主要接收来自运行人员工作站或远动系统的控制指令信号，完成模式选择，直流场内所有断路器、隔离开关和接地刀闸的控制和监视，系统直流顺序控制和联锁，与其他换流站的直流站控主机通信等站级功能。其中，模式控制以及站间通信保持与特高压常规直流一致，而直流顺序控制则要考虑柔性直流的新特性加以调整。

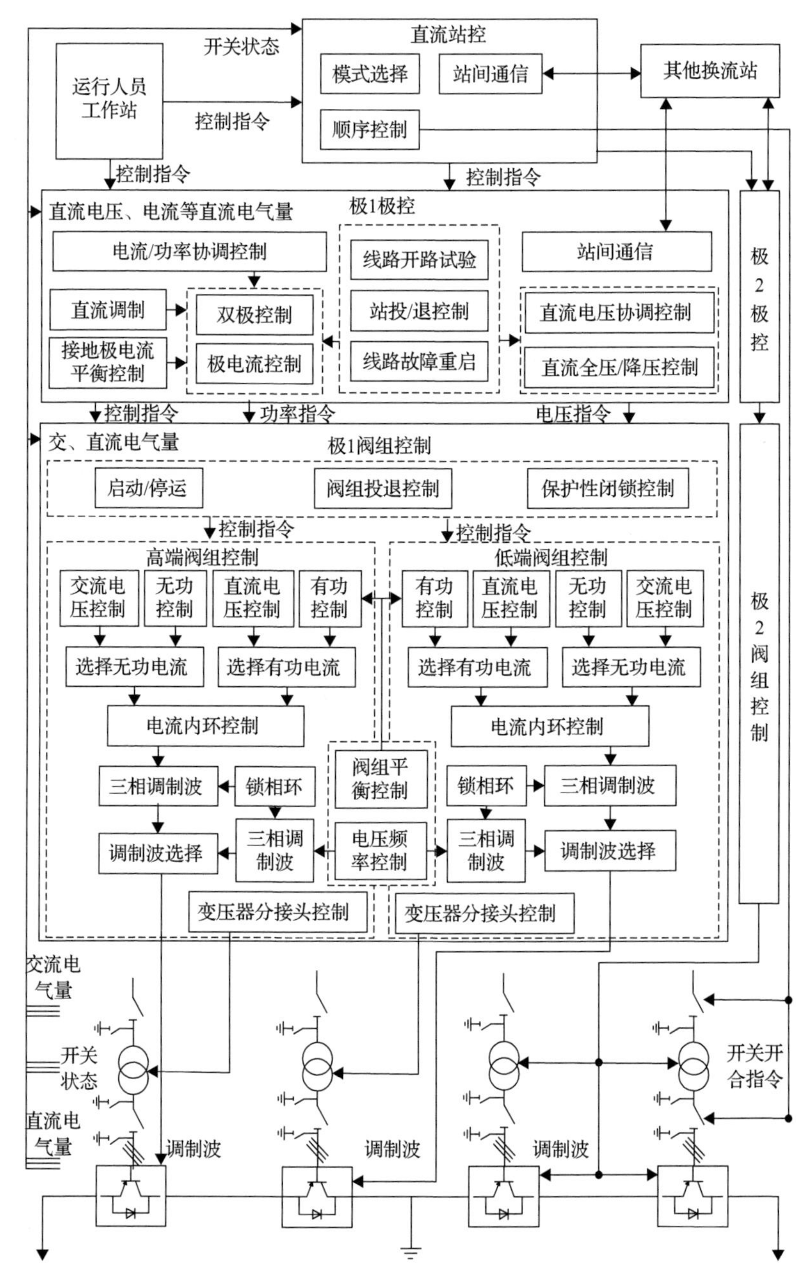

图 4-2 特高压柔性直流整体控制框图

1. 模式控制

1) 主控/从控模式

主控站为协调各站进行相关操作的换流站，从控站会跟随主控站的操作进行相应变化。主控/从控是针对一个换流站双极系统的模式状态，本站双极始终保持为相同的主控/从控模式。整个直流输电系统有且只有一个主控站，经运行人员申请，主控站模式可在各站间进行切换。

2) 系统级/站级模式

系统级/站级是针对整个直流双极系统的模式状态，各换流站双极始终保持为相同的系统级/站级状态。在系统级模式下，从主控站发出的控制命令将自动在各站之间协调，并共同执行。站级模式可在系统级下由运行人员操作进入或者由极控、站控站间通信故障自动进入。站级是以本站作为控制对象，所发控制命令针对本站，在站间通信正常或故障情况下，部分控制命令在各站之间的协调将采取不同的方式。

2. 直流顺序控制

特高压柔性直流典型直流场结构及接线如图4-3所示，直流一次设备主要有换流阀、换流变压器、启动电阻、电抗器、交流母线、直流母线(直流中性母线、直流高压极母线、换流器联络母线、直流转换母线等)、接地极系统(接地极母线、

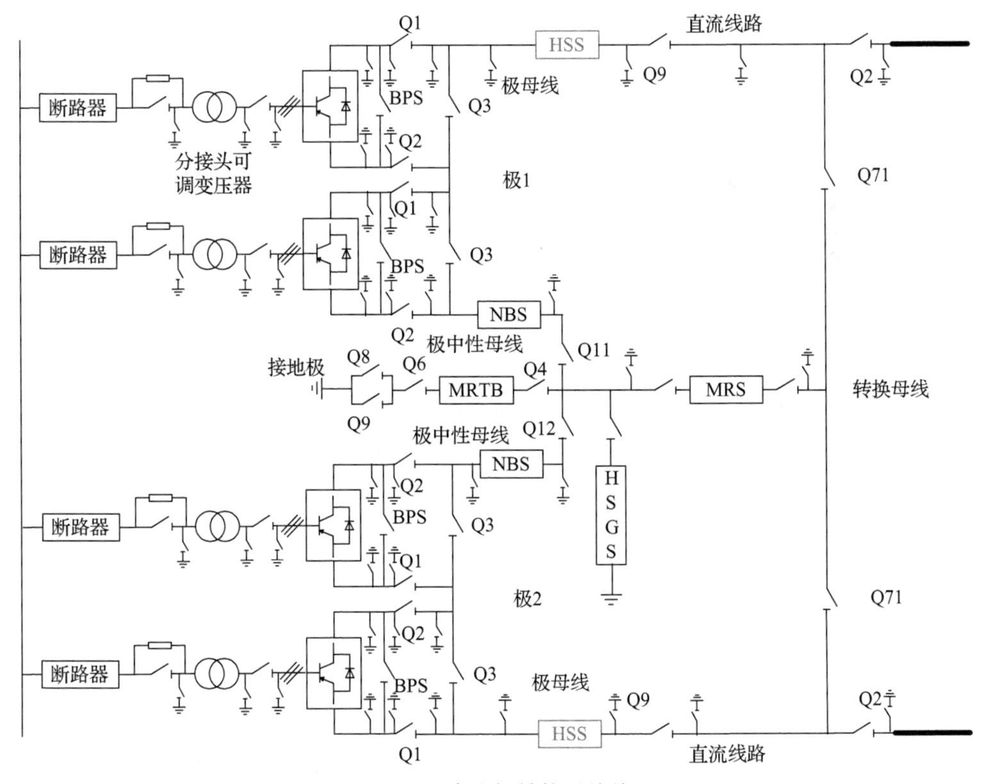

图4-3　直流场结构及接线

接地极线路、接地极)、直流线路及其相关开关、刀闸等，需要指出，在多端直流输电系统中为了实现第三站的在线快速投退功能，在未配置高速直流断路器情况下，可在高压母线配置直流高速并联开关(HSS)。为了方便直流输电系统调度运行的操作管理，根据直流设备属性与接线结构，直流设备状态通常可分为检修、冷备用、交流侧热备用、热备用以及运行五种。直流运行接线主要有双极、单极大地回线、单极金属回线、站内单极空载加压接线方式、带线路单极空载加压接线方式、静止同步补偿器(STATCOM)接线方式等。直流顺序控制主要完成对直流设备状态或者直流运行接线方式的控制，实现直流设备在以上各种状态或者直流接线方式间安全、可靠切换的操作。

1) 直流设备状态

检修是指为直流设备与各侧间有刀闸隔离且相关接地刀闸在闭合位置，也称为接地状态。冷备用是指直流设备与各侧间有刀闸隔离且相关接地刀闸处于拉开位置。热备用对于传统交流系统是指一经相关开关闭合后设备带电运行的状态，对于直流输电系统可定义为与直流设备相连的开关拉开但其相邻隔离刀闸在闭合状态，换流阀的热备用为触发脉冲一经触发即可运行的状态。交流侧热备用是指直流设备两侧分别与直流设备和交流设备相连，其交流侧开关拉开但其相邻隔离刀闸在闭合位置，直流侧刀闸拉开(若有)且相关接地刀闸在拉开位置的状态。运行是指直流设备接入处于可用状态，如与直流设备相连的开关闭合、换流阀解锁。

2) 金属-大地转换

双极运行时，当某极退出运行后，为避免大地中持续流过大电流而缩短接地极的寿命，剩下极可以利用未充电的对极线路作为电流回流通路，该接线方式称为金属回线方式。金属回线运行时的接地箝位点可根据实际情况设在整流侧或逆变侧。若接地箝位点设在整流侧，则大地-金属回线转换开关配置在逆变侧，转换时顺控操作先通过逆变侧的大地-金属回线转换开关分断并联路径的电流，再拉开整流侧的隔离刀闸。在共用接地极的换流站，还需要配合进行接地电阻的投入和退出操作。多端直流输电系统在进行大地-金属转换时，为避免MRTB与MRS的分断过程中超出设备能力，通常要求先转换完其中一个换流站，再转换另一个换流站。

4.1.3 极控制

特高压柔性直流的极控制系统与特高压常规直流的基本一致，其主要的控制功能都是根据运行人员控制系统发出的功率指令，综合双极控制、极电流控制、协调控制、附加控制、接地极电流平衡控制、极间紧急功率转移等因素给本站的两个极控制系统分配功率/电流指令。此外，极控制系统还承担直流线路故障重启、线路开路试验控制，以及与各换流站同极间的通信任务，传输的信息包括电流整定值和其他连续控制信息、交直流设备运行状态信息和测量值等。其中，大部分控制策略与特高压常规直流基本一致，而直流线路故障清除及重启则要结合柔性直流的新特性重新设计。另外，如果工程为多端直流输电系统，为了不影响在运换流站的运行以及提高非故障换流站的可用性，还可在极控制系统中实现第三站在线投入、退出控制功能。

1. 电流/功率指令协调控制

协调控制主要完成与各站各极控制之间配置通信，实现直流输电系统各站之间的协调控制。正常运行时，其中一站为协调主站，负责协调控制功能，其他站为从站，作为备用。其主要功能是协调各换流站之间的控制、平衡各换流站之间功率电流指令及功率升降指令以及完成控制模式的切换。下面以三端直流输电系统为例，介绍电流协调控制的基本原理，如图 4-4 所示。直流极控制系统汇集各换流站中经过速率爬升、限幅等环节之后的电流指令，计算出本站的电流指令偏差，并通过积分器进行负反馈，从而调节每个换流站的输入指令。通过设置不同的反馈增益，可以让各换流站分配不同的电流指令调节量。

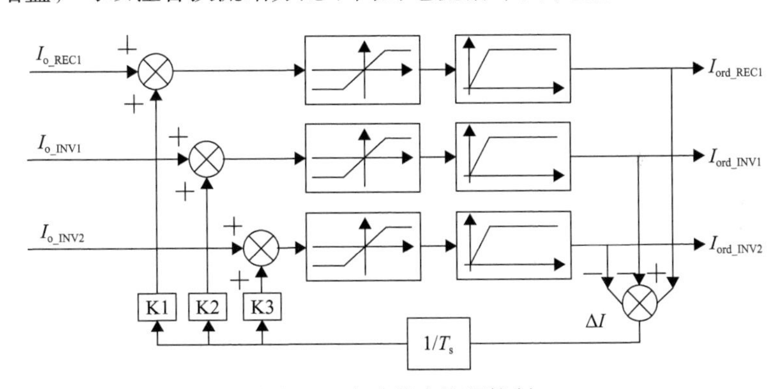

图 4-4 电流指令协调控制

2. 双极功率控制

双极功率控制是直流输电系统的主要控制模式，对于提高直流输电的运行水平，维持交流电网的稳定有着重要作用。处于双极功率控制模式的极将以本站双极总功率为控制量，当另一极闭锁后，该极将动态调整本极功率指令，尽其所能补偿另一极损失的功率，以维持双极传输的总功率为整定值。当双极均处于双极功率控制时，除了可以相互补偿单极闭锁导致的功率损失，还可在一定程度上减小流入接地极的电流，进而实现接地极电流平衡控制。

3. 极电流控制

极电流控制以本极整定的直流电流指令为控制目标，无论何种扰动，直流控制都尽可能将把本极直流电流指令保持在整定值上。极电流控制应在每个极分别实现，主要功能有同步极电流控制、应急电流控制、最小电流限制、电流裕度控制等。

4. 接地极电流平衡控制

接地极电流平衡控制用来平衡双极实际的直流电流，它是一个闭环积分控制器，对每个极分配的电流指令值进行修正，以使流入接地极的电流最小。此外，为充分利用双极功率控制功能，在定功率换流站还可设置死区范围可调的在线地电流平衡控制器，以把流入接地极控制到最低值。为了取得良好的极平衡控制效果，入地电流的测量显得尤为重要，因此接地极电流平衡控制宜采用零磁通互感器得到的测量量。

5. 直流全压/降压控制

特高压直流输电系统设置降压运行方式，是为了在直流线路绝缘子受到污秽，不能经受全压时，仍能使直流输电系统在稍低的电压水平下保持运行，以提高系统的可用性与可靠性。特高压直流输电工程的电压等级可设置为全压运行、降压运行和半压运行三种。

6. 直流电压协调控制

在直流输电系统中，所有换流站都工作在同一直流电压等级下，直流电压协调控制是系统稳定运行的关键。在多端直流输电系统中，为了维持直流电压稳定，必须有且只有一个换流站处于定电压模式，当定电压换流站计划或故障退出后，其他换流站需及时接管直流电压控制，保证剩余换流站持续运行。目前，比较典型的直流电压协调控制主要有主从控制、直流电压下垂控制和直流电压裕度控制三种。

主从控制中只有一个换流站负责直流电压的控制，其他换流站采用定功率控制。它具有控制特性好、直流电压质量高等优点，但阀组控制器与系统控制器之间需要具备高速的通信条件，系统可靠性相对较低。直流电压下垂控制是利用各换流站的直流功率与直流电压的斜率关系来实现多个站共同承担直流电压控制。该控制策略结构简单，无需通信负载功率便可在多个换流站间自动分配。但存在直流电压质量较差、功率分配不独立、参数设计困难等问题[1]。

直流电压裕度控制是在多端直流输电系统中设置多个可以参与直流电压控制的换流站，即将相关换流站的定电压控制和定功率控制融合在一起，并在直流电压的参考值上加上一个可调的电压裕度，使其电压-功率特性可以被整定。然后通过将主换流站的电压裕度设为零，并给其他换流站设置依次增大的电压裕度区间，形成一系列的电压裕度梯度，就可以实现换流站之间控制模式的自动匹配，并且当控制直流电压的换流站故障退出时，备用换流站会平滑切换为控制直流电压的换流站，该控制策略具有扩展性好、无规模限制以及能实现单个换流站定有功控制等优点[2]。图 4-5 给出了混合三端直流输电系统典型的直流电压裕度控制特性曲线。

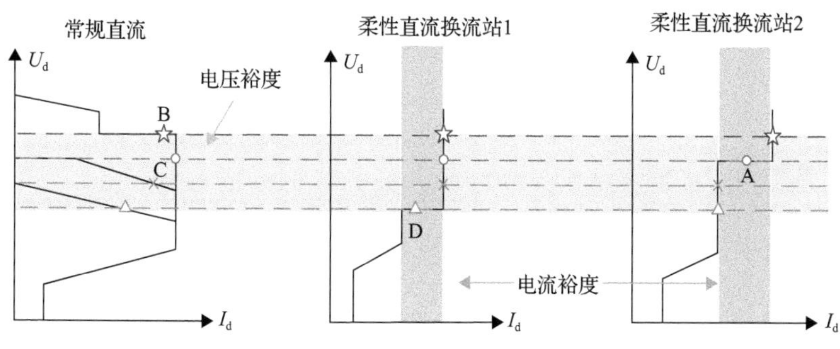

图 4-5　混合三端直流电压裕度控制特性曲线

7. 第三站投入退出控制

在多端直流输电系统中，为了增加运行的灵活性，需设计第三站的在线投入退出功能。为了实现该功能，在直线线路上应配置具有一定灭弧能力的直流开关，能够在第三站退出后对其进行迅速物理隔离，不至于影响其余换流站的正常运行。

目前有“半桥型 MMC+直流断路器”和“具有故障自清除能力 MMC+HSS”两种解决方案。目前柔性直流采用的直流断路器一般由 IGBT 构成，本质上与柔性直流换流阀一样，由一个或几个阀层组成。采用直流断路器的优点是，如果换流阀耐受应力满足要求，换流器可不闭锁，直流功率传输不间断。需要指出的是，柔性直流采用直流断路器后会对电抗器等关键设备选型有一定影响。当前直流断路器的发展主要受制于以下两个方面：①直流电流无自然过零点，无法套用交流断路器中成熟的灭弧技术；②直流输电系统中感性元件等储存着巨大的能量，增大了直流故障电流的开断难度。

在昆柳龙直流工程中，第三站投入退出采用“具有故障自清除能力 MMC+HSS”方案，HSS 装设在柔性直流换流站直流极线的出口处，如图 4-3 所示。HSS 本质上是具有一定直流电流分断能力的机械断路器，其作用在于快速在线隔离或者连接换流站，分断和闭合时间仅需几十毫秒，因此可减小投退过程中对在运站的影响。但由于其直流电流分断能力较小，通常仅几十安培，其余换流站需将功率降到零配合第三站退出，因此需要设计特别的控制策略和时序来保证设备在投退过程中的安全。此外，所设计的控制策略还需特别考虑直流输电系统功率中断时间对所连交流系统稳定控制策略的影响，其余换流站必须在稳定控制装置动作前将功率恢复到特定值，否则功率中断较长时间会造成送端电网长时间功率过剩、受端电网长时间功率不足，从而会引起切机切负荷等稳定控制动作，此后若再恢复直流功率，将会对交流系统产生二次冲击，造成交流系统内潮流大范围转移，严重时可能会引起交流电网区域弱阻尼振荡、电压稳定、功角暂态稳定等问题。因此，设计第三站退出控制策略不仅要顾及设备本身的能力，整体退出时间还需经过系统研究严格论证。

1) 第三站在线退出

由于检修或其他原因需要计划退出第三站，或者在故障情况下需紧急退出故障站，具体控制策略如下。

(1) 为了减小对系统冲击，计划退出第三站前需先将待退出换流站所在极的功率逐渐降到最小值，随后直接闭锁待退出换流站，并断开与之相连的交流断路器。需要指出，与计划退第三站不同，故障站为了保护本站直流设备，在保护动作后，不管故障站当前功率水平如何均应立即闭锁，并断开与之相连的交流断路器。

(2) 为了满足 HSS 的分闸要求，其余换流站在待退出换流站闭锁后需要辅助降压降流，若系统中有常规直流换流站，则其需移相 164°。柔性直流换流站则需将直流电压、电流按一定斜率控制到零来释放直流线路能量，随后进入短时闭锁。

(3) 当流过与退出换流站相连 HSS 的电流小于预定值后，分开 HSS 及其相邻隔刀，并对退出换流站进行极隔离。

(4) 为了避免长时间输电功率中断而影响到交流系统的稳定控制等性能，其余换流站在检测到 HSS 分闸后，迅速恢复剩余换流站的功率传输，而无须等待 HSS 两侧的隔刀分闸。

图 4-6 给出了混合三端直流输电工程中 VSC2 站退出的典型关键电气量动态曲线。VSC2 站操作闭锁后功率瞬间降为零，VSC1 站与常直站配合将直流电压、电流降到零后，当流过 HSS 电流小于一定阈值时，分 HSS 开关以隔离 VSC2 站，系统检测到 HSS 分闸成功后，VSC1 站和常直站配合重启恢复功率。

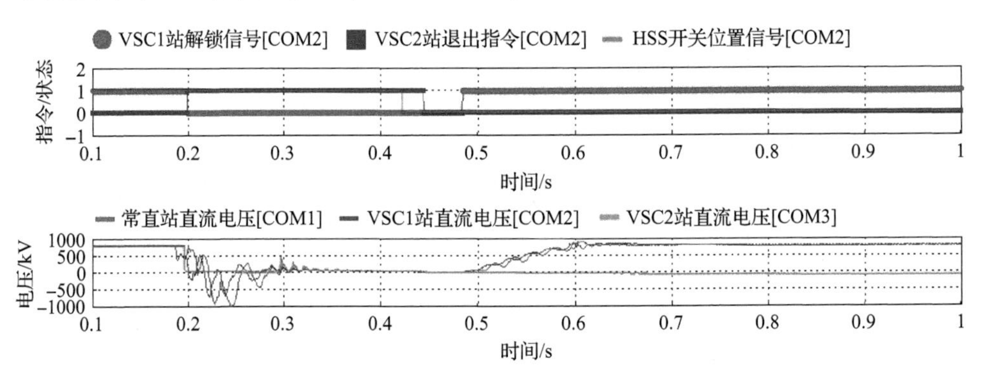

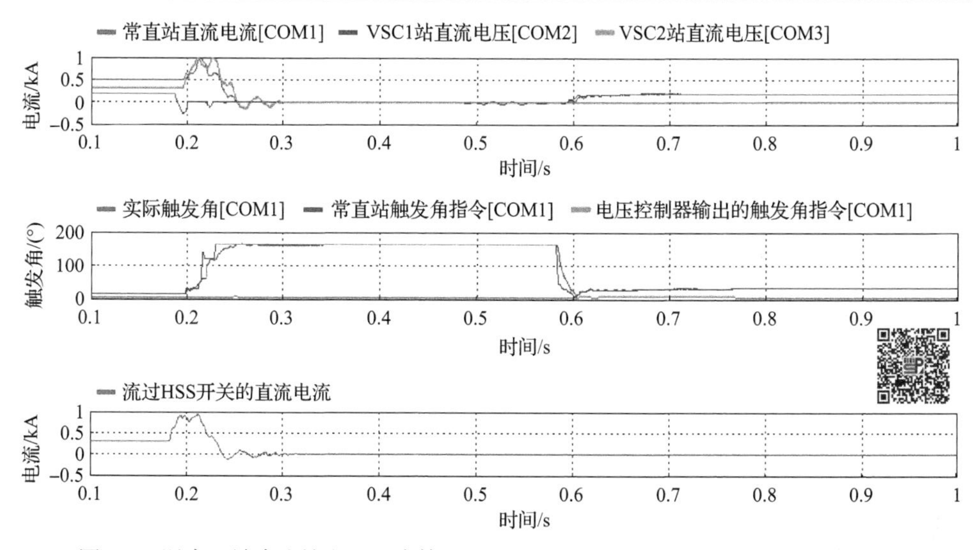

图 4-6　混合三端直流输电工程中第三站退出时关键电气量动态特性(彩图请扫码)

2) 第三站在线投入

当检修完成或者故障站故障清除后，需要将其进行在线投入，整个投入过程不应影响正在运行的其他换流站，具体控制策略如下：

(1) 先对待投入的换流站进行交流侧不可控充电。

(2) 当流过充电电阻的电流小于预定值后，旁路充电电阻，随后便可进行交流侧可控充电，将功率模块电压充至额定值附近。

(3) 由运行人员在后台下发“第三站投入”命令，待投入换流站即以定直流电压控制模式正常解锁，自动控制 HSS 开关两端电压相近，待 HSS 的合闸条件满足后合上 HSS。

(4) 合上 HSS 后，若该投入换流站不是定直流电压站，需将该投入换流站自动切换为功率控制模式。若投入换流站以后作为定直流电压站运行，投入后原来定直流电压站需自动切换为功率控制模式。模式切换完成后，控制系统应自动将功率升至指定值，第三站投入完成。

8. 直流线路故障重启控制

直流线路故障清除是直流输电工程应用架空线的关键技术。直流线路故障通常以遭受雷击、污秽或树枝等环境因素所造成线路绝缘水平降低而产生的对地闪络为主[2]。需要采取切除直流电流的方式，将闪络产生的电弧快速熄灭，从而实现故障的快速清除。对于柔性直流，在直流故障发生时，要将直流线路侧的故障电流可靠地清除，可采取闭锁(若换流阀全为半桥 MMC 器件，还需跳交流断路器)或者控制直流电流两种策略。为避免直接闭锁带来的过电压、故障清除期间无法维持无功输出等问题，本章主要讨论含全桥 MMC 器件的柔性直流的控制直流电流策略，其工作原理是通过在直流侧产生一定负压来实现直流故障清除。

实际工程中为了直流故障快速清除与重启，需要解决三个核心技术难题：一是直流故障电流的快速清除；二是可靠熄弧；三是故障重启。图 4-7 给出了柔性直流输电系统的直流故障清除与重启示意图。

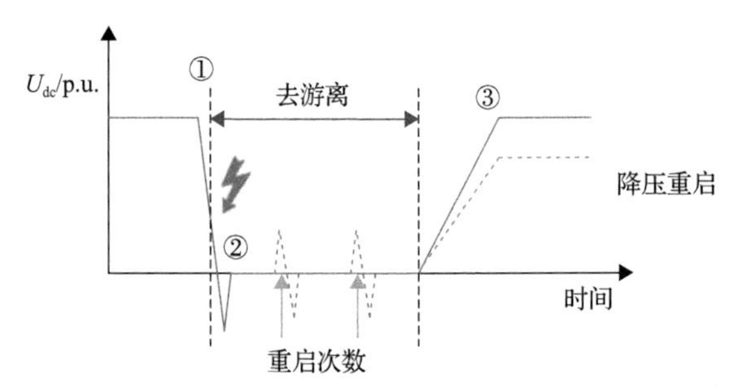

图 4-7　直流故障清除与重启示意图

1) 直流故障电流清除

直流故障瞬间，直流电压快速下降，直流电流迅速增大并流向故障点。保护可利用此特点快速判断直流故障的发生，并传递给控制系统以执行直流故障清除及重启逻辑。对于上千公里的架空线路，需要采用行波保护或者突变量保护等线路保护策略来检测是否发生了线路故障[3]。

对于常规直流，由于其控制目标为维持直流电流的稳定，当直流线路故障发生后，直流电流快速上升，无须等待线路保护出口信号，自身的控制器即会根据直流电流的变化快速增大触发角，从而抑制故障电流。对于柔性直流，由于其电压源的特性，若在故障发生后仍维持直流电压稳定，其子模块电容会向故障接地点不断提供电流，会导致在线路保护动作前阀组为了防止功率器件过流损坏而闭锁跳闸。因此，需要对柔性直流经典的控制策略进行改进。

参考常规直流的电流裕度控制，利用全桥子模块的控制特性，可采用基于直流电流裕度的直流调制比控制方法，如图 4-8 所示。柔性直流阀组的直流电压可独立于交流电压进行控制，共有 3 个独立的控制变量：m_{ac}、m_{dc} 和 θ。其中 m_{ac} 和 m_{dc} 分别为交流和直流侧的调制比，θ 为阀组输出电压与电网电压之间的相位差。m_{dc} 定义为实际直流电压与额定直流电压的比值，它决定了直流侧投入的子模块个数。对于 m_{ac} 和 θ 的控制，与经典的柔性直流控制基本一致，略有不同的是增加了子模块电容平均电压控制器。子模块电容平均电压控制器的输出作为直流电压控制器的上限，正常工况下不起作用。在某些故障工况（如直流故障）或特定运行方式（如阀组投退）下，直流电压大幅变化而难以控制在给定值，则使能子模块电容电压控制，通过控制与交流系统交换的有功功率来保证子模块电容平均电压的稳定。而在这种工况下，直流电压则由 m_{dc} 控制环节来接管。m_{dc} 由直流电流指令与实际直流电流比较产生，其中指令值相对送端直流电流指令值留有 10%的裕度，因此直流电流控制器在稳态工况下始终处于饱和状态，不对直流电压进行控制，直流侧投入的子模块个数等于所设计的桥臂子模块总数。当直流故障发生时，对于受端柔性直流换流站，其直流电流必然会经过一个从减小到反向增大的过程。此时直流电流控制器将由于电流裕度的失去而自动使能，通过快速降低 m_{dc} 来快速减小直流侧投入的子模块个数，从而对直流电流进行控制。这是一个自动的控制过程，不依赖于保护控制系统对故障的检测，因此直流故障清除快速性的问题得以解决。待保护检测到故障后，则将直流电流指令降低为零，从而进入去游离的阶段。

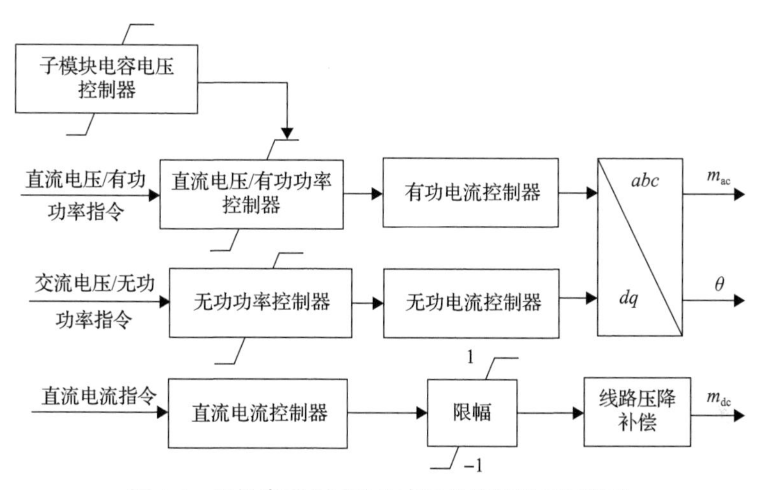

图 4-8　柔性直流(全桥)的直流故障清除控制策略

2) 线路去游离

直流故障清除后，则进入去游离阶段。在此期间，常直站保持移相状态，柔性直流将直流侧的调制比 m_{dc} 控制在零附近以保证直流电流为零，保持此状态一段时间，使得故障线路完全去能和去游离，确保闪络弧道消失，使绝缘性能恢复到原有水平。需要指出的是，去游离时间不宜过长，以免造成送端电网长时间功率过剩、受端电网长时间功率不足，从而引起切机切负荷等稳定控制动作，若此后继续恢复直流功率，又将会对交流系统产生二次冲击，造成交流系统内潮流大范围转移，严重时可能会引起交流电网区域弱阻尼振荡、电压稳定、功角暂态稳定等问题。因此，去游离时间需经过根据实际电网情况进行严格系统研究论证。

对于含有柔性直流换流站的多端直流，只需保证各站 m_{dc} 相等，即可保证各端直流压差为零，直流电流为零。因此，为了避免在去游离过程中直流电压较高，不利于熄弧，还需要对各端的低压限流控制器(VDCL)[4]进行专门设计。

3) 系统重启

经过充分去游离过程后，先进行原压重启。故障极的逆变侧 VSC 将恢复正常控制，在整流站恢复直流电流的同时，直流侧控制器将试图建立直流电压，如果直流电压建立成功，说明直流故障已经清除，各站将逐渐恢复直流功率。若直流电压建立失败，说明直流故障依旧存在，将重复线路去游离、系统重启过程，并相应累加去游离时间。如果原压重启均不成功，可尝试降压重启。如果达到设置的重启次数上限值，直流输电系统故障极将永久性闭锁跳闸。

图 4-9 给出了混合三端直流发生直流故障时典型关键电气量动态曲线。直流线路发生故障后，为减小直流故障电流，常直站快速移相至 120°，VSC 站快速将直流电压控在−100kV 附近进行灭弧；随后进入去游离阶段，常直站移相至 164°，VSC 站将直流电流控制为零，同时将直流电压控制在零附近。待 0.35s 去游离时间结束后，系统重启，直流电压、电流快速平稳恢复。整个过程中柔性直流保持解锁运行，无过流过电压现象。

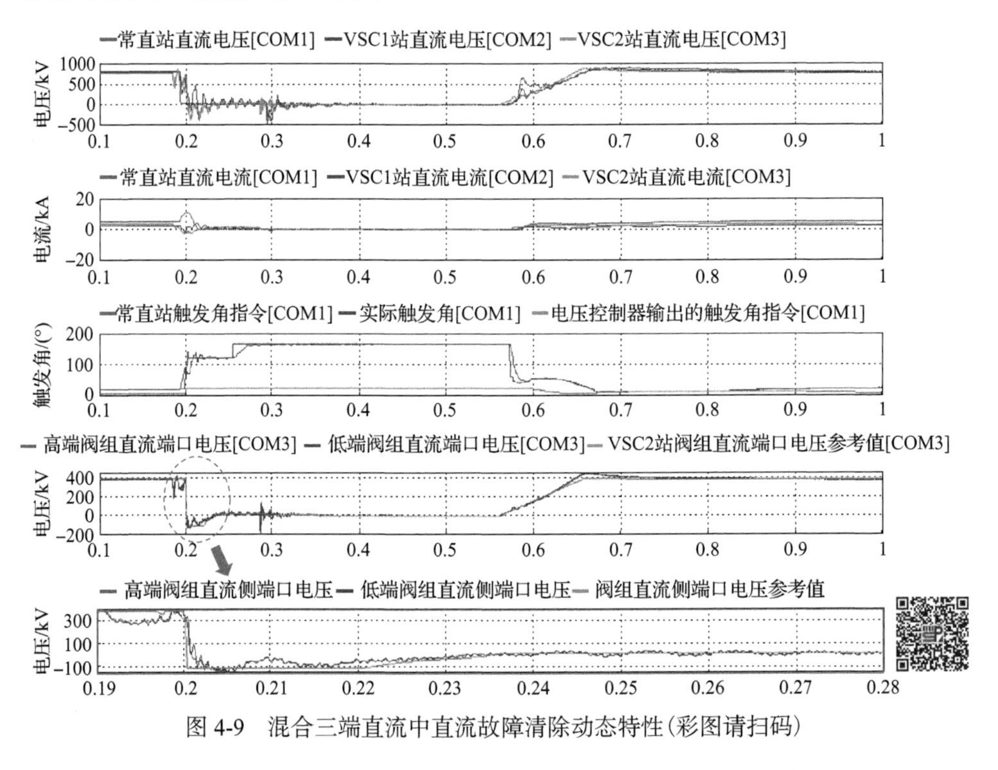

图 4-9　混合三端直流中直流故障清除动态特性(彩图请扫码)

9. 直流调制

为了充分利用直流输电系统快速响应特性以及高度可控性，通常在直流输电系统的基本控制中附加经过专门设计的调制控制，以改善与之相连的交流系统运行特性，提高系统的稳定性。附加控制功能的输出以调制的方式叠加到直流控制的功率指令上，指令的分配按照事先设定的原则进行。

10. 线路开路试验控制

线路开路试验作为直流输电系统一项重要的试验功能，其目的是在直流端开路时，将直流场极母线设备和直流线路电压升至指定值，以检查设备绝缘性能是否良好。在线路开路试验模式下，应闭锁所有断线类保护及能够闭锁极的直流欠电压保护，并提供保证试验期间设备安全的保护措施。

11. 风电耗能系统

耗能系统是风电机组中最重要的部分，其重要性高于其他控制系统。在采用柔性直流接入方案的风电机组中，除了采用由空气制动和机械制动两部分组成的水平轴风力发电机制动系统，柔性直流还可通过分布式能耗控制方案来辅助风力发电机组制动。工作原理如图 4-10 所示，在每个 MMC 中均安装有耗能电阻，当耗能装置使能时，控制电流流过耗能电阻，并通过阀冷系统对换流阀和耗能电阻进行冷却以达到泄放直流能量的效果。

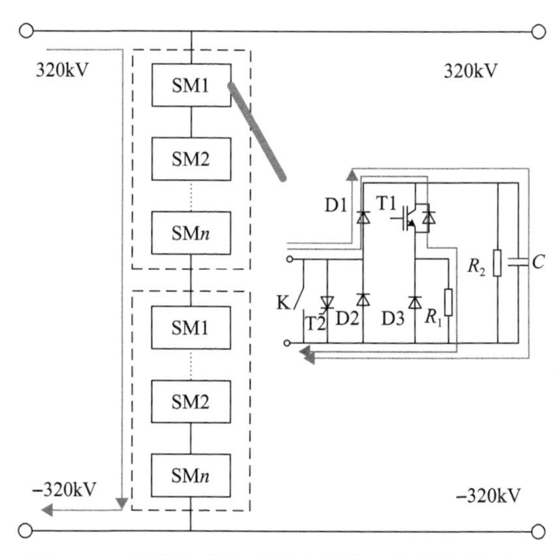

图 4-10　柔性直流换流站中耗能系统的控制原理

根据电气的变化，基于分布式的耗能装置使能可以通过判断直流电压或者直流功率与交流侧的有功功率之差实现，具体实现的逻辑框图如图 4-11 所示，图中 Enable 是根据柔性直流换流阀当前热容量判断是否使用耗能装置的信号。当电网故障时，如果直流电压 U_{dc} 大于设定值 U_{setH} 或有功功率偏差 ΔP 大于设定值 P_{setH}，那么基于分布式能耗的耗能装置投入运行以吸收额外的能量，降低直流电压。在正常运行时，直流电压 U_{dc} 小于设定值 U_{setL} 或有功功率偏差 ΔP 小于设定值 P_{setL} 时，基于分布式能耗的耗能装置不起作用。

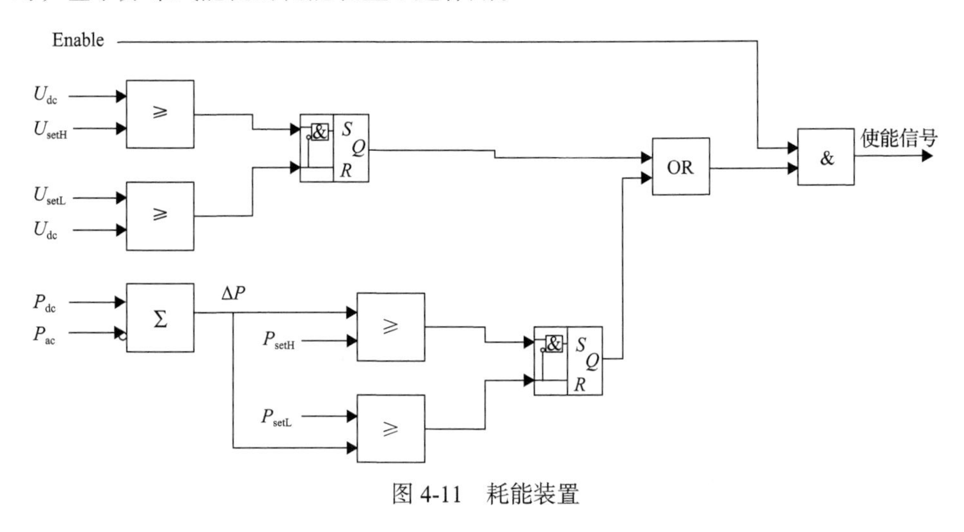

图 4-11　耗能装置

4.1.4　阀组控制

阀组控制是整个换流站控制系统的核心，其控制性能将直接影响直流输电系统的各种响应特性以及功率、电压的稳定性。在柔性直流输电工程中，阀组控制在接收到来自极控的有功类及无功类指令后，经过各闭环控制器的调节作用，给下层阀控单元提供调制波信号，调节控制本阀组的运行。主要控制模块包括阀组闭环控制、分接开关控制、阀组顺序控制、锁相环等。此外，为提高直流输电系统的可靠性及灵活性，在阀组控制中还需通过电流、电压的闭环控制实现换流阀组的投退控制、交流故障穿越以及换流变压器分接头控制等。

柔性直流阀组的核心控制策略主要有间接电流控制和基于直接电流控制的矢量控制两大类。间接电流控制利用柔性直流的基频模型，按照一定的反馈规律，直接调节阀组阀侧电压基波的幅值和相位，该控制结构简单，但存在电流动态响应慢、难以限制过电流等缺点。目前工程上广泛采用由外环控制策略和内环控制策略组成的矢量控制，它主要基于 dq 旋转坐标系下的柔性直流数学模型，分别对阀组阀侧电压基波的 d 轴和 q 轴分量进行解耦控制，从而实现交直流输电系统间功率的交换，因此能够有效限制电流，同时也具有良好的响应特性。

1．解耦控制

解耦控制是在同步旋转坐标系下对柔性直流单元进行有功和无功控制，结构上分为外环控制和内环控制，其中外环控制包括有功类控制（有功功率控制、直流电压控制、频率控制）和无功类控制（无功功率控制、交流电压控制），内环控制包括电流闭环控制。当柔性直流用于交流系统黑启动或可再生能源并网时，还具备电压频率(voltage frequency, VF)控制功能。

2. 锁相环

通过锁相环获得电网电压同步旋转坐标系的角度，是实现有功无功解耦控制的前提。锁相环的输入是三相交流电压，其输出是基于时间的相角值，在稳态时等于系统交流电压的相角。锁相环的结构如图 4-12 所示。

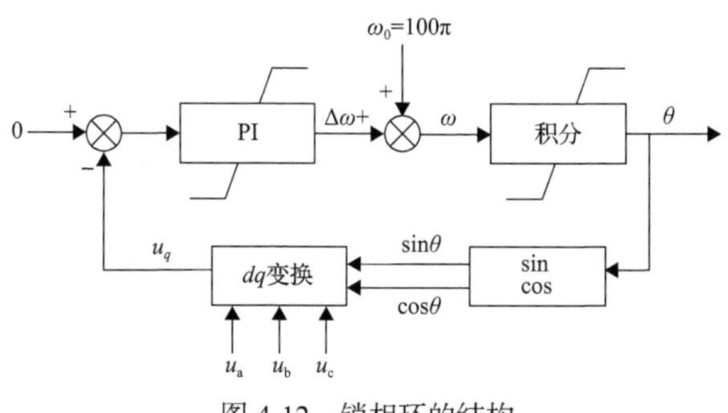

图 4-12　锁相环的结构

3. 直流电压控制

直流电压控制主要用于控制直流母线的输出电压，属于有功类控制。对于每个站稳态运行，直流电压控制和有功功率控制只能是二者选其一，根据不同的控制方式来选择不同的有功类控制器。直流电压控制的滤波器是结合考虑控制效果及响应速度来设计的，如果截止频率太高，会在控制中引入高频分量；如果截止频率过低，会影响直流电压环的响应速度。直流电压控制框图如图 4-13 所示。

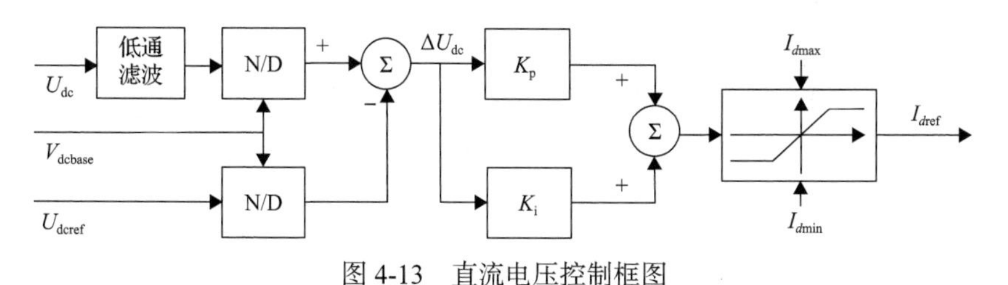

图 4-13　直流电压控制框图

4. 有功功率控制

有功功率控制属于外环控制，将柔性直流单元有功功率进行闭环比例积分(proportional integral, PI)调节生成电流内环的目标电流值，属于有功类控制。各站需根据不同的控制方式来选择不同的有功类控制。有功功率控制器的滤波器是结合考虑控制效果及响应速度来设计的，截止频率太高，会在控制中引入高频分量；截止频率过低，会影响有功功率环的响应速度。有功功率控制框图如图 4-14 所示。

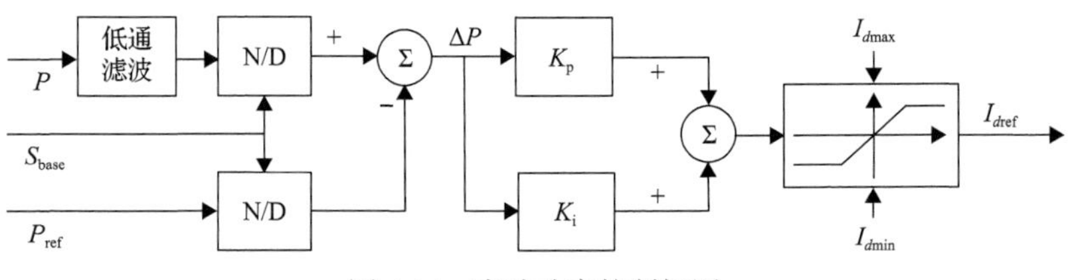

图 4-14　有功功率控制框图

5. 无功功率控制

与常规直流不同，柔性直流无论是工作于整流还是逆变，换流站均能与交流系统进行双向无功功率交换，起到 STATCOM 作用，动态补偿与之相连交流系统的无功功率，提高交流系统的稳定性。柔性直流的无功功率控制模式主要有定交流电压控制和定无功功率控制。在双极特高压柔性直流中，为了避免无功功率的来回波动或发散，一个站的双极不能同时以交流电压为控制目标。双极运行方式下，为了保证双极无功功率协调优化运行，无功功率类控制均针对全站的无功功率进行控制。

1) 定无功功率控制

两极的极间通信正常情况下，运行人员发总无功功率指令到主控极，主控极通过极间通信将总的无功功率指令传到非主控极，两极的无功功率分配模块按照各极阀组运行状态进行分配，分配原则如下：

$$Q_{ord}(i,j)=Q_{ordT}/N$$

式中，$Q_{ord}(i,j)$ 为极 i 阀组 j 的无功功率分配指令（$i\in 1,2$，$j\in 1,2$）；Q_{ordT} 为总无功功率指令；N 为运行阀组的总个数。该策略下各运行阀组分配的无功功率指令相等。在一个极有功率限制或其他原因导致双极不平衡运行时，以功率圆图为边界对无功进行分配，在功率圆范围内确保由另外一个极补足剩余无功。

各阀组得到相应的无功功率指令后，其无功功率控制框图如图 4-15 所示。

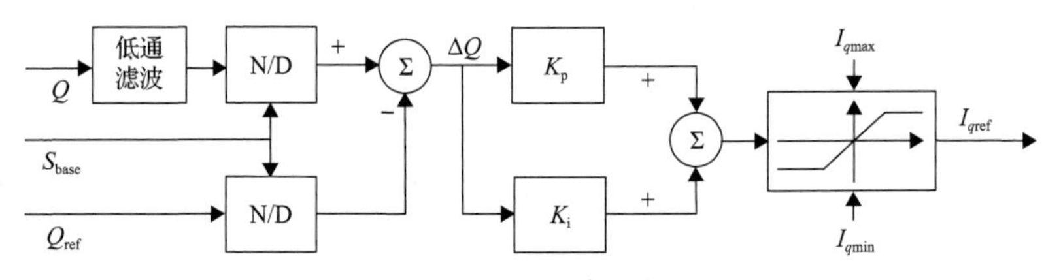

图 4-15　定无功功率控制框图

2）定交流电压控制

为了避免两极同时控制交流电压带来的电压偏差，交流电压控制模式需要针对全站的交流电压进行控制。交流电压控制器为开环控制，基于成熟的下垂控制（图 4-16）原理，向系统提供无功支撑。

$$E - E_0 = -K_q \cdot (Q - Q_0)$$

式中，K_q 为电压幅值下垂系数（$0 \leqslant K_q \leqslant 1$）；$E_0$ 为无功/电压下垂曲线电压幅值初值；Q_0 为与其对应的无功初值。下垂控制均分无功功率的动态过程如下。

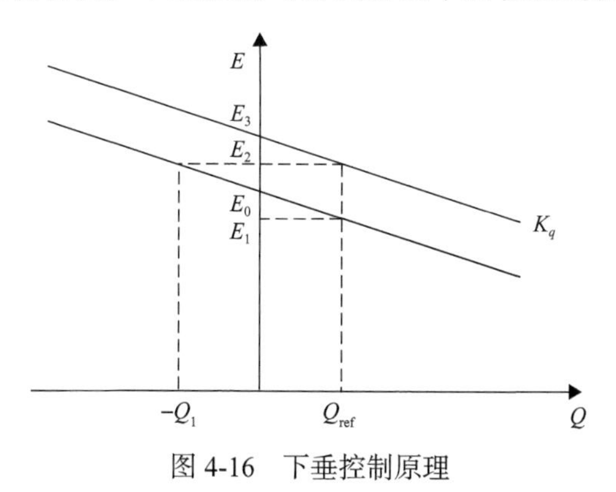

图 4-16　下垂控制原理

在交流电压控制模式下，首先由主控极接收交流电压参考值，通过极间通信传到非主控极，主控极交流电压控制外环产生全站无功功率，非主控单元跟随主控极，再由各极各阀组无功功率分配指令按照无功功率分配原则进行分配。

6. 电流内环控制

内环控制环节接收来自外环控制的有功、无功电流的参考值 I_{dref} 和 I_{qref}。并快速跟踪参考电流，实现阀组交流侧电压幅值和相位的直接控制。电流内环控制采用双 dq 解耦控制；正序 dq 轴对有功/无功电流参考值进行跟踪，负序 dq 轴将负序电流分量控制为零。图 4-17 和图 4-18 为双 dq 解耦控制框图。正序坐标变换的角度为锁相环的角度，负序坐标变换的角度为锁相环的角度乘以–1 之后的角度。

7. 电压频率控制

可再生能源通过直流输电系统接入电网的一个典型特点是送端为无稳定频率支撑的弱交流电网，因此直流输电必须具备控制送端交流系统频率的功能。目前较为典型的控制策略为电压频率控制。另外，当柔性直流输电工程某侧的交流电网完全失电时，该侧阀组也可采用电压频率控制实现故障电网的黑启动。

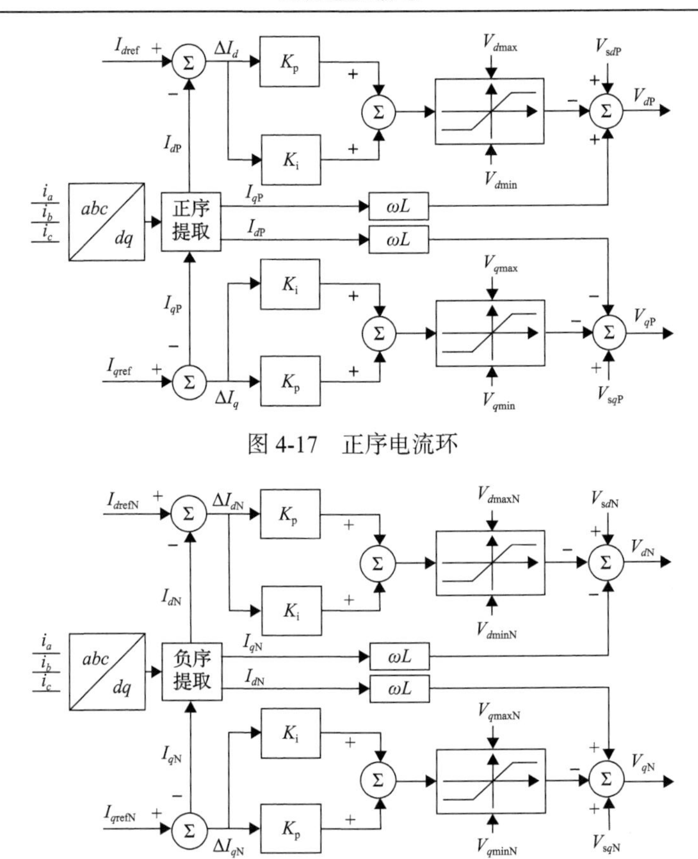

图 4-17　正序电流环

图 4-18　负序电流环

电压频率控制有单环控制和双环控制两种，其中单环电压频率控制框图如图 4-19 所示，阀组接收上级电压幅值和频率指令信号，以定电压定频率模式控制阀组运行，从而为与之相连的交流系统提供稳定的交流电源。采用电压定向坐标系，即 d 轴以电网电压向量定位，用于控制交流电压有效值，q 轴直接给定为零。

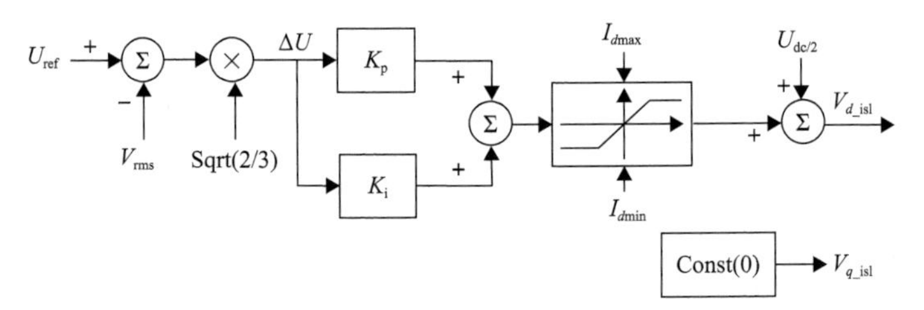

图 4-19　单环电压频率控制框图

8. 阀组平衡控制

采用双阀组串联的特高压直流输电工程中，同极两阀组的电气参数差异、电压、电流测量装置的测量偏差都可能导致同极双阀组直流电压不平衡，严重时甚至将使得某一阀组长期处于过电压状态，造成设备损坏。因此，需要采取阀组平衡控制策略。

特高压常规直流主要有两种阀组平衡控制策略：一种是将电流闭环控制配置于极控层，高低阀组采用完全一致的触发角度控制；另一种是将电流闭环控制配置于阀组层，一个阀组完全跟随另一个阀组的控制。与常规直流相比，柔性直流从主电路拓扑到控制方法都有很大区别。柔性直流换流阀对外特性呈负阻性，在故障或扰动下，若不采取有效的措施加以控制，可能会导致同极两阀组的端口直流电压发散。另外，柔性直流控制较常规直流更快，作为能量转换枢纽的“桥臂电抗+柔直变压器漏抗”总阻抗更小，对同极两阀组的一次设备偏差的容忍度更低。

因此，为了实现同极两阀组的平衡控制，柔性直流高低阀组宜采用独立的阀组控制模式，高低阀组各自进行功率控制或者电流控制。对于定直流电压柔性直流换流站，采用将本极直流电压参考值均分后作为各阀组直流电压参考值，同极双阀组均将直流电压控制至参考值，无中点电压不平衡问题；对于定有功柔性直流换流站，各阀组的直流侧电压并不是直接受控的，因此需要为高低阀组配置平衡控制器，以实现高低换流阀组的平衡控制，采用本极有功参考值均分后叠加一个直流电压均压补偿量作为柔性直流换流站阀组有功参考值的策略，直流电压均压补偿量可根据柔性直流换流站阀组的直流电压偏差量实时计算得到，控制器结构如图4-20所示。采用上述策略，可有效保证定直流电压柔性直流换流站和定有功柔性直流换流站高低阀组的平衡运行。

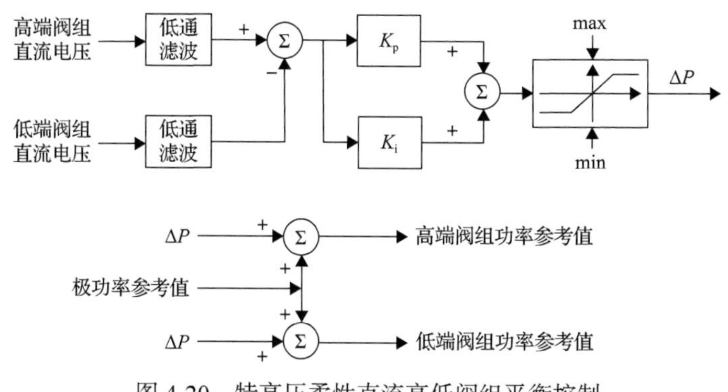

图4-20　特高压柔性直流高低阀组平衡控制

9. 谐振抑制控制

柔性直流具备接入弱电网能力，但工程经验及研究均表明，柔性直流输电接入弱交电网时可能会存在谐振风险，根据振荡频率可分为低频谐振和高频谐振[5]。

交流电网短路容量过小是柔性直流与弱交流系统间产生低频振荡的主要原因，该振荡与柔性直流的外环控制高度相关。因此，进行柔性直流控制参数设计时，需考虑柔性直流接入弱网边界，避免控制参数过大而导致低频谐振的发生。目前在国内外工程中主要解决方法为接入交流系统强度管理装置，当其检测到交流系统较弱时，通过控制参数切换调节柔性直流控制器的比例系数，较严重情况时需要限制有功、无功功率的运行区间，限制有功功率水平。

而高频谐振是由于柔性直流换流器呈现负阻抗对交流系统的高频谐波起放大作用引起的，主要表现为柔性直流换流器与交流系统阻抗不匹配[6]。该谐振主要与控制链路延时、前馈策略相关。目前柔性直流输电工程的主要解决方案是：在柔性直流换流站内环控制器的电压前馈环节合理配置滤波器策略和减少控制链路延时[5-7]。下面结合柔性直流输电工程的设计及运行经验对此展开阐述。

1）电压前馈滤波器

结合国内外工程应用经验，为了抑制高频谐振，在柔性直流换流站内环控制器电压前馈环节上可采用的滤波器类型有低通滤波器和非线性滤波器。低通滤波器较为常见和简单，在此不再赘述。非线性滤波器的工作原理为[8]：对 dq 轴电压进行采样值平均，一旦发现该电压平均值变化超过一定门槛值，则在当前值的基础上叠加固定梯度，从而快速跟随电网电压的变化，其基本工作原理如图 4-21 所示。

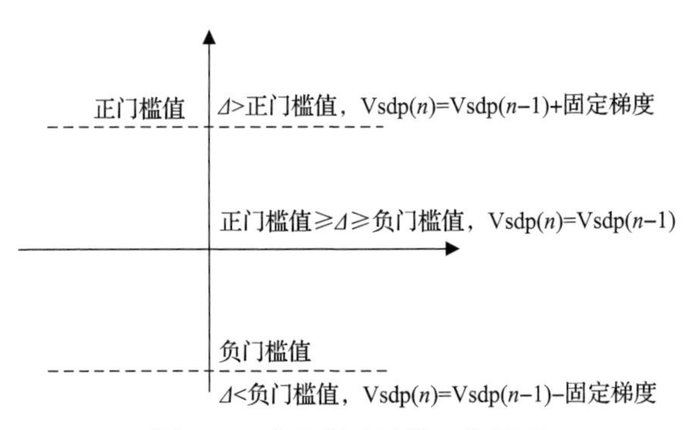

图 4-21　非线性滤波器工作原理

Δ=Vsdp_avg（n）−Vsdp（n−1）；Vsdp_avg（n）为序分量当前周期前 N 个采样点计算得到的平均值；Vsdp（n−1）为上一周期非线性滤波器的输出；Vsdp（n）为当前周期非线性滤波器的输出

前馈低通滤波器和非线性滤波器的优缺点对比如下：

（1）前馈低通滤波器无法完全滤除高频段的谐波，同时进一步增加了电压前馈环节的延时，会使高频谐振往更低频率方向转移，造成中高频谐振；另外，该延时会影响柔性直流输电系统的交流故障穿越性能。

（2）相比前馈低通滤波器，前馈非线性滤波能够一定程度上缓解柔性直流与交流系统因阻抗匹配造成的高频谐振问题，但是改善幅度有限。前馈非线性滤波能够在交流故障等电压扰动时跟随交流电压进行调节，一定程度上降低了换流阀过流风险，但是在较弱交流系统下依然会存在换流阀过流风险。

下面介绍一种可同时兼顾谐波抑制效果和故障动态特性的新型控制技术，称为“虚拟电网自适应控制”，其主要分三个环节：正常工况不响应实际交流电气量微小变化、故障瞬间完全跟踪实际交流电气量、故障及恢复期间自适应调节跟踪实际交流电气量。在 dq 坐标系下实现虚拟交流电气量跟随实际交流电气量的变化。正常工况下两者在物理上完全隔离，只有实际交流有效值瞬间降低至预定值时，虚拟 d 或 q 轴分量才会变化，实际交流电气量的谐波分量一般无法满足设定的条件，所以谐波不会反映到虚拟交流电气量上，从而起到抑制谐波的效果。发生故障导致实际输入的交流电气量发生激烈变化瞬间，如交流故障，交流电气量有效值瞬间发生较大跌落，此时会直接令虚拟交流电气量完全等于实际交流电气量，实现完成实时跟踪，从而提高系统故障瞬间的动态特性。跟踪一段时间后，进入自适应控制环节，通过在特定规律下加减固定步长来实现自适应跟踪，为了降低自适应跟踪期间的谐振风险，自适应控制环节可直接采用上述非线性滤波工作机制。直至交流电气量恢复到稳定值，才回到正常工况不响应实际交流电气量微小变化环节。

2）控制链路延时

由于数字控制处理器速度有限，数字采样、处理、传输等环节不可避免地存在控制链路延时。控制链路延时是指从事件发生，到控制系统对该变化事件做出响应的时间差，按物理设备分为采样处理延时 T_1、采样装置与阀组控制系统间通信延时 T_2、阀组控制系统控制延时 T_3、阀组控制系统与阀控间通信延时 T_4、阀级控制处理延时 T_5、功率模块板及驱动板执行开通关断死区延时 T_6，如图 4-22 所示。控制链路延时是影响柔性直流性能、柔性直流与交流电网是否发生谐波谐振的关键参数之一。

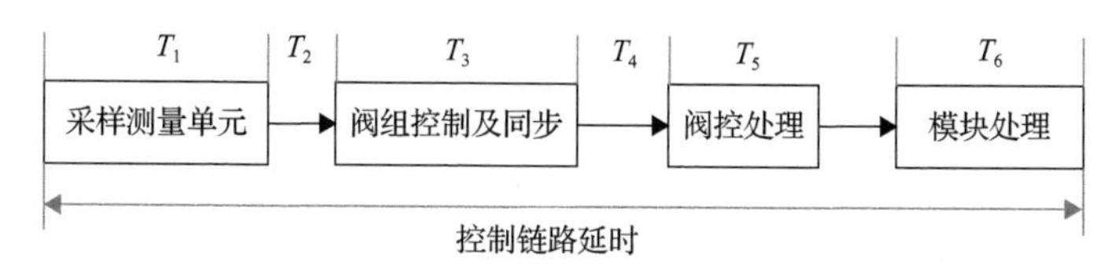

图 4-22　全控制链路延时组成

10. *启动/停运*

特高压直流输电工程的启动/停运顺序以极为基本操作对象，以启动单极所投入阀组的数量进行区分，极启动/停运可分为单阀组启动/停运与双阀组启动/停运。这两种启动/停运方式本质上并无较大区别，其控制策略与顺序过程实际也是一致的。

解锁顺序逻辑将使得阀组自动而平滑地进入解锁状态。但在解锁之前，直流控制保护系统会自动判断当前极设备的状态是否允许解锁，以提供必要的联锁来保证设备安全稳定运行。由柔性直流换流阀的工作机制可知，只有当 MMC 自取能电源开始工作后，柔性直流换流站才能具备解锁工作的条件，意味着在换流站启动前需完成所有 MMC 的充电。MMC 充电的实质就是其电容电压的建立过程。由于柔性直流换流阀中存在大量的分布式储能电容，在解锁前还需解决电容电压发散的问题，因此有必要介绍柔性直流启动时的充电策略。相较于基于单一子模块类型的 MMC，混合型 MMC 启动控制的难点在于全桥 MMC 和半桥 MMC 的充电方式不同，不可控充电过程中两种类型子模块的电容电压不易达到均衡，若不采取特殊控制策略，半桥子模块电压会远低于全桥子模块电压[9]。

在交流联网方式下，由混合型 MMC 构成换流阀的充电过程如图 4-23 所示。

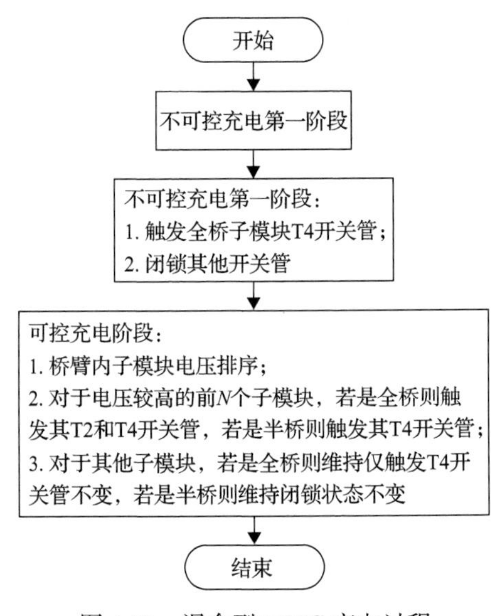

图 4-23　混合型 MMC 充电过程

1) 不可控充电第一阶段

首先在启动电阻投入及 IGBT 触发脉冲闭锁状态下合上柔直变压器交流侧断路器，对阀组的全桥 MMC 和半桥 MMC 的电容进行第一阶段不可控充电。

在不可控充电第一阶段过程中，上下桥臂的所有全桥子模块电容均可被充电，而只有流经负向电流的半桥子模块电容可被充电。由此可见，不可控充电第一阶段结束时，子模块电容电压值不仅与调制比和冗余度有关，还与各子模块类型的占比相关。特别是半桥子模块占比较小时，半桥子模块电压更低，甚至有可能低于其自取能电源的启动电压值。

2)不可控充电第二阶段

不可控充电第一阶段结束后，所有全桥子模块的自取能电源启动，均进入可控状态；而半桥子模块则不一定能进入可控状态。为了提高半桥子模块的电容电压，保证其自取能电源的启动，在本阶段需通过改变全桥子模块的充电方式，来减少串联在充电回路中的电容数量。具体实现方法：在本阶段触发所有全桥子模块的T4开关管，其他开关管保持闭锁。

导通T4开关管的全桥具有与半桥相同的充电方式,因此在本阶段所有子模块的充电方式相同，所有电容电压共同上升，半桥和全桥子模块电压的差距仍存在，只是不再变大。

3)可控充电

不可控充电完成后，全部子模块电容电压上升到稳定值，全部子模块均处于可控状态。当充电电流小于预定值后退出充电电阻，进行可控充电，在本阶段，需通过切出或旁路子模块的方式,进一步减少串联在充电回路中的直流电容数量，以提高各子模块电压，直至额定值附近。

待全部子模块电容电压充至额定工作电压附近，充电过程完毕。该柔性直流换流阀具备解锁条件，启动命令会直接解锁柔性直流阀组，并自动将阀组控制至相应的状态，对于定直流电压站，会将直流电压升至控制目标值，对于定功率站，会将直流功率或直流电流升至控制目标值。

停运顺序是启动顺序的逆过程，且总是要求整流站先于逆变站闭锁。站间通信正常情况下，停运命令下发后，直流停运自动完成。而站间通信故障情况下，在直流停运，运行人员需通过电话沟通、协调，确保整流站先于逆变站闭锁。

图4-24～图4-26分别给出了特高压柔性直流的交流侧充电、双阀组解锁、双阀组闭锁的仿真结果，全桥和半桥子模块均能稳定充到其额定值附近，在解锁和闭锁过程中平稳可控、无过电压/过电流现象。

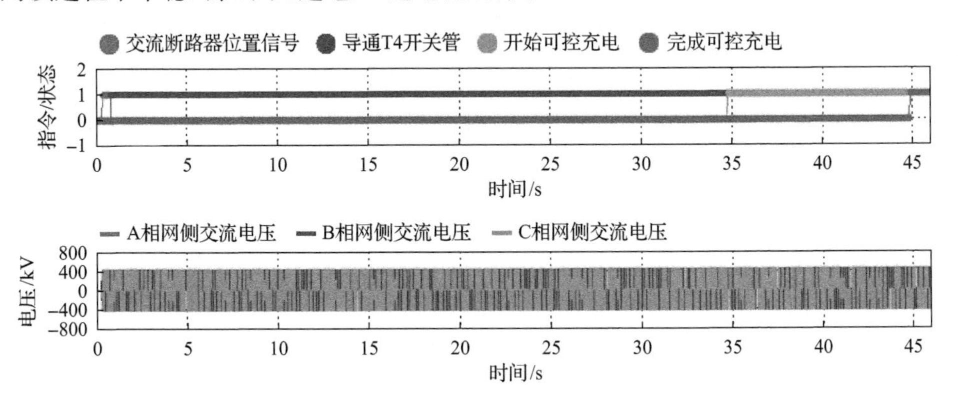

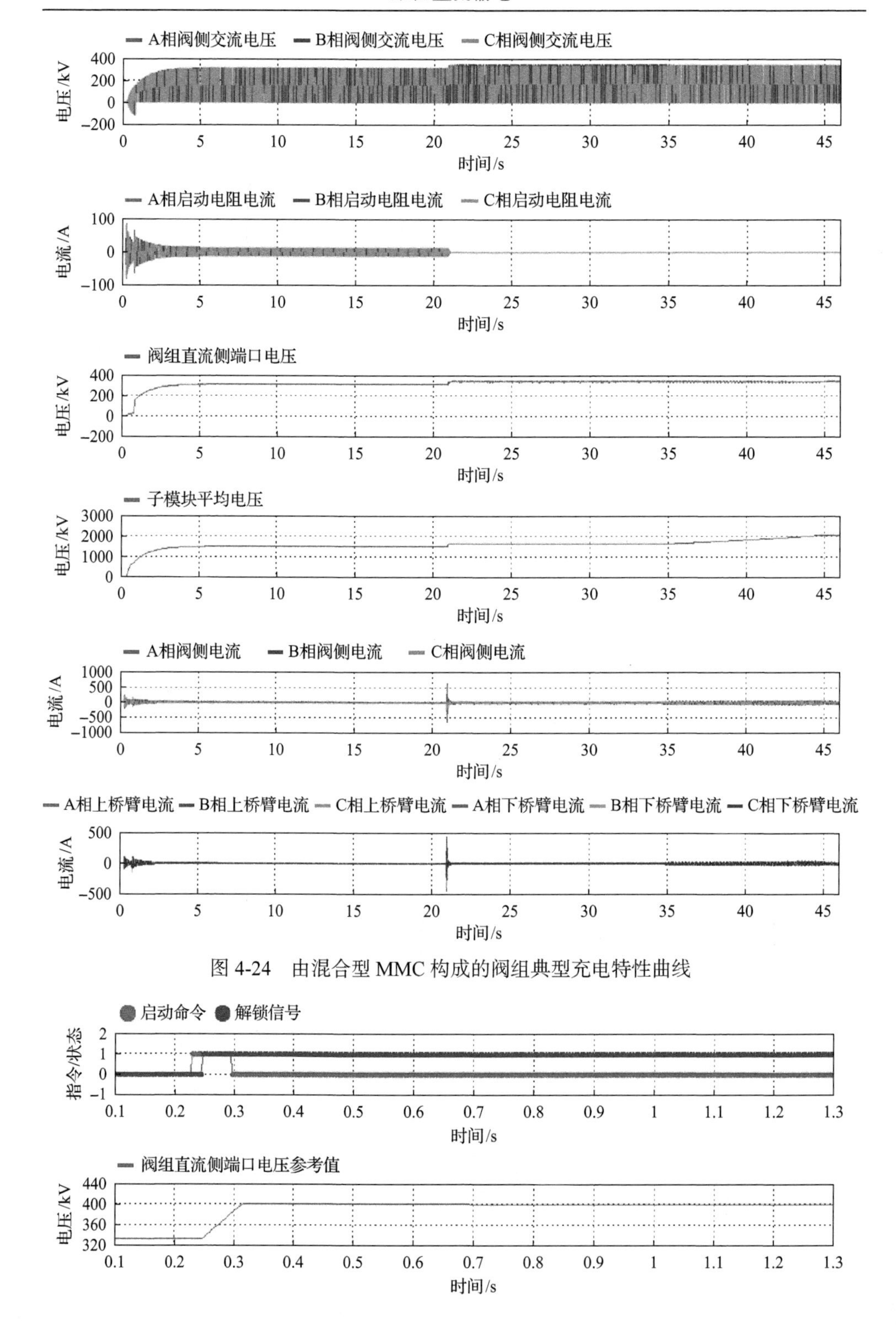

图 4-24 由混合型MMC构成的阀组典型充电特性曲线

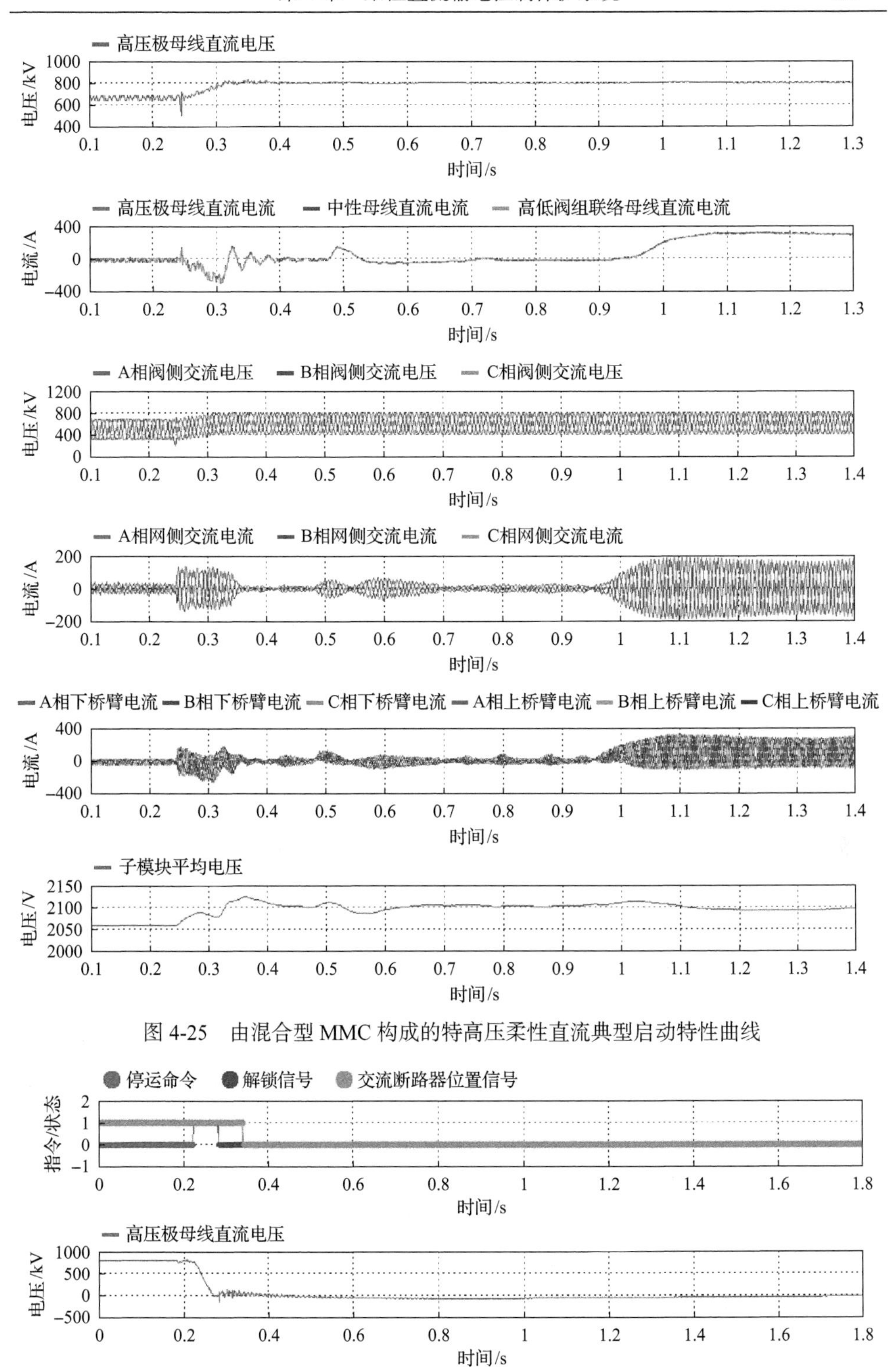

图 4-25　由混合型 MMC 构成的特高压柔性直流典型启动特性曲线

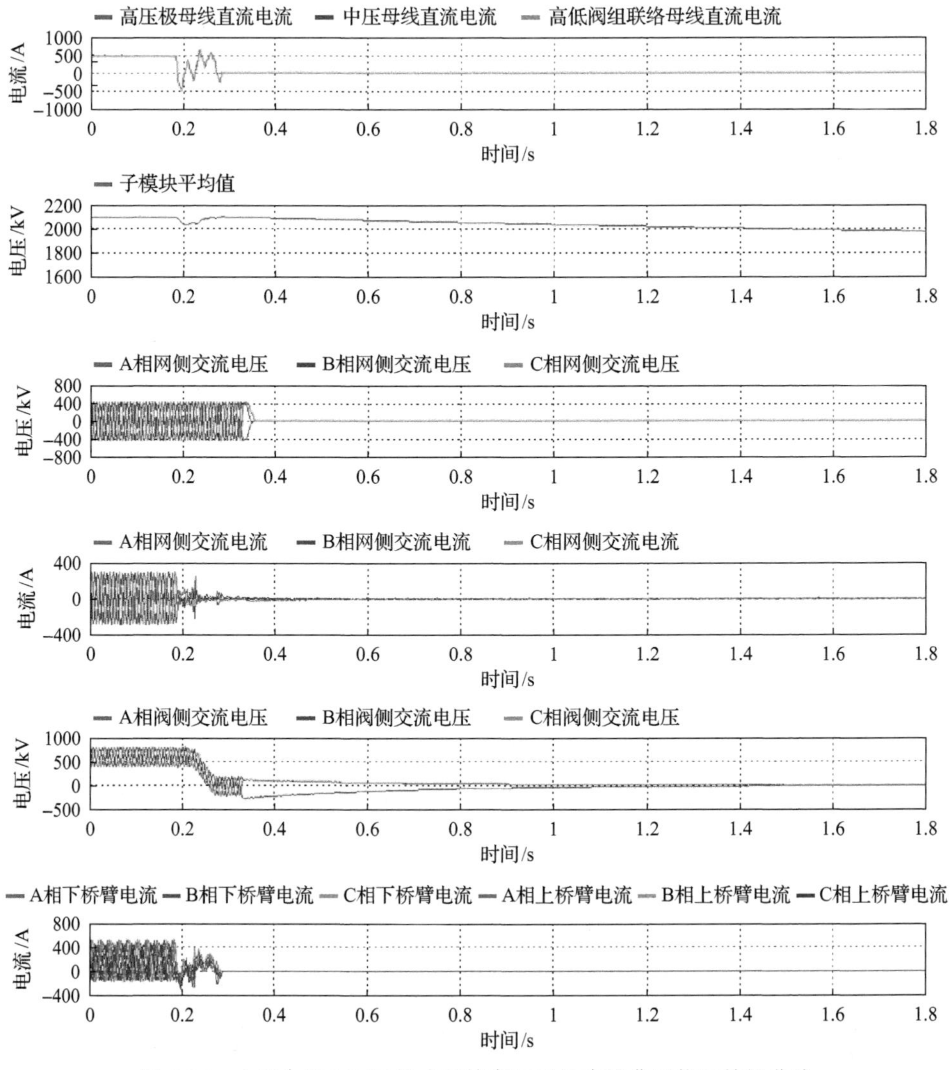

图 4-26　由混合型 MMC 构成的特高压柔性直流典型停运特性曲线

11. 阀组投退控制

在实际运行中，特高压直流输电工程的各极两个阀组既可同时投入运行，也可根据需要，以单阀组投入运行。为了提高系统可用性及可靠性，控制系统应具备阀组投入和退出操作，以实现运行方式在线转换而不中断另一阀组的正常运行，其间还应尽量减小投退过程对直流输送功率造成的扰动。

在特高压常规直流输电系统中，阀组的在线投退已经是工程中常用的成熟技术。对于柔性直流输电系统，阀组的在线投退需要解决直流电流控制和零直流电压运行问题，其余投退的刀闸顺控可参照常规直流控制策略进行，便于实现柔性直流与常规直流的协调控制。

1) 阀组在线投入

与常规直流不同，柔性直流换流阀在线投入前首先要解决子模块电容预充电的问题。根据阀组连接和阀组充电的先后关系分成两种，第一种是在阀组连接后再进行充电，此时阀组将在直流侧短接的状态下进行充电，具体充电策略较为复杂，可参考文献[9]。第二种是在阀组隔离状态下先对阀组进行充电，阀组充电时直流侧仍处于开路，可采用与直流输电系统启动时一样的充电策略，待完成充电后再实现阀组连接。第一种策略能够简化顺控流程，但是阀组充电策略较复杂，第二种阀组充电控制策略相对简单，但会增加顺控流程。阀组在线投入策略如图 4-27 所示：

(1) 依次闭合 Q2、Q1、旁路开关(bypass switch, BPS)，随后隔离开关(BPI)分闸，将 BPI 电流转移到 BPS 上。

(2) 待投入的柔性直流阀组进行直流侧短接充电，充电完成后由运行人员在后台操作“阀组投入”，阀组解锁，然后将该阀组直流侧的电压控制为较小负值，并将其电流指令设为实测值，从而将流过 BPS 的电流转移到柔性直流换流阀，为 BPS 的分断和熄弧创造条件。为了保证 BPS 能够快速熄弧，在控制 BPS 电流为零后，需在直流电流指令中注入一定大小的交流谐波，为 BPS 分闸人为制造过零点。

(3) 待其他换流站的 BPS 也完全熄弧后，即可逐渐提升直流电压，使直流输电系统全压运行。

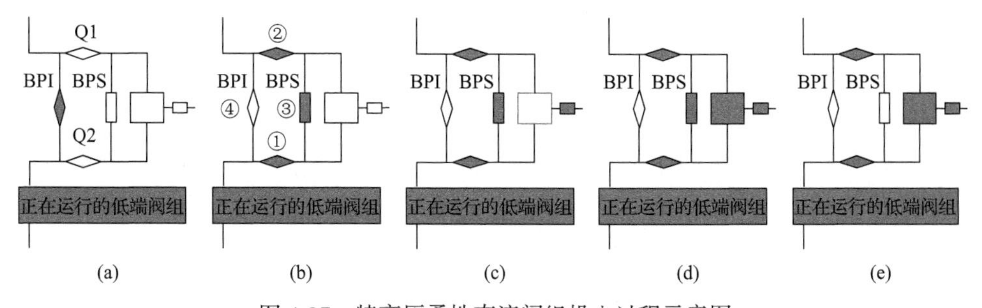

图 4-27　特高压柔性直流阀组投入过程示意图

开关动作顺序 ①→②→③→④　□ 开关断开/阀组闭锁　■ 开关闭合/阀组解锁　□ 阀组充电

在特高压柔性直流换流阀投入期间，本极另一柔性直流换流阀组保持正常运行，基本不受影响。

图 4-28 给出了特高压柔性直流在线投入极 2 低端阀组的仿真结果。在 VSC 站低端阀组均完成子模块预充电后，与其他站协调解锁，并将极 2 低端阀组 BPS

上的电流开始渐渐转移到低端阀组，在 BPS 电流全部转移后，VSC 低端阀组主动注入谐波，并发出分 BPS 指令。当三站 BPS 均确认分开后，VSC 站将直流电压升高至额定值，整个直流输电系统随之转入全压运行。在升压过程中，由于三站同极的总功率不变，因此直流电流渐渐降为原来的一半。通过各站的直流电压/电流的相互协调控制，直流输电系统保持平稳可控。

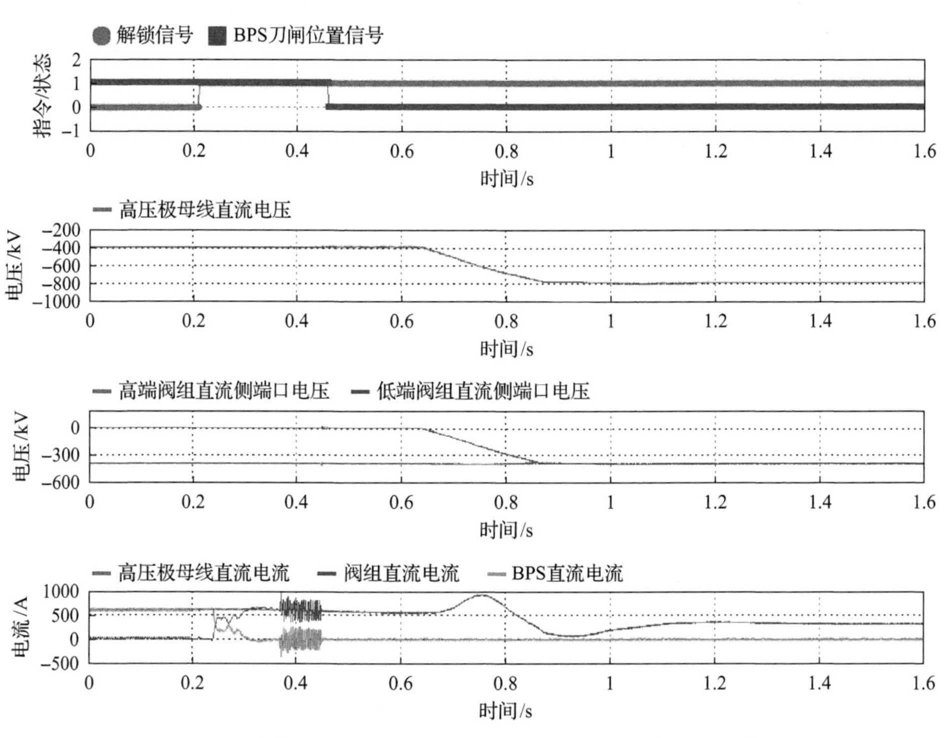

图 4-28　特高压柔性直流在线投入极 2 低端阀组典型特性曲线

2) 阀组在线退出

当一个极两个阀组均处于运行中时，将某一个阀组退出运行的操作可称为阀组在线退出。退出时，除了相关开关刀闸的顺序操作外，还必须按照一定的闭锁时序执行，才能保证阀组安全退出的同时将对本极直流运行的影响控制在最小范围。柔性直流阀组的在线退出是在线投入的逆过程，具体策略如下：

(1) 在收到阀组退出指令后，柔性直流换流阀先降低其直流侧的电压至零附近，随后闭合 BPS 并闭锁阀组，电流转到 BPS 上。

(2) 柔性直流换流阀闭锁后，闭合 BPI，然后依次分开 BPS、Q2 和 Q1，将 BPS 上的电流转移到 BPI 上。

在柔性直流阀组退出期间，本极另一阀组保持正常运行，基本不受影响。

图 4-29 给出了特高压柔性直流在线退出极 2 高端阀组的仿真结果。在 VSC

站高端阀组与其他站协调将阀组直流侧端口电压降到零后，发出合 BPS 指令，检测到 BPS 合闸后，极 2 高端阀闭锁，将阀组上电流转移到 BPS 上，并跳高端阀组断路器开关，执行阀组隔离。与此同时闭合 BPI，将 BPS 上电流转到 BPI 上。整个在线退阀组过程直流输电系统平稳可控。

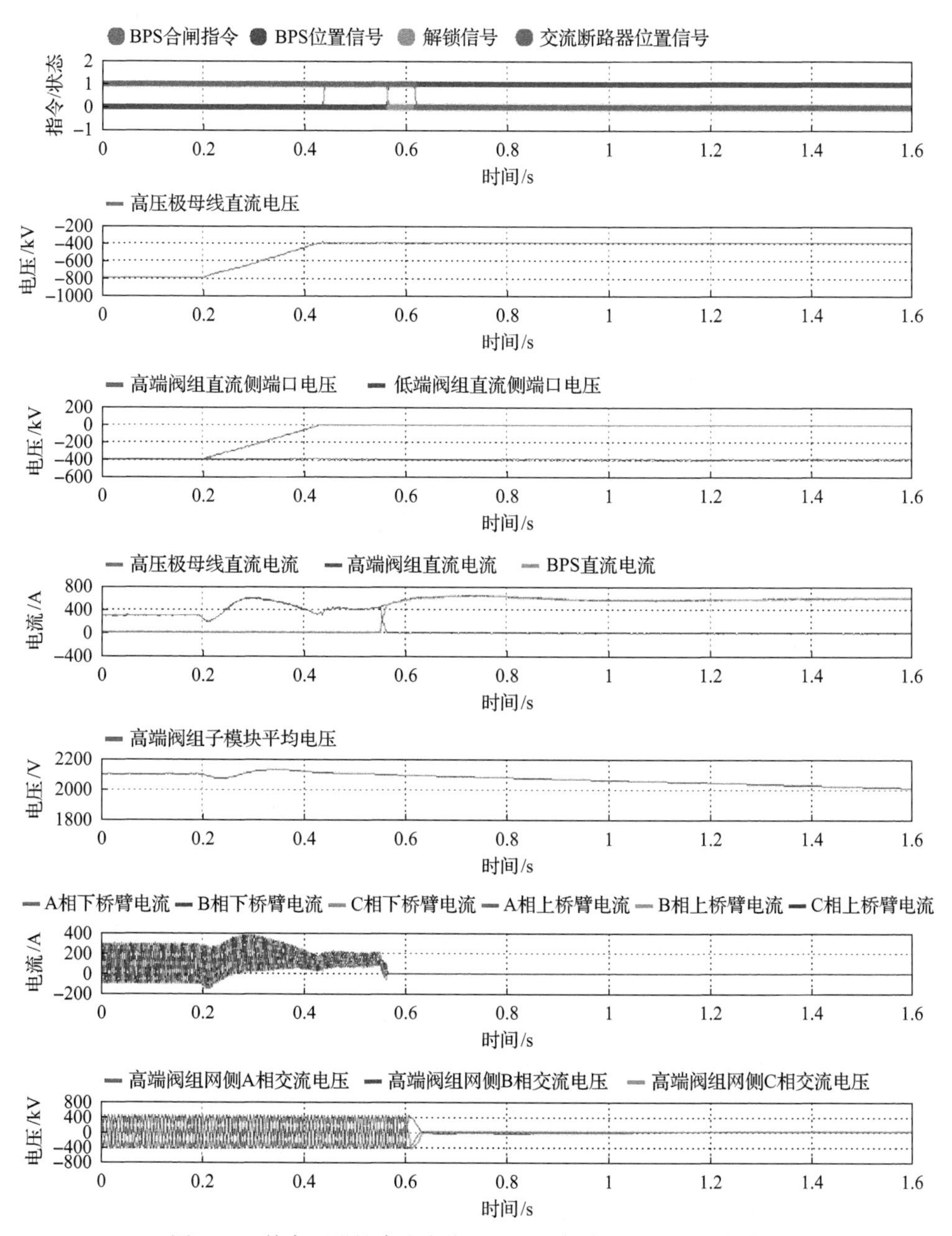

图 4-29　特高压柔性直流在线退出极 2 高端阀组典型特性曲线

12. 保护性闭锁控制

保护性闭锁顺序是指以安全的方式将阀组或极停运的一系列操作。不同工况以及不同故障类型，所采取的控制时序也不尽相同。结合特高压工程中双阀组串联的特点，特高压直流保护性闭锁策略不仅需要具备类似常规直流输电系统的极层闭锁方式，还应具备隔离故障阀组的阀层闭锁方式。

按层次划分，特高压柔性直流输电系统的保护性闭锁可分为极层保护性闭锁与阀组层保护性闭锁。常规直流的极层保护性闭锁和阀组层保护性闭锁都有两种方式：闭锁脉冲、紧急停运(ESOF)。而柔性直流的极层保护性闭锁和阀组层保护性闭锁都只有 ESOF 一种。

站间通信正常运行时，保护闭锁命令将会被送往对站，对站收到保护性闭锁命令之后采取正确的闭锁顺序，以闭锁相应极/阀组。站间通信故障时，本站的极/换流器保护性闭锁后，对站控制系统通过检测直流电压、电流等模拟量，判断对侧已进入闭锁状态，进而启动本侧保护性闭锁顺序，闭锁相应极/阀组。

1) 极层保护性闭锁

某换流站某极的极层保护动作后，为了保护本站设备，应立即闭锁本站本极，同时控制系统发出跳柔直变压器断路器、极隔离操作。在两端系统中，任意一站发生故障，保护出口极闭锁，则两站均闭锁，系统全停。然而，在包含直流断路器/HSS 开关的多端系统中，需对故障是否可以通过直流断路器/HSS 开关隔离进行区分。对于可隔离的故障，只需停运本站，非故障站恢复运行；对于不可隔离的故障，需所有在运站停运。因此，极层保护性闭锁根据故障是否可隔离，向其他站发出“故障退本站本极”或者“闭锁本极所有在运站”的信号。

2) 阀组层保护性闭锁

在双阀组运行过程中，本站某一阀组发生故障时，本站的故障阀组由相应的阀层保护动作，立即闭锁本站故障阀组，同时控制系统发出跳故障阀组的柔直变压器断路器、阀组隔离操作，并向其他站发出阀组层保护性闭锁信号。本极非故障阀组执行闭锁命令，待本极故障阀组隔离后，非故障阀组重启恢复正常运行。

13. 交流故障穿越策略

交流故障穿越需要各站相互协调配合。由于柔性直流与常规直流的控制特性完全不一样，由这两者构成的混合直流输电系统的协调控制难度较大。因此，本部分以特高压多端混合直流输电系统为例，介绍其交流故障穿越策略[10]。全部由柔性直流换流站构成的直流输电系统，其交流故障穿越策略稍为简单，相关电压/电流的协调控制原则及控制模式切换可参照本节内容。

1) 整流站交流故障

当整流站发生交流系统故障时，若交流电压跌落深度较小，则常规直流会减小触发角以维持直流电流稳定。若交流电压跌落深度较大，则常规直流会进入最小触发角控制，直流电压由送端的交流电压和最小触发角决定，会降得比较低。若此时受端柔性直流仍维持受端直流电压不变，将导致直流电流持续减小乃至功率中断，甚至可能会导致受端换流站的功率反转，对受端换流站所连的交流系统的冲击较大。整流站发生交流故障时的具体穿越控制策略如下。

在整流站交流故障初始阶段，整流站仍处于定电流控制，系统通过电流控制器不断减小触发角来补偿功率的下降。当直流电流严重下降时，根据图 4-8 的控制策略，逆变站基于电流裕度的直流调制比控制将会启动，通过减小直流侧的调制比 m_{dc}，即直流侧投入的子模块个数来维持直流电流的稳定，以保证功率的传输。故障清除后，为防止整流站交流故障恢复瞬间直流过电压，整流站配置有交流故障控制器[10]，在整流站交流故障期间限制触发角的最小值。

2) 逆变站交流故障

当受端交流系统发生交流故障时，交流电压下降，受端阀组的功率输送能力等比例下降，在大功率情况下无法将送端所有的功率输送到交流系统可能造成直流电压升高及受端换流站过流等问题。

针对直流电压升高问题，在整流站配置直流电压控制器。当常规直流换流站检测到直流电压偏差后，切换到直流电压控制，尽可能增大整流站的触发角，以限制整流站直流功率的注入，同时整流站还配置了过电压控制环节防止直流电压进一步升高。故障清除后，各站恢复到故障前的控制策略。

然而，由于长距离的高压直流线路中会储存较大的能量，在某些情况下，如当受端发生严重的三相接地故障时，受端的交流功率输出能力几乎为零，送端传输过来的绝大部分能量需要由阀组来承担，导致子模块电容电压快速升高。另外，由于长距离线路的储能作用和电容效应，送端站出口的线路电压上升反而较为平缓，待直流电压控制器失去裕度而使能，受端的柔性直流已由于子模块电容过电压而保护跳闸，导致穿越失败。为此，在直流电压控制的基础上，配置快速移相功能。如图 4-30 所示，当受端检测到严重的交流故障时(如正序电压跌至 0.3p.u. 以下)，通过站间通信通知送端进行快速移相。

针对柔性直流换流站过流问题，具体采取以下方案：

(1) 设置限流环节，对功率指令、电流参考值、最终调制波的幅值进行限制。

(2) 采用正负序电流控制的手段。为了防止阀组过流和功率模块电容过电压，需要加入不对称故障控制。不对称故障对阀组的影响主要表现在负序电压上，影响负序补偿控制有效性的最重要因素是能够快速、准确检测到交流系统的负序电压分量及负序相角。当网侧交流电压正常时，负序控制系统的补偿电压分量是零；

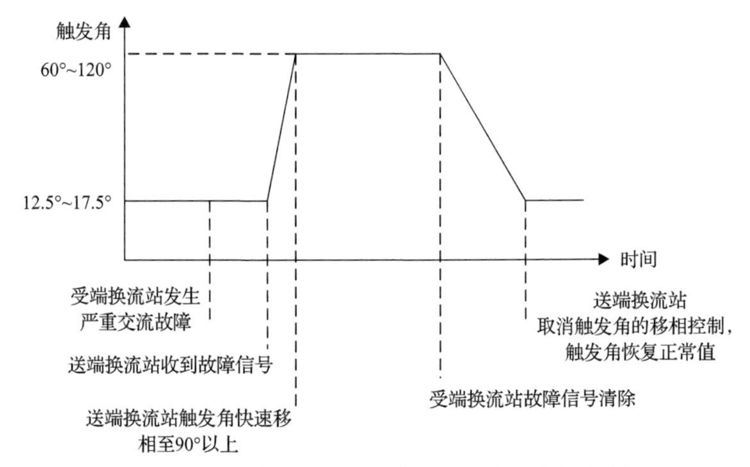

图 4-30　交流故障下的常规直流快速移相功能示意图

当不对称故障发生时，一般是单相接地或者相间短路；当不平衡度超过一定的范围时，负序补偿控制启动，将电流控制在允许范围内。

(3) 暂时性闭锁策略。柔性直流的关键设备换流阀依托全控型电力电子器件IGBT，受制于目前器件技术水平，其性能参数存在上限。为防止交流系统故障或其他严苛工况引起阀过流保护动作跳闸，阀控检测到桥臂电流超过保护值时，可采取暂时性闭锁以确保换流阀本体安全，并向阀组控制上报暂时性闭锁信号，经过一定延时之后，阀控判断桥臂电流是否下降到一定值，若满足，则清除暂时性闭锁信号；若不满足，则继续等待电流下降到阈值。阀控暂时性闭锁信号，若维持一定时间未清除，则阀控请求跳闸。需要指出的是，暂时性闭锁方案有六个桥臂全部同时闭锁和分桥臂闭锁两种。其中，分桥臂闭锁在故障穿越过程中允许个别桥臂暂时性闭锁，可以保证柔性直流在故障穿越过程中的部分功率传输。

此外，与常规直流换流站相比，柔性直流换流站在故障期间及故障恢复期间可以向交流电网提供动态无功支撑，其无功支撑的大小取决于 q 轴无功电流，当 q 轴无功电流较大时，柔性直流阀组对外提供的无功支撑能力较强，与此同时也会增加交流电网各站点的短路电流水平。因此，对于电网短路电流水平超标严重的地区，需合理控制柔性直流的 q 轴无功电流值。

14. 柔直变压器分接头控制

调节柔直变压器分接头的挡位相当于调节柔直变压器阀侧的交流电压。柔直变压器分接头控制的目的是：在不同工况下，通过合理调节阀侧交流电压，扩大阀组的运行范围和保持阀组始终处于良好的工作状态。

柔性直流的分接头有两种控制模式：定阀侧电压控制和定调制比控制。正常工况下，柔直变压器分接头控制设置为定阀侧电压控制，以维持柔直变压器阀侧电压恒定。在相同工况下，为了降低桥臂电流，柔直变压器分接头控制可选择以理想变压器阀侧电压为控制目标。另外，为防止某直流极全阀组运行时两阀组承受不同电压应力，实际工程中，同极两柔直变压器之间配置有分接头阀组间同步功能。

4.2　柔性直流保护系统

柔性直流保护系统的主要功能是保护系统中所有设备的安全稳定运行，在故障或异常工况下，能够快速切除系统中的短路故障或不正常运行的设备，避免其干扰或损害系统其他部分的正常运行[11]。在工程中，直流输电系统保护配置应遵循以下原则：①覆盖全面，不存在保护死区；②具有选择性，能够区分区内区外故障；③适用于直流输电系统的各种运行方式的控制模式；④主保护退出，应有可靠的后备保护；⑤多重冗余设计，避免保护误动，提高保护的准确性；⑥正确协调配合保护动作逻辑，根据不同的故障类型和严重程度，保护装置应有不同的动作等。

参照以往柔性直流输电工程和特高压常规直流输电保护配置情况，结合柔性直流输电的特点，特高压柔性直流输电的保护系统可分为直流保护、阀控保护、柔直变压器保护三类。其中，直流保护具体可细分为交流连接线区保护、换流器保护、极保护(包括高压直流母线保护和中性母线保护)、双极保护以及直流线路区保护，上述各保护的区域划分如图 4-31 所示。对于多端柔性直流输电系统[12]，

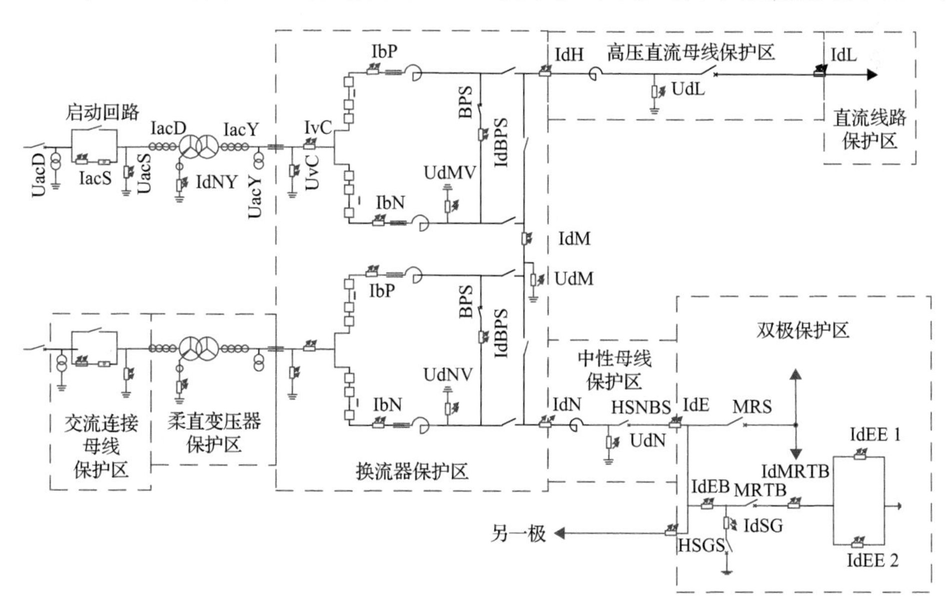

图 4-31　特高压柔性直流输电典型测点配置及直流保护区域划分

还应考虑一次主回路的差异，在遵循上述配置原则的基础上，调整原有保护或配备新的保护，如汇流母线保护、HSS 开关保护、直流断路器保护等，以保证直流设备能得到全面的保护。

4.2.1　典型故障特性

故障特性是设计保护的重要依据。不同地点不同类型的故障，其响应特性往往不相同，对应所采取的保护配置原理、定值及出口策略也不尽相同。以特高压柔性直流输电工程为例，故障点分布如图 4-32 所示，对故障点描述如表 4-1 所示。

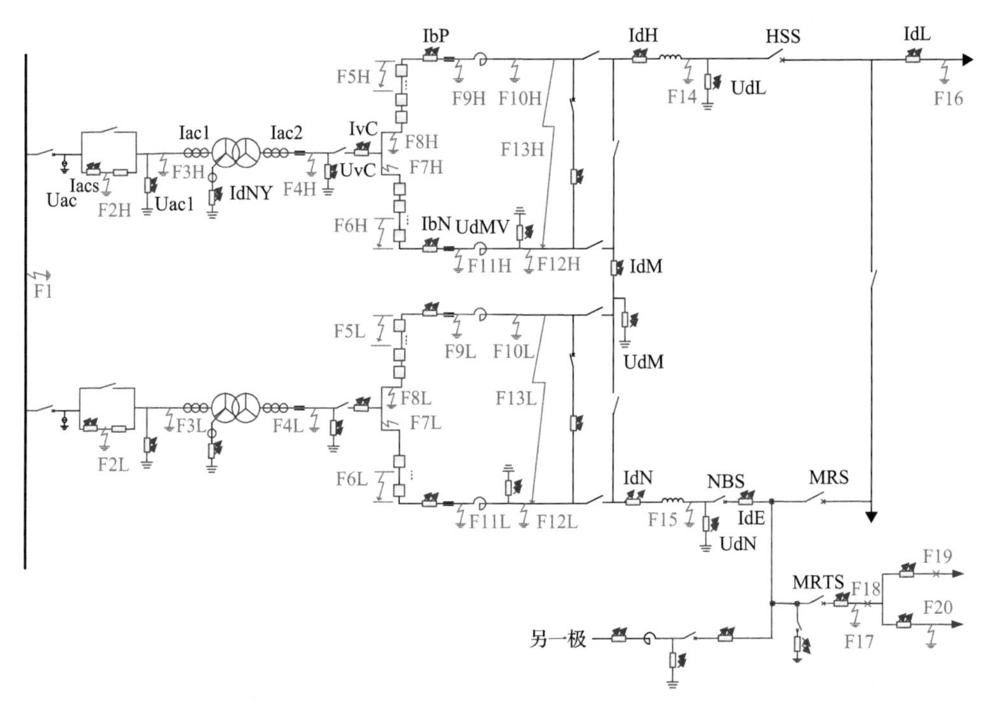

图 4-32　特高压柔性直流输电工程故障点分布

表 4-1　特高压柔性直流输电工程故障点描述

故障点	描述
F1	交流系统故障(单相接地、相间短路、两相接地、三相接地)
F2H	高端阀组启动电阻网侧故障(单相接地、相间短路、两相接地、三相接地)
F3H	高端阀组变压器侧故障(单相接地、相间短路、两相接地、三相接地)
F4H	高端阀组变压器阀侧故障(单相接地、相间短路、两相接地、三相接地)
F5H	高端阀组上桥臂模块短路故障
F6H	高端阀组下桥臂模块短路故障

续表

故障点	描述
F7H	高端阀组桥臂相间短路故障
F8H	高端阀组桥臂单相接地故障
F9H	高端阀组上桥臂接地故障
F10H	高端阀组高压套管接地故障
F11H	高端阀组低压套管接地故障
F12H	高端阀组整个阀组短路
F13H	高端阀组高压套管接地故障
F2L	低端阀组启动电阻网侧故障(单相接地、相间短路、两相接地、三相接地)
F3L	低端阀组变压器侧故障(单相接地、相间短路、两相接地、三相接地)
F4L	低端阀组变压器阀侧故障(单相接地、相间短路、两相接地、三相接地)
F5L	低端阀组上桥臂模块短路故障
F6L	低端阀组下桥臂模块短路故障
F7L	低端阀组桥臂相间短路故障
F8L	高端阀组上桥臂低压侧接地故障
F9L	低端阀组下桥臂接地故障
F10L	低端阀组高压套管接地故障
F11L	低端阀组低压套管接地故障
F12L	低端阀组整个阀组短路
F13L	低端阀组高压套管接地故障
F14	极母线接地故障
F15	中性母线接地故障
F16	直流线路接地故障
F17	双极中性区接地故障
F18	双极中性线开路故障
F19	接地极断线故障
F20	接地极接地故障

根据系统结构划分，柔性直流输电系统可分为交流系统、换流阀以及直流输电线路三大部分，当其中任一部分发生故障时，直流输电系统各设备或组件均有可能出现过电压、过电流等现象，此时直流控制系统和保护系统应密切配合，对于不太严重的故障，可通过设计合理的控制措施来抑制故障所产生的电气过应力，

对于严重的瞬间或永久性故障，则可通过配置合理的保护，使得控制系统更快速地响应，避免造成直流设备或组件的损坏。下面对交流系统、换流阀区、直流线路故障三类较为典型的故障进行故障特性分析。

1. 交流故障

当受端柔性直流换流站发生交流系统故障，尤其是三相金属性接地故障时，受端功率无法送出，送端需配合快速降功率，在功率完全降到零之前直流侧会一直对受端换流站的桥臂子模块充电，若功率降得慢则极可能会引起受端换流站子模块过电压以及桥臂过流等问题，因此需要合理设计穿越策略(暂时性闭锁、缩短站间通信延时等)，避免穿越失败，同时考虑到柔性直流过电压、过电流能力有限，所以也要设置相应的保护避免子模块过流过电压。

值得指出的是，交流故障后受端换流站的子模块电容电压及电流上升极快，这对保护的速动性提出了更高的要求。由于直流保护装置的信号传输时间较长，需要在阀控给换流阀设置快速的过电压、过电流保护。

2. 换流阀区故障

对于换流阀区故障，在能明确定位为换流阀区故障的基础上(无交流低电压穿越信号，也无行波保护动作)，保护动作后立即闭锁故障阀组(跳闸、合 BPS)，若故障阀组闭锁后仍会影响另一阀组运行，则需要执行极层保护性闭锁。

柔性直流换流器保护接地故障(含柔直变压器阀侧，不包含柔直变压器网侧)，在故障阀组执行阀组层保护性闭锁后，执行阀组隔离时，隔离刀闸无法短时间内断开。无论故障接地点在阀组直流侧还是在柔直变压器阀侧，由于故障阀组尚未隔离，非故障阀组与故障接地点之间仍能构成故障回路。如果此时非故障阀组重启，由于故障点还在，将会导致非故障阀组无法重启或重启后无法正常运行，会对非故障阀组造成二次冲击。因此，针对换流阀区内所有接地故障，本站执行极层保护性闭锁，立即闭锁本站本极的高低阀组，同时跳柔直变压器断路器、极隔离。

需要指出的是，当高端阀组阀侧交流接地时，高端阀组的上桥臂将承受极母线与地电位之间近 800kV 的电压。由 IGBT 器件组成的柔性直流换流阀的暂态过流能力较常规直流低，该故障发生后须由相关保护封锁脉冲对换流阀进行保护。考虑保护动作及站间通信延时的时间，送端换流站进行降功率等反应需 20～30ms，因此受端柔性直流故障桥臂在闭锁后仍将承受此段时间内的系统功率和直流线路能量，功率模块的电容电压将会显著上升，甚至导致功率模块过电压而损坏器件。为了应对此类接地故障，在特高压柔性直流输电工程中除了设置子模块过流过电压等保护外，还应采用“提高功率模块电压耐受+桥臂避雷器”的方案，如图 4-33 所示，即在设计阶段合理选配避雷器来进行能量释放，以提高功率模块在闭锁后的电压耐受能力。

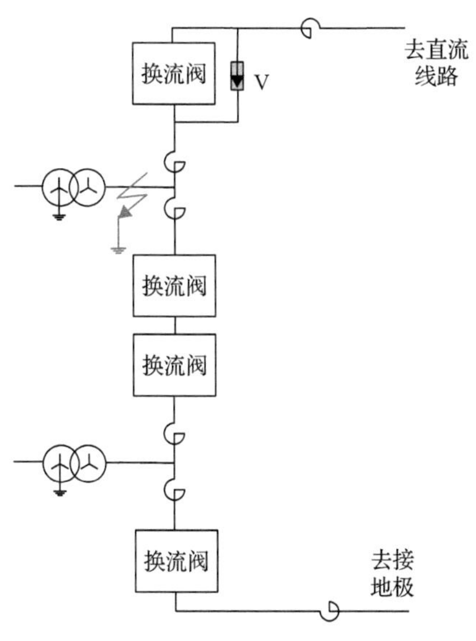

图 4-33　高端阀组对地故障示意图

3. 直流线路故障

在实际直流输电工程中，直流线路是故障概率最高的部分，通常由雷电闪络导致接地故障。直流瞬间，沿线分布的电场、磁场相互转换形成故障电流、电压行波，柔性直流换流站电容也会迅速放电，直流输电系统呈现直流电压降低，送端电流增大，受端电流反向的特征。此阶段故障特征由故障前运行状态与故障位置等因素决定。需要指出的是，在三端混合直流输电系统中，汇流母线会影响线路行波折反射。如图 4-34 所示，当故障发生在 L_1 线路时，传向受端的行波 u_{F1f} 经过汇流母线一部分会以折射波 u_{T1f} 进入 L_2，另一部分反射回来形成 u_{F1b}。折射放大衰减系数取决于线路波阻抗、平波电抗器等主回路参数。

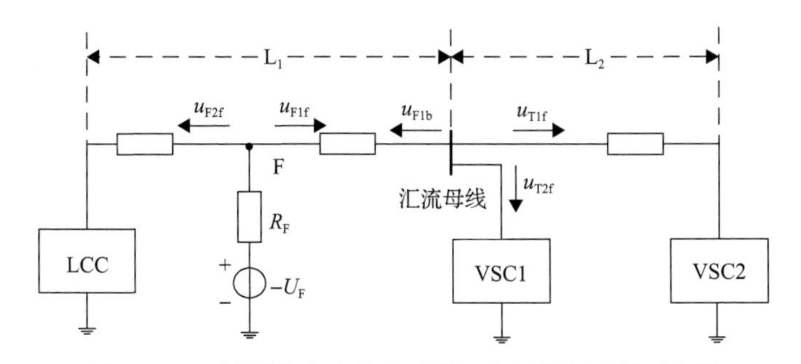

图 4-34　三端混合直流输电系统汇流母线折反射示意图

第二个阶段故障特征与柔性直流换流阀拓扑结构及柔性直流控制关系密切。基于半桥型 MMC 的柔性直流拓扑结构无法实现故障自清除，多端系统需配合直流断路器跳开故障线路。在基于全桥型或半桥全桥混合型 MMC 的柔性直流拓扑中，无需闭锁，可采用基于直流电流裕度的直流调制比控制方法，快速降低直流电压，并在直流侧控制出一定的反压，为故障点电流制造过零点，保证故障点的可靠熄弧，并将线路中的能量释放到交流系统中，实现直流故障自清除。

如图 4-34 所示的并联型三端系统中，需要注意区分汇流母线故障与邻近直流线路故障。汇流母线置于站内，考虑设备人身安全，建议采取闭锁的动作策略，直流架空线路故障多为雷击闪络，出口为故障重启。两者故障隔离方法不同，因此对保护动作要求也不同。要实现故障区分，需要考虑新增故障选线逻辑，同时考虑与线路保护、汇流母线差动保护、极控移相重启的动作配合。

4.2.2　直流保护

1. 直流保护配置

对于特高压直流输电工程对称双极高低阀组串联的接线方式，为消除各阀组之间的联系，避免单阀组维护对运行阀组产生影响，提高整个系统的可靠性，需要保证阀组层保护的独立性，即每个阀组采用单独的保护装置。因此，特高压柔性直流保护装置可分为极/双极保护、换流器保护、线路保护三层布置，设计原则如下：

(1) 每个阀组有独立的保护主机，完成本阀组的所有保护功能，另由独立的极保护主机完成极、双极部分保护功能。

(2) 输入输出单元按阀组配置，当某一阀组退出运行时，只需将对应的保护主机和输入输出设备操作至检修状态，就可以针对该阀组进行检修维护，而不会对系统运行产生影响。

(3) 双极保护设置在极一层，无须独立设置。这遵循了高一层次的功能尽量下放到低一层次的设备中实现的原则，提高系统的可靠性，不会因双极保护设备故障时而影响两个极的运行。

(4) 保护主机、输入输出单元按均阀组配置。

直流输电系统保护按数字式、双/多重化原则冗余配置，其测量回路、电源回路、出口跳闸回路及通信接口回路均按完全独立的原则设计。每重电气量保护出口装设独立跳闸断路器的出口压板，保护出口采用独立的两套“三取二”逻辑出口。典型的直流保护“三取二”出口逻辑如图 4-35 所示，三套保护 A、B、C，均以光纤方式分别与三取二装置和本层控制主机进行通信，传输经过校验的数字量信号。三重保护与三取二逻辑构成一个整体，三套保护主机中有两套相同类型保护动作被判定为正确的动作行为，才允许出口闭锁换流阀或跳开断路器，以保证可靠性和安全性。需要指出的是，当三套保护中有一套保护因故退出运行后，降为“二取一”逻辑；当三套保护中有两套保护因故退出运行后，降为“一取一”逻辑；当三套保护全部因故退出运行后，换流阀闭锁停运。

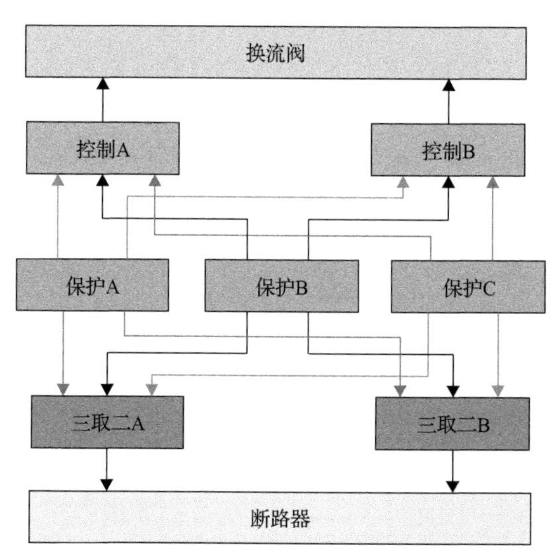

图 4-35　典型的直流保护“三取二”出口逻辑

2. 保护动作逻辑

1) 原则

保护动作逻辑设计原则：快速、有效切除故障；隔离故障；闭锁过程不扩大故障范围和故障破坏程度；不引起非故障极停运；减小对电网系统的冲击；尽可能保证功率输送；便于故障后检修。线路故障应首先进行重启，在重启不成功后隔离故障线路，多端系统在隔离故障线路后还要求能恢复剩余换流站的正常运行。

2) 保护出口设计重点

在直流输电工程中，换流器保护的出口与换流阀区设备及结构关系密切，基本不受系统接线运行方式的影响。单阀组、双阀组或交叉阀组运行，不会影响换流器保护的定值与出口。降压运行可能影响保护定值，但不会改变换流器保护的出口。对于特高压柔性直流，各极采取高端阀组与低端阀组串联结构，高端阀组与低端阀组在故障特性上存在相互影响。相比以往常规直流输电工程，柔性直流保护的出口策略将变得复杂，主要有以下方面。

(1) 换流器保护与阀控保护、极保护的动作配合。柔性直流阀组过电压、过电流能力有限，单个阀组发生某些故障时，有可能导致另一阀组也出现过电压、过电流。阀控中配置快速的桥臂过流保护、桥臂电流上升率保护，其出口闭锁时间非常快，通常在百微秒级。在换流阀区故障情况下，阀控保护很可能在换流器保护动作前先出口。

按照保护的选择性，保护可分为选择性保护和非选择性保护。例如，各类差动保护，能够定位故障区域，包括交流连接母线差动保护、桥臂差动保护、桥臂电抗器差动保护；非选择性保护为过电压、过电流保护，通常反映一次设备的耐受能力，包括阀控保护中的桥臂过流保护、桥臂电流上升率保护、桥臂过电压保护等。当发生换流阀区故障造成桥臂过流或者子模块过电压，阀控保护的动作速度要远快于直流换流器保护或极保护。但由于桥臂过电流保护和子模块过电压保护不具备选择性，无法进行故障定位，如果没有换流器保护的选择性动作，在多端直流输电系统中将很难协调各站有针对性的故障隔离策略。

另外，换流阀区发生接地故障后，故障阀组闭锁并执行阀组隔离，但由于阀组旁路刀闸打开速度较慢(几十秒级)，在几百毫秒后非故障阀组执行重启，非故障阀组仍能连接于故障阀组，与接地点构成故障回路，无法重启成功。如果发生换流阀区相间故障或单桥臂模块短路故障，由于不存在接地点，非故障阀组无法与短路点构成放电回路，因此即便故障阀组旁路刀闸未打开，非故障阀组仍可重启成功。一方面，应区分对待接地与非接地类换流阀区故障；另一方面，需考虑换流器保护与极保护的出口配合，避免双阀组均执行阀组 ESOF，导致三站单极全停。

(2)多端运行下涉及直流断路器或 HSS 开关故障隔离的极保护出口策略。在两端系统中，任意一站发生故障，保护出口极闭锁，则两站均闭锁，系统全停。然而，在包含直流断路器或 HSS 开关的多端系统中，需对故障是否可以通过直流断路器或 HSS 开关隔离进行区分。对可隔离的故障，只需停运本站，非故障站恢复运行；对于不可隔离的故障，需所有在运站停运。

(3)通信故障下线路保护出口策略。当各站之间的站间通信都中断后，各站的流线路纵差保护、金属回线纵差保护立即自动退出，通信恢复正常后延时自动投入。站间通信故障后，线路保护出口的线路重启按极 ESOF 执行。

3. 直流保护原理

1)交流连接线区保护

交流连接母线区包括从交流进线到柔直变压器阀侧电流互感器之间的启动回路、交流连接母线相关设备(不包含柔直变压器设备)。交流连接线区保护至少具备对如下故障进行保护的功能：①启动电阻回路的故障，包括启动电阻短路故障、启动回路网侧短路故障、启动回路变压器侧短路故障；②柔直变压器二次侧在阀厅内的交流连线的接地或相间短路故障等。柔性直流交流连接线区保护配置与一次系统结构有关，工程典型配置如图 4-36 和表 4-2 所示。

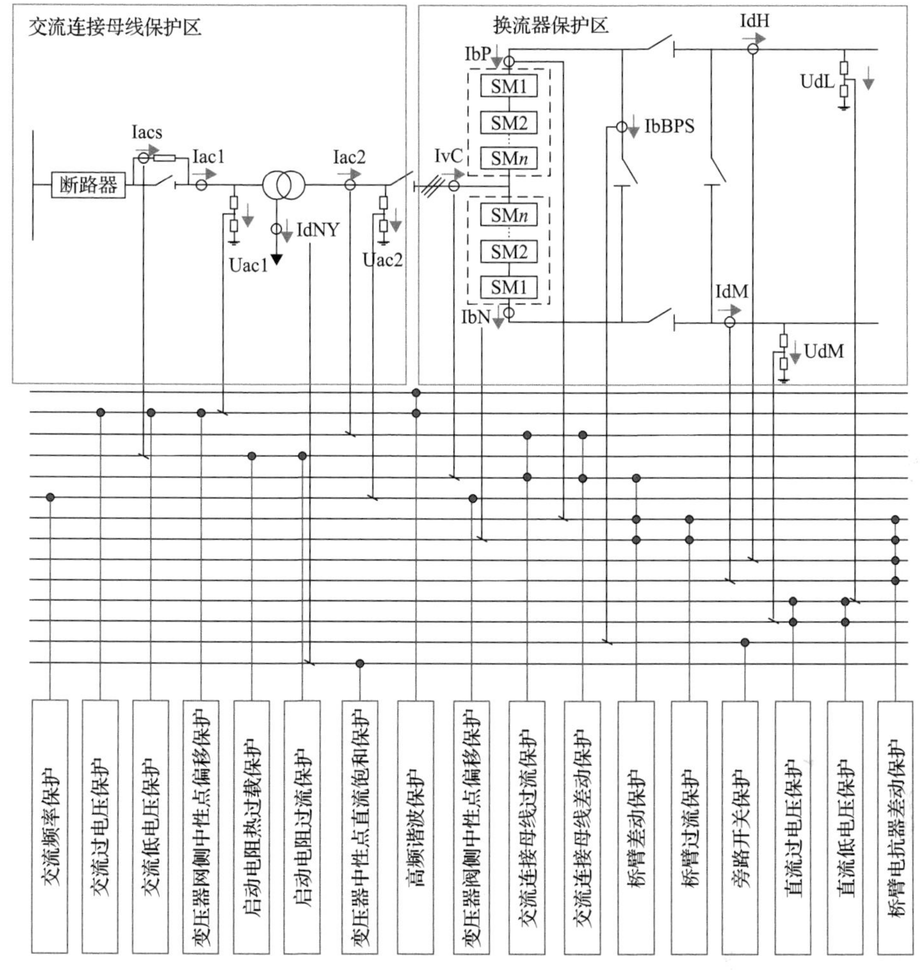

图 4-36　交流连接线及换流器区保护的工程典型配置

表 4-2　交流连接线区保护典型配置

名称	保护任务	保护判据	动作出口	后备保护
交流连接母线差动保护（87CH）	检测换流器与柔直变压器之间的相间或接地故障	|Iac2+IvC|＞I_set 按相差动	阀组 ESOF、跳阀组交流断路器	50/51T
交流连接母线过流保护（50/51T）	检测因故障或其他原因导致交流连接母线过流，避免引起电流通过的设备产生损坏	三相任意一相: Max（Iac2, IvC）＞I_set	阀组 ESOF、跳阀组交流断路器	冗余系统中的本保护
交流低电压保护（27AC）	防止由于交流电压过低引起直流输电系统异常	Uac1＜U_set 取网侧三相线电压有效值	阀组 ESOF、跳阀组交流断路器	冗余系统中的本保护

续表

名称	保护任务	保护判据	动作出口	后备保护
交流过电压保护(59AC)	防止由于交流系统异常引起交流电压过高导致设备损坏	Uac1＞U_set 取网侧 CVT 三相线电压有效值	阀组 ESOF、跳阀组交流断路器	冗余系统中的本保护
变压器网侧中性点偏移保护(59ACGW)	检测阀充电状态下柔直变压器网侧交流连接线上的接地故障	|Uac1_a + Uac1_b + Uac1_c|＞Uacc0_set 取网侧三相线电压有效值	不可控充电：阀组 ESOF、跳阀组交流断路器、启动失灵。可控充电：阀组 ESOF、跳阀组交流断路器	冗余系统中的本保护
变压器阀侧中性点偏移保护(59ACVW)	检测阀充电状态下柔直变压器阀侧交流连接线上的接地故障	|Uac2_a + Uac2_b + Uac2_c|＞Uacc0_set 取柔直变压器阀侧三相线电压有效值	不可控充电：阀组 ESOF、跳阀组交流断路器、启动失灵。可控充电：阀组 ESOF、跳阀组交流断路器	冗余系统中的本保护
启动电阻热过载保护(49CH)	防止启动电阻过热损坏，检测启动过程中的短路故障	∫Iacs^2dt＞Δ 采用反时限	阀组 ESOF、跳阀组交流断路器、启动失灵	冗余系统中的本保护
启动电阻过流保护(50/51R)	防止启动电阻过流损坏	| Iacs |＞I_set 取启动电阻测点电流有效值	阀组 ESOF、跳阀组交流断路器、启动失灵	49CH
变压器中性点直流饱和保护(50/51CTN)	检测变压器一次侧中性点电流，防止设备饱和引起畸变	IdNY＞I_set 反时限累积，到累积时间定值后保护动作	告警、控制系统切换	冗余系统中的本保护
交流频率保护(81-U)	检测阀侧电压的频率，防止断路器发生偷跳后，极控锁相环失去基准而发生偏移	|f_Uac2-f_Nom|＞f_set 取柔直变压器阀侧电压的频率	告警	冗余系统中的本保护
高频谐波保护(81V)	防止因高频谐波对柔直变压器、柔性直流换流阀等设备造成损伤	谐波电流判据：IvC_har＞I_set 谐波电压判据：Uac2_har＞U_set 谐波分量需根据系统研究选取	谐波电压段：告警 谐波电流分 3 段：I 段告警，固定分接头；II 段切换控制系统；III 段阀组 ESOF、跳阀组交流断路器	冗余系统中的本保护

2) 换流器区保护

换流器区按柔性直流换流阀每极划分为高压阀厅区和低压阀厅区，分别包括从柔直变压器阀侧套管至阀厅极线侧的直流穿墙套管之间的所有设备，包括高低压阀厅之间的连线、旁路开关回路(含旁路断路器和旁路隔离开关等)的所有设备与连线。换流器至少具备对如下故障进行保护的功能：①换流阀桥臂的模块间短路故障；②桥臂电抗器端间闪络故障；③桥臂电抗器阀侧接地故障等。工程典型配置如图 4-36 和表 4-3 所示。

表 4-3　换流器区保护典型配置

名称	保护任务	保护判据	动作出口	后备保护
桥臂差动保护(87CG)	检测柔性直流换流阀各桥臂间的短路故障	IbP–IbN–IvC＞I_set 按相差动，取瞬时值	阀组 ESOF、跳阀组交流断路器	50/51C
桥臂过流保护(50/51C)	长时间过负荷以及阀控过流保护的后备	max(IbP,IbN)＞I_set 分别考虑取瞬时值与有效值	阀组 ESOF、跳阀组交流断路器	50/51T
桥臂电抗器差动保护(87BR)	保护桥臂电抗器两侧电流测点间的故障	高端阀组： |∑IbP–IdH+ IdBPS |＞I_set 或 |∑IbN–IdM+ IdBPS |＞I_set 低端阀组： |∑IbP–IdM + IdBPS|＞I_set 或 |∑IbN–IdN + IdBPS |＞I_set	阀组 ESOF、跳阀组交流断路器	50/51C 50/51T
桥臂电抗器谐波保护(81BR)	桥臂电流总谐波越限	三相任意一相：max(IbP_{100Hz},IbN_{100Hz})＞I_set 取桥臂电流二次谐波分量幅值	告警	冗余系统中的本保护
直流低电压保护(27DC)	检测直流侧高压直流母线对地或对中性线短路，及其他异常情况导致的直流低电压异常	I 段：U_set2＜|UdL|＜U_set1, & |UdL–UdM|＜Δ(高端阀组)或 |UdM–UdN|＞Δ(低端阀组)。 II 段：|UdL|＜U_set	I 段：阀组 ESOF、跳阀组交流断路器。 II 段：极 ESOF、跳极层交流断路器、极隔离	冗余系统中的本保护
直流过电压保护(59DC)	反映不正常直流过电压以及开路故障	高端阀组：|UdL–UdM|＞U_set。 低端阀组：|UdM–UdN|＞U_set	阀组 ESOF、跳阀组交流断路器	冗余系统中的本保护
旁路开关保护(82BPS)	反映旁路开关失灵	I 段(分失灵)：旁路开关在分位同时|IdBPS|＞I_set。 II 段(合失灵)：收到退阀组发出的合闸信号后，|IdBPS|＜I_set1 & IdH＞I_set2	I 段：重合 BPS。 II 段：极 ESOF、跳极层交流断路器、极隔离	冗余系统中的本保护

3) 极区保护

极区包括以下两部分：①直流极母线保护(或称直流开关场高压保护)区，包括从阀厅高压直流穿墙套管至直流出线上的直流电流互感器之间的所有极设备和母线设备(包括平波电抗器)。②极中性母线保护区，包括从阀厅低压直流穿墙套管至接地极引线连接点之间的所有设备和母线设备，含直流高速开关(HSNBS)。极区保护至少具备对如下故障进行保护的功能：①直流场内设备故障、闪络或接地故障；②金属返回线故障(含开路、对地短路故障)；③直流套管至直流线路出口间极母线短路故障；④中性母线开路或对地故障；⑤平波电抗器故障；⑥直流高速开关(HSNBS、HSS)分断时不能断弧的故障等。工程典型配置如图 4-37 和表 4-4 所示。

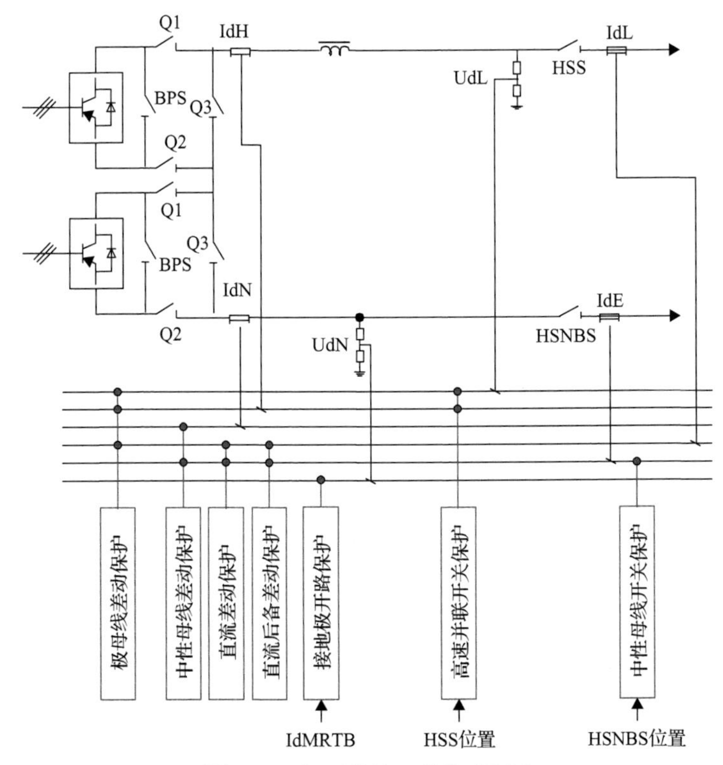

图 4-37　极区保护工程典型配置

表 4-4　极区保护典型配置

名称	保护任务	保护判据	动作出口	后备保护
极母线差动保护(87HV)	反映高压直流母线接地故障	I 段：|IdH – IdL|＞max(I_set , k_set×max(IdH,IdL)) & UdL＜U_set。 II 段：|IdH – IdL|＞max(I_set , k_set ×max(IdH,IdL))	极 ESOF、跳极层交流断路器、极隔离	87DCB 27DC
中性母线差动保护(87LV)	反映中性直流母线接地故障	告警段：|IdN – IdE |＞I_set。 I 段、II 段：|IdN – IdE |＞I_set + k_set×max(IdN, IdE)	告警段：告警。 I、II 段：极 ESOF、跳极层交流断路器、极隔离	87DCB
直流差动保护(87DCM)	反映站内接地故障	告警段：|IdH–IdN|＞I_set。 I 段、II 段：|IdH–IdN|＞max(I_set, k_set×(IdH+IdN)/2)	告警段：告警。 I、II 段：极 ESOF、跳极层交流断路器、极隔离	87DCB
直流后备差动保护(87DCB)	接地故障的后备保护	告警段：|IdL–IdE|＞I_set。 I 段、II 段：| IdL–IdE |＞I_set + k_set ×IdE	告警段：告警。 I、II 段：极 ESOF、跳极层交流断路器、极隔离	冗余系统中的本保护
接地极开路保护(59EL)	接地极开路故障	I 段(仅双极)：UdN＞U_set　&|IdEE1 + IdEE2|＜I_set。 II 段(双极&单极大地)：UdN＞U_set	I 段：①合 HSGS；②极平衡；③极 ESOF、跳极层交流断路器、极隔离。	冗余系统中的本保护

续表

名称	保护任务	保护判据	动作出口	后备保护
接地极开路保护(59EL)	接地极开路故障	&|IdEE1 + IdEE2|<I_set。 (单极金属)：UdN>U_set & IdL_op<I_set。 III 段：UdN>U_set	II 段：①合 HSGS(单极大地与&单极金属)；②极 ESOF、跳极层交流断路器、极隔离。 III 段：极 ESOF、跳极层交流断路器、极隔离	冗余系统中的本保护
中性母线开关保护(82-HSNBS)	保护中性母线开关失灵故障	HSNBS 指示分闸位置后，满足|IdE|>I_set	重合 HSNBS	冗余系统中的本保护
高速并联开关保护(82-HSS)	保护高速并联开关偷跳故障	HVDC 运行模式：HSS 合闸位置消失后，满足|IdH|>I_set。 STATCOM 和 OLT 模式：HSS 合闸位置消失后，满足|UdL|>U_set & |IdH|<I_set	I 段：重合 HSS。 II 段：极 ESOF、跳极层交流断路器、极隔离	冗余系统中的本保护

4) 双极区保护

双极区保护范围从双极中性母线的电流互感器到接地极连接点，含直流高速开关(MRTB、MRS、HSGS)保护。双极中性母线和接地极引线是两个极的公共部分，其保护没有死区，以保证对双极利用率的影响减至最小。双极保护至少具备对如下故障进行保护的功能：①双极区设备故障，闪络或接地故障；②直流高速开关(MRTB、MRS、HSGS)分断时不能断弧的故障；③换流站地过流危害；④接地极线路开路或对地短路故障。工程典型配置如图 4-38 和表 4-5 所示。

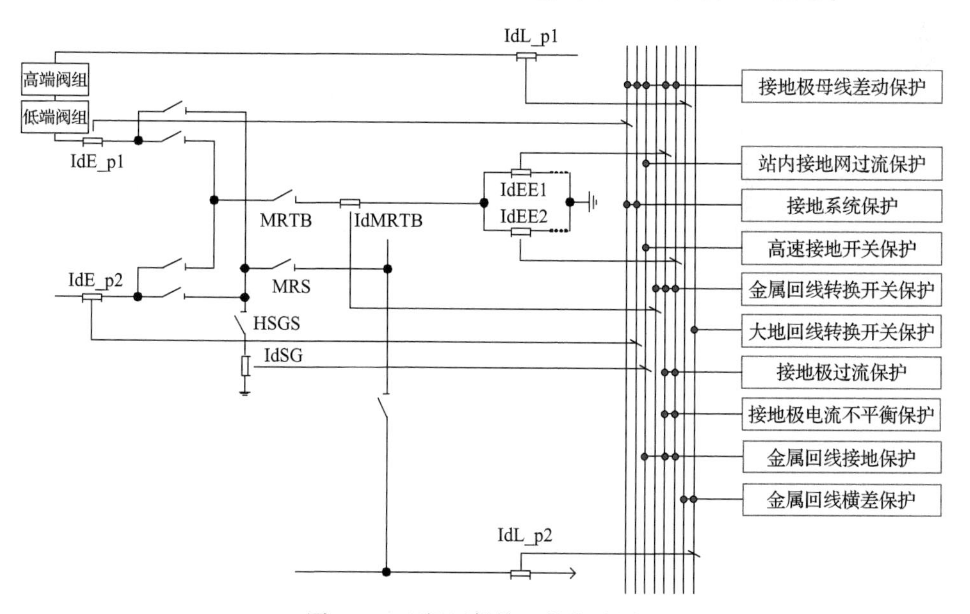

图 4-38　双极区保护工程典型配置

表 4-5　双极区保护典型配置

名称	保护任务	保护判据	动作出口	后备保护
接地极母线差动保护（87EB）	检测双极中性线区域的接地故障	I 段（双极运行）：|IdE–IdE_op–IdEE1–IdEE2–IdSG|＞max（I_set，k_set×|IdE–IdE_op|）。II 段（单极大地）：|IdE–IdEE1–IdEE2–IdSG|＞max（I_set，k_set×IdE）。II 段（单极金属）：|IdE – IdL_OP – IdEE1–IdEE2–IdSG|＞max（I_set，k_set×IdE）	I 段：①极平衡；②极 ESOF、跳极层交流断路器、极隔离。II 段：极 ESOF、跳极层交流断路器、极隔离	冗余系统中的本保护
接地极过流保护（76EL）	防止接地极流入较大电流	|IdEE1|＞I_set 或|IdEE2|＞I_set	双极运行：①极平衡；②极 ESOF、跳极层交流断路器、极隔离。单极大地&单极金属：①降功率；②极 ESOF、跳极层交流断路器、极隔离。无接地：极 ESOF、跳极层交流断路器、极隔离	冗余系统中的本保护
接地极电流不平衡保护（60EL）	检测接地极线路故障	|IdEE1–IdEE2|＞I_set	双极运行：①极平衡；②极 ESOF、跳极层交流断路器、极隔离。单极大地&单极金属：①低压线路重启；②极 ESOF、跳极层交流断路器、极隔离	冗余系统中的本保护
站内接地网过流保护（76SG）	防止站内接地点过电流	|IdSG |＞I_set	双极&无接地运行：①极平衡；②极 ESOF、跳极层交流断路器、极隔离。单极大地&单极金属：极 ESOF、跳极层交流断路器、极隔离	冗余系统中的本保护
接地系统保护（87GSP）	双极运行且站内接地开关临时作为接地点运行时，防止站内接地网过流	|IdE – IdE_op|＞I_set	极 ESOF、跳极层交流断路器、极隔离	冗余系统中的本保护
金属回线横差保护（87DCLT）	检测金属回线方式运行时发生接地故障	龙门：|IdL–IdL_OP|＞I_set + k_set×IdL。柳北：|IdL–IdL1_OP–IdL2_OP|＞I_set + k_set×IdL	极 ESOF、跳极层交流断路器、极隔离	冗余系统中的本保护
高速接地开关保护（82-HSGS）	保护高速接地开关的失灵故障	HSGS 指示分闸位置后，满足|IdSG|＞I_set	重合 HSGS	冗余系统中的本保护

续表

名称	保护任务	保护判据	动作出口	后备保护
金属回线转换开关保护（82-MRTB）	保护金属回线转换开关的失灵故障	MRTB 指示分闸位置后，满足 |IdMRTB|>I_set	重合 MRTB	冗余系统中的本保护
大地回线转换开关保护（82-MRS）	保护大地回线转换开关失灵故障	MRS 指示分闸位置后，满足 |IdL_OP|>I_set	重合 MRS	冗余系统中的本保护

5）直流线路区保护

直流线路区保护区域包括两换流站直流出线上的直流电流互感器之间的直流导线和所有设备。直流线路区保护至少具备对如下故障进行保护的功能：①直流输电线路的金属性短路；②直流输电线路的高阻接地故障；③直流输电线路的开路故障；④与另一极直流线路碰接；⑤与其他交流输电线路碰接的故障；⑥金属回线故障等。工程中直流线路区保护典型配置如图 4-39 和表 4-6 所示。

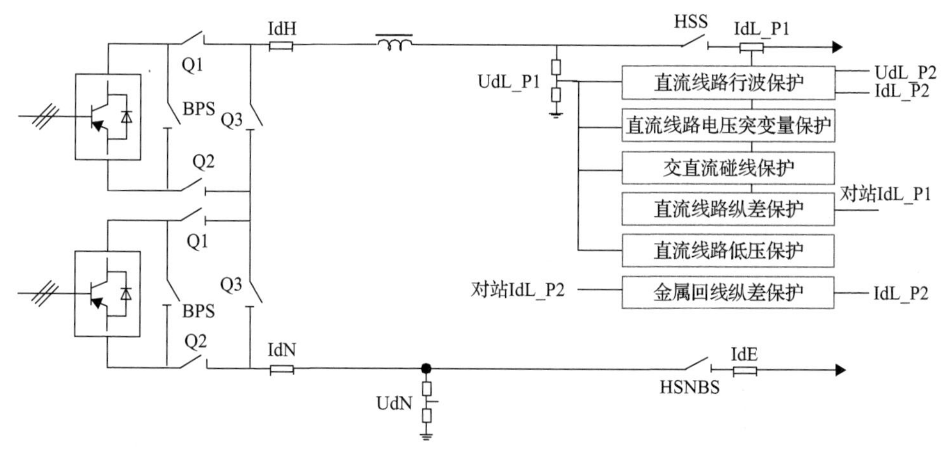

图 4-39　直流线路区保护典型配置

表 4-6　直流线路区保护典型配置

名称	保护任务	保护判据	动作出口	后备保护
直流线路行波保护（WFPDL）	检测直流线路接地故障	delta（Com_b（t））>Com_dt_set integ（Diff_b（t））>Dif_int_set integ（Com_b（t））>Com_int_set	站间通信正常：线路故障重启。 站间通信故障：极 ESOF、极隔离	27d*u*/d*t*、27DCL、87DCLL
直流线路电压突变量保护（27d*u*/d*t*）	检测直流线路接地故障	delta（UdBUS（*t*））<dU_set &|UdL|<U_set	站间通信正常：线路故障重启。 站间通信故障：极 ESOF、极隔离	27DCL 87DCLL

续表

名称	保护任务	保护判据	动作出口	后备保护
直流线路低压保护（27DCL）	检测直流线路接地故障	$\lvert UdL\_ \rvert < U\_set$	站间通信正常：线路故障重启。 站间通信故障：极ESOF、极隔离	87DCLL
直流线路纵差保护（87DCLL）	检测直流线路经高阻接地故障	$\lvert IdL-IdL\_os \rvert > \max(I\_set, k\_set \times IdL)$ 根据运行情况选择不同的对站电流，尽可能覆盖线路全长	线路故障重启（站间通信故障下退出该保护）	冗余系统中的本保护
金属回线纵差保护（87MRL）	检测直流线路经高阻接地故障	$\lvert IdL-IdL\_os \rvert > \max(I\_set, k\_set \times IdL)$ 根据运行情况选择不同的对站电流，尽可能覆盖线路全长	线路故障重启（站间通信故障下退出该保护）	冗余系统中的本保护
交直流碰线保护（81-I/U）	检测交直流线路碰线	快速段：IdL>IdL_set & IdL _50Hz>IdL_50Hzset。 慢速段：UdL_50Hz>UdL_50Hzset & IdL_50Hz>IdL_50Hzset	极ESOF、跳极层交流断路器、极隔离	冗余系统中的本保护

注：针对多端系统，含汇流母线的换流站，分别针对不同直流线路配置上述线路保护。

4.2.3　柔直变压器保护

工程中，柔直变压器保护主要包括电气量保护和非电气量保护（本保护）。

柔直变压器电气量保护用于保护柔直变压器、柔直变压器引线及相关区域，保护配置和原理与常规直流连接变压器保护基本一致，柔直变压器保护典型配置如图4-40所示。变压器电气量保护可双重化或三重化配置，各套保护系统完全独

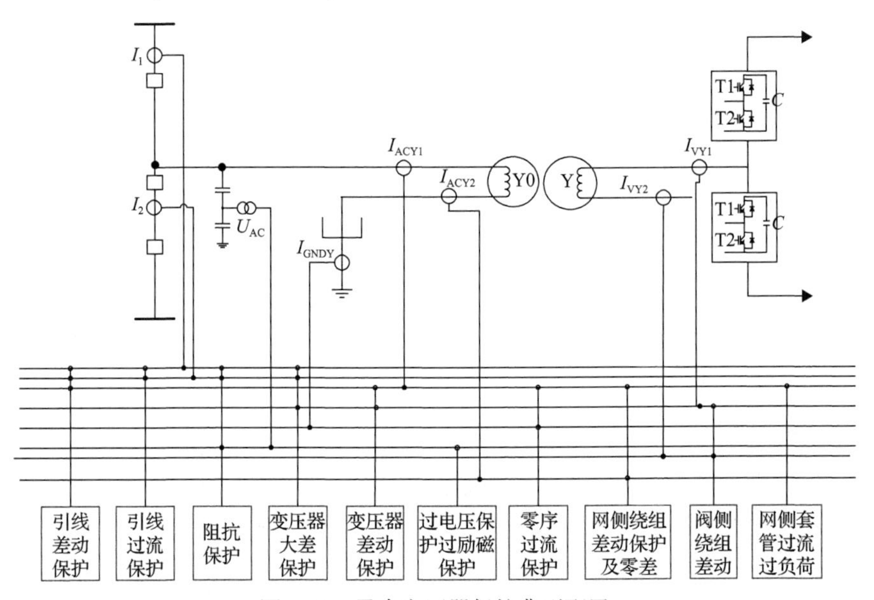

图4-40　柔直变压器保护典型配置

立设计，冗余的各套保护同时工作，保证保护系统的稳定持续工作。

非电气量保护主要包括重瓦斯、油压突变、分接开关 SF_6 压力、套管 SF_6 压力、绕组温度、油温检测等保护，三套保护完全独立设计，它和电气量保护没有任何联系，通常为三重化冗余配置。作用于跳闸的非电气量保护元件设置三副独立的跳闸触点，按照“三取二”原则出口。

4.2.4 柔性直流阀控保护

柔性直流过电压、过电流能力有限，对保护的速动性要求很高，直流保护装置的信号传输时间较长，因此换流阀阀级保护与换流阀控制系统(简称阀控)一体化配置，在阀控 A、B 套系统中对称配置相同的阀级保护，处于主运套阀控中的阀级保护动作并出口，处于备用套阀控中的阀级保护仅动作不出口。

阀级保护仅配置直接保护换流阀本体且对快速性要求较高的保护项目，采用阀控装置以外测点的保护项目按三取二进行配置，阀控装置内部测点的保护项目按一取一进行配置，如图 4-41 所示。

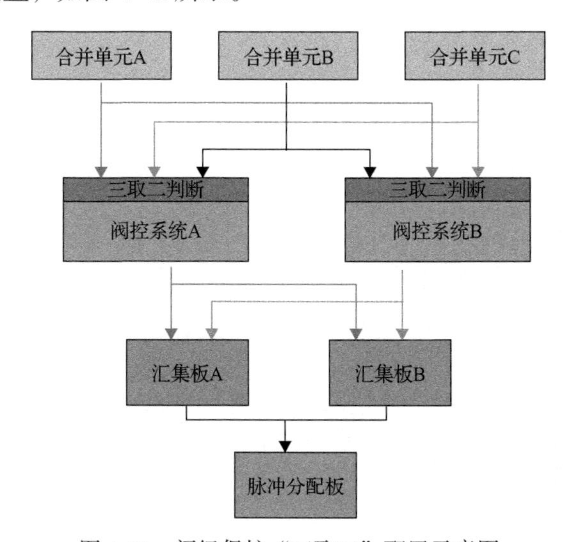

图 4-41　阀级保护“三取二”配置示意图

对于阀控桥臂过电流和桥臂过电压保护，造成保护动作的因素有很多，针对不同区域的故障情况，可以考虑采取不同的策略：

(1)对于交流系统故障，通过交流低电压穿越信号来识别，可考虑结合该信号实现阀控重启策略。首先通过设备的一次能力躲过交流故障带来的桥臂过电流问题，若躲不过，则需要采用暂时性闭锁策略。

(2)对于直流线路故障，有行波保护(或者线路出口的直流电压、电流方向元件)来快速识别，可考虑结合该信号实现阀控重启策略。从工程仿真数据来看，直流线路故障不会导致桥臂出现过电流问题。

(3)对于换流阀区故障，在能明确定位为换流阀区故障的基础上(无交流低电压穿越信号，也无行波保护动作)，保护动作后立即闭锁故障阀组(跳闸、合 BPS)。

在柔性直流输电工程中阀控保护典型配置如下。

桥臂过流保护：换流阀区故障桥臂电流会迅速增大，需阀控保护快速闭锁，保护换流阀，其保护原理为桥臂电流瞬时值连续 N 个采样点大于定值，保护定值根据阀厂器件确定。

桥臂电流上升率保护：换流阀区故障电流上升率很快，需阀控保护快速闭锁，保护换流阀，其原理为桥臂电流 $\mathrm{d}i/\mathrm{d}t > \varDelta$，保护定值根据阀厂器件确定。换流阀区故障电流上升率很快，主要靠阀控中的桥臂过流和桥臂上升率保护来保护设备，桥臂过流保护作为阀控保护失灵后跳开交流断路器的后备，因此定值需与桥臂过流保护配合。

桥臂过电压保护：故障后，会对子模块进行充电，子模块电压会迅速飙升，需阀控保护快速闭锁，保护换流阀。其保护原理为模块电压连续 N 个采样点的均值大于等于 $\varDelta$，保护定值根据阀厂器件确定。

4.3 柔性直流测量系统

测量系统是控制保护设备实现对直流输电系统进行调节、控制和保护等功能的关键。柔性直流与常规直流在一次结构上的差异主要体现在换流阀、启动回路等地方，因此与常规直流相比，柔性直流的测点配置差异也主要在上述区域，如启动回路测点、桥臂电流测点、阀侧电压/电流测点等，图 4-42 给出了特高压柔性直流测点典型配置。

在直流输电工程中主要关注其测量量程及测量精度、传输延时、采样率、频率响应特性、阶跃响应特性以及抗干扰能力等电气性能。在柔性直流输电工程建设的不同阶段，为保证测量装置的性能和质量，通常要求对测量装置开展详细的型式试验、例行试验和交接试验。

4.3.1 电流测量装置

按一次电流传感器结构形式分类，现有直流输电工程中使用的电流测量装置主要包括分流器型电流互感器、电磁式电流互感器、霍尔电流互感器、零磁通电流互感器、光学电流互感器等类型。不同的电流互感器的原理及应用场合如表 4-7 所示。

由表 4-7 可知，采用直接测量式的霍尔电流互感器精度较低，其成本也较低。其他类型电流互感器均可达到 0.2 级测量精度，其中光学电流互感器相较于传统

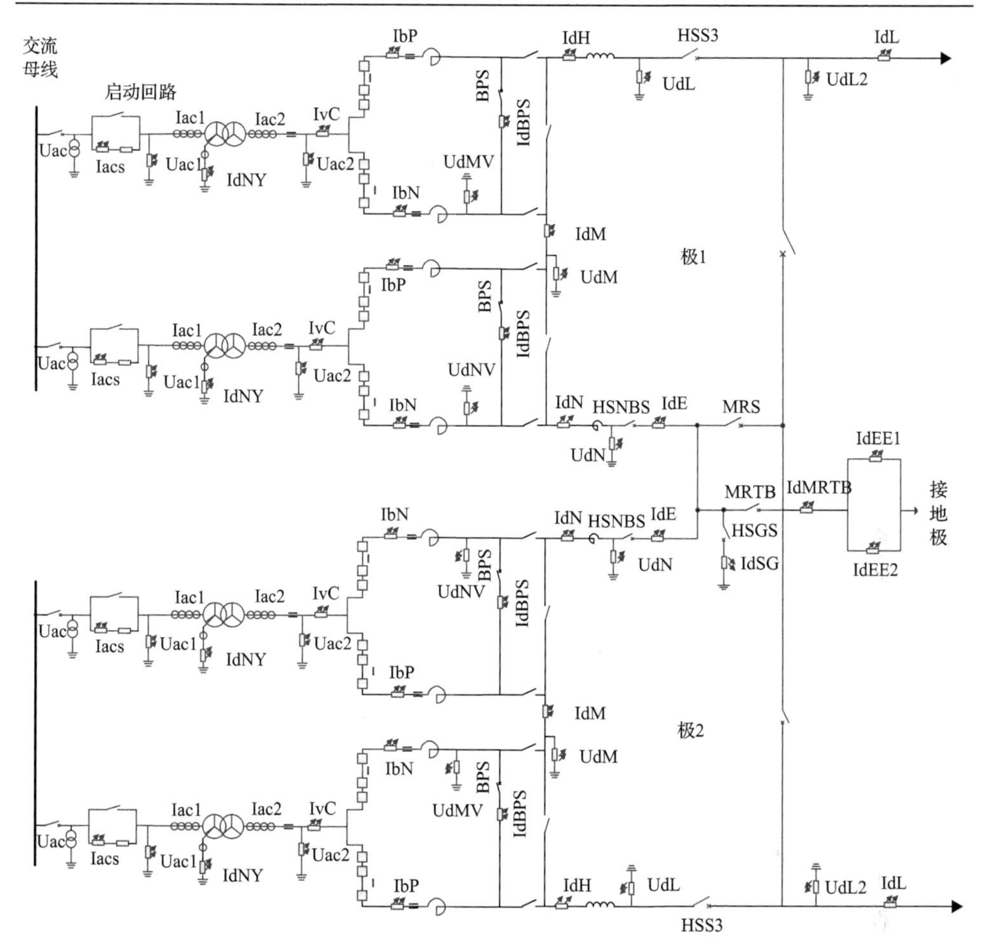

图 4-42　特高压柔性直流测点典型配置示意图

表 4-7　各类电流互感器应用场合

电流测量装置	原理	精度	成本	绝缘	应用场合
分流器型电流互感器	欧姆定律	可满足 0.2 级	中等	直接测量，一、二次隔离	交流/直流、高/低压
电磁式电流互感器	电磁感应定律	可满足 0.2 级	低	直接测量，一、二次隔离	交流、高/低压
霍尔电流互感器	霍尔效应	1.0 级	低	间接测量，绝缘结构复杂	交流/直流、低压
零磁通电流互感器	电磁感应定律	可满足 0.2 级	高，需国外进口	间接测量，绝缘结构复杂	交流/直流、低压
光学电流互感器	法拉第磁光效应	可满足 0.2 级	中等(与光纤数有关)	间接测量，一、二次隔离	交流/直流、高/低压

的电子式电流互感器与电磁式电流互感器性能更好。而零磁通电流互感器目前多从国外进口，成本也较高。

除电磁式电流互感器外，其他类型电流互感器均可同时测交流电流与直流电流。由于霍尔电流互感器与零磁通电流互感器绝缘结构复杂，通常应用于低压测量场合。

柔性直流输电工程中应用较多的是分流器型电流互感器与光学电流互感器，通常要求直流电流测量装置在 0.1～1.5p.u.范围内的测量误差小于 0.2%，量程范围为±6.0p.u.。

1. 分流器型电流互感器

分流器型电流互感器的一次电流传感器通常由分流器与空心线圈共同组成。分流器是一个阻值很小的精确电阻，将被测电流信号转换为电压信号，空心线圈则将谐波电流转换为电压信号。

分流器型电流互感器既可以测量直流电流，也可以测量谐波电流，其结构简单可靠，生产技术成熟度高，有较好的测量精度与较快的响应速度，在直流输电系统中通常应用于极线电流测量、中性母线电流测量等。

2. 光学电流互感器

光学电流互感器的测量原理为法拉第磁光效应，即偏振光沿外加磁场方向或磁化强度方向通过介质时偏振面发生旋转的现象。结合安培环路定理，当光路围绕一次导体闭合，其旋转相位则仅与环路内电流值有关，而与外界电磁场及被测电流和光路的相对位置无关。通过检测偏振光旋转相位就可以得到被测电流值。

柔性直流输电工程中增加了启动电阻电流、桥臂电流等测点，也对电流测量装置的测量精度、传输延时等性能提出了更高的要求。光学电流互感器可同时适用于直流电流和交流电流的测量，响应速度快，能够快速跟踪故障电流，电流测量动态范围大且测量精度高，是柔性直流输电工程中不可缺少的部分，也是未来电流互感器发展的方向。

缩短控制链路延时可有效降低柔性直流交流高频谐振的风险，因此对用于电流内环控制的测点，建议选用光学电流互感器，如柔直变压器阀侧电流测量装置。光学电流互感器采样率达 100kHz，传输延时小于 30μs，可不经合并单元直送控制保护系统，能最大限度地降低测量装置带来的延时。

启动电阻在柔性直流不可控充电合闸时的冲击电流可达数百安培，而不可控充电结束时的电流低至数安培，为满足较大测量范围内测量精度的要求，并且符合短时热电流、动稳定电流的约束，光学电流互感器是较好的一种选择。

桥臂电流同时包含直流电流与交流电流，且全控型功率器件过流裕度较低，为更好地保护换流器，桥臂电流测量装置也建议选用光学电流互感器以缩短测量系统的传输延时，从而更快地检测到换流器的过电流情况。

国家电网早在2012年投运的锦屏—苏南±800kV直流特高压输电工程中就应用了原 ALSTOM 公司的光学电流互感器。2015 年后，随着国内大批直流输电工程的建成投运，光学电流互感器得到了越来越多的应用。南方电网在 2016 年投运的金中直流输电工程中首次运用光学电流互感器。建成时间较早的直流输电工程，如 2004 年投运的三峡—广东±500kV 直流输电工程、2010 年投运的向家坝—上海±800kV 特高压直流输电工程在 2018 年相继进行了部分电流互感器的改造，更换为光学电流互感器。后期随着柔性直流输电工程的推进，以及换流站控制保护与测量系统的升级改造，预计光学电流互感器将更加广泛地应用于直流输电工程中。

4.3.2　电压测量装置

现有工程中使用的电压测量装置主要包括电容式电压互感器、传统的电磁式电压互感器、电子式电压互感器等类型。不同的电压互感器的优缺点及应用场合如表 4-8 所示。

表 4-8　电容式电压互感器、传统的电磁式电压互感器以及电子式电压互感器的分析对比

电压测量装置		优点	缺点	应用场合
电容式电压互感器		不会与系统发生铁磁谐振、绝缘性能好	谐波测量精度差	110kV 及以上交流电压
传统的电磁式电压互感器		成本低、低频响应特性好	存在铁磁谐振的隐患	10～35kV 交流电压
电子式电压互感器	电阻分压器式	无铁磁谐振，频率特性好	受杂散电容、电阻发热影响大	10～35kV 交流电压，应用较少
	电容分压器式	无铁磁谐振，频率特性好	电容受外界温度影响	110kV 及以上交流电压
	阻容分压器式	无铁磁谐振，频率特性好	带来相位偏差，硬件软件补偿	高压直流电压

由表 4-8 可知，电容式电压互感器对基波电压测量有着较高的准确度，但对谐波电压测量存在较大误差，不宜将其用于谐波测量。传统的电磁式电压互感器则通常应用于低压配网，在谐波频率较低时可满足测量精度要求，其主要存在易饱和、高频分量测量精度低以及易发生铁磁谐振等问题。三种类型的电子式电压互感器都具有很好的频率响应特性以及较高的谐波测量精度。电阻分压器式电子式电压互感器会受电阻发热以及杂散电容的影响，可通过选择温度系数小的电阻以及安装屏蔽罩来减小误差；阻容分压器式电子式电压互感器会带来一定的相位偏差，可通过合适地选择电阻和电容值来减小偏差；电容分压器式电子式电压互感器的电容比较容易受外界温度的影响，目前主要用于 110kV 及以上交流系统。

1. 电容式电压互感器

电容式电压互感器在经济性和安全上性上有很多优越之处，是目前常用的交流电压测量装置。其主要由分压电容（C_1和C_2）、补偿电抗器L、中间变压器T、阻尼器D、负载组成。分压电容首先将系统一次高压降到5～15kV，作为中间变压器的输入。补偿电抗器L可补偿电容分压器的容性阻抗，使其在工频下处于串联谐振状态，减小回路阻抗以提高测量精度和带负载能力。电容式电压互感器通过一个电容分压器与电网连接，不存在非线性电感，因此不会与系统产生铁磁谐振，其内部的铁磁谐振可通过阻尼器来抑制。

电容式电压互感器中补偿电抗器L与电容分压器的等值电容组成基于工频的LC串联谐振回路，当被测电压中包含谐波分量时，谐振状态被破坏，会导致测量误差增加。在国标《电能质量 公用电网谐波》（GB/T 14549—1993）的附录D中明确规定："电容式电压互感器不能用于谐波测量"。

2. 传统的电磁式电压互感器

传统的电磁式电压互感器因为价格低廉，目前在10～35kV电网的变电站母线上得到广泛应用。结构上，传统的电磁式电压互感器是一个小容量、小体积、大电压比的降压变压器，基本原理与变压器相同，也是由一次和二次绕组、铁心、引出线以及绝缘结构等构成的。

传统的电磁式电压互感器通常需要将中性点接地，在发生合闸空载母线、单相接地故障消失等情况时，其励磁电感可能与系统对地电容形成参数匹配，从而引发铁磁谐振现象，造成系统过电压和其高压绕组中的过电流，严重影响系统的安全运行，实际工程中已发生多起铁磁谐振事故。

3. 电子式电压互感器

电子式电压互感器具有动态范围大、频率响应宽、无铁磁谐振现象等优点，在电力系统中有较多的应用，根据分压器类型主要分为电阻分压器式电子式电压互感器、电容分压器式电子式电压互感器和阻容分压器式电子式电压互感器。

电容分压器式电子式电压互感器经电容分压器分压后输出一较低电压，然后经隔离变压器隔离，远端模块对低压信号进行相应的滤波、信号处理及模数变换后以数字光信号的形式输出至合并单元，实现对一次电压的测量。和电容式电压互感器相比，电容分压器式电子式电压互感器不需要工作在串联谐振状态下，因此在测量交流电压时具有良好的频率特性，可对谐波电压进行测量。

阻容分压器式电子式电压互感器目前主要用于测量高压直流电压，分压器由电阻串和电容串并联而成，电阻部分主要用于测量直流电压，电容部分可对谐波电压进行测量，也能够有效减小杂散电容的影响。对柔性直流中交直流叠加的电压测点，可采用阻容分压器式电子式电压互感器进行测量。

柔性直流输电工程中为了对交流谐波电压进行监测，网侧交流电压测量装置选用电容分压器式或阻容分压器式电子式电压互感器，以上两种电压互感器均可对谐波电压进行测量。该测点要求测量装置对 50 次以内谐波均具有较高的测量精度来配合高频谐波保护。

参 考 文 献

[1] Li G Y, Du Z C, Yuan Z. Coordinated design of droop control in MTDC grid based on model predictive control[J]. IEEE Transactions on Power Systems, 2018, 33(3): 2816-2828.

[2] 汤广福. 基于电压源换流器的高压直流输电技术[M]. 北京: 中国电力出版社, 2010.

[3] 赵婉君. 高压直流输电技术[M]. 北京: 中国电力出版社, 2004.

[4] 赵成勇, 许建中, 李探. 全桥型 MMC-MTDC 直流故障穿越能力分析[J]. 中国科学: 技术科学, 2013, 43(1): 106-114.

[5] 李岩, 邹常跃, 饶宏, 等. 柔性直流与极端交流系统间的谐波谐振[J]. 中国电机工程学报, 2018, 38: 19-23.

[6] Sun J. Impedance-based stability criterion for grid connected inverters[J]. IEEE Transactions on Power Electronics, 2011, 26 (11): 3075-3078.

[7] Harnefors L, Bongiorno M, Lundberg M. Input-admittance calculation and shaping for controlled voltage-source converters[J]. IEEE Transactions on Industrial Electronics, 2008, 54(6): 3323-3334.

[8] 刘斌, 操丰梅, 刘树, 等. 基于电压前馈非线性滤波的柔性直流高频谐振抑制方法: 中国, 109802420[P]. 2019-05-24.

[9] 梅勇, 史尤杰, 周剑, 等. 特高压柔性直流阀组投入过程中混合型 MMC 启动策略[J]. 电力系统自动化, 2018, 42(24): 113-119.

[10] Rao H, Li G Y, Cao R B, et al. Fault ride-through strategy of LCC-MMC hybrid multi-terminal UHVDC system[C]. The 8th IEEE International Conference on Advanced Power System Automation and Protection, 2019.

[11] 陶瑜. 直流输电控制保护系统分析及应用[M]. 北京: 中国电力出版社, 2015.

[12] Cao R B, Li G Y, Li Y. Multi-Terminal hybrid UHVDC line protection scheme[C]. IEEE RPG, 2019.

第 5 章　柔性直流换流站电磁兼容

电磁兼容性是指设备或系统在其电磁环境中能正常工作且不对该环境中任何事物构成不能承受的电磁干扰的能力，换言之，即工作时不对其他设备或系统产生超标电磁干扰，且受到来自其他设备或系统的电磁干扰仍保持原有的性能。由于柔性直流换流阀的开断过程伴随着电压和电流的突变，会产生很强的电磁干扰，对于特高压大容量的柔性直流换流阀，其能量大、频率高，开断过程伴随着电压和电流的突变，将产生很强的空间电磁干扰，可能会对换流站内的二次设备、站间的电力线载波通信等造成干扰。因此，柔性直流换流站设计必须要考虑电磁兼容性，并提出对应的屏蔽和抗干扰措施。柔性直流换流站电磁兼容性是柔性直流输电工程可靠性的重要指标。

与常规直流输电工程类似，柔性直流换流站内电磁干扰传播途径分为传导耦合和场耦合两种方式。当干扰源与敏感设备间存在直接电气连接时，这种情况为传导耦合，如换流站内快速暂态过电压(very fast transient over-voltage，VFTO)沿母线传导即典型的传导耦合。场耦合是在干扰源与敏感设备之间具有电磁场的联系，如柔性直流换流阀各阀层、阀段间的耦合杂散参数。相比常规直流换流站电磁兼容，柔性直流换流站体现出来的特异性主要表现在柔性直流换流阀及柔性直流阀厅的电磁场分布与传播特性，因此本章重点针对柔性直流换流站阀厅电磁兼容问题进行详细论述，柔性直流换流站直流场的电磁兼容性问题与常规工程类似，可参考相关文献进行评估分析。

5.1　柔性直流换流站阀厅电磁兼容设计原则

5.1.1　柔性直流换流站电磁干扰源

柔性直流换流站潜在的电磁干扰源与常规直流输电工程类似，主要来自高低压设备、通信系统及外部环境，具体如下：

(1)高压隔离开关和断路器的操作，将在母线线路上引起含有多种频率分量的衰减振荡波，以瞬态电磁场的形式向周围空间辐射，或通过连接在母线的测量设备直接耦合至二次回路。

(2)雷击线路或构架及系统短路故障，将有大电流注入地网，从而在二次电缆的芯线中感应出干扰电压，侵入二次回路。

(3)柔性直流换流阀换流过程中一方面会在直流侧和交流侧产生特征谐波及非特征谐波，通过引出的极导线和连接的测量装置对二次设备和通信系统造成干扰；另一方面会产生高频辐射，在换流站内及其周边产生较强的电磁干扰。

(4)母线和金具电晕放电产生的频率较高的电磁场辐射和无线电干扰。

此外，负荷的变化将造成站用电的电压波动、电压暂降、短时中断和电源频率变化等。

当柔性直流换流站正常运行时，换流阀开断过程中产生的电磁干扰是系统中最主要的干扰源。该干扰源产生频带较宽的电压和电流，并沿着系统中的金属线传播，对其直接连接的敏感设备产生干扰。图 5-1 给出了柔性直流换流站电磁干扰在交流和直流侧的传播路径。

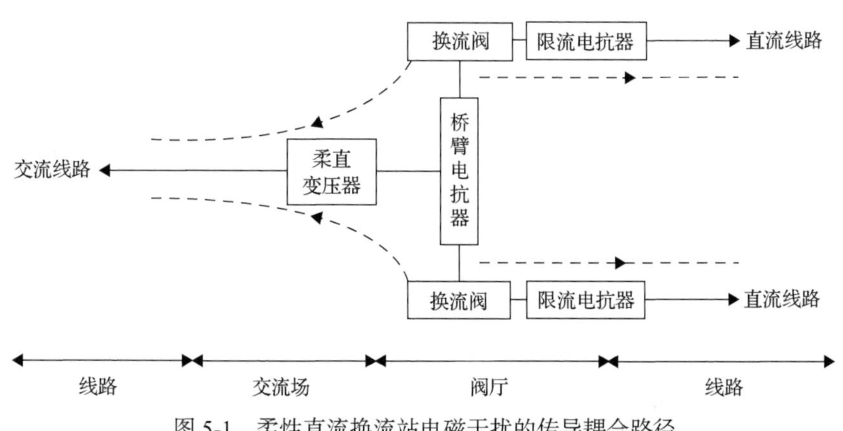

图 5-1　柔性直流换流站电磁干扰的传导耦合路径

在交流侧，电磁干扰经过换流阀上、下桥臂电抗器和柔直变压器传播到交流线路；在直流侧，电磁干扰沿着阀厅套管向外，经过线路直流电抗器传播到直流电缆或架空线路上。这种传导性电磁干扰会对系统中与传播路径直接电气连接的敏感设备产生电磁干扰。

5.1.2　柔性直流换流阀及阀厅电磁兼容设计原则

柔性直流换流阀在正常运行时的电压及电流包含了直流分量、工频分量和二倍频分量，此外还可能会遭受各种类型的过电压。因此，柔性直流换流阀运行承受的电压及电流工况包括从低频到兆赫兹的频段特征。可根据频段将柔性直流换流阀及阀厅电磁兼容设计划分为低频电磁场设计、宽频等效模型设计、抗高频电磁干扰设计。其中低频电磁场设计解决工频及直流电压下柔性直流阀塔的电磁场均压屏蔽问题，避免正常运行工况时发生电晕放电、层间击穿和涡流发热；宽频等效模型设计解决过电压下功率模块电压分布不均匀的问题，避免个别功率模块由于承压过高而产生绝缘损坏；抗高频电磁干扰设计是为了抑制在换流阀周期性切换过程中产生的高频电磁干扰对功率模块及阀塔主回路和控制回路的影响，并降低对阀厅空间的电磁辐射影响。

1. 低频电磁场设计原则

低频电磁场设计的目的是使功率模块、阀段、阀层、阀塔各层级的绝缘结构和空间排布设计合理,以使特高压柔性直流换流阀在高电压和大电流运行环境下，不因电场、磁场问题而产生电晕放电、局部发热和电磁干扰。在每一层级，均需要采取严格的设计校核手段对结构进行优化。柔性直流换流阀电磁设计的原则主要包括以下几点：合适的绝缘距离、合理的箝电位、强弱电分离、合理的布线以及合理的屏蔽设计等。柔性直流换流阀电磁场设计应满足以下电气试验要求：绝缘耐压试验、额定运行下试验、特殊性试验。

2. 宽频等效模型设计原则

柔性直流换流阀在各种类型电压作用下的电压分布规律决定了其绝缘水平，较为均压的电压分布能在较低的绝缘水平下保证换流阀的可靠性，若电压分布不均，势必要增加相关换流阀子模块绝缘水平来保证换流阀的正常运行，这将显著增加成本。

由于在柔性直流换流阀两侧布置着柔直变压器、桥臂电抗器和直流电抗器，考虑到它们在高频下的高阻特性，雷电波传到换流阀时，其作用和效果与操作波相似，且柔性直流换流阀位于阀厅内，考虑到阀厅对换流阀的屏蔽作用，雷电直接击中换流阀的情况不会出现，因此在进行柔性直流换流阀绝缘设计时可以不考虑雷电过电压，只考虑陡波前的操作过电压。换流阀宽频等效模型包括两部分内容，即器件本身的高频模型和元件之间的杂散参数。

换流阀宽频等效模型设计的原则是在操作过电压下，换流阀内各层级不因电位分布不均而产生局部放电、击穿和绝缘破坏。对于计算陡波前过电压的换流阀宽频模型，其杂散参数一般考虑杂散电容就已足够。设计屏蔽罩时，不仅考虑屏蔽罩对外、屏蔽罩之间的放电情况，还需考虑屏蔽罩与阀塔内部的放电情况；由于屏蔽罩与阀塔内部杂散电容的存在，屏蔽罩设计不当将引起内部放电，影响功率模块的安全。因此，需要提取屏蔽罩对地杂散电容、屏蔽罩之间杂散电容及屏蔽罩与模块间杂散电容，获取这些杂散电容后，将其加入电路模型，分析 IGBT 器件是否有承受过电压的风险，若有过电压风险，则需调整屏蔽罩的结构，最终调整优化到满足 IGBT 器件的耐压要求。

3. 抗高频电磁干扰设计原则

柔性直流换流站除了产生与常规直流换流站相似的电磁干扰问题，还有其特殊性。由于 IGBT 器件导通关断时间通常为亚微秒级，远低于晶闸管的导通关断时间，因此柔性直流换流阀运行过程中产生的高频干扰可达数十兆赫兹，远高于常规直流换流阀。在 IGBT 周期性开通与关断的过程中，器件两端的电压与通过器件的电流会发生快速变化，产生前后沿非常陡的脉冲。这种高幅值、快速变化的电压和电流一方面通过柔直变压器和桥臂电抗器分别在交、直流侧产生传导电磁干扰，同时通过阀体本身、整流和逆变回路、直流侧与交流侧导线向空间辐射电磁能量产生空间辐射电磁干扰。

因为换流阀存在寄生电容和寄生电感，传导电磁干扰通过寄生电容和寄生电感将产生瞬态电流和过电压脉冲，伴随着也将产生辐射电磁干扰。辐射电磁干扰不仅影响换流系统正常工作，还对换流站内通信、保护与控制、载波系统以及换流站附近的无线电台站产生影响。因此，有必要对其抗高频电磁干扰特性进行优化设计，并采用一定的防电磁干扰措施，以确保换流阀的稳定安全可靠运行。

柔性直流换流阀抗高频电磁干扰设计的总体原则是：在阀厅内，板卡、PP-IGBT(压接型 IGBT)等对电磁敏感的电子设备不被干扰，从而避免换流阀误动作；在阀厅外，换流站空间中电磁干扰控制的目标为小于标准限值，不对环境及其他设备和系统产生不可接受的影响。

1) 功率模块抗电磁干扰设计

柔性直流换流阀由多个功率模块级联而成。功率模块工作时，IGBT 通断过程中产生的电流及电压尖峰将引起电磁干扰，该电磁干扰一部分是由柔性直流换流阀模块的串联形成叠加效应在主回路中传导，另一部分则经空间电磁耦合发散至阀厅空间内，如果不加限制，数量众多的功率模块产生的电磁干扰传导与电磁干扰耦合将大大恶化换流阀阀厅内的电磁环境。对于功率模块内部电压及电流突变引起的高频电磁干扰问题，除了板卡设计应充分考虑电磁兼容，还需要对板卡及整机进行电磁兼容试验，如出厂前的换流试验、过流关断试验以及热稳定试验等，都是验证二次板卡的抗干扰能力的试验。功率模块、换流阀对外部产生的电磁干扰，需要设置合理的电磁干扰屏蔽措施，防止对外界产生强辐射电磁干扰。

功率模块的抗电磁干扰能力可通过以下措施提升：其一是提高模块控制板、IGBT 驱动板、模块电容电压采样板、取能电源、旁路开关等主要部件自身的抗电磁干扰能力；其二是从改良结构、优化设备布局、增加电磁屏蔽等方面进行综合优化设计，系统地提升功率模块的抗电磁干扰能力。

2) 阀塔抗电磁干扰设计

换流阀塔的抗电磁干扰能力可通过以下措施提升：

(1) 合理设计 IGBT 模块结构，减小导通瞬间或关断瞬间加在 IGBT 两端的电压及其变化率，减小 IGBT 等效电容，减小 IGBT 模块产生的赫兹偶极子辐射。

(2)合理设计组成阀体的各IGBT模块轴向相对位置,降低阀体并联吸收电容;降低阀体两端的电压变化速度；合理选择IGBT型号和数量。

(3)合理设计换流装置，充分利用PWM控制技术，加入阀间开通或关断延时等。

(4)合理设计阀塔屏蔽结构，采用大曲率半径，消除阀塔运行时的电晕放电，降低因电晕而产生的无线电干扰，紧凑型设计将显著减少器件开断过程产生的电磁辐射。

其中，换流阀的整体抗电磁干扰能力主要通过换流阀屏蔽罩及均压环构成的均压屏蔽系统实现，满足设计预期的均压屏蔽系统具有以下功能:

(1)良好的均压屏蔽设计可防止换流阀对空气放电,从而避免因局部放电而产生电磁干扰。

(2)屏蔽罩分布于换流阀功率模块周围,可削弱阀内部功率模块之间的高频电磁干扰。

(3)合理的均压屏蔽设计可有效消除换流阀内部的快速电压、电流变化对外部电子设备如阀控等的高频电磁干扰。

(4)较密闭的均压屏蔽设计也能削弱阀厅内其他设备发出的高频电磁干扰对换流阀内部功率模块的干扰。

5.2 柔性直流阀厅电磁兼容技术指标和研究方法

5.2.1 柔性直流阀厅电磁兼容技术指标

柔性直流阀厅内通常安装有换流阀、变压器引线及套管、阀避雷器、测量装置、开关、母线、金具、测量装置、绝缘子等多种高压设备，接线与设备结构十分复杂。阀厅金具是用来完成母线和设备自身以及二者之间的电气连接、功率传递、机械固定以及均压屏蔽作用的导体设备。为了避免设备及母线金具电晕放电产生的电磁波对邻近的一、二次设备的影响，阀厅金具均压屏蔽设计原则为在正常运行情况下不允许产生电晕放电。电晕放电的根源是导体表面电场强度畸变导致附近空间的空气电离，从而产生局部自持性放电，因此将金具表面电场强度最大值控制在一定范围内是阀厅金具设计选型的重要技术指标。基于前期典型电极的直流电晕试验及电场仿真计算研究结果，在工程实施中，通常对不同曲率半径的金具分别制定差异化的场强设计限值：对于大曲率半径的均压球、屏蔽罩等，其表面最大场强控制值不超过 1200V/mm；对于小曲率半径的导线、线夹、抱箍等，其表面最大场强控制值不超过 2000V/mm。

无线电干扰特性是高压换流站电磁兼容的一个重要方面，目的在于避免换流站运行时对周边无线通信及广播产生干扰，其所考虑的无线电频率范围通常在 0.15～300MHz，其中 0.15～30MHz 主要针对调幅广播，而 30～300MHz 针对调频广播和无线电视。国内的高压换流站在设计和运行时所考虑的无线电干扰限值参考《±800kV 特高压直流换流站电磁环境限值》(DL/T 275—2012)给出的限值要求，即换流站以额定电压和额定功率运行时，由换流站产生的无线电干扰水平，在距离阀厅 450m 的轮廓线上，辐射强度不超过 40dB。此时对应的阀厅的屏蔽效能要求较低，只需要 10dB 即可，但考虑到交流场对阀厅内部设备的影响，阀厅屏蔽性能可延续常规直流换流站阀厅屏蔽效能要求，取为 40dB。

5.2.2　柔性直流阀厅电磁兼容研究方法

1. 低频电磁场设计方法

针对柔性直流换流阀和阀厅的低频电磁场设计方法一般是采用商业有限元软件进行仿真计算分析，目前常用软件有 ANSYS 系的 Maxwell、Emag，Siemens 系的 Elecnet、Magnet，以及 Comsol。ANSYS 系列软件以其算法通用性、功能完备性和强大的多场耦合求解器成为工程中应用最广的有限元分析软件，南方电网科学研究院采用 ANSYS 系列软件完成了柔性直流换流阀塔和阀厅的低频电磁场设计校核。

阀厅各层级的低频电磁场仿真建模遵循以下原则：

(1)全面分析模型，确定关注对象。阀厅低频电磁场重点关注设备的均压屏蔽，以及与之配合的金具、母线的电场分布及防晕性能，因此对设备外部的均压屏蔽装置以及外露的金具需要详细建模，设备内部结构及大部分连接引流金具运行所处位置场强较小，可以简化或不予考虑。

(2)依据相关程度，适当简化模型。确定关注对象后，需区分重点区域和非重点区域，重点区域建模时保留大部分原始特征，非重点区域建模时仅保留主要特征。其中，重点区域的判断是以分析目的和专业背景为前提进行确定的。经以上简化处理后的模型一定程度上减小了建模、分网和计算工作量，同时保留了电场分析所需要素，保证了分析能够达到预期效果。

(3)保证计算精度，合理划分网格。在模型适当简化的前提下，合理的网格划分需要兼顾计算精度和计算时间的平衡。一般的做法是：重点区域采用较小的网格尺寸进行详细划分，非重点区域采用较大的网格尺寸粗略划分，同时要保证网格由内到外、由小到大过渡连贯，畸变较少。

(4)选择合适的算法，正确加载边界。根据经验，有限元分析的模型边界一般取实际物理场域的 3～5 倍，计算边界是否合适可依据两种不同边界下的计算结果相对误差来判断，若两种计算结果接近，相对误差较小，则认为边界合适，否则需继续扩大计算边界。对于柔性直流换流站，其阀厅墙壁是自动边界条件。

2. 宽频等效模型设计方法

针对柔性直流换流阀宽频等效模型研究，一般采用分步、分层建立柔性直流换流阀的宽频等效模型。首先建立 IGBT、直流电容、汇流排等元部件的宽频等效模型；然后根据功率模块的电气拓扑与结构设计，将元部件的宽频等效模型互联，形成功率模块的宽频等效模型；将功率模块宽频等效模型级联并考虑阀段杂散参数后得到阀段宽频等效模型，将阀段宽频等效模型根据柔性直流换流阀拓扑连接后即可得到柔性直流换流阀塔宽频等效模型。

1) 功率模块宽频等效模型

功率模块宽频等效模型是柔性直流换流阀宽频等效模型的基础和核心，建立准确的功率模块宽频等效模型对柔性直流换流阀宽频建模意义重大。功率模块宽频等效建模思路为建立 IGBT、晶闸管、续流二极管等器件宽频等效模型，其宽频等效模型分为动态宽频等效模型及截止状态下宽频等效模型。利用现有商业软件(如 ANSYS 旗下的 Q3D)，进行 IGBT 参数提取及 IGBT 动态模型搭建，同时进行功率模块参数提取，得到功率模块宽频等效模型，以及功率模块工作时模块端口处电流、电压波形，这种电流、电压变化可在高频电磁分析软件如 HFSS、FEKO 中进行电磁场辐射的相关分析。

2) 阀塔宽频建模

以典型特高压柔性直流换流阀为例，每个三相柔性直流换流阀塔包含 6 个桥臂，每个桥臂由多个换流阀阀段串联而成，每个阀段又由多个功率模块串联而成，得到功率模块宽频等效模型后，将多个功率模块的宽频等效模型串联并考虑换流阀阀段电磁屏蔽系统的杂散参数，即可得到柔性直流换流阀阀段的宽频等效模型，将多个柔性直流换流阀阀段宽频等效模型串联即可得到每个桥臂的宽频等效模型，将 6 个桥臂的宽频等效模型按柔性直流换流阀接线拓扑互联即可得到柔性直流换流阀塔的宽频等效模型。换流阀塔杂散电容分为屏蔽结构本身杂散电容、层间杂散电容以及对地杂散电容，杂散电容分布示意如图 5-2 所示。

3. 电磁干扰分析方法研究

柔性直流换流阀系统的辐射电磁干扰特性与辐射电磁干扰源和换流阀塔的物理结构密切相关，由于柔性直流换流站内存在柔性直流换流阀、柔直变压器、桥臂电抗器、直流电抗器、交直流母线、金具、母排等大量的设备和金属导体结构，同时通过控制连入桥臂中 IGBT 的模块数量以实现换流系统的正常运行，因此换流阀在不同的运行工况和频率下呈现的阻抗特性有一定差异，只有利用电磁场数值计算的方法才能求解此类复杂物体的电磁辐射问题。

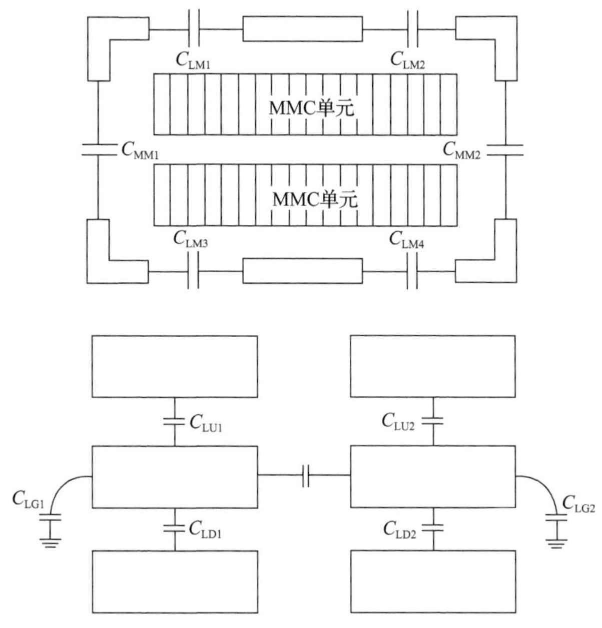

图 5-2　换流阀塔杂散电容分布

目前对换流阀系统电磁干扰分析多数采用矩量法。矩量法通过求解散射体表面或体积内的感应电流来分析整个物体的散射问题，各划分单元用格林函数的积分方程计算互耦，格林函数本身满足辐射条件，无须设置吸收边界，不存在空间色散误差，因此数值结果精度较高。

基于以上理论及电磁场仿真软件(NEC、FEKO 等)，可以将柔性直流换流阀塔元器件、金属导线、金属框架分别用阻抗、细带天线、面天线等效，对每个桥臂均采用一个集中阻抗代替，在每个投入系统运行的 IGBT 模块中加入辐射电磁干扰源。根据柔性直流换流站阀塔的实际物理结构、电气连接关系、运行方式以及材料属性，在电磁场仿真软件中建立换流阀塔的天线模型并计算天线表面的面电流和面磁流，求解各等效偶极子天线产生的辐射电磁干扰。柔性直流换流阀系统产生的辐射电磁干扰为所有偶极子天线共同作用的结果。应用等效的物理模型，可以分别计算无屏蔽设施及考虑金属屏蔽网及金属墙壁两种情况柔性直流换流阀产生的辐射电磁干扰。

5.3　柔性直流阀厅电磁兼容设计举例

本节以国内某已投运的特高压柔性直流输电工程为例，简要介绍柔性直流阀厅电磁兼容设计的具体实现。

5.3.1　低频电磁场设计

采用 Maxwell 软件，建立了特高压柔性直流换流阀从功率模块到阀厅的低频电磁场计算模型，对初始设计进行校核优化，确保在高电压和大电流运行环境下，柔性直流阀厅内的设备不因电场、磁场问题而产生电晕放电、局部发热和电磁干扰。图 5-3 是某型柔性直流换流阀功率模块的磁场和损耗分布计算。

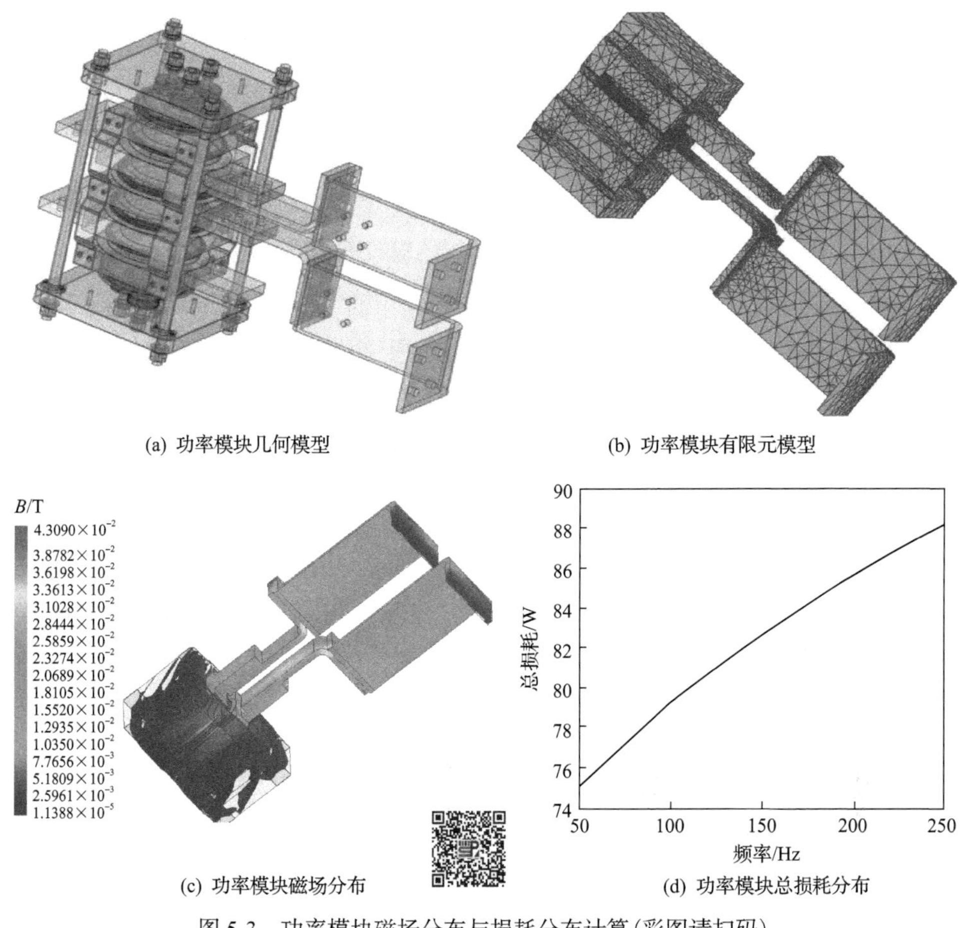

图 5-3　功率模块磁场分布与损耗分布计算(彩图请扫码)

图 5-4 为某特高压柔性直流换流阀塔的有限元全模型和简化模型的电场计算结果，从计算结果可以看出，在相同的运行工况和加载电压下，全模型和简化模型均压屏蔽罩电场分布有相同的规律，即处于阀塔顶部、底部和拐角处的均压屏蔽环场强较高，处于中部的均压环受到周围导体的屏蔽，因此场强相对较低。全模型和简化模型场强最大值均出现在最上层均压环拐角处，全模型最大值为 2828V/mm，简化模型最大值为 2756V/mm，以上计算条件下简化模型相对误差为

2.55%，在工程可接受的范围内。由此确定了阀塔电场仿真计算建模原则：若针对阀塔本体开展设计校核及均压屏蔽方案优化，则主要考量均压屏蔽罩及其对内的影响，应建立阀塔全模型进行计算；若针对阀厅三维全场域开展设计校核及母线金具设计优化，则主要考量阀塔对外部设备及导体的影响，可以采用简化模型来进行计算。

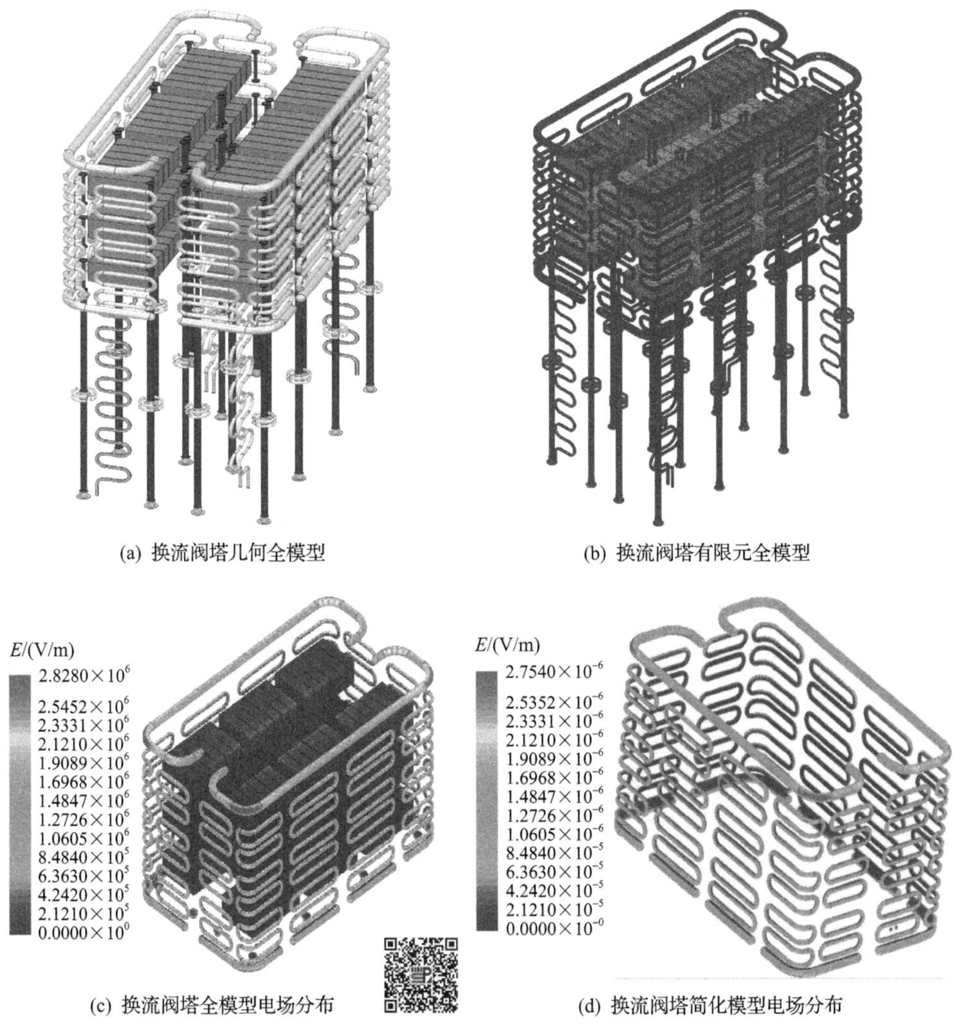

(a) 换流阀塔几何全模型　　(b) 换流阀塔有限元全模型

(c) 换流阀塔全模型电场分布　　(d) 换流阀塔简化模型电场分布

图 5-4　换流阀塔全模型与简化模型电场分布(彩图请扫码)

图 5-5 是某特高压柔性直流阀厅的三维电场计算全模型，图 5-6 和图 5-7 分别为柔性直流阀厅电位分布和柔直变压器套管头部电场分布。特高压柔性直流阀厅运行电压波形是正弦叠加直流偏置电压的时变波形，通过全模型整周期时变场计算方法，加载离散后的时变电压波形，并充分考虑阀厅介质内部电场按照电导率、

电容率分配的特性，通过大规模有限元电场计算，可以清晰量化地得到每一个关注位置的电位、电场分布，从而可以对整体电场分布特性进行评估和优化设计。

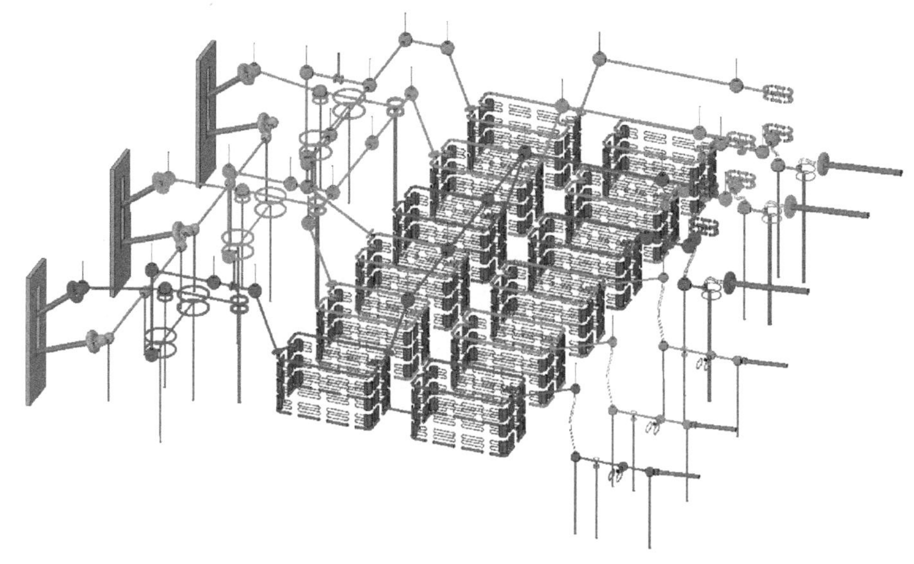

图 5-5　柔性直流阀厅三维电场计算全模型

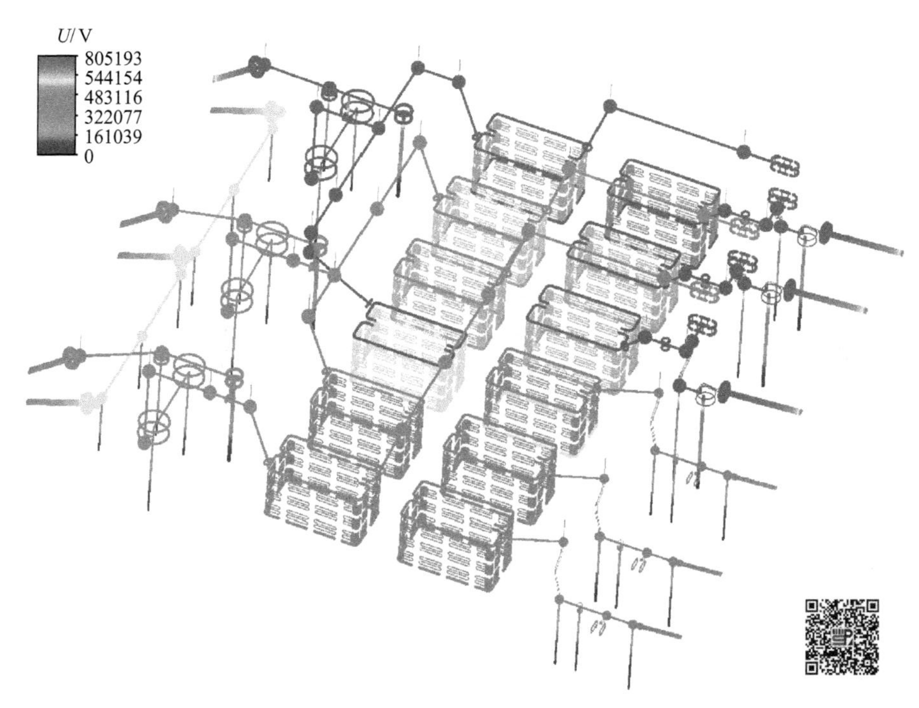

图 5-6　柔性直流阀厅三维电位分布计算结果(彩图请扫码)

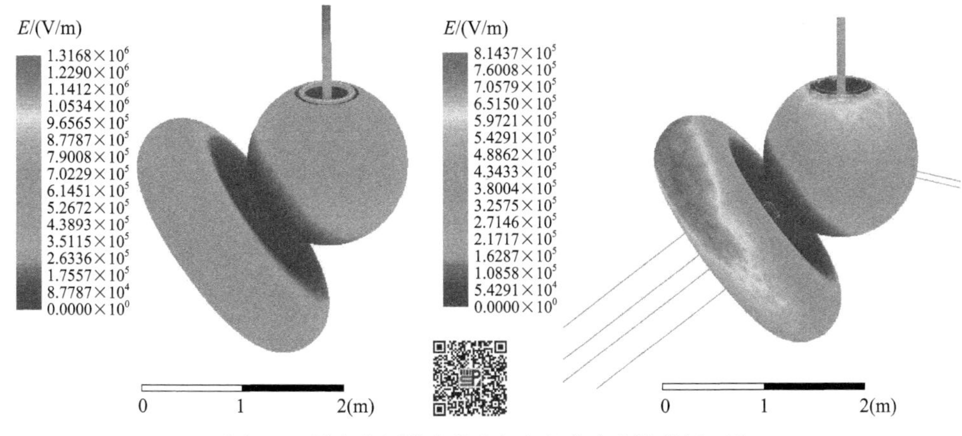

图 5-7　柔直变压器套管头部电场分布(彩图请扫码)

5.3.2　宽频等效模型设计

柔性直流换流站的主要设备包含了换流阀、柔直变压器和电抗器等设备，对换流站内交直流场的主设备进行宽频建模，主要研究从换流阀两侧出线上的传导电磁干扰，以及经过交直流侧的设备向两侧的交直流输电系统传播的干扰特性。建模基本思路是：首先通过现场测试获取实际设备的宽频特性，目前主要的测试手段有网络分析仪、阻抗分析仪、时域脉冲法等。然后针对建模对象的模型结构，结合测得的宽频特性，通过优化算法获得模型中元件参数。下面以柔性直流换流阀和桥臂电抗器的宽频等效模型为例来说明。

1. 功率模块的宽频等效模型

应用MMC结构的柔性直流输电系统各功率模块内部都并联毫法(mF)级的电容，该电容容值较大。电容内部金属导体的电感效应在几百赫兹的频率时即开始呈现，因此针对功率模块宽频等效模型主要在于对电容进行建模。其模型如图 5-8 所示。

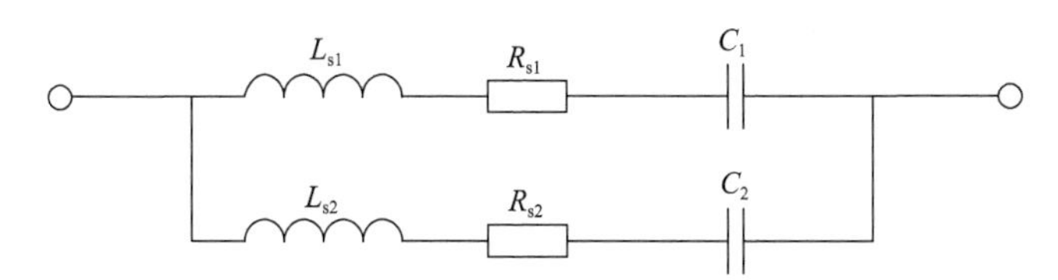

图 5-8　柔性直流换流阀模块端口电容的等效电路模型

针对国内某工程实际设备，图中模型参数取值如表 5-1 所示，等效模型与测试结果对比如图 5-9 所示。

表 5-1　某工程柔性直流换流阀端口电容的宽频等效电路模型参数

R_{s1}	L_{s1}	C_1	R_{s2}	L_{s2}	C_2
0.7042mΩ	29.447nH	3.1371mF	0.2097mΩ	16.730nH	5.1724mF

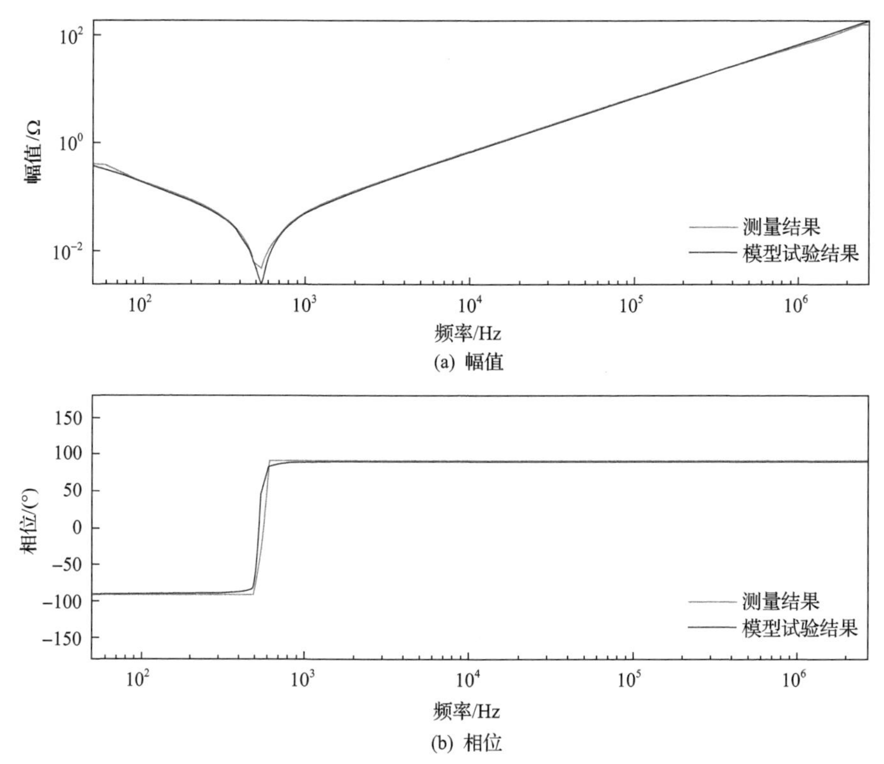

(a) 幅值

(b) 相位

图 5-9　柔性直流换流阀端口电容测试与模型计算结果对比

柔性直流换流阀换流部分由多个功率模块组成，此外，还有功率模块内外的连接母排、模块框架和模块屏蔽等数目众多的金属件，所有金属件之间及金属件对地间存在电容耦合。一般可把换流阀杂散电容分为阀层内部的杂散电容、阀层间的杂散电容及阀层对地杂散电容。杂散电容的计算需要先计算系统的对地电容矩阵，然后将对地电容矩阵进行变换得到需要的集总电容矩阵，通常采用有限元法或边界元法求解静电场问题以获得换流阀杂散电容。

2. 桥臂电抗器的宽频等效模型

特高压柔性直流换流站通常采用干式空心桥臂电抗器，由于不含铁心，所以桥臂电抗器不会出现磁链饱和现象。图 5-10 给出了其宽频等效模型，模型主要考虑了主电感、损耗电阻、绕组之间的电容以及电抗器对地电容等。

针对国内某工程实际设备，图中模型参数取值如表 5-2 所示，等效模型与测试结果对比如图 5-11 所示。

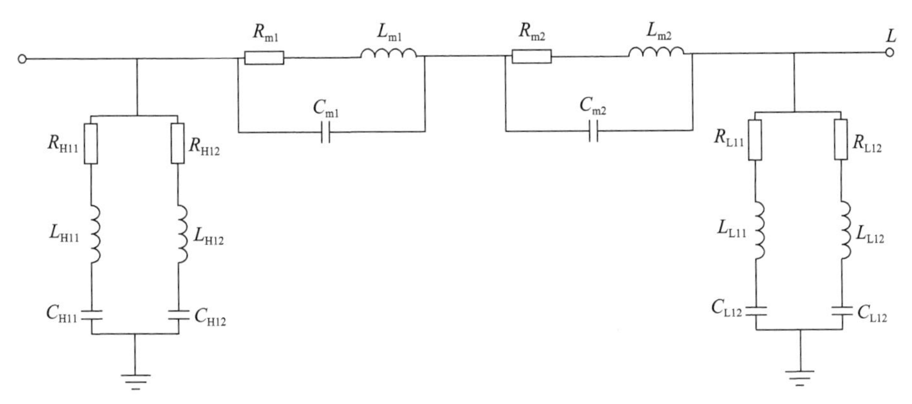

图 5-10　桥臂电抗器的宽频等效模型

表 5-2　某工程桥臂电抗器的宽频等效电路模型参数

类别	参数数值
高低压端参数	R_{m1}=11.23mΩ, L_{m1}=21.34mH, C_{m1}=24.10pF R_{m2}=12.00mΩ, L_{m2}=83.97mH, C_{m2}=2.63pF
高压侧对地参数	R_{H11}=1.01μΩ, L_{H11}=34.12μH, C_{H11}=32.17pF R_{H12}=5.11μΩ, L_{H12}=75.13μH, C_{H12}=64.33pF
低压端对地参数	R_{L11}=3.61μΩ, L_{L11}=12.73μH, C_{L11}=33.91pF R_{L12}=8.17μΩ, L_{L12}=98.35μH, C_{L12}=69.83pF

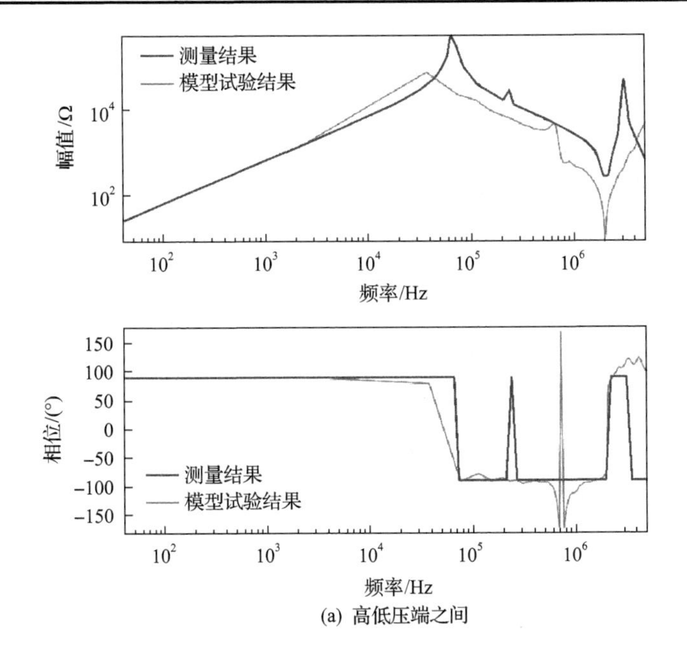

(a) 高低压端之间

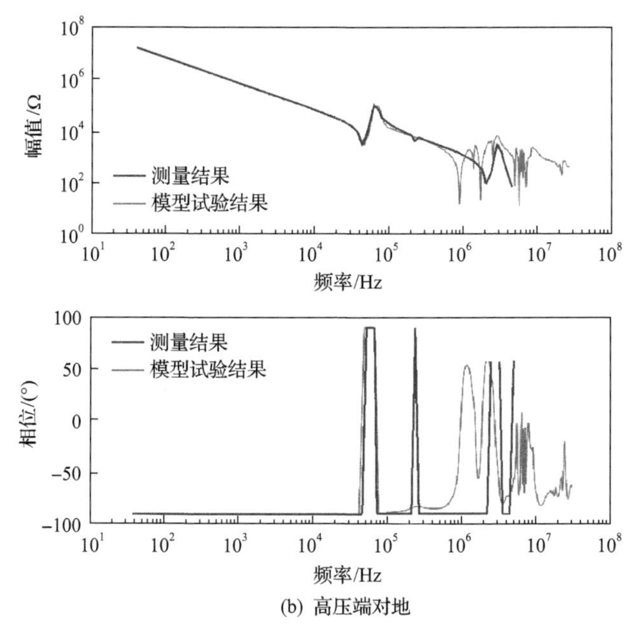

(b) 高压端对地

图 5-11　桥臂电抗器端口测试与模型计算结果对比

5.3.3　抗电磁干扰设计

如 5.3.2 节所述，可以基于天线理论建立数值仿真模型实现柔性直流阀厅高频电磁干扰的量化计算，可采用的软件包括 FEKO、IE3D、Sonnet、Ensemble、NEC 等，具体分析流程如下：①建立辐射体的几何模型；②对辐射体的几何模型进行划分；③确定所有基本辐射单元的电流分布；④求解由基本单元构成的辐射体的总体空间辐射。图 5-12 为采用 FEKO 电磁场仿真软件建立的某工程±800kV 特高

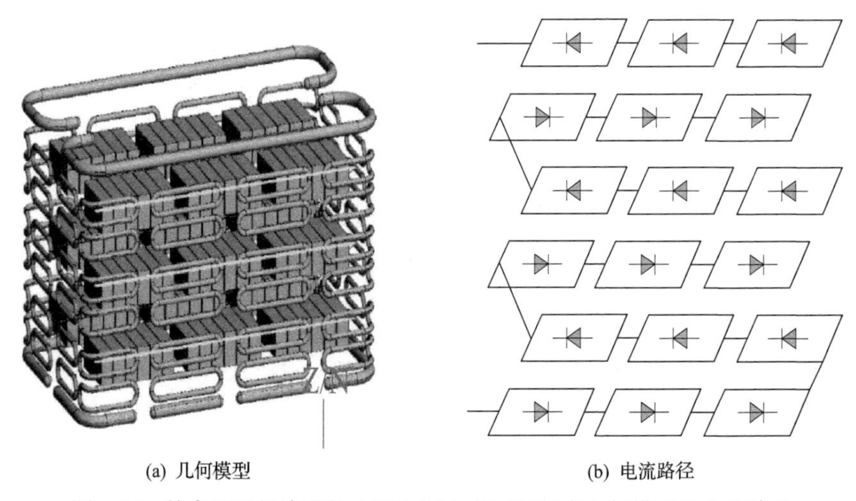

(a) 几何模型　　(b) 电流路径

图 5-12　特高压柔性直流换流阀空间电磁辐射仿真几何模型及电流路径

压柔性直流换流阀的空间辐射仿真模型及其电流路径，仿真模型的建立需要考虑的是阀塔电流流过的主回路以及附属金属件，按照重要性，首先是换流阀母排连接线本身的结构，其次是阀模块外壳，最后是阀塔均压环和屏蔽罩。

图 5-13 给出了不同频率下距高端柔性直流换流阀不同位置处的空间电磁场分布计算结果。单纯从数值上看，电场强度远远高于磁场强度，实际上，各类标准关注的也是电场强度的限值。此外，随着频率的增加，电场强度和磁场强度的计算结果波动增大，这与频率增加时电磁场的辐射分量增强相关。

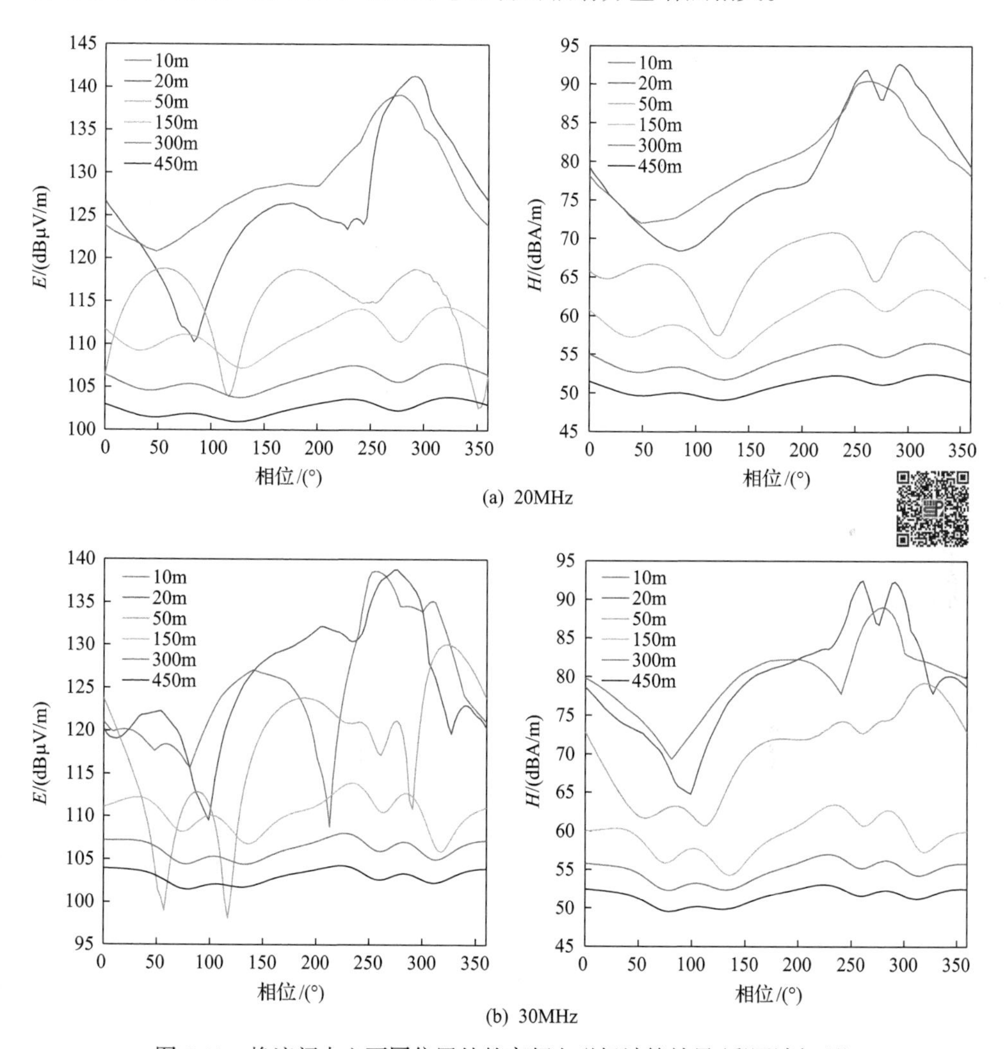

图 5-13　换流阀中心不同位置处的高频电磁场计算结果(彩图请扫码)

5.4 柔性直流换流阀电磁特性实测分析

为验证柔性直流阀厅电磁兼容设计与计算的准确性，在某特高压柔性直流输电工程调试期间，通过在阀厅特定位置布置测试探头的方式，测试获得了同运行工况下对应位置的电磁场分布水平。测试所用设备是将常规的工频探头(5Hz～400kHz)、中短波探头(30kHz～30MHz)、射频探头(30MHz～6.2GHz)集成于在线监测装置中，探头使用前已在实验室进行了校准，测试时探头距地面 1.5m。图 5-14 和图 5-15 分别为升压试验过程中的工频电场测试结果。

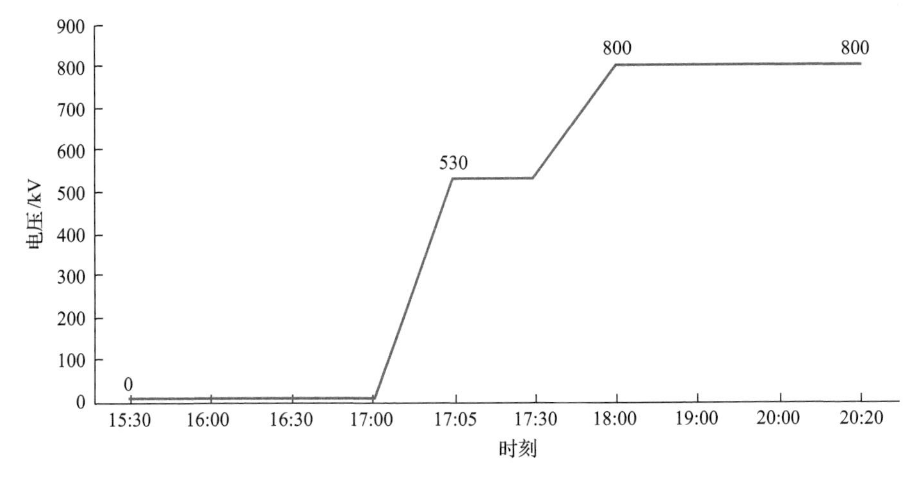

图 5-14　升压过程电压变化曲线

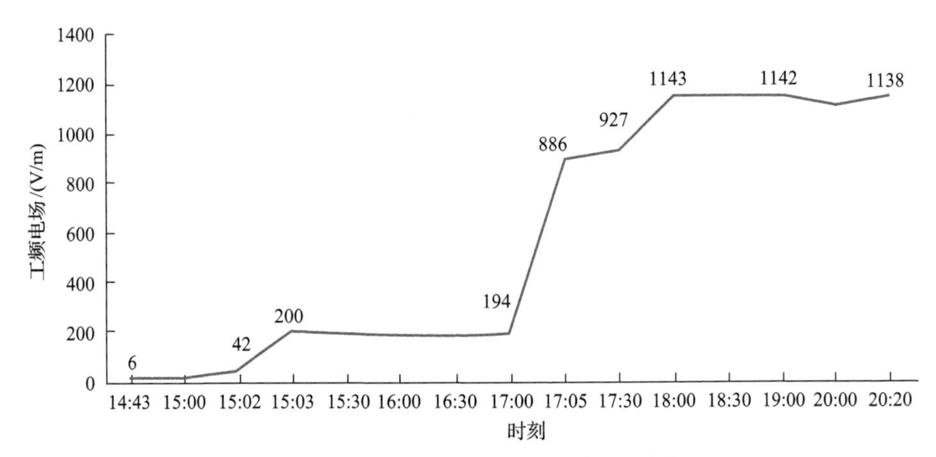

图 5-15　升压过程测点工频电场变化曲线

由测试结果可知，17:00 升功率前换流器处于热备用状态，此时已有 194V/m 的工频电场强度；17:04 换流器开始充电，电压升高至 530kV，工频电场强度升至

886V/m；18:04，电压达到 800kV，工频电场强度达到最大值 1143V/m，后续试验过程均维持这个水平。

针对试验测点布置，建立了对应的有限元电场仿真计算模型，计算得到的距离地面 1.5m 处(测点高度)的电场分布如图 5-16 所示。测量点附近工频电场计算值的幅值为 2000V/m 左右，根据正弦函数的幅值与平均值关系，平均值=2×幅值/π，因此工频电场平均值为 1270V/m，与实测值误差在 10%左右。

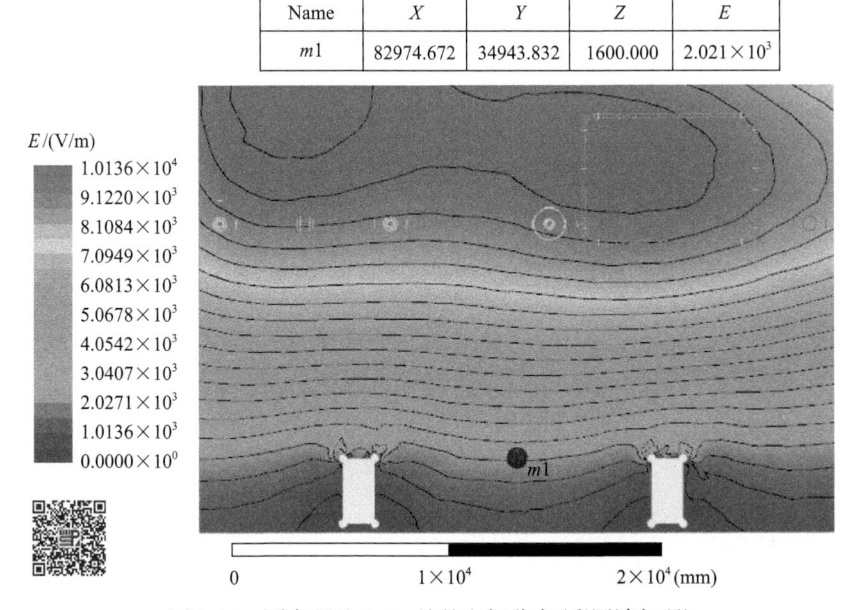

Name	X	Y	Z	E
$m1$	82974.672	34943.832	1600.000	2.021×10^3

图 5-16　测点距地 1.5m 处的电场分布(彩图请扫码)

第 6 章　柔性直流输电过电压与绝缘配合

6.1　概　　述

过电压与绝缘配合是通过研究直流输电系统中不同工况的过电压情况，选取安全、经济的过电压保护方案，并确定换流站关键设备的绝缘耐受水平。它是直流输电工程成套设计的重要环节，直接影响工程的安全可靠运行。

与常规直流输电工程相比，柔性直流输电工程的过电压机理发生了改变，需要根据过电压特点重新给出过电压的抑制方案。本章对柔性直流过电压机理及抑制措施进行介绍，包括柔性直流输电工程过电压特性的研究、重点设备(换流阀、柔直变压器)过电压保护方案的研究、控制保护系统对过电压的抑制策略等。本章将重点介绍柔性直流过电压机理及保护措施与常规直流不一致的方面，对两者相似的方面将不再赘述。

6.2　过电压机理

电力系统是各种电气设备(如电机、变压器、互感器、避雷器、断路器等)经电力线路连接成的一个发、输、配、用的安全整体。从电路的观点看，电力系统除电源外，可以用 R、L、C 三个典型元件的不同组合来表示。其中，L、C 为储能元件，它们是形成过电压的基本条件；R 为耗能元件，一般可抑制过电压的发展。当电路中元件及其连线组成的电路的最大波长比起人们关注的谐波的波长小得多时，可以作为集中参数处理，否则应按分布参数分析。

电力系统过电压是指在特定条件下所出现的超过系统工作电压的异常电压升高，属于电力系统中的一种电磁扰动现象。电力系统设备不仅要长期耐受工作电压，还必须能够承受一定幅度的过电压，才能保证电力系统安全可靠运行。研究过电压的机理，预测其峰值，并采取措施加以限制，是确定电力系统绝缘配合的前提，对电力系统设备制造和运行都具有重要意义。过电压按照发生机理分为外过电压和内过电压两大类。

外过电压又称雷电过电压、大气过电压，是由大气中的雷云对地面放电而引起的，通常分为直击雷过电压和感应雷过电压。雷电过电压的持续时间通常为微秒级，具有脉冲的特性，故常称为雷电冲击波。直击雷过电压是雷电直接击中电工设备导电部分时所出现的过电压。雷电击中处于接地状态的导体，如输电线路铁塔等，使其电位升高后对带电的导体放电称为反击。直击雷过电压幅值可达上百万伏，将会破坏电力设施绝缘，引起短路接地故障。感应雷过电压是雷闪击中电工设备附近地面或地线，在放电过程中由于空间电磁场的急剧变化而使未直接遭受雷击的电工设备(包括二次设备、通信设备)上感应出的过电压。因此，架空输电线路需架设避雷线和接地装置等进行防护。通常用线路耐雷水平和雷击跳闸率表示输电线路的防雷能力。

内过电压是电力系统内部运行方式发生改变而引起的过电压，包括暂时过电压、操作过电压。其本质是由于系统操作、故障等原因，系统参数发生变化引起系统内部电磁能量的振荡、转化、传递造成的系统电压升高。

对于柔性直流输电系统，其直流侧内过电压机理与交、直流输电系统的相互作用密切相关，其引起过电压的能量来源主要分为两种：

(1)来源于交流系统，通过换流变压器/柔直变压器、换流器传递到直流侧；

(2)来源于直流侧储能元件，如直流线路、直流滤波器电容等。

以下将针对柔性直流输电系统的过电压机理进行介绍。

6.2.1　双极柔性直流输电系统过电压

对于双极柔性直流输电系统，引起系统过电压的典型工况包括柔直变压器阀侧接地(包括变压器侧(F1)接地、桥臂电抗器阀侧(F2、F3)接地)、直流极线接地(包括直流电抗器阀侧(F4、F5)接地、线路侧(F6)接地)、直流异常闭锁。故障点示意图如图 6-1 所示。

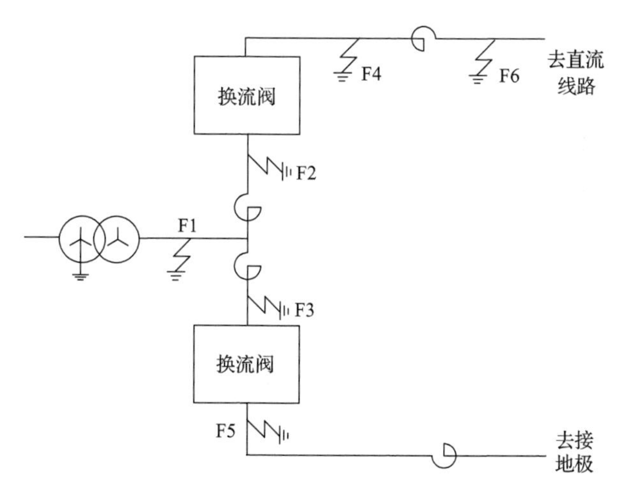

图 6-1　双极柔性直流换流站故障位置示意图

1)柔直变压器阀侧接地故障

柔直变压器阀侧套管闪络可造成该位置接地故障。柔直变压器阀侧发生单相接地故障后，模块过流保护快速动作闭锁 VSC 阀，闭锁后等值电路如图 6-2 所示。

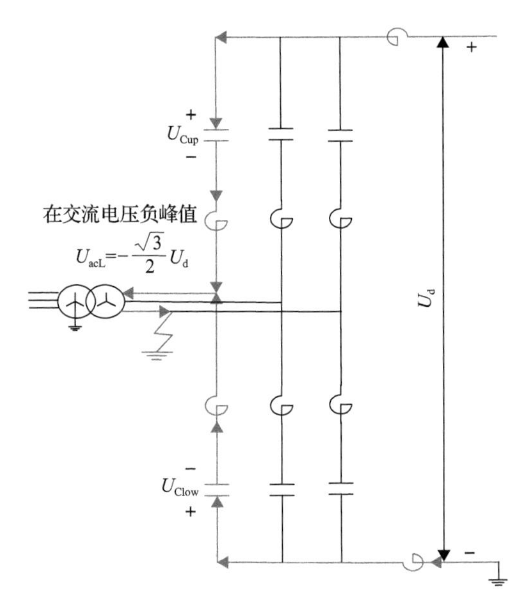

图 6-2 柔直变压器阀侧接地故障阀桥臂过电压机理示意图

由于变压器阀侧中性点不接地，非故障相电压上升至线电压，下桥臂端间的最大电压等于 VSC 变压器阀侧的线电压峰值：

$$U_{Clow}=-U_{acL}=\frac{\sqrt{3}}{2}U_d \tag{6-1}$$

式中，U_d 为直流极母线电压；U_{acL} 为柔直变压器阀侧线电压幅值。

上臂端间的最大电压为直流极线电压与交流阀侧电压之差：

$$U_{Cup}=U_d-U_{acL}=\left(1+\frac{\sqrt{3}}{2}\right)U_d \tag{6-2}$$

对于单阀组结构的 VSC-HVDC，在正常运行中，直流极线电压等于桥臂两端之间的最大稳态电压。根据式(6-1)，变压器阀侧单相接地故障时，下桥臂无过电压。根据式(6-2)，上臂端间的最大过电压约为 1.8p.u.(1p.u.相当于稳定运行时桥臂的最大电压)。对于高低压阀组串联结构，由于直流极线电压是桥臂最大稳态电压的 2 倍，高端阀组上桥臂端间的最大过电压约为 2.8p.u.。

2) 直流极线接地故障

对于双极接线的柔性直流输电系统，发生直流极线接地故障后主要导致中性母线电压升高。另外，由于电磁感应及行波折/反射原理，在直流极架空线路区域发生的接地故障还会引起健全极线路的电压升高。

VSC 侧直流母线短路故障后，短路点经过高、低端阀组与中性母线形成故障回路，引起中性母线电压升高，同时直流输电系统出现过流，需要保护快速闭锁。从故障回路分析，直流母线接地点与阀桥臂、桥臂电抗器、换流变压器、中性母线直流电抗器、接地极线路形成故障回路，会引起中性母线出现明显的过电压，需要在该区域配置 E 型避雷器直接保护中性母线设备。柔性直流回路中串入的桥臂电抗器抑制了接地故障电流幅值，在接地极线路阻抗上产生的暂态过电压低于常规直流。

直流极线接地等值回路如图 6-3 所示。直流极线接地故障点可分为极线电抗器阀侧与极线电抗器线路侧两种情况。当故障发生在极线电抗器阀侧时，故障点经过阀上下桥臂等值电容与中性母线电抗器、接地极线路(或金属回线)与接地点形成故障通路，由于故障电流经过接地极线路(或金属回线)、中性母线电抗器，在中性母线区域及接地极区域会产生过电压。若故障点在极线电抗器线路侧，则回路中多串入了极线电抗器，其分压作用降低了中性母线区域的过电压。

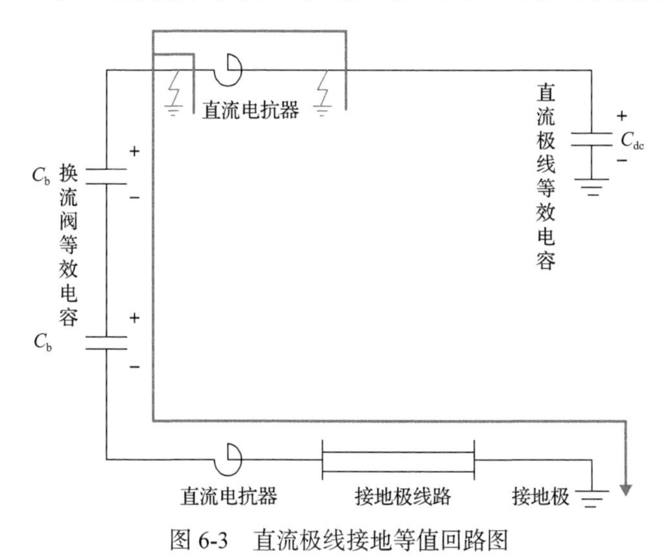

图 6-3　直流极线接地等值回路图

3) 直流异常闭锁

对于柔性直流输电系统，其闭锁方式为直接停发阀触发脉冲，没有常规直流逆变侧的投旁通对闭锁策略。在柔性直流逆变侧闭锁瞬间，送端直流功率以及极线上的储能无法送出，导致逆变侧直流极线出现过电压。该过电压倍数随着直流功率增大而升高。因此，在正常运行时，柔性直流输电系统闭锁前应先执行降功率指令。但在绝缘配合设计中，需要考虑故障条件下的异常闭锁工况。

6.2.2 对称单极柔性直流输电系统过电压

对称单极柔性直流输电系统的过电压典型工况与双极情况近似，包括柔直变压器阀侧接地(包括桥臂电抗器阀侧(F2)接地、变压器侧(F1)接地)、直流极线接地(包括直流电抗器阀侧(F3)接地、线路侧(F4)接地)、直流异常闭锁。故障点示意图如图 6-4 所示。由于系统拓扑的差别，对称单极柔性直流输电系统在过电压机理上与双极系统存在一定差别。

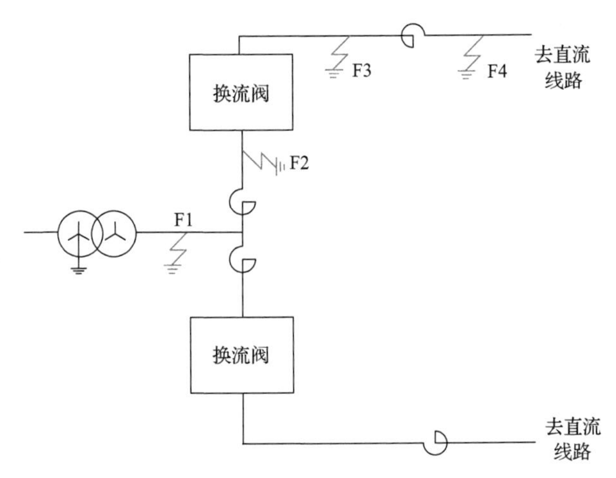

图 6-4　柔直变压器阀侧接地故障阀桥臂过电压机理示意图

1) 柔直变压器阀侧接地故障

对称单极柔性直流输电系统发生柔直变压器阀侧接地故障后，一般不会导致阀桥臂严重过电压，这是因为对称单极系统单个桥臂端间正常运行电压最大值接近极间电压，在故障发生后，健全相桥臂交流侧电压与直流侧电压的差值略高于极间电压，因此不会在桥臂端间产生严重过电压。

2) 直流极线接地

对称单极柔性直流输电系统发生直流极线接地故障，会导致健全极发生严重的过电压。在故障发生瞬间，健全极过电压倍数达到 2p.u.(1p.u.对应极对地额定直流运行电压)。闭锁后，换流阀进入不控整流状态，过电压倍数约为 1.5p.u.；直到交流进线开关跳开后过电压消失。从换流阀闭锁到开关跳开的过程一般有数十毫秒，因此对称单极直流输电系统在极线区域除了承受 2p.u.的操作过电压，还要承受约 1.5p.u.、持续时间数十毫秒的暂时过电压。在配置避雷器时应充分考虑避雷器的能量吸收能力。

3) 直流异常闭锁

对称单极柔性直流输电系统发生直流异常闭锁导致过电压的机理与双极系统相同。

6.2.3　柔性直流过电压和常规直流过电压的区别

柔性直流与常规直流相比，影响过电压的因素主要有：

(1)故障时逆变侧缺少投旁通对策略，导致直流极线电压升高；

(2)送端故障情况下，控制保护配合不当时受端会出现反向电流，导致送端避雷器能量过载；

(3)导致常规直流换流阀与柔性直流换流阀过电压的能量来源不同。

柔性直流输电系统的闭锁方式为直接停发阀触发脉冲，没有采用类似常规直流逆变侧的投旁通对闭锁策略。因此，在柔性直流逆变侧闭锁瞬间，由于直流功率及极线储能无法送出，逆变侧直流极线出现过电压。该过电压倍数随着直流功率增大而升高。

图 6-5(a)为柔性直流输电工程大功率情况下逆变侧直接闭锁时极线 D 型避雷器应力波形。闭锁后由于线路电感储能向线路电容充电，电压急剧升高，且避雷器动作后持续承受送端注入直流线路的能量，故障发生后 20ms，由于送端进行紧急移相，D 型避雷器过电压降低，能量趋于平稳。

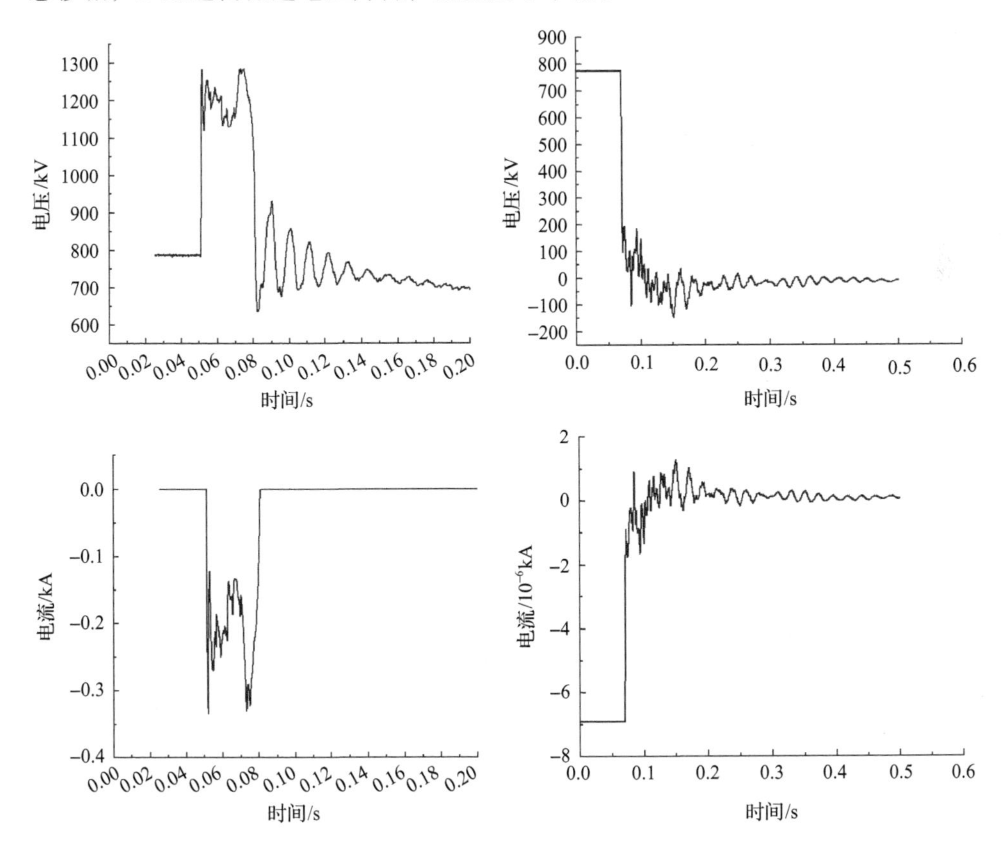

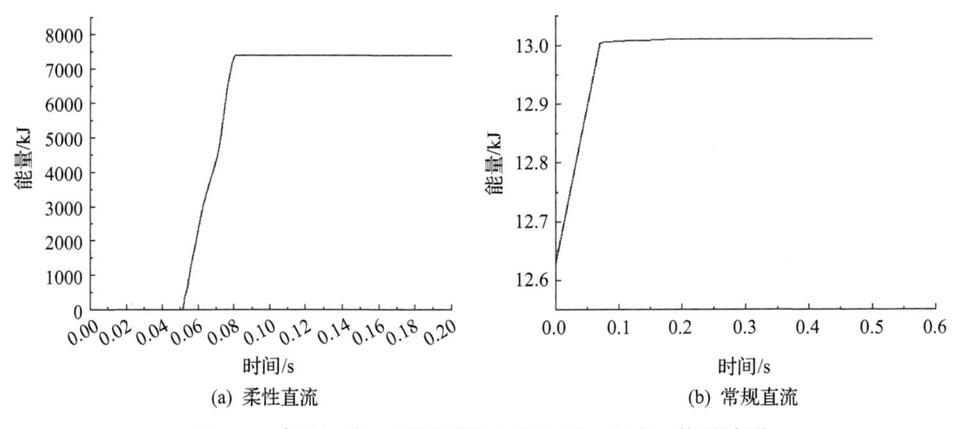

(a) 柔性直流　　(b) 常规直流

图 6-5　直流极线 D 型避雷器上的电压、电流、能量波形

图 6-5(b)为常规直流投旁通对闭锁时 D 型避雷器应力。闭锁瞬间由于旁通对的投入，直流电压急剧降低，D 型避雷器上无能量积累。但常规直流如果发生不投旁通对闭锁的情况，交流侧 50Hz 电压注入直流侧，若直流回路存在 50Hz 谐振点，将使直流电压升高并发生振荡，波形如图 6-6 所示。

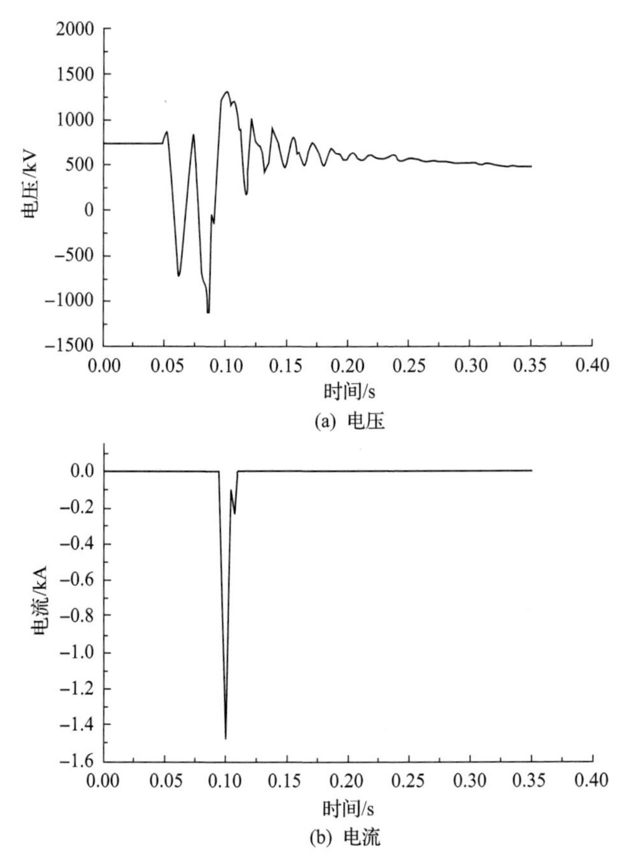

(a) 电压

(b) 电流

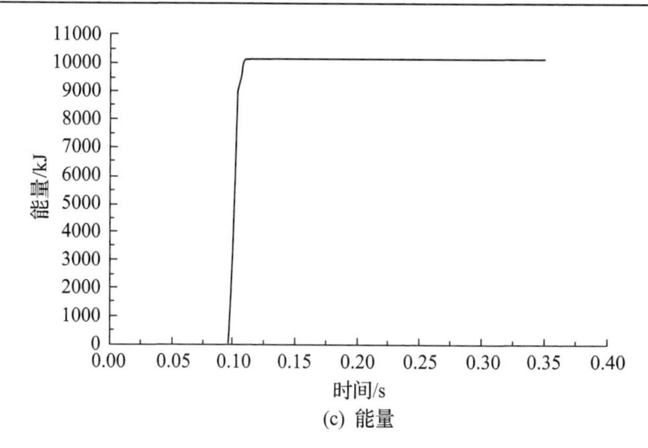

(c) 能量

图 6-6　常规直流不投旁通对闭锁时直流极线 D 型避雷器上的电压、电流、能量波形

对于柔性直流换流阀电流反向的问题，可用送端 LCC、受端 VSC 结构的混合直流举例说明。

LCC 侧 400kV 母线接地故障后(图 6-7)，送端直流极线电压降至高端阀组端间电压，直流电流差动保护动作后闭锁 LCC 换流阀。直流极线电压受到 VSC 换流站控制重新上升至 800kV，电压加在高端阀组端间，C2 型避雷器动作。正常情况下，送端 LCC 保护信号通过站间通信发送到受端，受端 VSC 换流阀经过通信延时后闭锁。但在失去站间通信的情况下，送端 LCC 发生站内故障时受端换流站

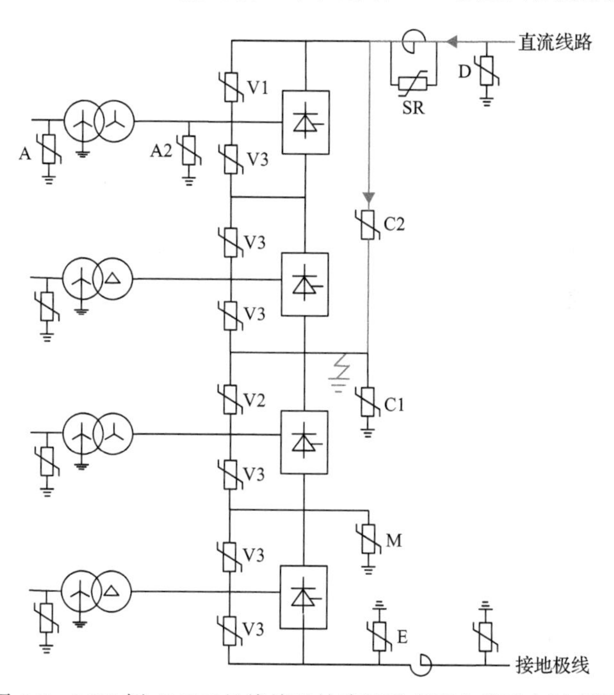

图 6-7　LCC 侧 400kV 母线接地故障导致直流电流反向示意图

无法迅速通过电气量判断故障，因此受端 VSC 保护延时较大，导致直流电流反向经过送端 C2 型避雷器入地，造成 C2 型避雷器能量过载损坏。C2 型避雷器电压、电流、能量波形如图 6-8 所示。

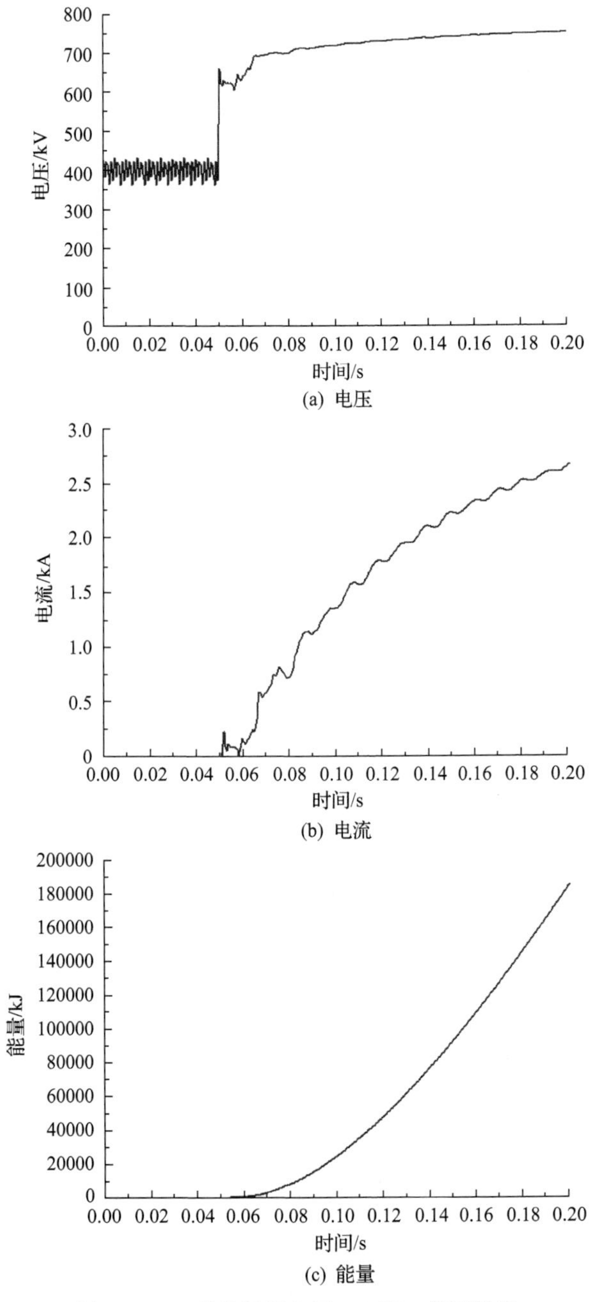

(a) 电压

(b) 电流

(c) 能量

图 6-8　C2 型避雷器电压、电流、能量波形

类似的情况出现在送端 LCC 阀厅内其余位置的接地故障，如高端阀组 YY 换流变压器阀侧接地故障，在失去站间通信的情况下可导致 V1 型阀避雷器能量过载。

柔性直流和常规直流的过电压特性的差别还体现在导致换流阀过电压的能量来源上。在柔性直流输电工程逆变侧，柔直变压器阀侧接地故障发生至整流侧闭锁这段时间内，逆变侧阀模块将吸收送端直流功率导致模块电压升高，逆变侧过电压情况比整流侧严重。

但对于常规直流，逆变侧采用投旁通对策略，发生类似故障时直流能量可从旁通对入地，不会引起阀桥臂过电压。常规直流换流阀的最高过电压通常产生在整流侧，故障发生后，线路储能及直流滤波器电容器储能向阀避雷器释放，同时导致换流阀过电压。其故障回路示意图如图 6-9 所示。

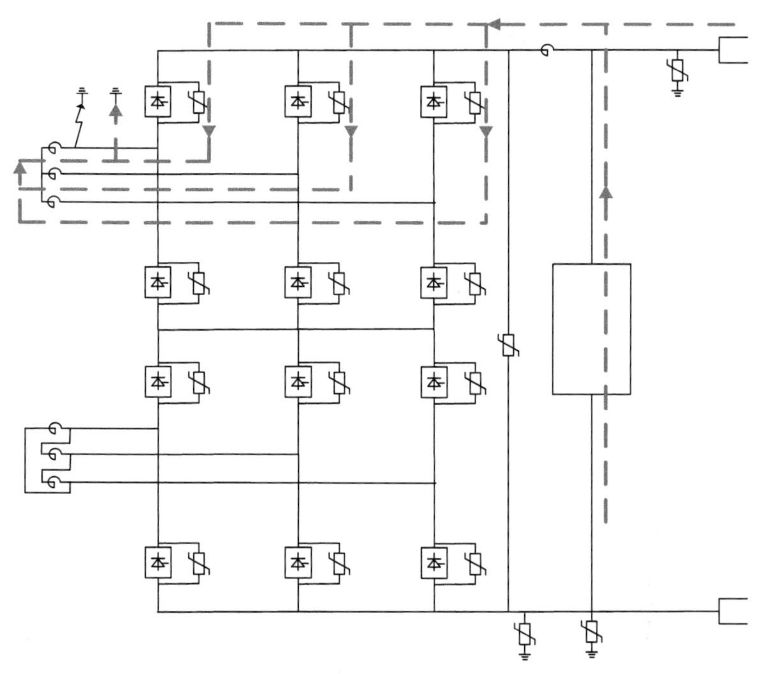

图 6-9　常规直流换流变压器阀侧单相接地阀过电压回路示意图

6.3　过电压抑制措施

6.3.1　避雷器

柔性直流输电系统和其他电气系统一样，会遭受雷击、操作、故障或其他原因而产生各种波形的过电压，因而需装设避雷器对过电压进行限制。

柔性直流输电系统的避雷器配置基本原则如下：交流侧产生的过电压应由交

流侧避雷器限制；直流侧产生的过电压应由直流侧避雷器限制；重要设备应由与之直接并联的避雷器保护。

相比 LCC 直流输电工程，MMC 结构的柔性直流换流器不存在换相过程，不会产生换相过电压，各主要设备对地和设备端子间的电压波形均为交流电压或者交流电压和直流电压的叠加，电压波形较好，有利于避雷器的选型和配置。

避雷器的峰值持续运行电压(crest value of continuous operating voltage，CCOV)和最大峰值持续运行电压(peak value of continuous operating voltage，PCOV)需高于所安装处的系统最高运行电压，并考虑严酷工况下的运行电压叠加谐波和高频暂态，避免避雷器吸收能量，加速老化，降低可靠性。避雷器的操作、雷电和陡波前保护水平分别用标准配合冲击电流波形为 30/60μs、8/20μs 和波前时间 1μs 下的残压确定。避雷器的操作冲击和雷电冲击保护水平及其相应的配合电流需通过电磁暂态仿真来研究，并考虑避雷器的通流容量、内部并联柱数确定。最终规定的避雷器配合电流和能量要求需高于仿真研究计算出的电流和能量。设备的雷电冲击和操作冲击耐受电压与相应的避雷器保护水平应满足绝缘配合系数要求。

柔性直流输电工程换流站典型的避雷器配置如图 6-10 和图 6-11 所示，可根据工程实际增加或减少某些类型的避雷器。

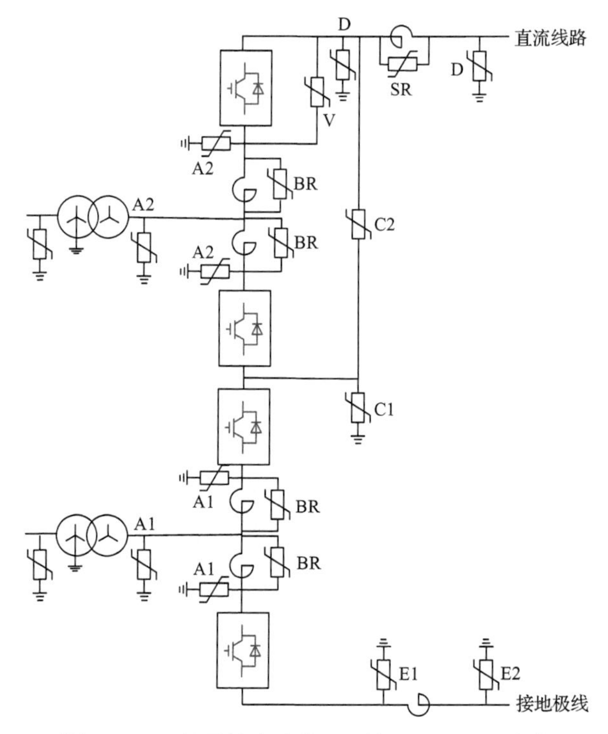

图 6-10　双极柔性直流输电系统避雷器配置方案

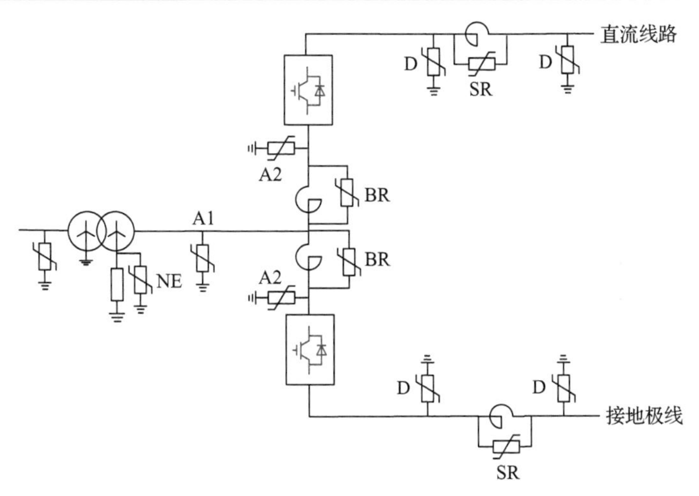

图 6-11　对称单极直流输电系统避雷器配置方案

各避雷器类型及其保护作用如下：

(1) A 型避雷器，柔直变压器进线避雷器，主要防护直流甩负荷工况及交流故障恢复等工况下的柔直变压器网侧的操作过电压以及直击雷和侵入波产生的雷电过电压。

(2) A1、A2 型避雷器，用于保护柔直变压器二次侧设备、阀电抗器等，主要防护直流侧接地故障、柔性直流异常闭锁等工况下产生的操作过电压。

(3) NE 型避雷器，用于保护变压器中点电阻器，主要防护直流接地故障引起的柔直变压器阀侧中性点电压升高。

(4) D 型避雷器，用于保护直流母线设备，并限制阀顶过电压，对于双极结构的柔性直流换流站，该避雷器主要防护直流异常闭锁产生的操作过电压以及直流极线区域的雷电过电压。对于对称单极结构的柔性直流输电系统，主要防护直流接地引起的健全极过电压以及直流极线区域的雷电过电压。

(5) BR 型避雷器，用于直接保护阀电抗器，主要防护直流异常闭锁产生的操作过电压。

(6) SR 型避雷器，用于直接保护直流电抗器，主要防护直流异常闭锁产生的操作过电压。

(7) C1、C2 型避雷器，用于双极结构柔性直流换流站的阀组保护，主要防护阀组连接点接地或阀组短路引起的阀组操作过电压。

(8) E1、E2 型避雷器，用于保护双极结构柔性直流换流站中性母线设备，主要防护直流区域短路故障引起的中性母线操作过电压以及中性母线区域雷电过电压。

(9) V 型避雷器，用于保护双极结构柔性直流换流阀桥臂，主要防护柔直变压器阀侧接地故障引起的桥臂过电压。

1. 荷电率的选择

直流避雷器的参考电压 U_{ref} 一般定义为直流电流 1～20mA 对应的电压，即标称有功电压，是决定避雷器阀片材料特性、几何尺寸和串并联片数的主要参数。小直径单阀片避雷器的标称有功电压通常为 1mA 参考电压；大直径单阀片避雷器的标称有功电压通常为 5mA 直流参考电压。具体选择参考电压与阀片单位面积电流密度有关。直流避雷器的荷电率表征单位阀片上的电压负荷，是 CCOV 和 PCOV 的电压峰值与直流参考电压 U_{ref} 的比值。合理的荷电率值必须考虑泄漏电流，持续运行电压波形峰值、直流电压分量、避雷器稳定性、安装位置、温度等因素影响。同时需要考虑污秽对避雷器瓷或硅橡胶外套电位分布的影响，通常通过包括老化试验的稳定性试验和污秽试验等来确定。荷电率的高低对避雷器的老化程度影响很大，降低荷电率，长期连续运行电压下阻性漏电流小，所引起的损耗易与散热能力平衡，不会发生热崩溃。但提高荷电率，可降低避雷器的保护水平，对降低设备绝缘水平有重要意义。

直流避雷器荷电率选择需充分考虑安装位置电压波形的影响，对于柔性直流，由于避雷器稳态运行时不承受换相过冲电压，因此荷电率取值可高于常规直流避雷器，有利于避雷器保护水平的降低。

2. 双极柔性直流输电系统换流站避雷器的特点

1) A 型避雷器

对于柔直变压器交流进线 A 型避雷器，正常运行下其承受的电压为交流网侧电压，避雷器参考电压的选取与常规直流输电工程 A 型避雷器一致，主要防护直流甩负荷工况及交流故障恢复等工况下的柔直变压器网侧的操作过电压以及直击雷和侵入波产生的雷电过电压。

同输送容量下，常规直流输电系统交流侧通常配置大量的交流滤波器，交流网侧过电压通常比柔性直流输电系统高，在直流甩负荷或交流故障恢复的情况下，大量无功设备会引起较高的交流工频、操作过电压。

2) A1、A2 型避雷器

对于柔直变压器阀侧对地 A1、A2 型避雷器，正常运行下承受的电压与柔性直流输电系统拓扑有关。若系统采用双极接线，则 A1、A2 型避雷器承受的电压为交流电压与直流电压的叠加。若系统采用对称单极接线，则该位置对地电压为交流电压。选择避雷器参考电压时需根据实际的系统拓扑计算避雷器的最大运行电压。在故障过程中，A1、A2 型避雷器主要承受柔性直流换流阀闭锁导致的操作过电压，能量较小。对于常规直流，换流阀侧对地通常不配置避雷器，而是利用阀避雷器与中性母线避雷器联合防护的方式限制换流阀侧对地的过电压。

以±800kV 高端阀组柔直变压器阀侧相对地电压为例，正常运行时，此点电压包括变压器中性点直流分量、绕组交流分量两部分，典型波形如图 6-12 所示。

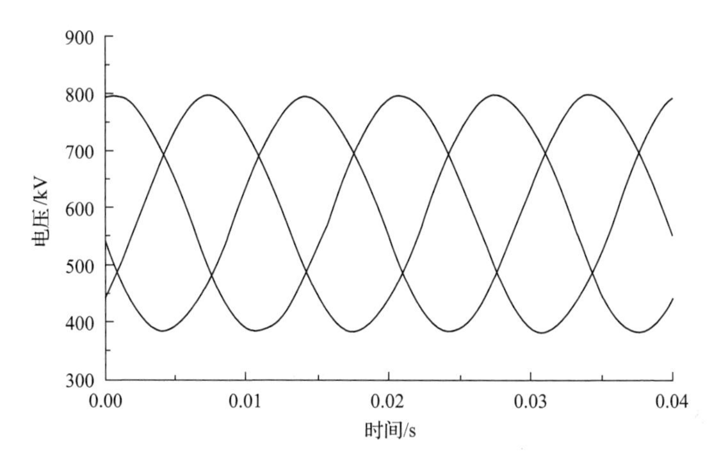

图 6-12　VSC 侧高端阀组柔直变压器阀侧相对地电压波形

当发生换流阀侧单相接地故障时，电压波形如图 6-13 所示，此时电压变化主要有两方面原因：健全相电压交流分量上升至线电压；换流变压器阀侧中性点直流偏置降为零。两个因素共同作用使健全相的电压降低。

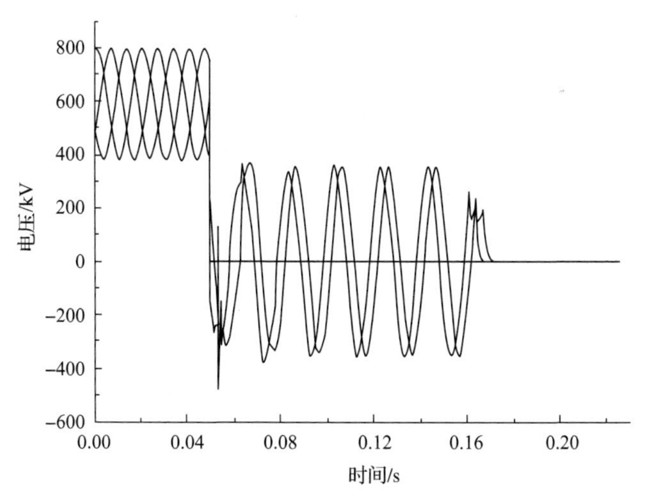

图 6-13　VSC 侧高端阀组柔直变压器阀侧相对地电压波形
（高端柔直变压器阀侧单相接地）

直流极线故障时高端阀组换流变压器中性点直流偏置降为零，交流分量仍维持在变压器阀侧电压，波形如图 6-14 所示。

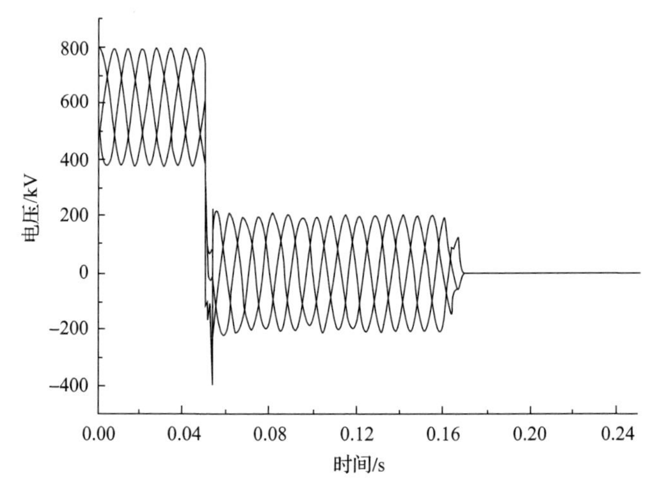

图 6-14　VSC 侧高端阀组柔直变压器阀侧相对地电压波形(直流极线故障)

3) V 型避雷器

对于双极系统,若柔直变压器阀侧接地故障下 MMC 过电压超过其耐受能力,则需要配置 V 型避雷器。V 型避雷器端间承受的是该桥臂投入模块的电压和。当逆变侧柔直变压器阀侧接地故障发生后，V 型避雷器将在送端闭锁前吸收直流输送能量，因此 V 型避雷器能量较高，需要使用多只避雷器并联方式。对于常规直流，阀避雷器的最严苛故障为送端换流阀侧接地短路故障，但由于常规直流电流方向不能改变，故障后阀避雷器只承受线路能量。所以，相同容量、相同电压等级情况下，柔性直流输电系统换流站的阀避雷器能量要高于常规直流。

以±800kV 柔性直流输电系统为例，正常运行时，桥臂端间电压随着投入的模块数量增加而增加，在 0～400kV 范围内变动，波形如图 6-15 所示。

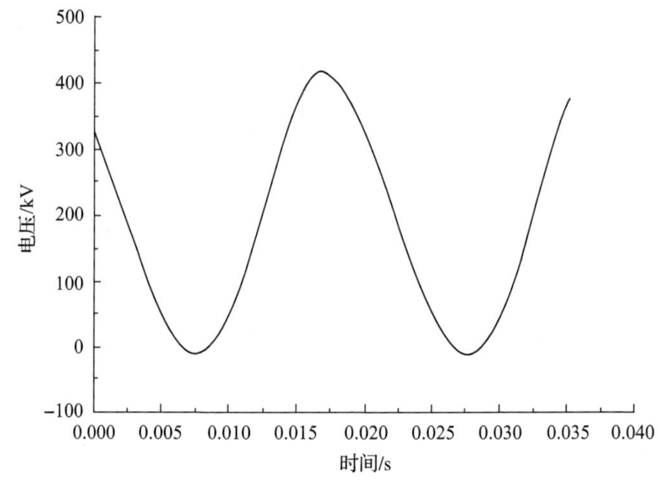

图 6-15　桥臂端间稳态电压波形

当高端阀组换流变压器阀侧发生接地短路时，上桥臂端间出现过电压并引起模块过电压，波形如图 6-16 所示。高端阀组上桥臂端间需加装 V 型避雷器保护，由图 6-15 可见，V 型避雷器稳态运行电压在一个周波内在 0～400kV 变化，取 CCOV 为 400kV。另外，考虑到高端阀组换流变压器阀侧接地故障情况，该避雷器在送端保护动作前承受直流输送的能量，为了减少避雷器并联柱数，选取了较高的参考电压(550kV)。

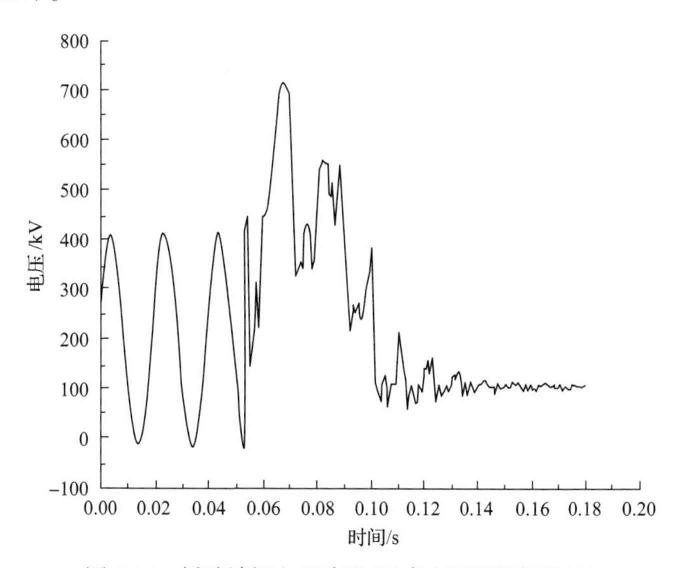

图 6-16　桥臂端间电压波形(柔直变压器阀侧接地)

4) E 型避雷器

双极系统存在中性母线，需要配置 E 型避雷器保护中性母线相关设备。

正常运行时，VSC 侧中性母线对地电压为直流电流的等效直流分量和交流分量在接地极线路产生的压降之和，因此 VSC 侧中性母线稳态运行最大电压与接地极线路参数、接地电阻、运行方式、接地点位置等因素有关，确定以上参数后可得出中性母线对地最大运行电压幅值。

当发生直流极线接地故障或者换流变压器阀侧接地故障时，由故障点—换流变压器—桥臂电抗器—阀组—中性母线—接地极线路—接地极形成故障回路，引起中性母线电压升高，需要在中性母线直流电抗器两端分别安装 E1、E2 型避雷器保护中性母线设备。其中 E1 型避雷器参考电压选取较高，主要出于两方面考虑：①充分利用中性母线电抗器降低故障电流上升率；②减少中性母线电抗器阀侧避雷器并联柱数，有利于避雷器均流。这将导致 E1 型避雷器位置的中性母线绝缘水平比同电压等级的常规直流高。E2 型避雷器参考电压与常规直流中性母线避雷器一致。

5）BR 型避雷器

柔性直流输电系统的桥臂电抗器并联 BR 型避雷器进行过电压防护，可显著降低桥臂电抗器绝缘耐受水平，节约工程造价。正常运行时，BR 型避雷器承受桥臂电抗器端间电压，主要为工频电压及二次谐波。当柔性直流换流阀闭锁时，由于较大的电流变化率会导致桥臂电抗器端间出现过电压，该过电压呈现雷电特性，BR 型避雷器可有效降低该过电压幅值。

运行时，桥臂电抗器端间最大电压可由桥臂最大电流交流分量乘以桥臂电抗器阻抗得出，其中桥臂电流交流分量分别考虑基频和二倍频电流（按 30%基频电流考虑），波形如图 6-17 所示。

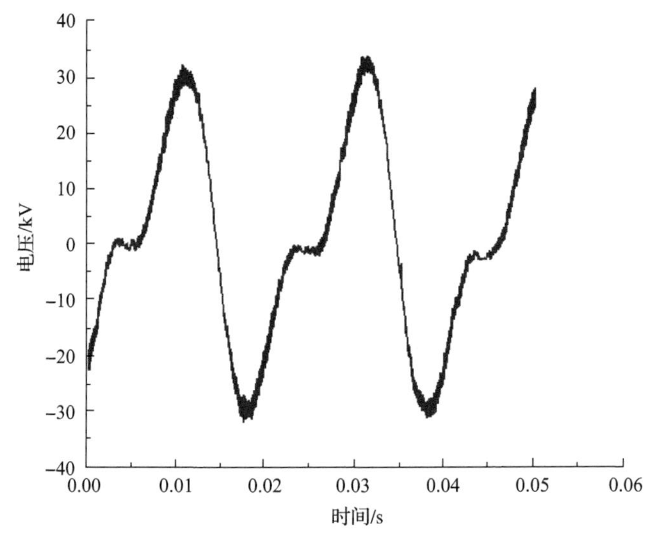

图 6-17 桥臂电抗器端间电压波形

当 VSC 侧闭锁时，桥臂电抗器截流引起端间过电压，如图 6-18 所示，需加装 BR 型避雷器保护。由于 CCOV 较低，BR 型避雷器参考电压的选取主要考虑桥臂电抗器绝缘水平的影响。

6）D 型避雷器

柔性直流输电系统的极母线 D 型避雷器在系统正常运行时承受电压与常规直流类似，但承受的故障工况有所不同。对于常规直流，D 型避雷器主要作用为防护极线位置的雷电侵入波与直击雷；对于柔性直流，D 型避雷器除具备上述作用外，还应考虑承受操作过电压的工况，包括柔性直流换流阀闭锁引起的极线电压升高。在 D 型避雷器参数选取时需充分考虑上述工况。

由于采用基于 MMC 的柔性直流输电技术，因此正常运行时直流极线直流电压谐波很低。

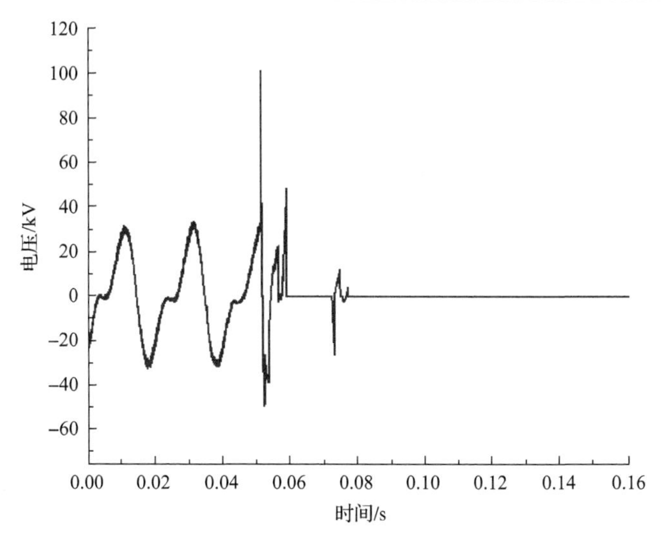

图 6-18　VSC 闭锁引起桥臂电抗器端间过电压波形

以±800kV 柔性直流为例，当受端 VSC 侧闭锁而送端未闭锁时，送端电流向线路等效电容充电，导致直流线路电压上升，波形如图 6-19(a)所示。可见闭锁后直流电压最大上升至约 1500kV，由于常规直流±800kV 工程直流极母线操作冲击绝缘水平为 1600kV，绝缘裕度下降至 1%，不满足国标《绝缘配合 第 3 部分：高压直流换流站绝缘配合程序》(GB/T 311.3—2017)规定 15%的要求。因此，极母线对地需要配置 D 型避雷器保护。另外，D 型避雷器也起到防护雷电侵入波的作用。配置 D 型避雷器后 VSC 侧闭锁，直流电压波形如图 6-19(b)所示。

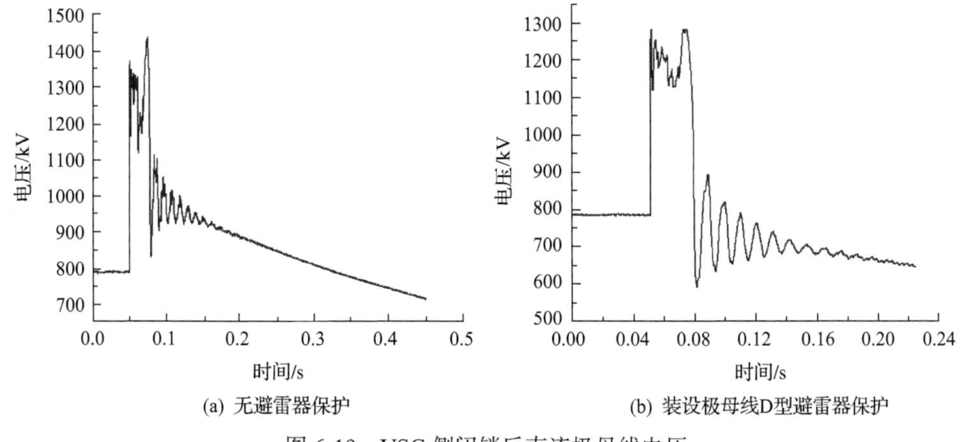

图 6-19　VSC 侧闭锁后直流极母线电压

对于送端，考虑到测量装置测量误差的影响，最大直流电压按±816kV 考虑，受端 VSC 侧直流电压由于线路压降的作用会略低于送端，直流极线避雷器配置时按送受端同型考虑，CCOV 取 816kV。

7）C1、C2 型避雷器

对于双阀组串联结构的柔性直流输电系统，可安装 C1、C2 型避雷器，分别防护低端、高端阀组端间的过电压。避雷器配置位置与常规直流输电系统一致。与常规直流输电系统 C1、C2 型避雷器的差别主要体现在以下两个方面：

⑴柔性直流输电系统 C1、C2 型避雷器稳态运行电压低于同电压等级的常规直流输电系统，主要原因为柔性直流阀组端间电压谐波含量低，常规直流阀组端间电压含有明显的 12 脉动分量。

⑵故障工况下柔性直流输电系统 C1、C2 型避雷器能量比常规直流输电系统高，主要原因为柔性直流输电系统没有常规直流输电系统逆变侧的旁通对，当柔性直流阀组连接点接地故障或高端阀组短路故障时，阀组避雷器 C2 或 C1 动作，动作期间相当于为阀组提供了旁路通路，因此避雷器吸收直流能量直至对侧换流阀闭锁。

以±800kV 柔性直流输电系统为例，正常运行时，VSC 定电压侧分别控制每个阀组电压，送端最大直流电压不超过 816kV，因此受端单个阀组电压不超过 408kV，波形如图 6-20 所示。

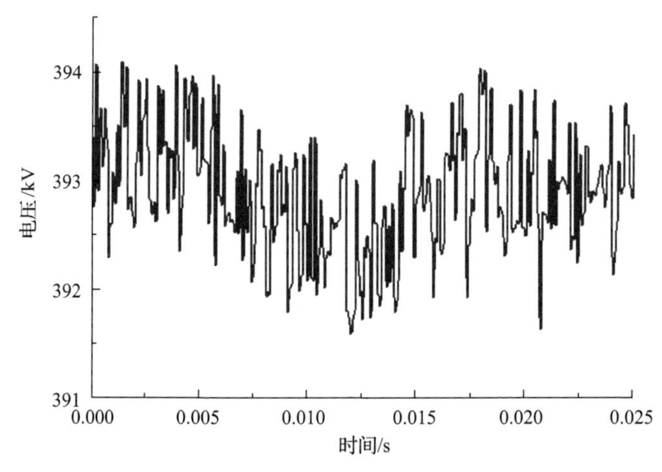

图 6-20　高端阀组端间正常运行电压波形

当 VSC 侧 400kV 母线接地短路后，由于高端阀组电压控制在 400kV，阀组端间电压短时内变化不明显，当高端阀组闭锁后，阀组高端电压上升导致高端阀组端间出现过电压，波形如图 6-21 所示。

高端阀组端间过电压由 C2 型避雷器保护，避雷器动作后将与送端及故障点形成回路，承受送端闭锁前的直流功率，因此 C2 型避雷器为高能避雷器。由前

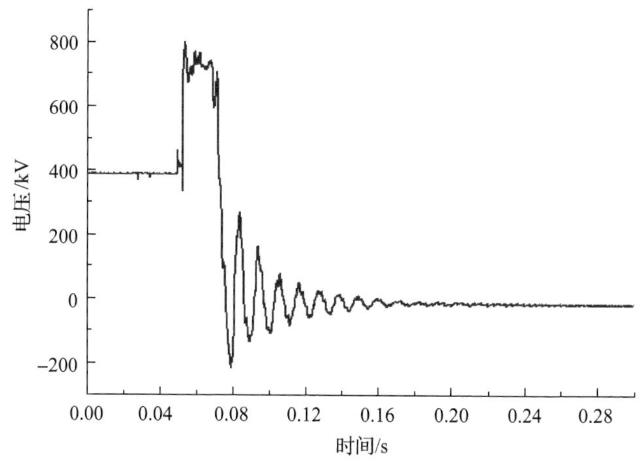

图 6-21　400kV 母线接地故障高端阀组端间电压波形

面高端阀组稳态运行电压分析可取 C2 型避雷器 CCOV 值为 408kV。C2 型避雷器布置于阀厅内，运行条件较好，但故障时承受能量较大，为减少避雷器并联柱数，可适当选择较高的参考电压。低端阀组端间稳态承受电压与参数选取方法与 C2 型避雷器相似。

3. 对称单极接线方式避雷器的特点

对称单极结构的拓扑结构需要的避雷器种类少，但为了防止故障时避雷器上的能量过大，其参考电压的限制因素较多，需要在避雷器的保护水平和避雷器安全之间考虑平衡。

1) A 型避雷器

A 型避雷器安装在柔直变压器进线位置，其电压波形特征为对称的工频交流电压。A 型避雷器荷电率选择可参考常规直流输电工程的 A 型避雷器，其参考电压应不大于交流侧线路避雷器和母线避雷器。

2) A1、A2 型避雷器

A1 型避雷器安装在柔直变压器阀侧、A2 型避雷器安装在桥臂电抗器阀侧。由于桥臂 100Hz 环流在桥臂电抗器上的压降较小，且正常工况下均会投入环流抑制功能，因此 A1、A2 型避雷器电压波形特征为对称的工频交流电压。A2 型避雷器通常安装在户内，其污秽程度和运行条件均明显好于 A1 型避雷器，因此其荷电率可适当提高。但 A1、A2 型避雷器在直流母线接地故障、变压器/桥臂电抗器阀侧接地故障时，其过电压水平将达到 1.7～2.2p.u.，避雷器应力增大，过高的荷电率不利于保证避雷器本身的安全。

3)D 型避雷器

在柔直变压器阀侧发生接地故障或者对极直流母线发生接地故障时，直流母线的电压变为故障前的 1.8 倍或者 2 倍；对于半桥结构的多电平换流器，还应考虑在极母线发生故障且换流器闭锁后不应有较大的持续电流流过避雷器。

4)BR、SR 型避雷器

BR、SR 型避雷器主要用来限制换流器异常闭锁时的电流截流在电抗器两端产生的过电压。BR、SR 型避雷器上的工作电压均比较低，不是避雷器选择的限制性因素。

6.3.2 旁通晶闸管

针对柔性直流无旁通对的特性，可考虑在逆变侧加装旁通晶闸管，用于限制换流阀及极母线的过电压。旁通晶闸管的接线如图 6-22 所示，当柔直变压器阀侧发生接地故障时，桥臂过流保护闭锁 VSC 阀，并同时发出晶闸管导通指令。旁通晶闸管导通后可将直流电流旁路，切断 VSC 阀充电回路；同时，旁通晶闸管导通后形成直流极线对地短路，LCC 侧行波保护可快速检测故障闭锁 LCC 换流阀切断直流短路回路，即使站间失去通信的情况下仍可使 LCC 侧闭锁。

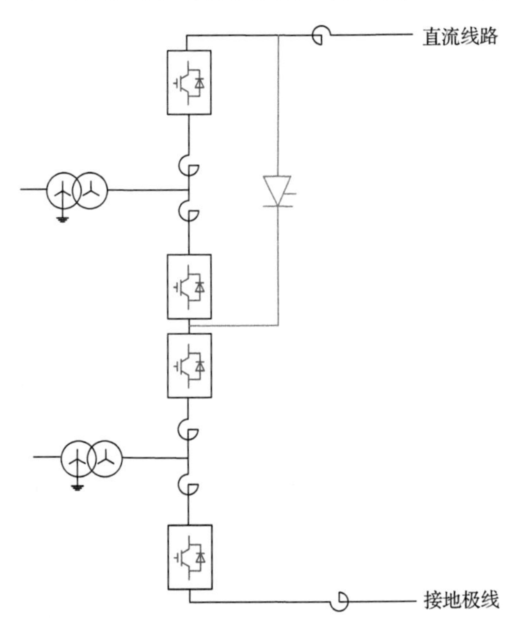

图 6-22　VSC 换流站加装阀组旁通晶闸管示意图

6.3.3 中性母线冲击电容器

为了限制中性母线以及接地极线路区域的过电压，可选择在中性母线处加装冲击电容器。其作用可减少过电压波形陡度以及减少反射波幅值。图 6-23 为同一典型工程中是否加装中性母线冲击电容器的过电压水平对比，中性母线加装冲击电容器后对接地极线路过电压分布有明显改善。

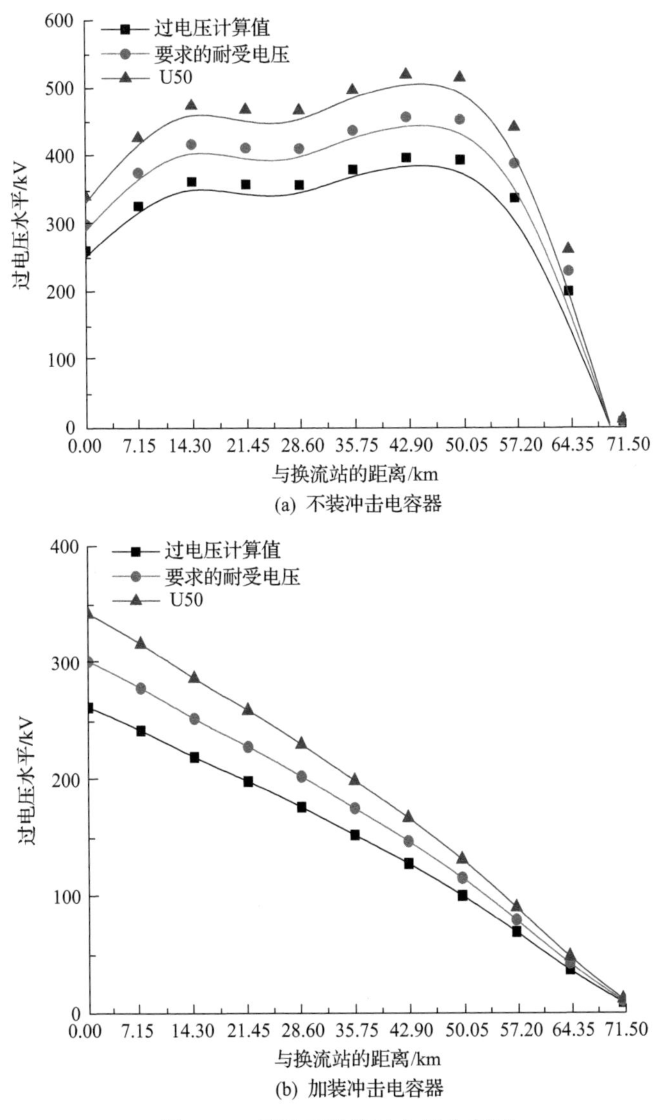

图 6-23　接地极线路过电压分布图

6.3.4　控制保护策略

对于常规直流输电系统，控制保护措施对过电压的影响主要体现在旁通对的投切策略。一般情况下，故障发生后执行投旁通对策略可降低极线区域以及阀区域的过电压。但某些故障下，如执行投旁通对操作将导致换流阀与换流变压器承受额外的电流冲击。

对于柔性直流输电系统，控制保护对过电压的影响主要体现在送端故障情况下受端的控制响应，是否有反向电流保护、控制的相关策略。

下面以送端 LCC、受端 VSC 的混合直流输电系统为例，分析电流反向保护的作用。

LCC 侧阀 400kV 母线接地故障闭锁后，若站间通信故障，VSC 侧重新建立直流电压可导致 LCC 侧 C2 型避雷器承受巨大能量。大功率下发生该故障后，上阀组继续运行。换流阀难以关断，保持导通，重点处电位箝制在 400kV 左右，因此 C2 型避雷器的过电压很低。小功率情况下，上阀组容易关断，关断后线路残余能量可导致 C2 型避雷器产生较高的过电压，且直流电流反向后易造成 C2 型避雷器能量过载损坏。

图 6-24(a)为送端 LCC 侧 400kV 母线接地故障，站间失去通信情况下，高端阀组 C2 型避雷器电压、电流、能量波形。图 6-24(b)为相同情况下，受端 VSC

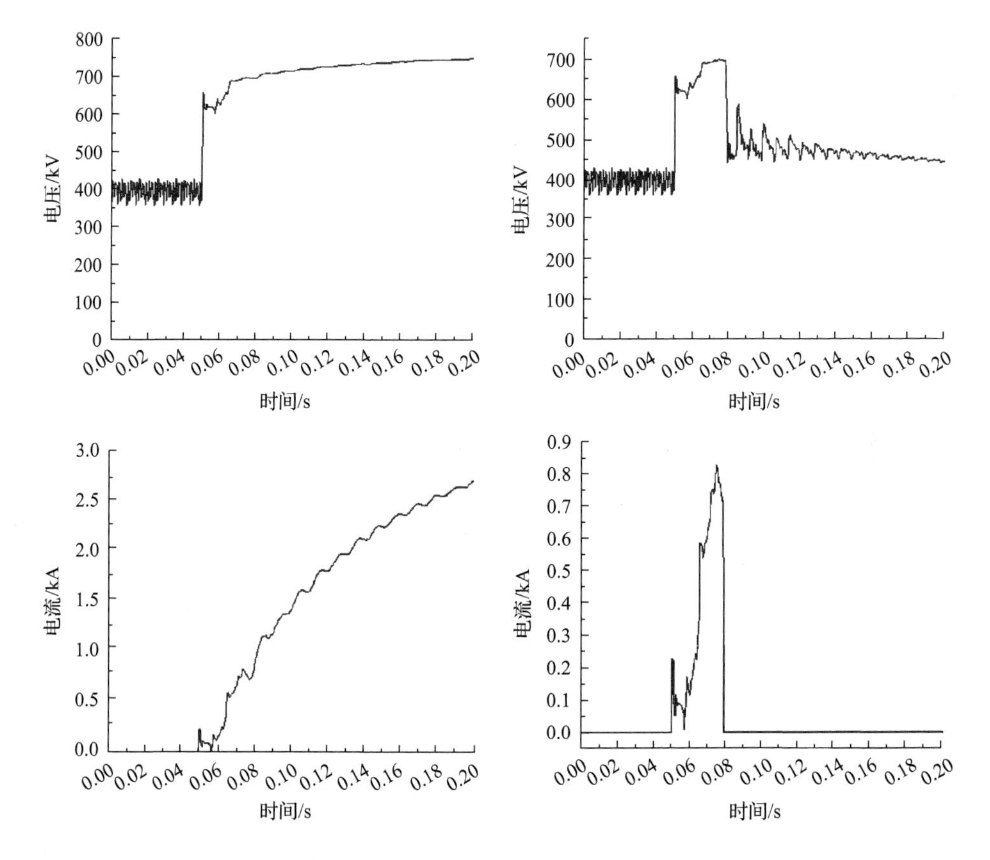

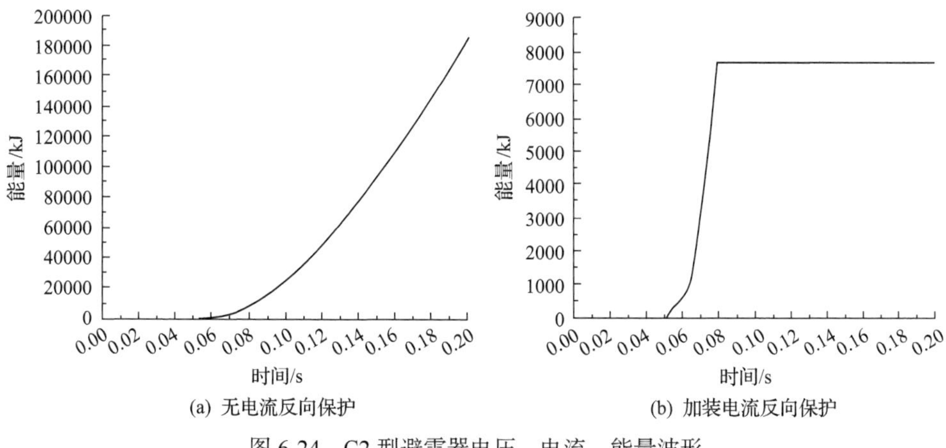

(a) 无电流反向保护　(b) 加装电流反向保护

图 6-24　C2 型避雷器电压、电流、能量波形

侧加装电流反向保护，LCC 侧 C2 型避雷器电压、电流、能量波形。其中电流反向保护检测直流电流方向相反后延时 20ms 动作。从计算结果可以看出，在故障情况下，VSC 侧加装电流反向保护可以大大降低 LCC 侧 C2 型避雷器的能量。

6.3.5　耗能装置

耗能装置通常应用在海上风电柔性直流送出工程中。海上风电系统发生交流单相/三相系统接地故障时，海上风电系统流入直流输电系统的功率减少，直流母线电压降低，此种工况下不会引起直流侧过电压。但如果在故障期间发生暂时性闭锁，由于换流器采用全控器件，其关断电流的时间仅几微秒，换流器快速关断后变压器和桥臂电抗器上的储能向杂散电容充电会引起过电压，类似于截流。

陆上发生交流系统单相/三相接地故障时，陆上换流站向外输送的功率减小，但海上风电系统仍按照故障前功率向直流侧充电，引起模块和直流侧过电压。此种工况下由于桥臂内部有大量的电容存在，其直流电压上升的速度较慢，可以通过控制过电压限流等措施防止直流侧和模块电容上的电压过充，对于海上风电送出工程，为了减轻对海上风电送出的影响，通常在直流输电系统中设置耗能装置(chopper)来平衡受端交流系统故障导致的直流输送功率的减小，而非限制直流功率的方式。同样，若故障期间换流器闭锁，则会截流在桥臂电抗器和变压器上产生过电压。

图 6-25 和图 6-26 分别给出了在陆上交流系统持续单相、三相故障期间，直流极间电压波形，从波形上看，在陆上交流系统单相接地故障发生后，直流母线电压上升。由于模型中考虑了避雷器的作用，当施加在直流侧避雷器上的电压超过避雷器的参考电压后，盈余能量经由避雷器泄放，将电压维持住。但避雷器的

设计通常只用来考虑操作和雷电这样的短时过程，如果要通过避雷器来吸收持续的能量，成本会过高。同时，出于避雷器本身安全性的考虑，避雷器的参考电压取值不能太低，这样就导致相应的过电压水平较高，换流阀不宜在这样的电压下持续工作。因此，必须选择其他耗能方式。

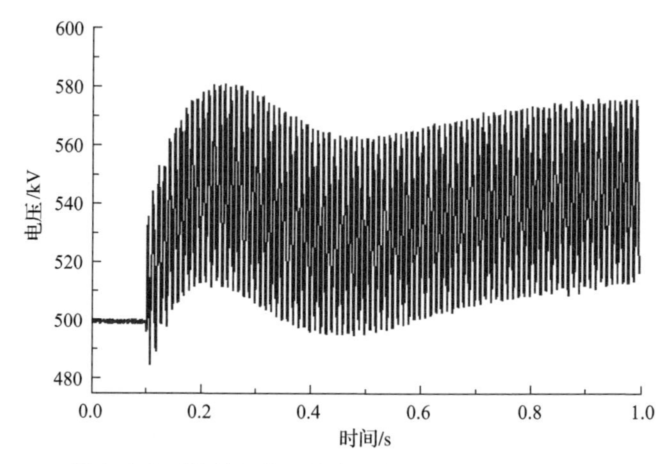

图 6-25　陆上交流系统单相接地故障时直流极间电压波形(无耗能装置)

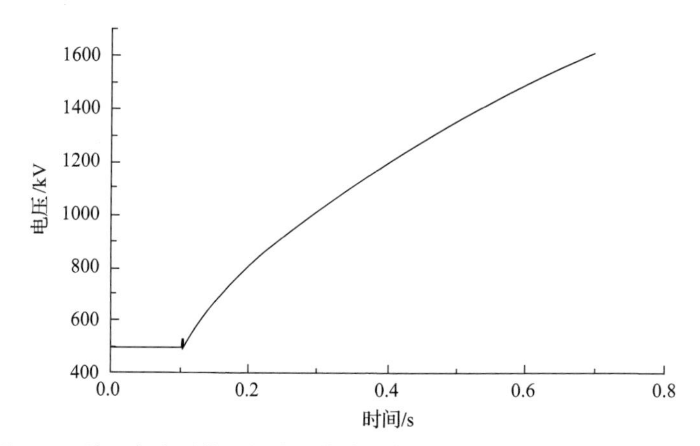

图 6-26　陆上交流系统三相接地故障时直流极间电压波形(无耗能装置)

图 6-27 和图 6-28 分别给出了在交流单相、三相故障时考虑采用直流耗能装置的方式来平衡无法继续送出的能量。从波形中可以看出，设置耗能装置后直流极间电压被控制在较低的水平。

除了海上风电工程，在远距离柔性直流输电工程中，考虑到受端故障时的长线路储能，可考虑在受端配置耗能装置。在新能源孤岛系统中，考虑到直流暂时性闭锁故障，需要配置交流耗能装置。

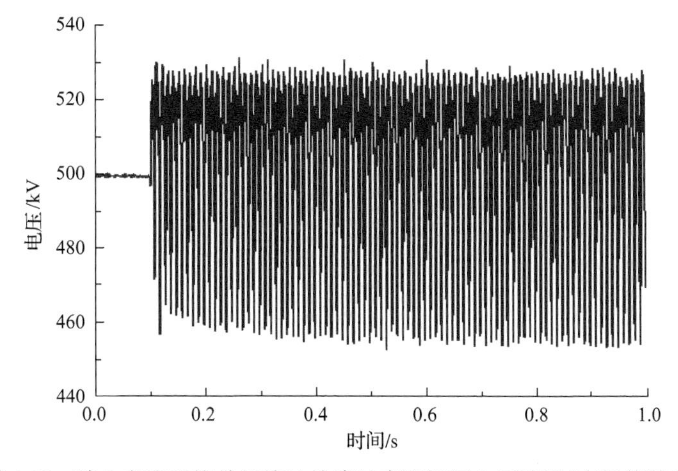

图 6-27　陆上交流系统单相接地故障时直流极间电压波形(有耗能装置)

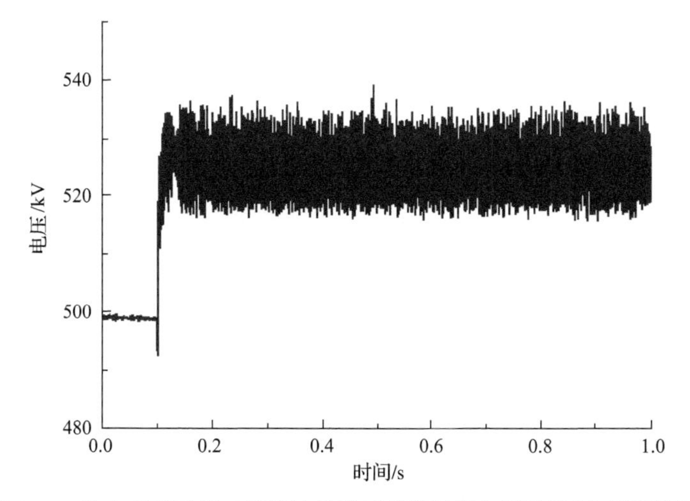

图 6-28　陆上交流系统三相接地故障时直流极间电压波形(有耗能装置)

6.4　柔性直流输电工程绝缘配合设计示例

本节分别针对特高压混合多端直流输电工程、背靠背柔性直流输电工程、海上风电送出工程给出典型的避雷器配置方案及换流站绝缘参数。

6.4.1　混合多端直流输电工程

以送端 LCC、受端 VSC 的±800kV、8000MW 特高压三端直流输电工程为例，其拓扑结构如图 6-29 所示，常规直流侧避雷器配置方案如图 6-30 所示，柔性直流侧避雷器配置方案如图 6-31 所示。对于常规直流换流站，其绝缘水平与±800kV

常规直流输电工程一致。对于柔性直流换流站，其避雷器参数、换流站关键节点绝缘水平分别见表 6-1 和表 6-2。

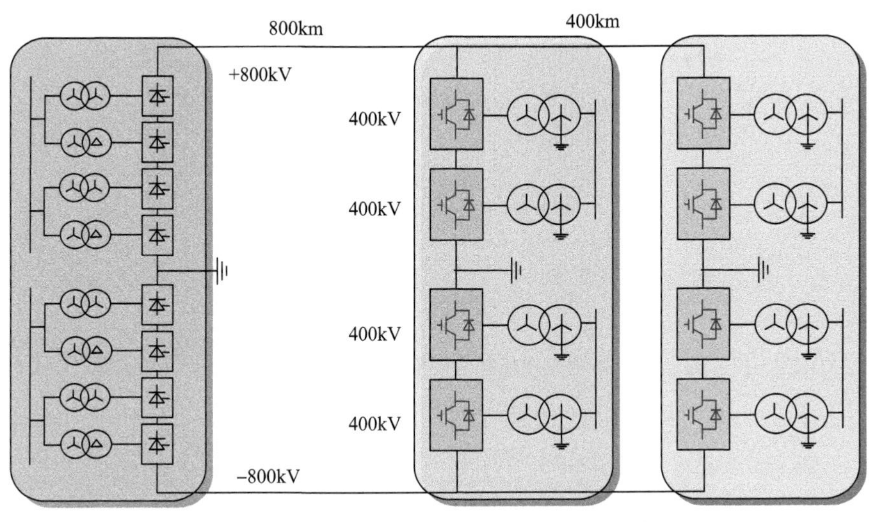

图 6-29　混合多端直流输电工程拓扑结构示意图

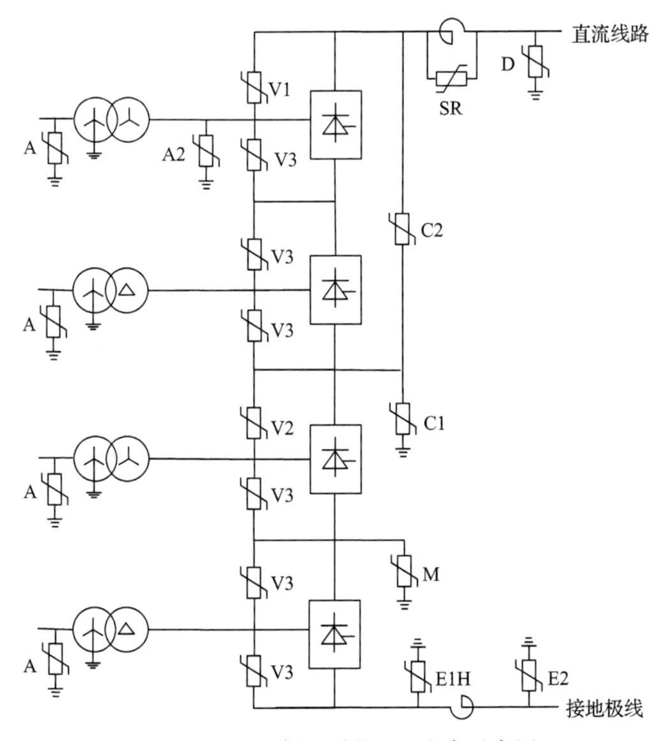

图 6-30　LCC 侧避雷器配置方案示意图

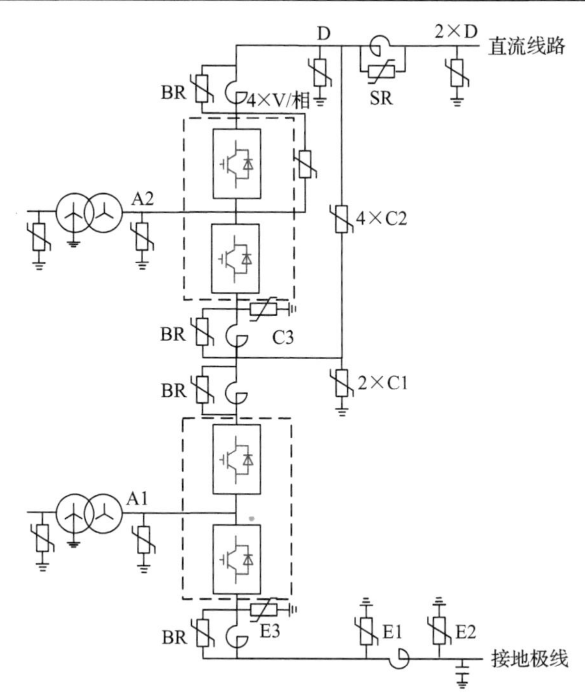

图 6-31　VSC 侧避雷器配置方案示意图

表 6-1　VSC 换流站交直流避雷器保护水平和配合电流

类型	A	A1	A2	D	BR	C2	C1	C3	E1、E3	E2	V	SR
CCOV/kV	449	408	816	816	48	408	408	456	120	75	408	40
LIPL/配合电流	906/10	698/10	1399/10	1610/20	499/10	1020/10	1020/10	1020/10	650/10	320/20	727/1	741/15
SIPL/配合电流	780/2	652/3	1308/3	1328/1	460/3.8	910/1.3	850/1.2	850/1.2	600/4	269/2	727/2	680/6.5
避雷器能量/MJ	6	5	8	15	3	12	12	3	6	3.6	10	4

注：LIPL 指雷电保护水平，单位 kV；SIPL 指操作保护水平，单位 kV；配合电流单位：kA。

表 6-2　VSC 换流站耐受电压和裕度

位置	雷电冲击耐受水平/操作冲击耐受水平*	裕度/%	保护避雷器
极母线对地	1950/1600	21/20	D
桥臂端间	850/850	17/17	V
高端换流变压器阀侧绕组对地	1800/1600	29/22	A2
阀组端间	1300/1050	27/15	C2、C1
低端换流变压器阀侧对地	1300/1050	86/61	A1
中性母线对地	850/750	31/25	E1

续表

位置	雷电冲击耐受水平/操作冲击耐受水平*	裕度/%	保护避雷器
接地极母线对地	450/325	41/21	E2
桥臂电抗器端间	650/550	30/20	BR
极线直流电抗器端间	1050/950	42/40	SR
中性母线直流电抗器端间	850/750	—	—
高端阀组上桥臂电抗器与阀连接点对地	1800/1600	—	—
高端阀组下桥臂电抗器与阀连接点对地	1300/1050	27/24	C3
低端阀组上桥臂电抗器与阀连接点对地	1300/1050	—	—
低端阀组下桥臂电抗器与阀连接点对地	850/750	31/25	E3

*雷电冲击和操作冲击耐受水平单位为 kV。

6.4.2　背靠背柔性直流输电工程

以±300kV、1500MW 背靠背柔性直流输电工程为例，其避雷器配置方案如图 6-32 所示。避雷器参数以及换流站关键节点绝缘水平见表 6-3～表 6-5。

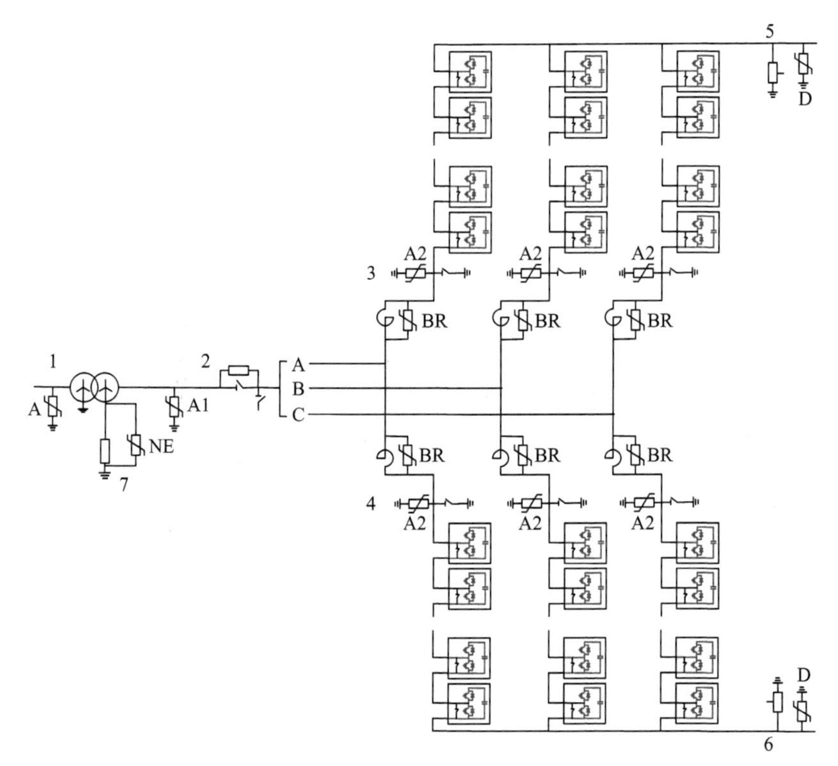

图 6-32　换流站避雷器配置和确定绝缘水平的位置

表 6-3　换流站避雷器保护水平和配合电流

类型	A	A1	A2	D	BR	NE
CCOV/MCOV	450kV	265kV	306kV	306kV	75kV	—
LIPL/配合电流	906/10	600/10	700/10	700/10	499/10	435/5
SIPL/配合电流	790/1.5	540/3	630/3	620/3	426/1	380/1
避雷器能量/MJ	4.5	6	3	8	1	1

注：LIPL 和 SIPL 单位为 kV；配合电流单位为 kA。

表 6-4　换流站各点端对地绝缘水平

位置	柔直变压器一次侧 1	柔直变压器二次侧 2	柔直变压器阀侧中性点 7	相电抗器阀侧 3、4	直流母线 5、6
保护避雷器类型	A	A1	NE	A2	D
LIPL/kV	906	600	435	700	700
LIWV/kV	1550	950	550	950	950
雷电裕度/%	71	58	26	35	35
SIPL/kV	790	540	380	630	620
SIWV/kV	1175	750	450	750	750
操作裕度/%	49.8	39	18	19	20

注：LIWV 指雷电耐受水平，SIWV 指操作耐受水平。

表 6-5　换流站各点端对端绝缘水平

位置	阀电抗器端间 (2-3,2-4)	阀端间 (3-5,3-6)
保护避雷器类型	BR	—
LIPL/kV	499	—
LIWV/kV	650	1000
雷电裕度/%	30	—
SIPL/kV	426	—
SIWV/kV	550	1000
操作裕度/%	29	—

6.4.3　海上风电送出工程

以±250kV、1000MW 海上风电送出工程为例，其避雷器配置方案如图 6-33

所示。避雷器参数及换流站关键节点绝缘水平如表 6-6～表 6-8 所示。

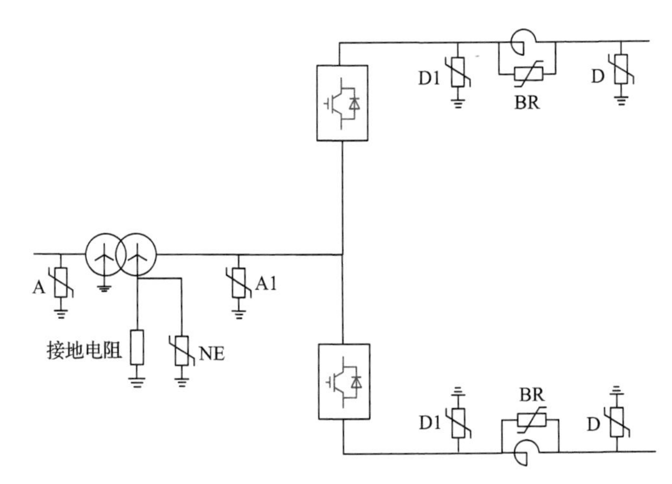

图 6-33　避雷器配置方案示意图

表 6-6　避雷器参数表

类型	A500	A220	A1	D1	D	BR	NE
CCOV/kV	318rms	146rms	173rms	295	255	—	—
U_{ref} /kV	560	300	400	400	400	260	210
柱数	2	2	4	4	4	1	3
LIPL/配合电流	906/10	485/10	600/10	600/10	600/10	430/10	350/10
SIPL/配合电流	780/1	420/1	550/3	550/3	550/3	390/2	285/1
避雷器能量/MJ	4.5	3	8	8	8	1	3

注：LIPL 和 SIPL 单位为 kV；配合电流单位为 kA。

表 6-7　各主要点对地绝缘水平选择

项目	保护避雷器类型	LIPL/kV	LIWL/kV	雷电裕度/%	SIPL/kV	SIWL/kV	操作裕度/%
550kV 柔直变压器接线	A500	906	1550	71	780	1175	51
220kV 柔直变压器进线	A220	485	950	96	420	650	55
直流母线	D	600	850	42	550	650	18
变压器阀侧	A1	600	850	42	550	650	18
桥抗阀侧	D1	600	850	42	550	650	18
桥抗（端间）	BR	430	650	51	390	550	41
变压器中性点	NE	350	450	29	285	350	23

表 6-8　主要设备端子间绝缘水平选择　（单位：kV）

	LIWL	SIWL
换流阀端子间	900	900
桥抗端间	650	550
变压器中性点电抗器端间	450	350
变压器中性点电阻端间	450	350

第 7 章　柔性直流输电接入系统稳定性

多直流馈入受端电网普遍存在负荷密度大、本地电源匮乏、外区送电比例高、直流落点密度大、交直流深度耦合、短路电流超标等特点，加之基于晶闸管的常规直流具有弱抗扰性，交流故障存在引起多个直流逆变器同时换相失败风险，导致大规模直流功率短时大范围无序转移，扩大交流故障影响范围；交流故障清除后直流输电换相失败恢复过程中吸收大量动态无功，对受端电网交流电压恢复再次形成冲击，易引发电压崩溃导致系统瓦解。因此，多直流同时换相失败是多直流馈入系统电压失稳的主要原因，在直流输电工程前期规划及可行性研究中通常考虑在换流站加装同步调相机或 STATCOM 等动态无功补偿设备来提高系统稳定裕度，但常规直流换相失败导致系统失稳的风险始终存在。随着西电东送规模进一步扩大，若继续采用常规直流输电技术，将使受端电网多直流馈入问题进一步复杂化、严重化；而柔性直流具有无换相失败、有功无功解耦控制并实现快速调节、短路电流可控等优越性，在受端采用柔性直流对改善交直流相互影响问题和提高电网稳定性的作用显著，是解决受端电网多直流馈入问题的重要技术方向。

本章首先介绍常规直流和柔性直流与交流系统的耦合机理，明确单直流馈入系统的电网强度评价指标(短路比(short circuit ratio，SCR))，进一步研究柔性直流接入多直流馈入系统的稳定性评估方法，提出计及柔性直流的多直流短路比，分析柔性直流对多直流馈入受端电网稳定性的提升作用，最后结合工程实例和远景规划分析柔性直流在电网中的应用。

7.1　单直流馈入系统交直流耦合机理

直流馈入交流系统，交直流之间的相互影响复杂、耦合性强、影响因素多，交流系统通过母线电压影响直流运行状态，直流通过向交流系统馈入有功/无功功率影响交流侧的运行状态。本节首先明确不同类型的直流馈入交流电网，系统层面决定系统能否稳定运行的主要限制因素；然后采取相应稳定的基本研究方法，结合交直流的控制运行特性，推导交直流输电系统临界稳定情况下系统状态参量和结构参量之间满足的解析关系式，根据该关系式定义相应的系统强度评价指标；最后根据该指标探讨确定交流系统对常规直流和柔性直流的电力接纳能力的差异。本节是后续探讨柔性直流接入多直流馈入系统稳定机理及评估方法的基础。

7.1.1 单馈入常规直流与交流系统的耦合机理

为研究单馈入常规直流与交流系统的耦合机理，本节先建立常规直流单馈入系统模型，在该模型的基础上明确静态电压稳定是限制系统能否稳定运行的决定性因素，然后采用静态电压稳定的基本研究方法，结合常规直流本身的控制特性与交流系统的潮流约束，推导传统单馈入系统静态电压稳定临界状态下系统状态参量和结构参量之间满足的关系式，根据该关系式定义明确解析的受端电网强度的评价指标有效短路比(effective short circuit ratio，ESCR)和临界有效短路比(critical effective short circuit ratio，CESCR)，最后通过仿真验证指标评价受端电网静态电压稳定裕度的准确性。下面首先介绍常规直流单馈入系统模型。

1. 传统单馈入系统模型

传统单馈入系统的等效电路模型如图7-1所示。其中，P_{dc}、Q_{dc}分别为常规直流输送的有功功率和消耗的无功功率；U_{dc}、I_{dc}分别为直流电压和直流电流；γ、μ分别为常规直流的关断角和换相角；X_T、T分别为换流变压器漏抗和变比；B_c、Q_c分别为补偿电容及其补偿的无功功率；P_{ac}、Q_{ac}分别为常规直流向交流电网传输的有功功率和无功功率；$U\angle\delta$为交流母线电压；$Z\angle\theta$为交流侧等值阻抗；$E\angle 0°$为交流侧等效电动势。

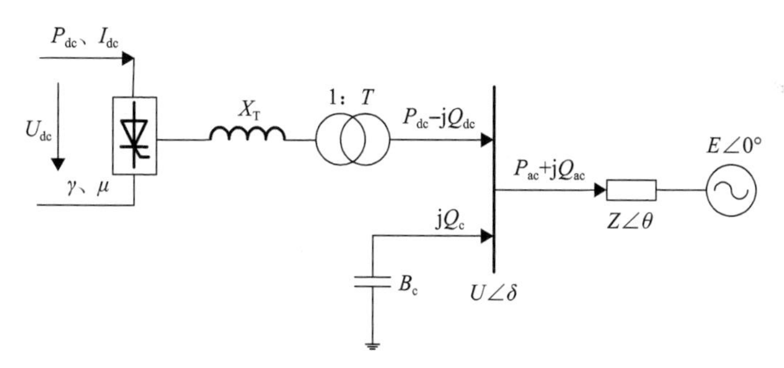

图7-1 传统单馈入系统的等效电路模型

文献[1]给出了传统单馈入系统的标幺值下的准稳态数学模型，具体表达式如下。其中系统功率基值取直流额定功率P_{dcn}，交流侧电压基值取直流馈入的交流母线的额定线电压U_{acn}，直流侧电压基值取额定直流电压U_{dcn}。

$$P_{dc} = CU^2[\cos(2\gamma) - \cos(2\gamma + 2\mu)] \tag{7-1}$$

$$Q_{dc} = CU^2[2\mu+\sin(2\gamma) - \sin(2\gamma + 2\mu)] \tag{7-2}$$

$$I_{dc} = KU[\cos\gamma - \cos(\gamma + \mu)] \tag{7-3}$$

$$P_{\mathrm{dc}} = U_{\mathrm{dc}} I_{\mathrm{dc}} \tag{7-4}$$

$$Q_{\mathrm{c}} = U^2 B_{\mathrm{c}} \tag{7-5}$$

$$P_{\mathrm{ac}} = \frac{1}{Z}[U^2 \cos\theta - UE\cos(\delta+\theta)] \tag{7-6}$$

$$Q_{\mathrm{ac}} = \frac{1}{Z}[U^2 \sin\theta - UE\sin(\delta+\theta)] \tag{7-7}$$

$$P_{\mathrm{dc}} - P_{\mathrm{ac}} = 0 \tag{7-8}$$

$$Q_{\mathrm{c}} - Q_{\mathrm{dc}} - Q_{\mathrm{ac}} = 0 \tag{7-9}$$

式中，C、K 分别为两个与换流站相关的常数，$C = \frac{3}{4\pi}\frac{S_{\mathrm{T}}}{P_{\mathrm{dcn}}}\frac{1}{X_{\mathrm{T}}}\frac{1}{T^2}$，$K = \frac{\sqrt{2}}{2}\frac{S_{\mathrm{T}}}{P_{\mathrm{dcn}}} \cdot \frac{1}{X_{\mathrm{T}}}\frac{1}{T}\frac{U_{\mathrm{dcn}}}{U_{\mathrm{acn}}}$。其余各物理量与图 7-1 相同。

式(7-1)～式(7-5)为常规直流在准稳态条件下的约束方程，式(7-6)、式(7-7)为直流向交流侧的功率传输方程，式(7-8)、式(7-9)为馈入节点的功率平衡方程。

当系统参数确定以后，根据以上数学模型可以得到关断角 $\gamma = 18°$ 时，直流功率随直流电流变化的曲线，该曲线称为最大功率曲线(maximum power curve，MPC)，其最高点对应的功率称为最大可传输功率(maximum available power，MAP)。

2. 传统单馈入系统受端电网强度评价指标

本节在传统单馈入数学模型的基础上，研究传统单馈入系统的运行特性，明确系统稳定的限制因素，推导系统临界稳定状态下系统结构量与状态量之间的关系，根据该关系定义常规直流受端电网强度评价指标。

选取交流侧阻抗 Z=0.461∠90°且关断角为 18°时直流功率与交流母线电压随直流电流的变化曲线，如图 7-2 所示。

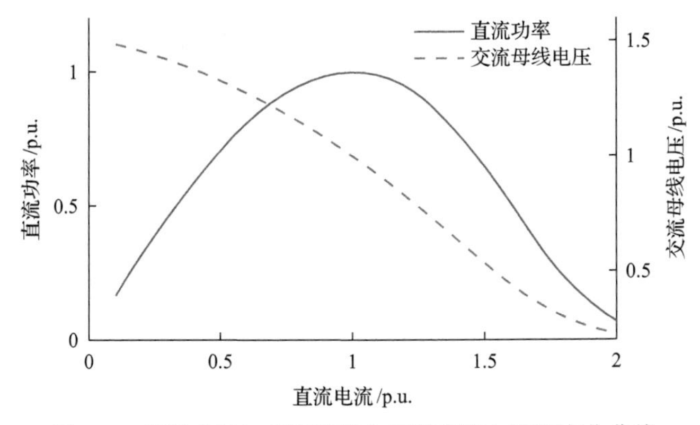

图 7-2　直流功率与交流母线电压随直流电流的变化曲线

可见随着直流电流的增加，交流母线电压下降，直流功率先升后降。以交流母线电压作为自变量，那么随着交流母线电压的下降，直流功率先升后降，传统单馈入系统的 P-V(直流功率与交流母线电压)曲线如图 7-3 所示。

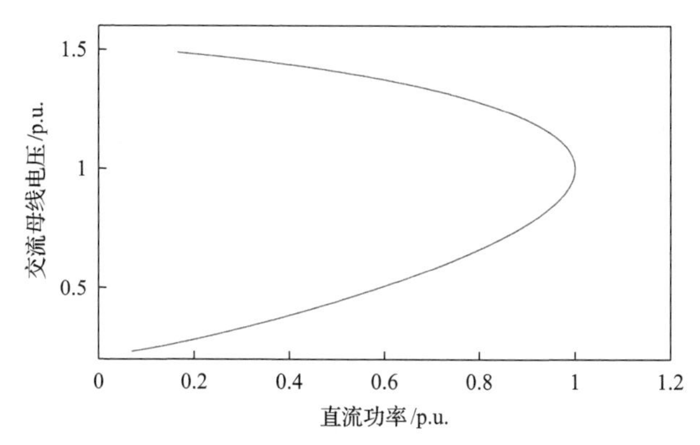

图 7-3　传统单馈入系统交流母线电压随直流功率的变化曲线

由传统单馈入系统的 P-V 曲线可以看出，P-V 曲线存在拐点，直流馈入功率存在最大值，传统单馈入系统稳定性在系统层面的决定性限制因素为静态电压稳定。下面采用静态电压稳定的基本研究方法，结合常规直流的控制特性对系统静态电压稳定临界状态下系统状态量和结构量之间的关系进行推导。

系统静态电压稳定的基本研究方法为通过静态电压稳定因子(voltage stability factor，VSF)判断系统静态电压稳定性和稳定裕度。VSF 的物理意义为母线微小无功注入与母线电压变化量的比值。VSF 等于 0 为系统静态电压稳定的临界状态，数值越大越稳定。

$$\mathrm{VSF}=\lim_{\Delta Q_0\to 0}\frac{\Delta Q_0}{\Delta U/U}\tag{7-10}$$

下面在传统单馈入系统中对 VSF 的解析表达式进行具体推导，为考虑补偿电容影响且表述简洁，将补偿电容等效到交流侧，得到如图 7-4 所示的等效单馈入系统。

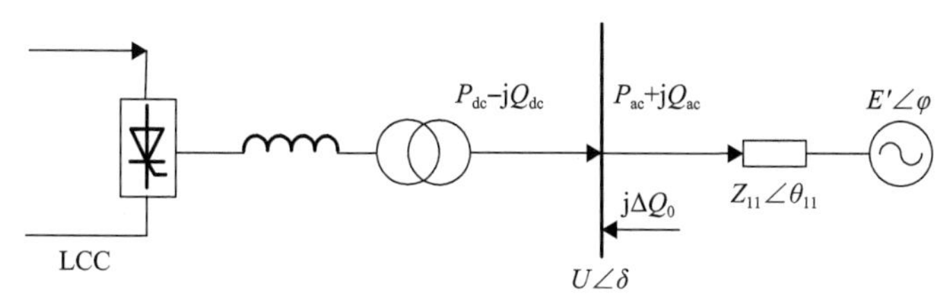

图 7-4　等效单馈入系统结构图

系统潮流方程如下：

$$P_{ac} = \frac{1}{Z_{11}}\left[U^2 \cos\theta - UE' \cos\left(\delta - \varphi + \theta_{11}\right)\right] \tag{7-11}$$

$$Q_{ac} = \frac{1}{Z_{11}}\left[U^2 \sin\theta - UE' \sin\left(\delta - \varphi + \theta_{11}\right)\right] \tag{7-12}$$

联立以上二式，并在假设交流侧阻抗角 $\theta = 90°$ 的情况下，根据 $\sin^2(\delta - \varphi) + \cos^2(\delta - \varphi) = 1$ 可以得到关于 U 的表达式(其中 Z 是交流侧忽略电阻后的等效电抗)：

$$f(U) = U^4 + (2Q_{dc}Z - E'^2)U^2 + P_{dc}^2 Z^2 + Q_{dc}^2 Z^2 = 0 \tag{7-13}$$

交流母线处有微小的无功注入 ΔQ_0 时，潮流约束 $F(U) = 0$ 的表达式仍然成立，故有

$$\frac{\partial f(U, \Delta Q_0)}{\partial U}\Delta U + \frac{\partial f(U, \Delta Q_0)}{\partial \Delta Q_0}\Delta Q_0 = 0 \tag{7-14}$$

联立式(7-10)和式(7-14)得

$$\text{VSF} = \lim_{\Delta Q_0 \to 0} \frac{\Delta Q_0}{\Delta U / U} = -\frac{U\dfrac{\partial f(U, \Delta Q_0)}{\partial U}}{\dfrac{\partial f(U, \Delta Q_0)}{\partial \Delta Q_0}} \tag{7-15}$$

式中

$$\begin{aligned} U\frac{\partial f(U, \Delta Q_0)}{\partial U} &= 2\left[U^4 - (P_{dc}^2 + Q_{dc}^2)Z^2 + U\frac{\partial Q_{dc}}{\partial U}(U^2 Z + Q_{dc}Z^2) + UP_{dc}Z^2\frac{\partial P_{dc}}{\partial U}\right] \\ \frac{\partial f(U, \Delta Q_0)}{\partial \Delta Q_0} &= -2(U^2 Z + Q_{dc}Z^2) \end{aligned} \tag{7-16}$$

进一步得到

$$\text{VSF} = \frac{U^4\left(\dfrac{1}{Z}\right)^2 - (P_{dc}^2 + Q_{dc}^2) + U\dfrac{\partial Q_{dc}}{\partial U}\left(U^2\dfrac{1}{Z} + Q_{dc}\right) + UP_{dc}\dfrac{\partial P_{dc}}{\partial U}}{U^2\dfrac{1}{Z} + Q_{dc}} \tag{7-17}$$

VSF 等于 0 等价于其分子等于 0，其中 $\partial P_{dc} / \partial U$ 与 $\partial Q_{dc} / \partial U$ 与常规直流的控制方式有关。常规直流的控制方式通常有三种，即定功率关断角、定电流关断角、

定功率(电流)与直流电压，相关文献[2]已经指出常规直流定功率关断角模式对系统静态电压稳定性影响最为显著，所以作为评价受端电网强度的规划性指标，短路比和临界短路比(critical short circuit ratio, CSCR)应该在常规直流定功率关断角的情况下进行定义。常规直流定功率关断角情况下的控制特性如下：

$$\begin{aligned}&\frac{\partial P_{\mathrm{dc}}}{\partial U}=0\\&\frac{\partial Q_{\mathrm{dc}}}{\partial U}=\frac{2}{U}[Q_{\mathrm{dc}}-P\tan(\gamma+\mu)]\end{aligned}\tag{7-18}$$

将式(7-18)代入式(7-17)，令其分子等于 0，可以得到静态电压稳定临界状态下系统状态参量与结构参量之间满足的解析关系式：

$$\frac{U^2}{ZP_{\mathrm{dc}}}=-\frac{Q_{\mathrm{dc}}}{P_{\mathrm{dc}}}+\tan(\gamma+\mu)+\frac{1}{\cos(\gamma+\mu)}\tag{7-19}$$

如果考虑交流侧阻抗角 $\theta\neq 90°$ 的情况，可采用类似的方法得到静态电压稳定临界状态下系统状态参量与结构参量之间满足的解析关系式：

$$\frac{U^2}{Z_{11}P_{\mathrm{dc}}}=\sin\theta_{11}\tan(\gamma+\mu)-\frac{Q_{\mathrm{dc}}}{P_{\mathrm{dc}}}+\sqrt{\left[\frac{1}{\cos(\gamma+\mu)}\right]^2-\cos^2\theta_{11}\left[\tan(\gamma+\mu)-\frac{Q_{\mathrm{dc}}}{P_{\mathrm{dc}}}\right]^2}\tag{7-20}$$

传统单馈入系统中静态电压稳定裕度的评价指标应根据式(7-20)进行定义，但评价指标的形式不需要固定，如果按照目前工程上对短路比指标的常规理解，有效短路比和相应的临界有效短路比的明确解析定义如下：

$$\mathrm{ESCR}=\frac{U^2}{Z_{11}P_{\mathrm{dc}}}\tag{7-21}$$

$$\begin{aligned}\mathrm{CESCR}=&\sin\theta_{11}\tan(\gamma+\mu)-\frac{Q_{\mathrm{dc}}}{P_{\mathrm{dc}}}\\&+\sqrt{\left[\frac{1}{\cos(\gamma+\mu)}\right]^2-\cos^2\theta_{11}\left[\tan(\gamma+\mu)-\frac{Q_{\mathrm{dc}}}{P_{\mathrm{dc}}}\right]^2}\end{aligned}\tag{7-22}$$

需要说明的是，ESCR 一般作为规划性指标使用，即认为母线电压和直流功率均为额定值，此时 ESCR 在数值上等于交流侧等效阻抗的倒数。但如果有必要也可以把 ESCR 作为运行性指标使用，此时式(7-21)中的电压和功率均为实际值，通过判断 ESCR 和相应 CESCR 的相对大小，判断任意系统状态是否静态电压稳定以及稳定裕度，下面对此进行具体说明。

对于额定状态为临界状态的情况，P_{dc}、ESCR、CESCR 随直流电流的变化曲线如图 7-5 所示(有效短路比按式(7-21)计算，但直流功率和母线电压按实际值代入)。

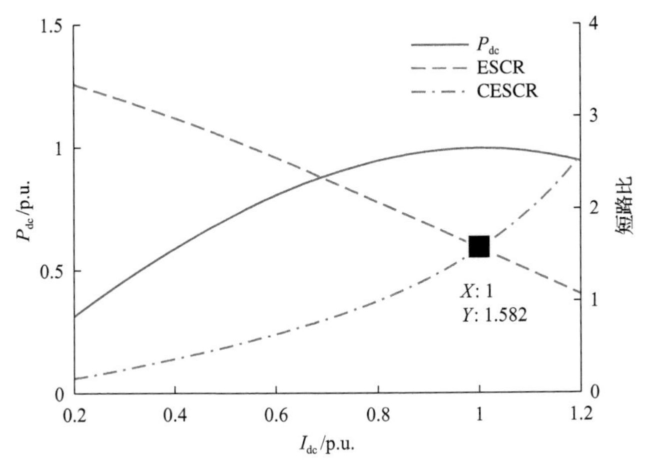

图 7-5　P_{dc}、ESCR、CESCR 随 I_{dc} 的变化曲线

由图 7-5 可见，随着直流电流的增加，ESCR 逐渐减小，CESCR 逐渐增大，P_{dc} 先增后降，ESCR 和 CESCR 相等的点对应功率曲线的拐点，也是常规直流可以在定功率关断角模式下稳定运行的临界状态。特别地，如果关心常规直流额定状态下系统的静态电压稳定性，将额定状态量代入式(7-22)得到的 CESCR 即为工程上常用的临界有效短路比，取值通常在 1.4～1.6。至此在传统单馈入系统中，对于系统任意状态，可以通过判断 ESCR 和 CESCR 的相对大小判断系统是否静态电压稳定及其稳定裕度。但需要注意 ESCR 和 CESCR 是常规直流定功率关断角模式下系统静态电压稳定的定量描述，这是一种严苛的情况，常规直流其他控制方式下的系统稳定性研究意义不大(整流侧定电流的方式工程上很少使用，逆变侧定直流电压不是系统静态电压失稳时的控制方式)，也和目前工程上对短路比的普遍理解不一致，本书不再赘述。

3. 仿真验证

前面研究已经指出传统单馈入系统中 ESCR 和 CESCR 是系统静态电压稳定性的定量描述，下面将在 PSCAD/EMTDC 下搭建传统单馈入系统的电路模型，通过电磁暂态仿真验证单馈入系统中有效短路比和临界有效短路比指标的有效性。

常规直流的参数如表 7-1 所示，其中系统功率基值为直流的额定功率，即 1000MW，交流侧电压基值为额定交流母线电压 230kV，常规直流控制环节的 PI 参数与 IEEE 的标准模型相同。

表 7-1　常规直流参数配置

P_{dcn}	T	X_T	S_T	γ	B_c
1.00	1	0.18	1.15	18°	0.59

交流侧参数的具体数值和系统短路比指标如表 7-2 所示，其中 ESCR 和 CESCR 的值可以根据式(7-21)、式(7-22)计算得到。

表 7-2　交流侧参数配置

Z	E	ESCR	CESCR
$0.461\angle 90°$	1.101	1.577	1.582

该参数配置下，单馈入系统的短路比基本等于临界值，若指标有效，则额定状态为系统静稳临界状态，功率曲线的拐点对应电流值应该为 1。该系统准稳态数值模型下的功率曲线如图 7-2 所示，功率曲线拐点电流值为 1。PSCAD 下常规直流整流侧定电流时，直流电流指令以 0.01p.u.为步长由 0.97 增加到 1.03 时直流功率的变化曲线如图 7-6 所示。可以看出，直流电流为 1p.u.时直流功率达到最大，即功率曲线的拐点电流为 1p.u.，这也就验证了单馈入系统中有效短路比指标的有效性。但是 PSCAD 下，常规直流达到的最大功率在 0.99p.u.左右，与数值模型仿真的结果 1p.u.有微小差别，这是因为数值模型是单馈入系统忽略谐波影响的准稳态模型，而 PSCAD 下是电磁暂态模型，两种模型并不完全一致。

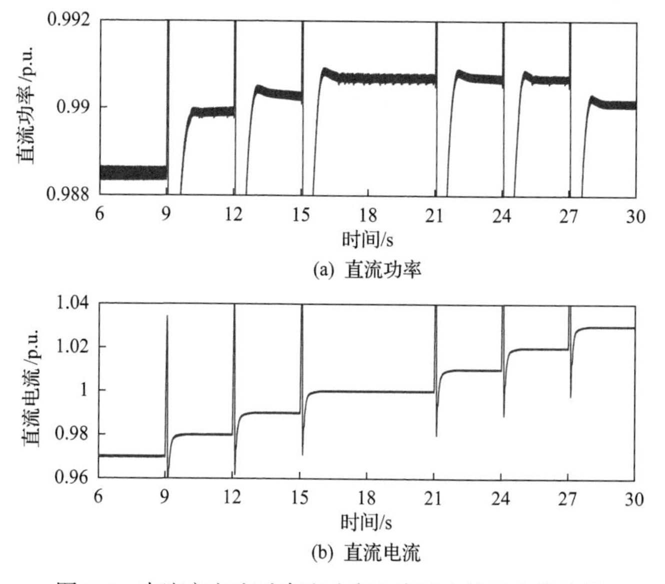

(a) 直流功率

(b) 直流电流

图 7-6　直流定电流时直流功率和直流电流的变化曲线

常规直流整流侧定功率，功率指令在 10s 时由 0.99p.u.调整到 0.992p.u.，直流功率和直流电流的变化曲线如图 7-7 所示。可见直流功率为 0.99p.u.时，直流电流为 0.97p.u.左右，直流功率为 0.992p.u.时直流电流超过 1p.u.，进而系统失稳，即常规直流在整流侧定功率、逆变侧定关断角的控制方式下无法稳定运行在功率曲线的右半支。这也就进一步证明了单馈入系统中通过有效短路比和临界有效短路比指标判断静稳裕度的有效性。

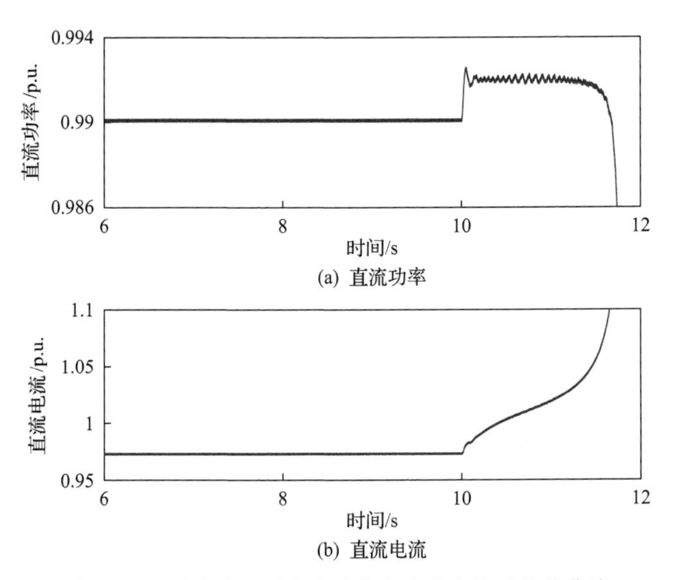

图 7-7　直流定功率时直流功率和直流电流的变化曲线

7.1.2　单馈入柔性直流与交流系统的耦合机理

7.1.1 节对常规直流与交流系统的耦合机理进行了研究，明确了 ESCR 和 CESCR 是常规直流定功率关断角情况下系统静态电压稳定的定量描述。本节采用类似的研究方法对柔性直流与交流系统的耦合机理进行研究，首先明确柔性直流不同控制方式下系统层面限制系统稳定运行的决定因素；然后采用相应稳定的基本研究方法推导临界稳定状态下系统结构参量与状态参量之间满足的解析关系式，根据该关系式定义相应的短路比和临界短路比指标；最后通过仿真验证所提指标的有效性，并讨论柔性直流无功功率对指标与受端电网强度的影响。下面首先介绍柔性直流单馈入系统模型。

1. 柔性直流单馈入系统模型

柔性直流单馈入系统的等效电路模型如图 7-8 所示。其中 P_{dc}、Q_{dc} 分别为柔性直流输送的有功功率和无功功率；P、Q 为向交流系统传输的有功功率和无功功率；ΔQ_0 为人为注入的微小无功波动；$U\angle\delta$为交流母线电压；$Z\angle\theta$为交流侧等值阻抗；$E\angle 0°$为交流侧等效电动势。

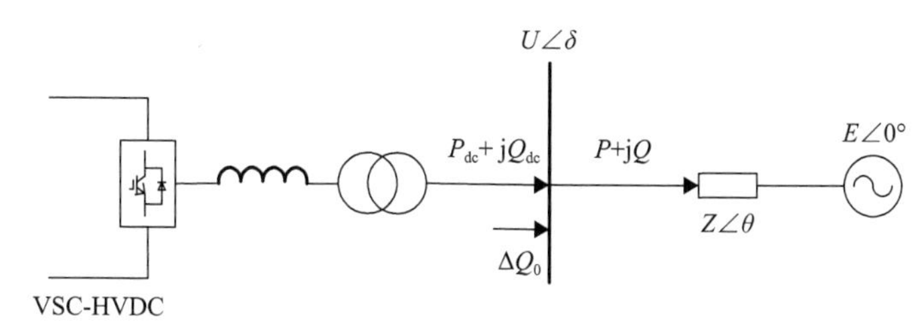

图 7-8　柔性直流单馈入系统结构图

柔性直流单馈入系统交直流之间的功率传输方程如下：

$$P=\frac{1}{Z}[U^2\cos\theta-UE\cos(\delta+\theta)] \tag{7-23}$$

$$Q=\frac{1}{Z}[U^2\sin\theta-UE\sin(\delta+\theta)] \tag{7-24}$$

式中

$$P=P_{dc},\quad Q=Q_{dc}+\Delta Q_0 \tag{7-25}$$

柔性直流的控制方式不同时，系统层面的稳定限制因素也不相同，下面对柔性直流定有功/无功功率(定 PQ)和定有功功率、交流母线电压(定 PV)两种情况进行讨论。

2. 柔性直流单馈入系统受端电网强度评价指标

7.1.1 节中指出，对于传统单馈入系统，常规直流的控制方式对系统稳定性有重要影响，在常规直流整流侧定功率、逆变侧定关断角的情况下系统静态电压稳定问题最为突出，而工程上普遍使用的短路比和临界短路比(和直流侧一次系统参数有关，大小约为 2)则是对传统定功率定关断角情况下系统静态电压稳定性的一种定量描述。同样在柔性直流单馈入系统中，柔性直流的控制方式也对系统的稳定性有重要影响，下面分柔性直流定 PQ 和定 PV 两种情况进行讨论。

1) 柔性直流定有功/无功功率

柔性直流控制方式为定 PQ 时，交流侧阻抗和电动势参数确定后，系统的 P-V 曲线如图 7-9 所示(柔性直流的无功功率固定)。

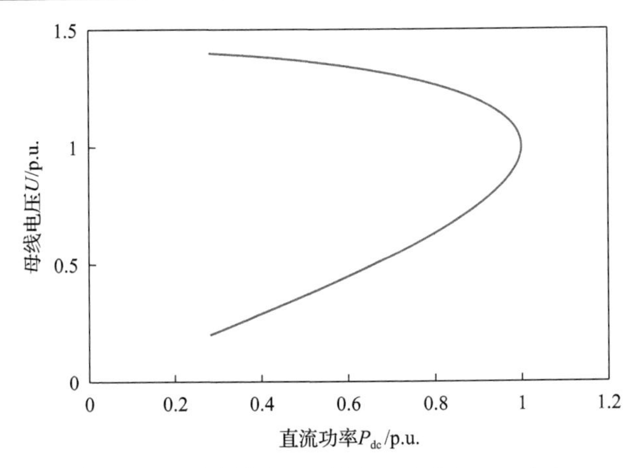

图 7-9　柔性直流定 PQ 模式下系统的 P-V 曲线

由图 7-9 可见，同传统单馈入系统中常规直流定功率关断角情况一样，柔性直流单馈入系统中，柔性直流定 PQ 时，静态电压稳定为系统能否稳定运行的主要限制因素，那么就可以仿照传统单馈入系统中短路比和临界短路比的推导过程，推导柔性直流单馈入系统中，柔性直流定 PQ 时系统静态电压临界稳定状态下系统状态量与结构量之间的关系，并根据该关系式定义柔性直流单馈入系统的短路比和临界短路比。

系统潮流约束（交流侧约束）、静态电压稳定的基本研究方法、柔性直流定 PQ 时的控制特性（直流侧约束）如下面三式所示：

$$f(U)=U^4-(2PZ\cos\theta+2QZ\sin\theta+E^2)U^2+P^2Z^2+Q^2Z^2=0 \tag{7-26}$$

$$\text{VSF}=\lim_{\Delta Q_0\to 0}\frac{\Delta Q_0}{\Delta U/U}=-U\frac{\partial f/\partial U}{\partial f/\partial \Delta Q_0} \tag{7-27}$$

$$\frac{\partial P_{\text{dc}}}{\partial U}=0,\quad \frac{\partial Q_{\text{dc}}}{\partial U}=0 \tag{7-28}$$

三者联立即可得到柔性直流单馈入系统在柔性直流定 PQ 模式下，静态电压稳定临界状态时，系统状态参量和结构参量之间满足的关系式（或者直接将柔性直流控制特性即式（7-28）代入由静稳极限和交流约束决定的式（7-16））：

$$\frac{U^2}{ZP_{\text{dc}}}=\sqrt{1+\frac{Q_{\text{dc}}^2}{P_{\text{dc}}^2}} \tag{7-29}$$

柔性直流单馈入系统中的短路比和临界短路比应该根据式（7-29）进行定义，但其形式并不必须固定。若仿照传统单馈入系统中短路比的定义方法，则根据式(7-29)，柔性直流单馈入系统中短路比和临界短路比的定义如下：

$$\mathrm{SCR}=\frac{U^2}{ZP_{\mathrm{dc}}} \tag{7-30}$$

$$\mathrm{CSCR}=\sqrt{1+\frac{Q_{\mathrm{dc}}^2}{P_{\mathrm{dc}}^2}} \tag{7-31}$$

按照此定义，由式(7-31)可以发现，当柔性直流发出的无功功率与有功功率的比值在−0.3～0.3 变化时，CSCR 变化范围是 1～1.044，变化范围较小。

工程上通常将短路比作为规划性指标使用，即认为交流母线电压和直流功率均为额定值，此时 SCR 的大小仅取决于交流侧阻抗 Z，CSCR 大小基本为 1，可近似比较 SCR 与 1 的大小来判断系统静态电压稳定情况和稳定裕度。但是如果有必要，也可以将式(7-30)、式(7-31)定义的 SCR 和 CSCR 指标作为运行性指标使用，对于一个确定的运行状态，根据系统的实际状态计算 SCR 和 CSCR，比较二者大小，判断系统静态电压稳定情况和稳定裕度，下面对此进行具体说明。

对于额定状态为临界状态的情况，交流母线电压、SCR、CSCR 随直流有功功率的变化曲线如图 7-10 所示(短路比按式(7-30)计算，但直流有功功率和母线电压按实际值代入)。

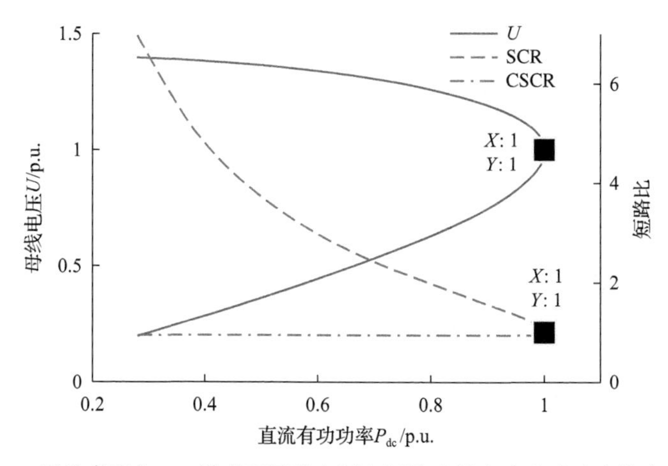

图 7-10　柔性直流定 PQ 模式下母线电压和短路比随直流有功功率的变化曲线

由图 7-10 可见，随着直流有功功率的增加，交流母线电压逐渐下降，额定工作点为系统静态电压稳定的临界状态。同时可以发现，随直流有功功率增加，SCR 逐渐减小，CSCR 保持不变，直流达到额定有功功率时，SCR 等于 CSCR，说明 SCR 等于 CSCR 的状态为系统静态电压稳定临界状态，这验证了指标的有效性。另外可以发现，直流馈入的有功功率越小，SCR 值越大，系统静态电压稳定的裕度越大。至此在柔性直流单馈入系统中，对于系统任意状态可以通过判断 SCR 和 CSCR 的相对大小判断柔性直流定 *PQ* 时系统是否静态电压稳定及其稳定裕度。

2) 柔性直流定有功功率和交流母线电压

柔性直流定 *PV* 时，交流母线电压幅值为额定值(不考虑柔性直流容量限制)，此时交流母线的微小无功注入ΔQ_0导致的ΔU(由电压相位变化引起)很小，VSF 很大，静态电压稳定已经不是系统层面能否稳定的决定性因素。额定状态下(柔性直流输电系统发出额定有功功率，不发出无功功率，交流母线电压额定)短路比等于临界值的系统，柔性直流定 *PV* 模式下(电压指令为 1.0p.u.)，交流母线相角δ在 0°～180°变化时，直流有功功率和无功功率的变化情况如图 7-11 所示。

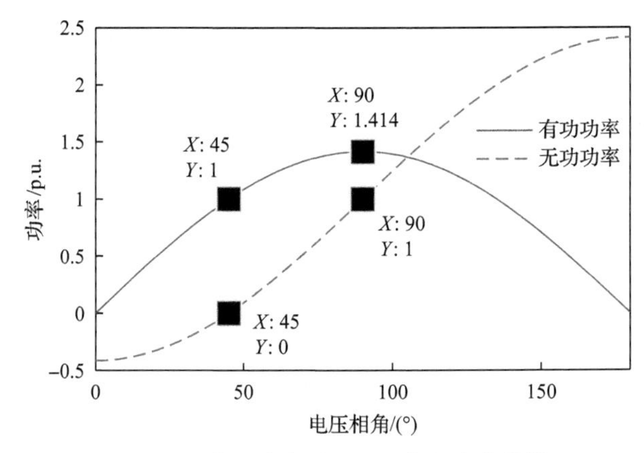

图 7-11　直流功率随电压相角的变化曲线

由图 7-11 可见，柔性直流定 *PV* 时功角是否稳定为系统层面决定系统能否稳定运行的主要因素。对于柔性直流定 *PQ* 时额定状态即为临界状态的系统，柔性直流的控制方式改为定 *PV* 时，柔性直流的有功最大馈入量由 1p.u.增加到 1.41p.u.，但相应的无功馈入量也由零增加到 1p.u.，而此时的柔性直流的无功出力已经超过工程上一般设计的无功容量(昆柳龙直流工程广东侧柔性直流输电系统的有功、无功配比为 1:0.2)。所以对于柔性直流定 *PV* 的情况，在不考虑柔性直流容量限制的情况下，系统层面限制系统稳定运行的因素为功角稳定，但在达到功角稳定之前，柔性直流输电系统的无功出力已经达到限幅，所以如果考虑柔性直流输电系统容量限制，应该继续在柔性直流定 *PQ* 的情况下讨论系统的稳定性。

如果忽略柔性直流输电系统容量限制，功角稳定临界状态下系统状态量与结构量之间的关系可以通过式(7-23)令δ=90°得到：

$$P=\frac{1}{Z}(U^2\cos\theta+UE\sin\theta) \tag{7-32}$$

但作为规划性指标，柔性直流单馈入系统的短路比和临界短路比应该反映恶劣工况下系统的稳定性，不应该根据式(7-32)定义(传统单馈入系统中的短路比指标也仅是对常规直流定功率关断角情况下系统静态电压稳定性的定量描述)。

3. 仿真验证

前面分析已经明确了柔性直流不同控制方式下，系统层面限制系统能否稳定运行的决定因素，并在柔性直流定 PQ 模式下定义了柔性直流单馈入系统的短路比和临界短路比。本节将对指标有效性进行验证，并讨论柔性直流无功对短路比指标和系统静态电压稳定裕度的影响。仿真的手段有 2 个：根据柔性直流单馈入系统的数学模型进行数值仿真；在 PSCAD 下搭建相应的柔性直流单馈入系统模型进行电磁暂态仿真。其中柔性直流的额定有功功率为 1000MW，并且具有 300Mvar 的无功调节能力。系统电压基值为交流母线额定电压 230kV，功率基值为柔性直流额定功率 1000MW。

首先验证柔性直流单馈入系统中，如果某个状态下短路比等于临界值，那么该状态为系统静态电压稳定的临界状态。交流系统参数如表 7-3 所示。

表 7-3　柔性直流单馈入系统交流侧参数

Z	θ	E
1.00	90°	1.414

交流侧系统参数确定后，可以根据式(7-23)和式(7-24)绘制柔性直流发出无功功率为零时系统的 P-V 曲线，同时可以通过式(7-30)和式(7-31)计算确定状态对应的 SCR 和 CSCR，结果如图 7-12 所示。

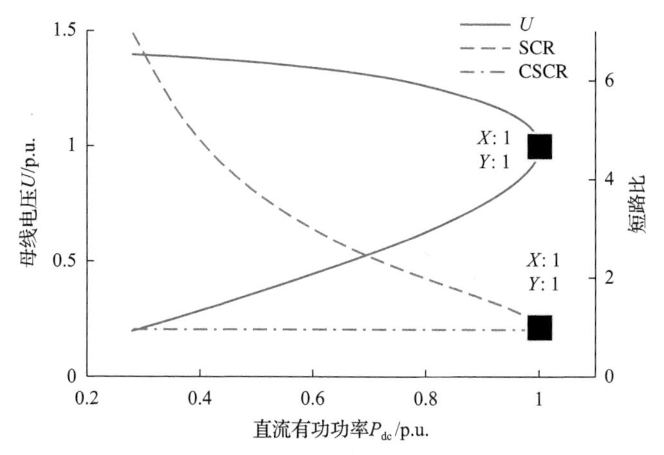

图 7-12　柔性直流定 PQ 模式下母线电压和短路比随直流有功功率的变化曲线

由图 7-12 可以发现，随着直流有功功率的增加，交流母线电压逐渐下降，额定工作点为系统静态电压稳定的临界状态。同时可以发现随着直流有功功率的增加，SCR 逐渐减小，CSCR 保持不变，在直流达到额定有功功率时，SCR 等于 CSCR，从而说明 SCR 等于 CSCR 的状态为系统静态电压稳定的临界状态，从而验证了指标的有效性。同时可以发现直流馈入有功功率越小，SCR 值越大，系统静态电压稳定裕度越大。

在 PSCAD 中搭建如图 7-8 所示的柔性直流单馈入系统，交流侧参数按表 7-3 确定。直流功率指令在 5s 时由 1p.u.调整为 1.005p.u.，交流母线电压变化曲线如图 7-13 所示。

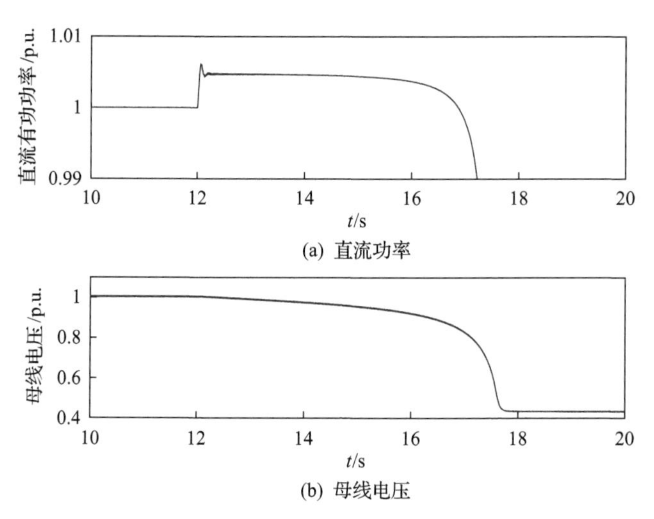

图 7-13　直流功率与交流母线电压的变化曲线

由图 7-13 可以发现，柔性直流有功功率为 1p.u.时，母线电压稳定在 1p.u.附近，柔性直流功率提升到 1.005p.u.时，系统失稳，这说明额定状态即为系统静态电压稳定临界状态，与数值仿真结果一致，进一步说明了指标的有效性。

接下来讨论定 *PQ* 控制方式下柔性直流无功功率对系统稳定性的影响，仍基于表 7-3 的单馈入系统，保持柔性直流有功功率为 1p.u.，探究柔性直流无功功率变化时，系统 SCR 和 CSCR 的变化情况以及柔性直流可馈入的最大有功功率，结果如图 7-14 所示。其中 SCR 和 CSCR 可以按照式(7-30)和式(7-31)计算得到，柔性直流可馈入的最大有功功率在数值模型下可以按照式(7-32)计算得到，PSCAD 下通过提升柔性直流有功指令值记录刚好使得系统不失稳的柔性直流有功功率得到。

由图 7-14 可见，随着柔性直流发出无功功率的增加，柔性直流可馈入的最大有功功率也随之增加，同时系统的 SCR 指标也相应增大，CSCR 指标基本不变，进一步说明可以通过比较指标和临界值的相对大小，判断系统静态电压稳定的裕度。

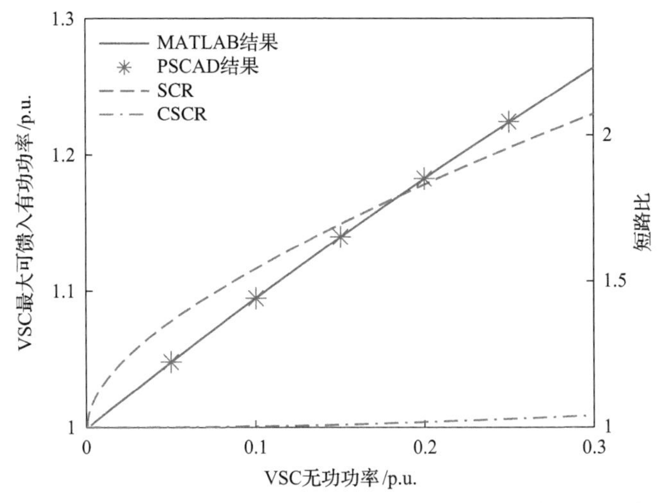

图 7-14　柔性直流最大有功功率和短路比随其无功功率的变化曲线

7.2　含柔性直流的多直流馈入系统交直流耦合机理及评估方法

7.2.1　柔性直流接入多直流馈入系统模型

混合多馈入系统的等效电路模型如图 7-15 所示，图中总共含有 n 条直流，其中直流 1 到直流 k 为常规直流，直流 $k+1$ 到直流 n 为柔性直流。

图 7-15 中 P_{ac1}、Q_{ac1}、$P_{\text{ac}k}$、$Q_{\text{ac}k}$、$P_{\text{ac}n}$、$Q_{\text{ac}n}$ 为直流向交流电网传输的有功功率和无功功率，P_{dc1}、Q_{dc1}、$P_{\text{dc}k}$、$Q_{\text{dc}k}$ 为常规直流发出的有功功率和消耗的无功功率，$P_{\text{dc}n}$、$Q_{\text{dc}n}$ 为柔性直流发出的有功功率和无功功率，I_{dc1}、$I_{\text{dc}k}$ 为常规直流的直流电流，$Z_{\text{c1}}\angle\theta_{\text{c1}}$、$Z_{\text{c}k}\angle\theta_{\text{c}k}$ 为常规直流的滤波和无功补偿设备，P_{c1}、$P_{\text{c}k}$、Q_{c1}、$Q_{\text{c}k}$ 为常规直流的滤波和无功补偿设备消耗的有功功率和补偿的无功功率，$U_1\angle\delta_1$、$U_k\angle\delta_k$、$U_n\angle\delta_n$ 为交流母线的电压，$E_1\angle0°$、$E_k\angle\varphi_k$、$E_n\angle\varphi_n$ 为交流系统的等效电动势，$Z_1\angle\theta_1$、$Z_k\angle\theta_k$、$Z_n\angle\theta_n$ 为交流系统的等效阻抗，$Z_{\text{t1}k}\angle\theta_{\text{t1}k}$、$Z_{\text{t1}n}\angle\theta_{\text{t1}n}$、$Z_{\text{t}kn}\angle\theta_{\text{t}kn}$ 为交流系统之间的连接阻抗。

混合多馈入系统标幺值下忽略谐波影响的准稳态数学模型如下。其中系统功率基值取常规直流 1 的额定功率 $P_{\text{dc1}n}$，交流侧电压基值取常规直流 1 馈入的交流母线的额定线电压 $U_{\text{ac1}n}$，常规直流的直流侧电压基值按照各自的额定直流电压 $U_{\text{dc}n}$ 进行选取。

$$P_{\text{dc}i}=C_iU_i^2\left[\cos2\gamma_i-\cos\left(2\gamma_i+2\mu_i\right)\right] \tag{7-33}$$

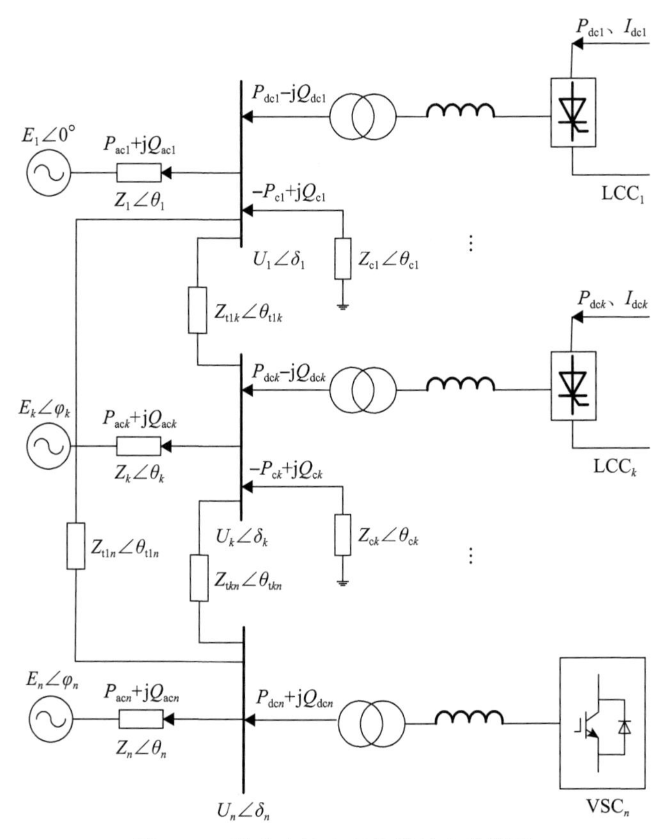

图 7-15　混合多馈入系统等效电路模型

$$Q_{dci} = C_i U_i^2 \left[2\mu_i + \sin 2\gamma_i - \sin(2\gamma_i + 2\mu_i) \right] \tag{7-34}$$

$$I_{dci} = K_i U_i \left[\cos\gamma_i - \cos(\gamma_i + \mu_i) \right] \tag{7-35}$$

$$P_{dci} = U_{dci} I_{dci} \tag{7-36}$$

$$Q_{ci} = -\frac{U_i^2}{Z_{ci} \sin\theta_{ci}} \tag{7-37}$$

$$P_{ci} = \frac{U_i^2}{Z_{ci} \cos\theta_{ci}} \tag{7-38}$$

$$P_{aci} = \frac{1}{Z_i} \left[U_i^2 \cos\theta_i - U_i E_i \cos(\delta_i + \theta_i - \varphi_i) \right] \tag{7-39}$$

$$Q_{aci} = \frac{1}{Z_i} \left[U_i^2 \sin\theta_i - U_i E_i \sin(\delta_i + \theta_i - \varphi_i) \right] \tag{7-40}$$

$$P_{\mathrm{dc}i} - P_{\mathrm{ac}i} - \sum_{j \neq i} P_{ij} = 0 \tag{7-41}$$

$$Q_{\mathrm{c}i} - Q_{\mathrm{dc}i} - Q_{\mathrm{ac}i} - \sum_{j \neq i} Q_{ij} = 0 \tag{7-42}$$

$$P_{\mathrm{ac}m} = \frac{1}{Z_m}\left[U_m{}^2 \cos\theta_m - U_m E_m \cos\left(\delta_m + \theta_m - \varphi_m\right)\right] \tag{7-43}$$

$$Q_{\mathrm{ac}m} = \frac{1}{Z_m}\left[U_m{}^2 \sin\theta_m - U_m E_m \sin\left(\delta_m + \theta_m - \varphi_m\right)\right] \tag{7-44}$$

$$P_{\mathrm{dc}m} - P_{\mathrm{ac}m} - \sum_{j \neq m} P_{mj} = 0 \tag{7-45}$$

$$Q_{\mathrm{dc}m} - Q_{\mathrm{ac}m} - \sum_{j \neq m} Q_{mj} = 0 \tag{7-46}$$

$$P_{ij} = \frac{1}{Z_{\mathrm{t}ij}}\left[U_i^2 \cos\theta_{\mathrm{t}ij} - U_i U_j \cos\left(\delta_i + \theta_{\mathrm{t}ij} - \delta_j\right)\right] \tag{7-47}$$

$$Q_{ij} = \frac{1}{Z_{\mathrm{t}ij}}\left[U_i^2 \sin\theta_{\mathrm{t}ij} - U_i U_j \sin\left(\delta_i + \theta_{\mathrm{t}ij} - \delta_j\right)\right] \tag{7-48}$$

式中，K_i、C_i为两个与常规直流 i 换流站相关的常数；P_{ij}和 Q_{ij}分别为交流母线 i、j 之间传输的有功功率和无功功率，其余各物理量含义与图 7-1 中相同。

以上各式中式(7-33)～式(7-38)为常规直流 i 忽略谐波影响的准稳态方程($1 \leqslant i \leqslant k$)，式(7-39)、式(7-40)为常规直流 i 与交流系统 i 之间的功率传输方程($1 \leqslant i \leqslant k$)，式(7-41)和式(7-42)为常规直流 i 馈入的交流母线的功率平衡方程($1 \leqslant i \leqslant k$、$1 \leqslant j \leqslant n$)，式(7-43)、式(7-44)为柔性直流 m 与交流系统 m 之间的功率传输方程($k+1 \leqslant m \leqslant n$)，式(7-45)和式(7-46)为柔性直流 m 馈入的交流母线的功率平衡方程($k+1 \leqslant m \leqslant n$、$1 \leqslant j \leqslant n$)，式(7-47)和式(7-48)为交流母线 i、j 之间的功率传输方程($1 \leqslant i \leqslant n$、$1 \leqslant j \leqslant n$)。

混合多馈入系统中，在系统参数以及柔性直流的控制方式和运行状态确定以后，可以根据以上数学模型通过变化常规直流的直流电流求解系统状态，进而得到混合多馈入系统中常规直流的功率传输曲线。

7.2.2　含柔性直流的多直流馈入系统受端电网强度的评估方法

1. 含柔性直流的多直流馈入系统受端电网强度的研究方法

传统单馈入系统中常规直流与交流系统通过常规直流馈入的交流母线电压进

行耦合，而在混合馈入系统中，柔性直流的动态无功会影响柔性直流馈入的交流母线处的电压，进而影响常规直流馈入的交流母线处的电压，从而对常规直流受端电网强度产生影响。

为定量评估柔性直流不同运行状态下，混合馈入系统中常规直流受端电网电压支撑能力，本节用一传统单馈入系统(常规直流的滤波和无功补偿设备等效至交流侧的阻抗参数中)来等效混合馈入系统。

为表述方便，将所研究的混合馈入系统中的常规直流记为 LCC_i，将用来等效的等效单馈入系统中的常规直流记为 LCC_{eq}。等效单馈入系统的结构如图 7-16 所示，补偿电容和滤波设备已被等效到交流侧的等效阻抗中，图中 $E_{eq}\angle\varphi_{eq}$ 为等效单馈入系统的等效电动势，$Z_{eq}\angle\theta_{eq}$ 为等效单馈入系统交流侧的等效阻抗，$U_{eq}\angle\delta_{eq}$ 为等效单馈入系统交流母线的电压。

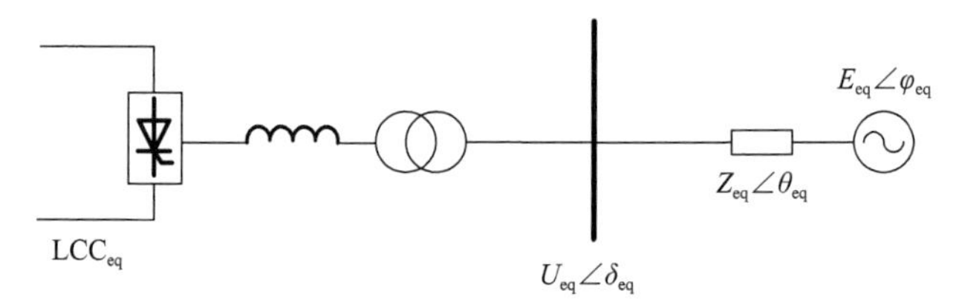

图 7-16　等效单馈入系统结构图

等效的目的是将混合馈入系统中除去 LCC_i 以外的所有部分(包括滤波和补偿电容设备)等效为等效电动势和等效阻抗串联的形式，并且保证 LCC_{eq} 和 LCC_i 具有相同的最大功率传输曲线(更准确的说法是在所关心的直流状态附近，LCC_{eq} 和 LCC_i 相同的直流电流变化引起的馈入母线的电压变化相同，即 LCC_{eq} 和 LCC_i 两条直流的动态特性相同)，进而可以用 LCC_{eq} 受端电网电压支撑能力的评价指标 ESCR 和 CESCR 来衡量 LCC_i 的受端电网电压支撑能力。因此，混合馈入系统中常规直流受端电网强度的评价指标多馈入等效有效短路比(multi-infeed equivalent effective short circuit ratio，MEESCR)和多馈入临界等效有效短路比 (multi- infeed critical equivalent effective short circuit ratio，MCEESCR)指标的定义如下：

$$\text{MEESCR} = \text{ESCR} = \frac{U_{eq}^2}{|\dot{Z}_{eq}|P_{dceq}} = \frac{U_i^2}{|\dot{Z}_{eq}|P_{dci}} \tag{7-49}$$

$$\begin{aligned}\text{MCEESCR} = \text{CESCR} &= \sin\theta_{eq}\tan(\gamma+\mu) - \frac{Q_{dci}}{P_{dci}} \\ &+ \sqrt{\left[\frac{1}{\cos(\gamma+\mu)}\right]^2 - \cos^2\theta_{eq}\left[\tan(\gamma+\mu) - \frac{Q_{dci}}{P_{dci}}\right]^2}\end{aligned} \tag{7-50}$$

式中，P_{dceq}为 LCC_{eq}的功率。

2. 等效单馈入系统的参数选取原则和计算方法

等效单馈入系统的参数配置包括直流侧参数、交流侧的等效阻抗 $Z_{eq}\angle\theta_{eq}$ 和等效电动势 $\dot{E}_{eq}$，其选取原则如下。

直流侧参数：LCC_{eq}的参数应该和 LCC_i的参数完全相同，其中包括额定功率、变压器容量、变压器漏抗、变压器变比、补偿电容容量、关断角等参数。

交流侧等效阻抗 $Z_{eq}\angle\theta_{eq}$：$Z_{eq}\angle\theta_{eq}$ 的选取原则是使 LCC_{eq}和 LCC_i在额定直流电流附近，相同的电流变化引起的馈入点电压变化相同。

交流侧等效电动势 $\dot{E}_{eq}$：$\dot{E}_{eq}$ 的选取原则是使 LCC_{eq}和 LCC_i在直流电流为额定值时，馈入点电压相同。

若按照上述原则配置等效单馈入系统的参数，则 LCC_{eq}和 LCC_i在直流电流额定时，馈入点电压相同，直流侧参数一样，故直流电压相同，直流功率相同。并且相同的直流电流变化引起的馈入点电压变化相同，直流侧参数一样，故直流电压变化相同，直流功率变化相同。即 LCC_{eq}和 LCC_i直流电流额定时，直流功率相同，相同的直流电流变化引起的直流功率变化相同，那么 LCC_{eq}和 LCC_i的动态特性也就相同。

等效单馈入系统的参数计算方法：直流侧 LCC_{eq}的参数应该和 LCC_i的参数完全相同。下面介绍交流侧等效阻抗和等效电动势的计算方法。

为使 LCC_i和 LCC_{eq}相同的电流变化引起的节点电压变化相同，首先列写混合多馈入系统中节点 i 的节点电压方程：

$$\dot{U}_i=\sum_{j=1}^{n}\dot{Z}_{ij}\dot{I}_j=\sum_{j=1}^{n}\dot{Z}_{ij}\dot{I}_{acj}+\sum_{j=1}^{n}\dot{Z}_{ij}\dot{I}_{dcaj} \tag{7-51}$$

式中，$\dot{Z}_{ij}$ 为包含补偿电容的系统阻抗矩阵的第 i 行第 j 列的元素，系统阻抗阵可以通过系统导纳阵求逆得到。$\dot{I}_j$ 为电流源向第 j 个节点注入的电流，包括交流侧进行诺顿等效得到的等效电流源向第 j 个节点注入的电流 $\dot{I}_{acj}$，以及将常规直流 j 看成电流源后向第 j 个节点注入的电流 $\dot{I}_{dcaj}$，其中 $\dot{I}_{acj}$ 仅取决于交流侧参数，与常规直流的运行状态无关，同时额定运行状态下 $\dot{Z}_{ij}$ 不变，所以得到的等效电动势 $\dot{E}_{eq}$ 不变。当 LCC_i的直流电流在额定电流附近有微小变化 ΔI_{dci} 时，其馈入点电压变化量 $\Delta\dot{U}_i$ 仅取决于各条直流注入交流系统的电流变化量 $\Delta\dot{I}_{dcaj}$（$\Delta\dot{I}_{dcaj}$ 取决于各条直流的控制方式和运行状态）：

$$\Delta \dot{U}_i = \sum_{j=1}^{n} \dot{Z}_{ij} \Delta \dot{I}_{\text{dca}j} = \alpha \dot{Z}_{ii} \Delta \dot{I}_{\text{dca}i} \tag{7-52}$$

式中，

$$\alpha = \sum_{j=1}^{n} \frac{\dot{Z}_{ij} \Delta \dot{I}_{\text{dca}j}}{\dot{Z}_{ii} \Delta \dot{I}_{\text{dca}i}} \tag{7-53}$$

α 的具体值可以在系统参数和柔性直流输电系统的运行状态确定以后，根据 7.2.1 节的混合多馈入系统的准稳态方程，或者根据实际的电网模型，在 LCC_i 的实际运行状态附近变化直流电流 $I_{\text{dc}i}$ 解两次系统潮流得到(由于一般认为 LCC_i 运行于额定状态，$I_{\text{dc}i}$ 可取 1p.u.和 1.01p.u.，$I_{\text{dc}j}$ 或 $P_{\text{dc}j}$ 的值取决于其他直流的控制方式和运行状态，相应地 $\Delta \dot{I}_{\text{dca}i}$ 和 $\Delta \dot{I}_{\text{dca}j}$ 的值同样取决于其他直流的控制方式和运行状态)，但是若作为规划性指标，α 应该在各条常规直流电流同步变化的情况下，在常规直流额定电流附近(如所有直流 I_{dc} 取 1p.u.和 1.01p.u.)解两次潮流得到(为何要在常规直流电流同步变化的情况下求取 α ，将在后面章节中具体介绍)。

常规直流注入交流系统的电流 $\dot{I}_{\text{dca}}$ 与直流电流 I_{dc} 在幅值上有如下关系：

$$\dot{I}_{\text{dca}} = \frac{\sqrt{6}}{\pi} I_{\text{dc}} \tag{7-54}$$

所以如果对 $\dot{Z}_{\text{eq}}$ 按照下述方法进行选取：

$$\dot{Z}_{\text{eq}} = \alpha \dot{Z}_{ii} \tag{7-55}$$

由于 LCC_{eq} 和 LCC_i 的馈入点电压相同，LCC_{eq} 和 LCC_i 相同的直流电流变化 ΔI_{dc} ，引起的注入交流系统的电流变化 $\Delta \dot{I}_{\text{dca}}$ 相同，进而引起的馈入点电压变化 $\Delta \dot{U}$ 相同。所以用该方法计算得到的 $\dot{Z}_{\text{eq}}$ 满足等效阻抗的参数选取原则。

等效电动势 $\dot{E}_{\text{eq}}$ 的选取原则是使 LCC_{eq} 和 LCC_i 在直流电流额定时，馈入点电压相同。所以在 LCC_i 电流额定时，其馈入点电压 $\dot{U}_i$ 和馈入电流 $\dot{I}_{\text{dca}i}$ 已知，并且在等效阻抗 $\dot{Z}_{\text{eq}}$ 已经计算得到的情况下，根据式(7-56)即可计算得到 $\dot{E}_{\text{eq}}$ ：

$$\dot{E}_{\text{eq}} = \dot{U}_i - \dot{Z}_{\text{eq}} \dot{I}_{\text{dca}i} \tag{7-56}$$

需要注意的是，$\dot{E}_{\text{eq}}$ 的值与所关心的 LCC_i 受端电网强度的评价指标 MEESCR 和 MCEESCR 的计算并没有直接关系，所以在计算短路比指标时可以不必求出。

3. MEESCR 与 MIESCR 的关系

前面章节介绍了混合多馈入系统中常规直流受端电网强度的评价指标 MEESCR，而传统多馈入系统可以看成混合多馈入系统不含柔性直流的特例，所以 MEESCR 也应该适用于传统多馈入系统受端电网强度的评价，本节将介绍 MEESCR 和目前工程上普遍使用的传统多馈入系统受端电网强度评价指标(multi-infeed effective short circuit ratio，MIESCR)的关系。

各条直流其电流相对自身容量同步变化时有[3](其中 $P_{\mathrm{dc}in}$ 为直流 i 的额定功率，$P_{\mathrm{dc}jn}$ 为直流 j 的额定功率)：

$$\frac{\Delta I_{\mathrm{dc}i}}{P_{\mathrm{dc}in}}=\frac{\Delta I_{\mathrm{dc}j}}{P_{\mathrm{dc}jn}} \tag{7-57}$$

直流电流 I_{dc} 和直流馈入交流系统的电流 $\dot{I}_{\mathrm{dca}}$ 在幅值上有如下关系：

$$I_{\mathrm{dca}}=\frac{\sqrt{6}}{\pi}I_{\mathrm{dc}} \tag{7-58}$$

各条直流电流同步变化时，如果忽略直流注入交流系统电流变化量相位的不同，即忽略 $\Delta\dot{I}_{\mathrm{dca}i}$ 和 $\Delta\dot{I}_{\mathrm{dca}j}$ 相位的不同，联立式(7-57)和式(7-58)得

$$\frac{\Delta I_{\mathrm{dca}i}}{\Delta I_{\mathrm{dca}j}}=\frac{P_{\mathrm{dc}in}}{P_{\mathrm{dc}jn}} \tag{7-59}$$

将式(7-59)代入式(7-49)、式(7-53)、式(7-55)得(系统功率基值为直流 i 的额定功率 $P_{\mathrm{dc}in}$)：

$$\alpha=\sum_{j=1}^{n}\frac{\dot{Z}_{ij}P_{\mathrm{dc}jn}}{\dot{Z}_{ii}P_{\mathrm{dc}in}} \tag{7-60}$$

$$\mathrm{MEESCR}=\frac{U_i^2}{\alpha Z_{ii}P_{\mathrm{dc}i}}=\frac{U_i^2}{Z_{ii}P_{\mathrm{dc}i}}\frac{1}{\sum\limits_{j=1}^{n}\frac{Z_{ij}P_{\mathrm{dc}jn}}{Z_{ii}P_{\mathrm{dc}in}}}=\frac{U_i^2}{Z_{ii}\sum\limits_{j=1}^{n}\frac{Z_{ij}}{Z_{ii}}P_{\mathrm{dc}jn}} \tag{7-61}$$

该表达式和 MIESCR 的表达式一致。所以 MIESCR 是各条常规直流的直流电流相对于自身容量同步变化，且忽略 $\Delta\dot{I}_{\mathrm{dca}i}$ 和 $\Delta\dot{I}_{\mathrm{dca}j}$ 相位的不同的情况下 MEESCR 的特例。而各条常规直流的直流电流同步变化是比其他常规直流定功率、关断角更为严苛的情况(电流同步增大,其他直流的直流功率也会相应增大)，而 MIESCR 作为规划性指标反映了最为严苛的情况下常规直流的受端电网强度，这也是将

MEESCR 作为规划性指标使用时，α 要在各条常规直流的直流电流同步变化的情况下进行求取的原因。

但实际系统中，各直流的额定功率并不一定相同，各个节点的自阻抗也不一定相同，导致 $\Delta\dot{I}_{\mathrm{dca}i}$ 和 $\Delta\dot{I}_{\mathrm{dca}j}$ 相位一般不同，由于向量模的和小于向量和的模，从而使按照式(7-53)计算得到的 α 较实际值偏大，也就是说 MIESCR 较 MEESCR 偏小，即 MIESCR 在衡量各直流同步变化的多馈系统中交流电网电压支撑能力时偏保守，且当各直流的额定功率相差越大，各节点自阻抗相差越大时，$\Delta\dot{I}_{\mathrm{dca}i}$ 和 $\Delta\dot{I}_{\mathrm{dca}j}$ 相位偏差越大，MIESCR 的误差越大。

4. 混合馈入系统中柔性直流动态无功功率影响常规直流受端电网强度的机理

常规直流的受端电网强度为受端电网的电压支撑能力，表征系统的静态电压稳定裕度。研究柔性直流动态无功影响常规直流受端电网强度的机理，首先要明确混合多馈入系统中系统静态电压稳定裕度(或者静态稳定裕度评价指标 MEESCR 和 MCEESCR)与哪些因素有关。由式(7-49)和式(7-50)可以发现，MEESCR_i 和交流母线电压 U_i、包含其他直流影响的交流侧等效阻抗 $Z_{\mathrm{eq}i}$，以及所研究直流的直流功率 $P_{\mathrm{dc}i}$ 有关，$\mathrm{MCEESCR}_i$ 与直流侧的状态量有关，这些状态量与直流功率 $P_{\mathrm{dc}i}$ 和母线电压 U_i 相关。其中直流功率 $P_{\mathrm{dc}i}$ 为指令值，取决于常规直流本身，与柔性直流无关，此处不做研究；柔性直流动态无功功率能够影响的为交流母线电压 U_i 以及系统的等值阻抗 $Z_{\mathrm{eq}i}$，下面以混合双馈入系统为例(结构示意图如图 7-17 所示)，结合柔性直流的控制方式对柔性直流影响系统静态电压稳定裕度的机理进行具体研究。图中 $E_1\angle 0°$、$E_2\angle\varphi_2$ 分别为交流系统 1、交流系统 2

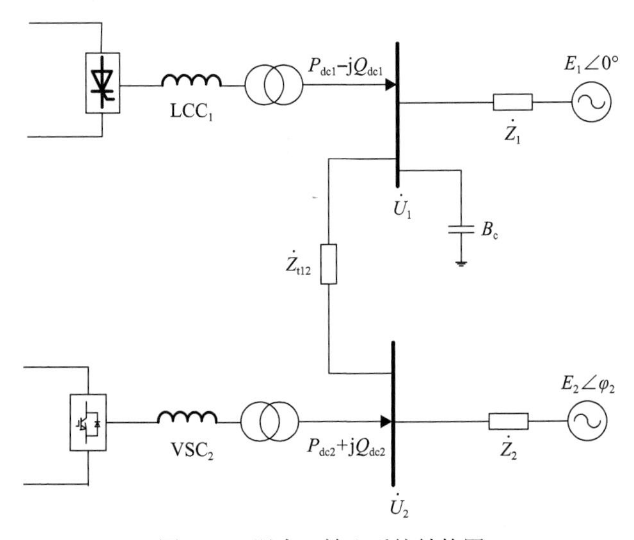

图 7-17　混合双馈入系统结构图

的等效电动势；$\dot{Z}_1$ 为交流系统 1 的等效阻抗；$\dot{Z}_2$ 为交流系统 2 的等效阻抗；$\dot{Z}_{t12}$ 为交流系统 1、2 之间的连接阻抗；B_c 为补偿电容；$\dot{U}_1$ 为常规直流馈入母线的交流电压；$\dot{U}_2$ 为柔性直流馈入母线的交流电压，P_{dc1}、Q_{dc1} 为常规直流发出的有功功率和消耗的无功功率，P_{dc2}、Q_{dc2} 为柔性直流输电系统发出的有功功率和无功功率。

常规直流参数按表 7-4 配置，柔性直流输电系统的额定有功功率 P_{dcn2} 为 1.00p.u.，且具有 0.30p.u.的无功功率调节能力。交流侧参数按照表 7-5 进行配置，为突出柔性直流对常规直流受端电网强度的影响，两直流之间的连接阻抗 Z_{t12} 较小，同时柔性直流容量较大。

表 7-4　常规直流参数配置

P_{dc1n}/p.u.	T	X_T/p.u.	S_T/p.u.	γ/(°)	B_c/p.u.
1.00	1	0.18	1.15	18	0.59

注：P_{dc1n} 为常规直流的额定直流功率，S_T 为常规直流的换流变压器容量。

表 7-5　交流侧参数配置

$\dot{Z}_1$/p.u.	$\dot{Z}_2$/p.u.	$\dot{Z}_{t12}$/p.u.	E/p.u.	E_2/p.u.	φ_2/(°)
0.636∠90°	0.636∠90°	0.25∠90°	1.185	1.185	0

1）柔性直流定有功/无功功率

首先在柔性直流定 PQ 的控制方式下讨论柔性直流动态无功功率对系统强度的影响，柔性直流发出额定有功功率的同时，无功功率变化时系统部分结构量、状态量和短路比指标如表 7-6 所示(短路比指标在常规直流额定功率的状态下求取)。

表 7-6　柔性直流输电系统发出不同无功功率时系统结构量、状态量和短路比变化情况

Q_{dc2}/p.u.	$\dot{Z}_{eq}$/p.u.	U_1/p.u.	MEESCR	MCEESCR
0	0.634∠81°	1.00	1.57	1.57
0.05	0.608∠84°	1.11	2.02	1.46
0.10	0.596∠85°	1.16	2.24	1.42
0.15	0.588∠86°	1.19	2.41	1.40
0.20	0.581∠86°	1.22	2.57	1.38
0.25	0.576∠86°	1.25	2.70	1.36
0.30	0.572∠86°	1.27	2.83	1.35

该弱系统算例下，常规直流输电系统发出的有功功率保持额定时，可以发现随着柔性直流输电系统发出无功功率的增加，MEESCR 增大，MCEESCR 减小，常规直流 1 受端电网变强。下面具体讨论柔性直流对系统结构量和状态量的影响。

对系统结构量的影响：由于柔性直流的控制方式为定 *PQ*，小扰动下柔性直流向交流系统馈入电流的变化量较小，由式(7-55)和表 7-6 可知柔性直流对系统的整体等值阻抗影响较小。所以柔性直流输电系统无功功率增加时，系统整体的等值阻抗虽略有减小，但整体变化不大。柔性直流输电系统对系统结构量有影响，但影响不大。

对系统状态量的影响：弱系统下柔性直流输电系统发出无功功率增加时，柔性直流的交流母线电压会有较为明显的升高，本算例柔性直流和常规直流联系紧密，常规直流交流母线电压也会较为明显地升高，常规直流定功率关断角时，进一步引起直流电压升高，直流电流减小，进一步导致换相角减小，功率因数增大，常规直流消耗无功功率减小，这导致交流母线电压进一步升高，从而使 MEESCR 增大、MCEESCR 减小。所以弱系统下，柔性直流与常规直流联系紧密时，柔性直流对常规直流母线电压的影响较大，此时柔性直流主要通过影响系统的状态量影响系统稳定性。

工程上除了关心柔性直流对常规直流发出额定功率时系统的静态电压稳定裕度的影响，也同样关心柔性直流对直流功率输送极限的提升作用。图 7-18 展示了随着柔性直流发出无功功率的增加，常规直流可馈入的最大有功功率(通过绘制功率曲线得到)以及常规直流额定功率状态下 MEESCR 与 MCEESCR 比值的变化曲线。

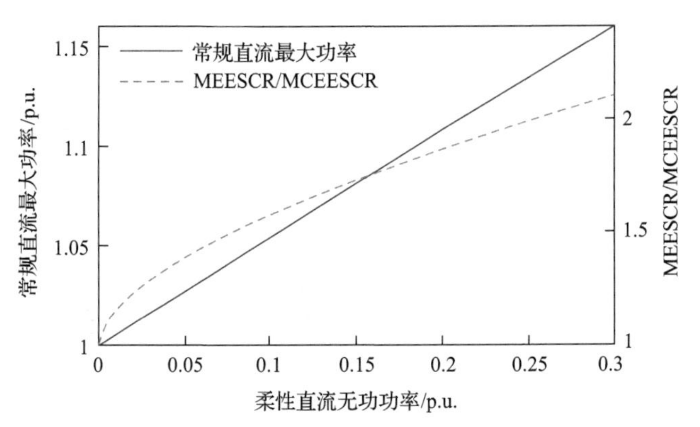

图 7-18　柔性直流定 *PQ* 时常规直流最大有功功率馈入量和短路比比值随柔性直流无功功率变化情况

可以发现，随着柔性直流发出无功功率的增加，常规直流可馈入的最大有功功率增加，同时常规直流额定功率状态下 MEESCR 与 MCEESCR 的比值增大，这也说明柔性直流定 *PQ* 的控制方式下，其无功功率主要通过影响常规直流交流母线电压等状态量(略微影响系统等值阻抗这一结构量)影响受端电网强度(静态电压支撑能力)，进而提高常规直流的功率输送能力，而本书提出的 MEESCR 和

MCEESCR 是这一机理的定量描述。

2) 柔性直流定有功功率和交流母线电压

本节将在柔性直流定 PV 的情况下讨论柔性直流对常规直流受端电网强度的影响。

如果柔性直流的交流母线电压能够维持稳定，常规直流和柔性直流联系紧密时，常规直流馈入的交流母线电压变化也不会太大，那么小扰动造成的 ΔU_1 会比较小，电压稳定因子(VSF)会比较大，此时静态电压稳定可能不再是系统稳定的主要限制因素(取决于柔性直流和常规直流电气连接的紧密程度)。表 7-5 所示的系统，柔性直流定 PV 时，常规直流的直流电流在 1.0～1.5p.u.变化时，直流功率和短路比比值的变化曲线如图 7-19 所示。

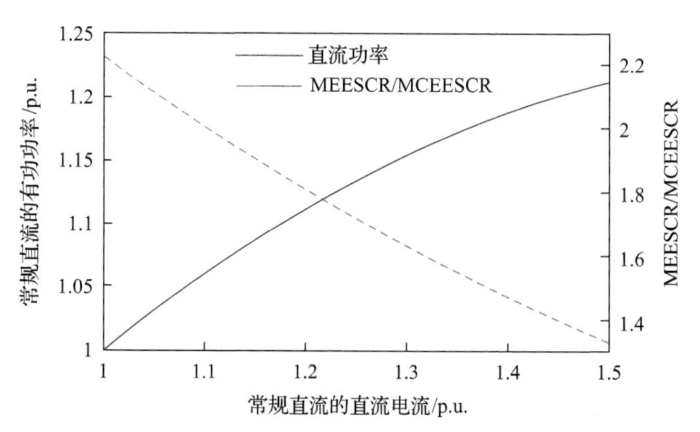

图 7-19　柔性直流定 PV 时常规直流有功功率和短路比比值随常规直流的直流电流变化情况

由图 7-19 可以发现，本算例直流电流由 1.0p.u.增大到 1.5p.u.时，直流功率一直增加，MEESCR/MCEESCR 虽然减小但未达到 1，功率曲线也未出现拐点，静态电压稳定临界状态并未达到。但柔性直流的无功功率和常规直流的换相角随常规直流电流的变化曲线如图 7-20 所示。

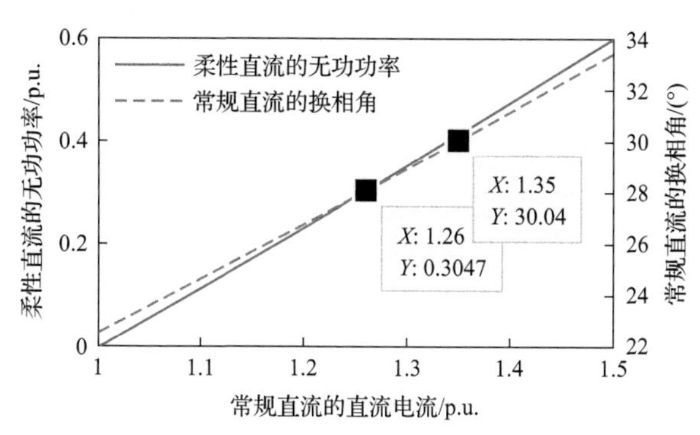

图 7-20　柔性直流定 PV 时柔性直流无功功率和常规直流换相角随常规直流的直流电流变化曲线

可以看到，本算例直流电流达到 1.35p.u.时，换相角超过 30°，这是常规直流换流器能够稳定运行的限制条件，直流电流达到 1.26p.u.时柔性直流无功功率已经超过 0.30p.u.，受柔性直流换流器容量限制，柔性直流将发出确定的无功功率，这就回到了柔性直流定 *PQ* 的讨论范围。所以对于柔性直流定 *PV* 的控制方式，如果母线电压能够维持稳定，且柔性直流与常规直流联系紧密，静态电压稳定可能不再是限制系统稳定运行的决定因素，但一般来说应该是柔性直流首先达到容量限幅，进而发出确定的无功功率，此时又回到了柔性直流定 *PQ* 的讨论范畴。

如果一定要从静态电压稳定的角度对柔性直流定电压模式下的受端电网强度进行研究，那么常规直流发出额定功率时，系统等值阻抗与短路比数值如表 7-7 所示。

表 7-7　柔性直流定 *PV*，常规直流额定功率时系统状态量、结构量和短路比数值

Q_{dc2}	$\dot{Z}_{eq}$	U_1	MEESCR	MCEESCR
0	0.299∠66°	1.00	3.35	1.50

由表 7-7 可以发现，对于柔性直流定 *PQ*(Q_{dc2}=0)下静态电压临界稳定的系统(表 7-5 系统)，当柔性直流的控制方式改为定 *PV* 后，虽然柔性直流无功功率依然为 0，但是常规直流交流母线电压仍保持额定，但系统等值阻抗幅值 Z_{eq} 明显减小，MEESCR 已经明显大于 MCEESCR，系统静态电压稳定裕度明显提升。下面具体讨论柔性直流对系统状态量和结构量的影响。

对状态量的影响：柔性直流定 *PV* 时，忽略柔性直流容量影响，柔性直流交流母线电压可以保持额定，柔性直流与常规直流电路联系紧密时，常规直流母线电压变化也同样较小，所以额定状态下柔性直流对常规直流母线电压 U_1 影响不大，状态量对系统静稳裕度的影响较小。

对结构量的影响：柔性直流定 *PV* 时，小扰动发生后为维持母线电压不变，柔性直流发出的无功功率将会改变，注入交流系统的电流将会有较大改变，由式(7-55)和表 7-7 可知此时系统等值阻抗将会有较大改变，从而影响系统静态电压稳定裕度。

所以柔性直流定 *PV* 时，柔性直流在达到最大容量之前，主要通过影响系统等值阻抗这一结构参量影响系统静态电压稳定裕度。但是如果常规直流和柔性直流电气联系紧密，母线电压能维持恒定，那么静态电压稳定可能不再是限制常规直流功率传输的主要因素。而实际在常规直流达到最大功率之前，柔性直流基本已经达到容量限幅，此时控制方式转为定 *PQ*，又回到柔性直流定 *PQ* 的讨论范畴。

5. 仿真验证

前面章节已经从机理上说明了 MEESCR 指标评价混合馈入系统中常规直流

受端电网电压支撑能力的有效性。这里以混合双馈入系统为例进行仿真验证，仿真手段有两个：根据 7.2.1 节给出的混合双馈入系统的准稳态模型(直流 1 为常规直流，直流 2 为柔性直流，可看成混合多馈入系统的特例)，绘制常规直流的功率传输曲线进行数值仿真；在 PSCAD/EMTDC 下搭建混合双馈入系统模型，进行电磁暂态仿真。其中柔性直流的额定功率为 500MW(522MVA)，即发出额定有功功率时有 150Mvar 的无功功率调节能力，其有功类控制方式为定有功功率，无功类控制方式为定无功功率或定电压。常规直流的参数如表 7-4 所示，交流侧参数如表 7-8 所示。其中系统功率基值为 1000MW，交流侧电压基值为 230kV。

表 7-8　交流侧系统参数配置

$\dot{Z}_2$	$\dot{Z}_{t12}$	E_1	E_2	φ_2
$0.760\angle 90°$	$0.850\angle 90°$	1.1775	1.0698	9.7992

1) 指标有效性验证

根据式(7-55)和式(7-53)，可以计算得到等效单馈入系统的等效阻抗 Z_{eq}，之后可以通过式(7-49)和式(7-50)计算 MEESCR 和 MCEESCR。在柔性直流的运行状态及交流侧参数确定后，仅改变 Z_1 的值，使得 MEESCR 恰好等于 MCEESCR，观察常规直流的功率传输曲线的拐点电流值 I_k，若该值恰好为 1，则说明指标有效。

柔性直流定 PQ 模式下，临界状态下的常规直流的短路比数值和拐点电流值如表 7-9 所示。其中拐点电流值 I_k 通过数值模型绘制功率传输曲线得到。$\dot{Z}_1$ 的阻抗角为 90°。

表 7-9　临界状态下的拐点电流值(柔性直流定 PQ 模式)

P_{dc2}	Q_{dc2}	Z_1	$Z_{eq}\angle\theta_{eq}$	MEESCR	MCEESCR	I_k
0.5	0	0.611	$0.644\angle 86.9°$	1.5725	1.5723	1.00
0.5	0.15	0.651	$0.671\angle 86.3°$	1.5521	1.5532	1.00
0.3	0	0.651	$0.660\angle 87.7°$	1.5602	1.5613	1.00
0.3	0.15	0.691	$0.688\angle 87.1°$	1.5413	1.5424	1.00
0	0	0.692	$0.678\angle 89.5°$	1.5487	1.5493	1.00
0	0.15	0.734	$0.708\angle 88.9°$	1.5310	1.5304	1.00

柔性直流定 PV 模式下，并且其馈入点电压 U_2 为额定值时，临界状态下的常规直流的短路比数值和拐点电流值如表 7-10 所示。其中 Q'_{dc2} 为常规直流的直流电流为拐点电流值时，柔性直流发出的无功功率。

表 7-10 临界状态下的拐点电流值(柔性直流定 *PV* 模式)

P_{dc2}	Z_1	Q'_{dc2}	$Z_{eq}\angle\theta_{eq}$	MEESCR	MCEESCR	I_k
0.5	0.829	0.113	0.585∠82.2°	1.6141	1.6146	1.00
0.3	0.867	0.055	0.594∠83.3°	1.6088	1.6079	1.00
0	0.915	0.004	0.605∠85.0°	1.6004	1.6005	1.00

以上所有情况,在 PSCAD 下,常规直流的最大功率也基本在直流电流为 1p.u.时取得。以柔性直流定 *PQ* 模式,发出有功/无功功率分别为 1p.u.、0p.u.的情况进行说明。常规直流整流侧定电流的情况下,将电流指令以 0.01p.u.为步长由 0.97p.u.逐步增大到 1.03p.u.,直流功率相应的变化如图 7-21 所示。

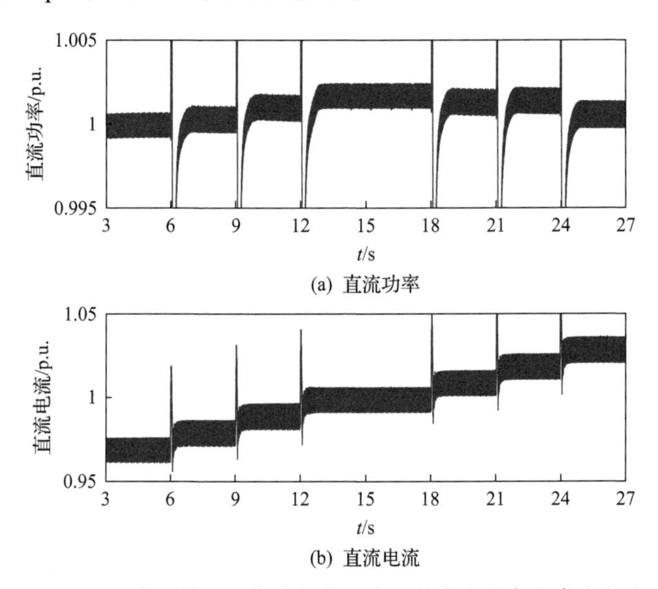

(a) 直流功率

(b) 直流电流

图 7-21 混合双馈入系统中的常规直流的直流功率和直流电流

可见本算例随着直流电流的增加,直流功率先增大后减小,最大功率在直流电流为 1p.u.时取得。

常规直流整流侧定功率的情况下,功率指令在 10s 时由 1p.u.调整为 1.005p.u.,直流电流的变化如图 7-22 所示。

可见本算例功率指令为 1p.u.时,直流电流稳定在 0.97p.u.左右;功率指令为 1.005p.u.时,直流电流超过 1p.u.,进而系统失稳,即在常规直流定功率模式下,系统无法稳定运行在功率曲线的右半支。

综上,当 MEESCR 等于 MCEESCR 时,数值仿真得到的常规直流的拐点电流值都为 1p.u.,PSCAD 电磁仿真得到的拐点电流值也基本为 1p.u.,从而验证了 MEESCR 等于 MCEESCR 的情况下指标的有效性。

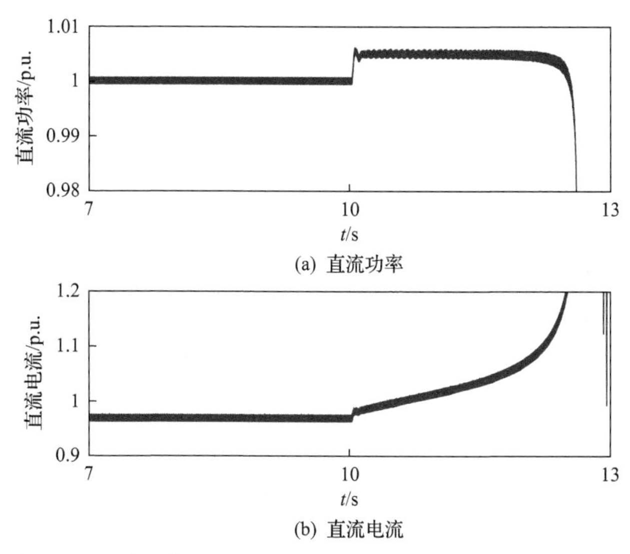

(a) 直流功率

(b) 直流电流

图 7-22　混合双馈入系统中的常规直流的直流功率和直流电流

2) 柔性直流运行状态对指标的影响

为进一步验证指标的有效性，同时探究柔性直流不同运行状态对常规直流受端电网电压支撑能力的影响，下面将交流侧参数按照表 7-4 配置，同时定为 0.611∠90°，在交流侧参数保持不变的情况下，改变柔性直流的运行状态，观察其对短路比指标以及拐点电流值的影响。

柔性直流的控制方式为定 PQ，改变柔性直流发出的有功/无功功率的大小时，常规直流的短路比指标以及拐点电流值如表 7-11 所示。

表 7-11　柔性直流运行状态对常规直流指标的影响(柔性直流定 PQ 模式)

P_{dc2}	Q_{dc2}	$Z_{eq}\angle\theta_{eq}$	MEESCR	MCEESCR	I_k
0.5	0	0.644∠86.9°	1.5725	1.5723	1.00
0.5	0.15	0.630∠86.6°	1.6766	1.5444	1.04
0.3	0	0.620∠88.0°	1.6865	1.5519	1.04
0.3	0.15	0.611∠87.6°	1.7752	1.5287	1.07
0	0	0.600∠89.5°	1.7917	1.5348	1.07
0	0.15	0.594∠88.9°	1.8736	1.5147	1.11

由表 7-11 可知，当柔性直流发出的有功功率减小，无功功率增加时，MEESCR 指标增大，MCEESCR 指标减小，常规直流的拐点电流值增大，常规直流的受端电网电压支撑能力变强，常规直流可输送的最大有功功率增加。

柔性直流的控制方式为定 PV，其馈入点电压定为额定值，改变柔性直流发出的有功功率的大小，常规直流的短路比指标以及拐点电流值如表 7-12 所示。

表 7-12　柔性直流运行状态的影响(柔性直流定 *PV* 模式)

P_{dc2}	Q'_{dc2}	$Z_{eq}\angle\theta_{eq}$	MEESCR	MCEESCR	I_k
0.5	0.1102	0.484∠82.5°	2.0842	1.5681	1.16
0.3	0.0592	0.478∠83.1°	2.1438	1.5593	1.18
0	0.0173	0.470∠84.0°	2.2162	1.5503	1.20

由表 7-12 可知，当柔性直流在定 *PV* 的控制方式下，发出的有功功率减小时，MEESCR 指标增大，MCEESCR 指标减小，常规直流的拐点电流值增大，常规直流的受端电网电压支撑能力变强。并且相较于柔性直流定 *PQ*，柔性直流定 *PV* 时，常规直流受端电网电压支撑能力更强。

需要注意的是，本算例由于两个交流系统之间的连接阻抗 Z_{t12} 较大，所以当常规直流达到最大可传输功率时，柔性直流发出的无功功率并没有超限；但当 Z_{t12} 较小时，常规直流和柔性直流电气连接紧密，随着常规直流电流的增大，可能在常规直流达到最大功率点之前，柔性直流就已经达到了无功出力的限幅，这时 U_2 将无法维持额定值，柔性直流的控制方式将转变为定 *PQ*，对于这种情况，应该在柔性直流定 *PQ* 的模式下讨论常规直流的受端电网电压支撑能力。

以上所有情况，PSCAD 仿真得到的常规直流的拐点电流值与数值模型绘制功率传输曲线得到的拐点电流值 I_k 基本一致。以柔性直流定 *PV* 模式，发出的有功功率为 0.5p.u.，馈入点电压为 1p.u.的情况进行说明：常规直流整流侧定电流，电流指令以 0.01p.u.为步长由 1.13p.u.逐步增大到 1.20p.u.，直流功率的相应变化如图 7-23 所示。

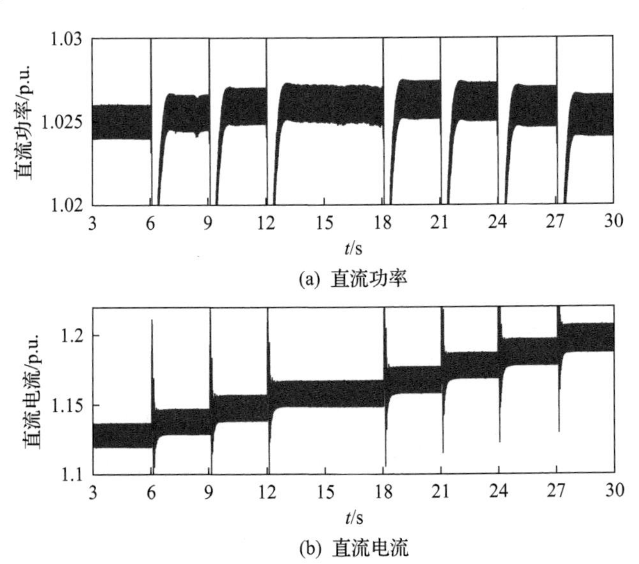

图 7-23　混合双馈入系统中常规直流的直流功率和直流电流(电流指令变化)

由图 7-23 可知，本算例最大功率点在直流电流 1.17p.u.处取得，与理论值 1.16p.u.仅存在较小差别。

常规直流整流侧定功率的情况下，在 10s 时将功率指令由 1.025p.u.提高到 1.030p.u.，直流电流的相应变化如图 7-24 所示。

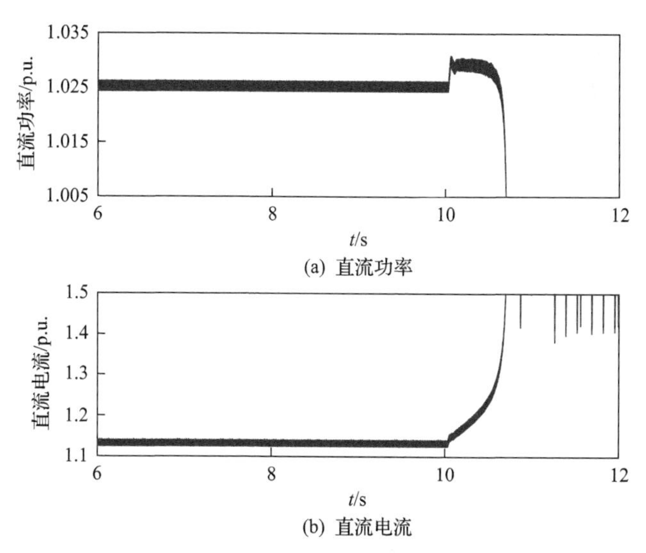

(a) 直流功率

(b) 直流电流

图 7-24　混合双馈入系统中常规直流的直流功率和直流电流(功率指令变化)

可见本算例当功率指令为 1.025p.u.时，直流电流稳定在 1.13p.u.左右；当功率指令为 1.030p.u.时，直流电流超过 1.16p.u.，进而系统失稳。同样说明常规直流定功率模式下，系统无法稳定工作在功率曲线的右半支。但是由于此时 MEESCR 指标较 MCEESCR 大，所以功率曲线对应的拐点电流值较大，这也说明了指标的有效性。

7.2.3　柔性直流对多直流馈入受端电网的改善作用

1. 柔性直流与常规直流对多馈入等效有效短路比的影响对比分析

以双馈入系统为例(结构示意图如图 7-17 所示)，对比分析柔性直流和常规直流接入系统后对多馈入等效有效短路比的影响。

交流侧参数按照表 7-13 进行配置。直流 1 为常规直流，参数按表 7-14 配置。直流 2 若为常规直流，则参数仿照直流 1 配置；直流 2 若为柔性直流，其额定有功 P_{dcn2} 为 1.00p.u.，且具有 30%的无功调节能力。

表 7-13　交流侧系统参数配置

$\dot{Z}_1$	$\dot{Z}_2$	$\dot{Z}_{t12}$	E_1	E_2	φ_2
0.46∠90°	0.46∠90°	0.60∠90°	1.10	1.10	0°

表 7-14　常规直流参数配置

P_{dcn1}/p.u.	T	X_{T}	S_{T}	γ	B_{c}
1.00	1	0.18	1.15	18°	0.59

分别计算直流 2 不馈入(为保证常规直流 1 节点电压额定,交流系统等值电动势的值会有所调整)、直流 2 为常规直流馈入、直流 2 为柔性直流馈入等不同情况下，常规直流 1 馈入母线的节点电压 U_1，馈入系统的等值阻抗 $\dot{Z}_{\mathrm{eq}}$，多馈入等效短路比及其临界值。

可以看到相较于直流 2 不馈入的情况，直流 2 作为常规直流馈入后，常规直流 1 的 MEESCR 有了明显减小,而直流 2 作为柔性直流馈入后,直流 1 的 MEESCR 减小幅度不大，甚至在柔性直流发出无功较多或者定 PV 的控制方式下，直流 1 的 MEESCR 有所增大(同时柔性直流发出无功功率较多时，受交流母线电压升高影响，直流 1 的 MCEESCR 有所减小)。所以相较于常规直流，柔性直流对多直流馈入系统受端电网强度(静态电压稳定裕度)有明显的改善作用，下面对此进行机理上的说明。

根据表 7-15 可知,若直流 2 为常规直流,则系统的等值阻抗将会有明显增加,其内在含义是系统对小扰动的抵抗能力变差，如直流馈入的交流母线电压略微降低。若常规直流 2 的控制方式为定功率关断角，则为了维持有功功率的恒定，常规直流 2 会消耗更多的无功功率，这不利于电压稳定(或者由式(7-53)和式(7-55)可知，常规直流 2 消耗更多的无功功率，会从电网吸收更多的无功电流，这会使得系统等值阻抗 $\dot{Z}_{\mathrm{eq}}$ 大幅增加)。

表 7-15　不同情况下系统结构量、状态量和短路比变化情况

直流 2 类型	柔性直流无功功率/电压/p.u.	$\dot{Z}_{\mathrm{eq}}$	U_1/p.u.	MEESCR	MCEESCR
无	—	0.396∠90°	1.00	2.53	1.58
常规直流	—	0.633∠90°	1.00	1.58	1.58
柔性直流定 PQ	0	0.436∠88°	1.00	2.29	1.58
柔性直流定 PQ	0.10	0.431∠88°	1.05	2.55	1.52
柔性直流定 PQ	0.20	0.427∠88°	1.08	2.75	1.48
柔性直流定 PQ	0.30	0.425∠88°	1.11	2.92	1.46
柔性直流定 PV	1.00(电压)	0.335∠83°	1.00	2.98	1.58

若直流 2 为柔性直流，且控制方式为定 PQ，则由 7.2.2 节第四部分的分析以及表 7-15 可知，柔性直流主要通过无功功率影响交流母线电压，进而影响系统的静态电压稳定裕度，而因为柔性直流的控制方式为定 PQ，所以小扰动下柔性直流

向交流系统馈入电流的变化量较小，由式(7-53)和式(7-55)可知该控制方式下柔性直流对系统的整体等值阻抗影响较小。

若直流 2 为柔性直流，且控制方式为定 PV，则由 7.2.2 节第四部分的分析以及表 7-15 可知，柔性直流主要通过影响系统等值阻抗，进而影响系统的静态电压稳定裕度。例如，交流母线电压略为降低，柔性直流为了维持母线电压恒定，将会发出更多的无功功率，这有利于静态电压稳定(或者由式(7-53)和式(7-55)可知，柔性直流 2 发出更多的无功功率，会向电网注入更多的无功电流，这会使得系统等值阻抗 $\dot{Z}_{\mathrm{eq}}$ 减小)。

综上，新的常规直流馈入后，现有常规直流的 MEESCR 会有较为明显的降低，而新的柔性直流馈入后，现有常规直流的 MEESCR 降低不大，甚至在柔性直流发出无功较多或者定 PV 的控制方式下，现有常规直流的 MEESCR 有所增大。所以相较于常规直流，柔性直流对多直流馈入系统受端电网强度(静态电压稳定裕度)有明显的改善作用。

2. 柔性直流接入对多直流同时换相失败及系统稳定性的改善作用

换相失败是直流输电系统的常见故障，基本上发生在逆变站。换相失败指因某种原因，预定退出导通的桥臂在反向电压的作用下未能恢复阻断能力，当该桥臂承受电压转变为正时继续导通，未能实现预期的电路切换。大多数直流输电换相失败是由直流输电逆变侧交流系统的短路故障造成的。

换相失败不仅在直流侧造成直流电流短时增大、直流电压大幅降低，可能对直流输电设备造成损坏或使用寿命的快速损耗；对于交流系统，换相失败期间通过直流输电送入受端电网的有功功率大幅度减小(有时甚至减小到零)，会导致逆变站附近交流系统潮流的巨大变化；换相失败消失后，直流输电在其控制系统作用下恢复送入受端电网的功率，将再次引发逆变站附近交流系统潮流的重新分布。

在单馈入直流输电系统中，引起换相失败的主要因素有逆变器交流侧电压的跌落、超前触发角降低、直流电流过大、电压过零点漂移、逆变器系统内部故障，而且与直流控制系统密切相关。

以±800kV/5000MW 某常规直流为例，交流故障导致直流换相失败期间有功和无功动态特性变化规律如图 7-25 所示，总结如下：

(1)换相失败发生和恢复过程中，直流有功功率动态特性大体为勺形(⌣)。逆变器换流母线电压陡降造成直流换相失败，直流电压降低，直流有功功率快速下降至勺形底部。如果交流短路故障造成换流母线电压跌落至正常运行值 70%以下，那么逆变器换相失败可能导致直流功率下降到零。直流有功功率恢复特性取决于交流电压、直流电流、逆变器熄弧角的恢复特性。交流故障清除后，换流母线电压、直流电流和熄弧角的恢复时间分别为 30ms、100ms 和 200～300ms。交流故障清除后随着交流电压和直流电流快速恢复，直流功率约 100ms 恢复至 80%额定值，然后随着熄弧角缓慢恢复，需 100～200ms 才恢复至额定值。

(2)换相失败发生和恢复过程中，逆变器消耗的无功动态特性大体为双峰曲线(∿—)。交流故障后直流电流突增和熄弧角增大对逆变器无功增大的效果强于电压下降对逆变器无功减小的影响，使得逆变器无功消耗出现了第一个高峰，该高峰的高度取决于换流母线电压下降的程度。逆变器无功消耗的第二个高峰值出现在交流故障消失后约 100ms，其峰值为直流有功功率额定值的 0.75～0.8，该峰值对应直流电流、电压达到额定值，逆变器熄弧角缓慢回落至 35°～40°区间。换流站通常配置额定直流功率 50%～60%的无功补偿设备，换相失败恢复过程中逆变器无功消耗超出稳态补偿量，需要从交流系统吸收相当于直流额定功率 15%～20%的动态无功，要求交流系统对直流输电系统能够提供较强的电压支撑能力。

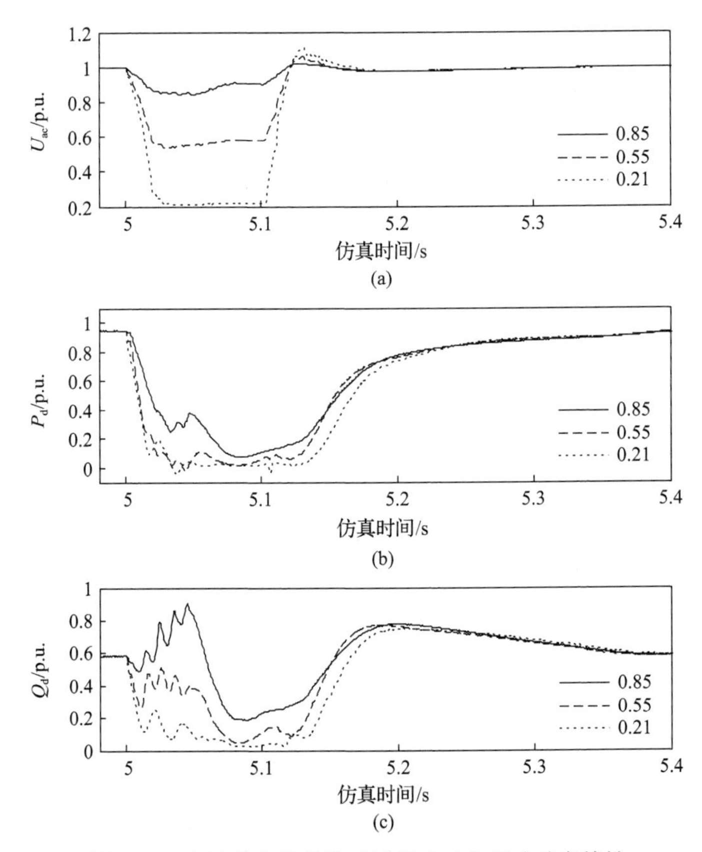

图 7-25　直流输电换相失败过程有功和无功动态特性

在多直流馈入受端电网中，负荷高度密集，使得该地区枢纽变电站数量较多，且站点间电气联系紧密。当发生交流系统短路故障时，多回直流集中馈入的特点使得严重交流故障冲击可以近乎无阻滞地传递到多个直流逆变站，引起直流逆变器发生换相失败，从而使原本单一的交流故障演化为交流短路附加多回直流换相失败的复合故障，造成故障扩大。此时，因直流逆变站送入电网的有功功率因换相失败而下降，相对于普通交流电网，电源和负荷间的有功不平衡被放大，使得电源外送区域的发电机加速度更大，受电区域的发电机减速更严重，从而大幅增加功角失稳的风险。如果不能及时切除交流故障，可能使多回直流发生持续换相失败，甚至阀组闭锁，存在潮流转移功角失稳引发大面积停电的风险。

另外，由常规直流的交流故障仿真可知，在交流故障切除后的恢复过程中，多回直流逆变器需要从交流系统吸收一定容量的动态无功，同时在多直流馈入受端电网中感应电动机比例较高，感应电动机在故障恢复期间产生大量的动态无功需求，并经线路和变压器传递而逐渐放大，使得 500kV 主网层面动态无功需求进一步增大，换流站近区交流母线电压进一步下降，当交流系统提供的无功支撑不足时，存在局部电网电压失稳引发大面积停电的风险。

而柔性直流采用 IGBT 等全控型电力电子器件，无需电网电压换相，因此不存在换相失败问题，且有功/无功独立控制，交流故障时可快速提供动态无功补偿，在一定程度上提高了近区变电站或常规直流的交流母线电压，可缓解近区常规直流持续换相失败等问题，同时为交流电网及常规直流逆变站的功率恢复提供动态无功支撑，缓解多直流馈入系统暂态电压失稳风险。

以鲁西背靠背柔性直流输电工程为例，该工程采用柔性直流与常规直流并联方式，如图 7-26 所示。当逆变侧发生单相接地故障后，换流站 500kV 母线故障相电压跌至 0.2p.u.，常规直流单元在故障期间发生换相失败，直流功率降为零，故障清除后从交流系统吸收约 260Mvar 无功功率，实测录波曲线如图 7-27 所示；而柔性直流单元可实现交流系统故障穿越，直流功率由 500MW 降至 300MW，故障清除后向交流系统提供约 400Mvar 无功功率支撑，实测录波曲线如图 7-28 所示。此外，由于逆变站交流系统强度较弱，部分检修方式下的交流系统有效短路比低于 1.6，发生交流故障时，柔性直流为常规直流提供动态无功功率支撑，改善了常规直流单元的动态特性。

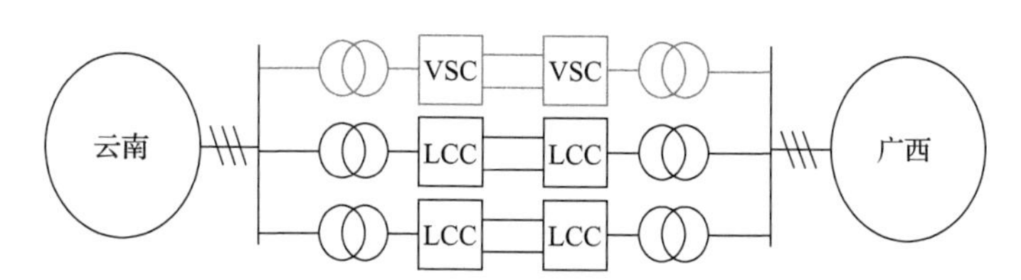

图 7-26　鲁西背靠背柔性直流输电工程拓扑结构

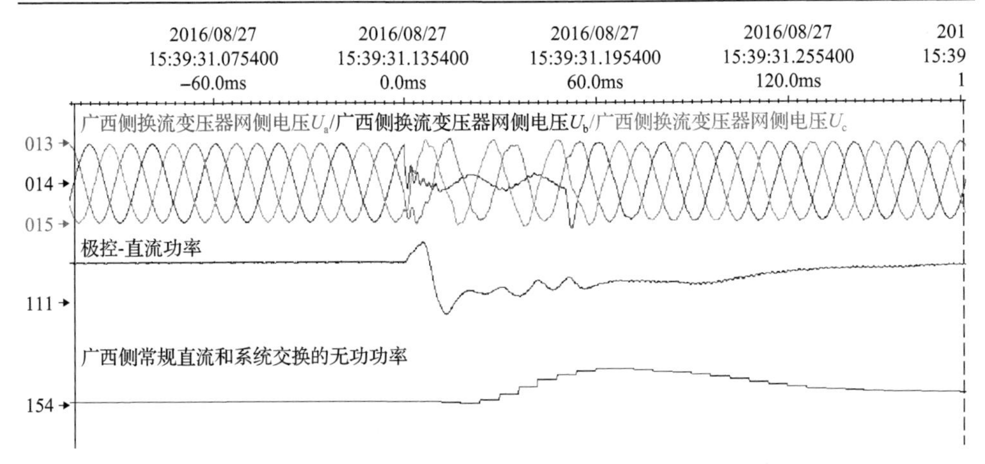

图 7-27　鲁西背靠背柔性直流输电工程常规单元逆变侧单相短路故障响应

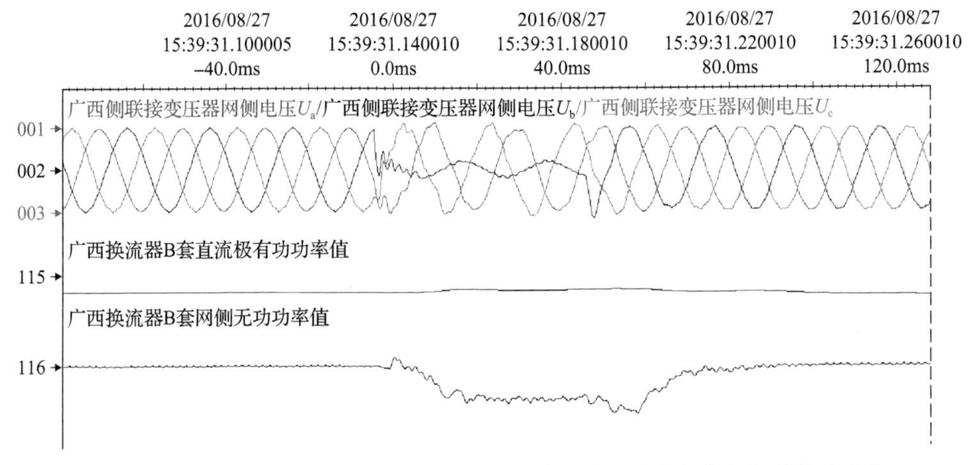

图 7-28　鲁西背靠背柔性直流输电工程柔性直流单元逆变侧单相短路故障响应

7.3　柔性直流接入系统稳定性分析实例

目前柔性直流已在区域电网异步互联、电网分区运行、直流分极分层接入、高压大容量直流输电等工程中得到应用，下面针对上述情景对柔性直流接入对系统稳定性的影响开展实例分析。

7.3.1　高压大容量柔性直流输电在受端电网的应用

本节基于昆柳龙直流工程受端采用常规直流还是柔性直流技术方案开展详细对比分析。昆柳龙直流工程采用三端直流输电方案，送端云南建设±800kV/ 8000MW 常规直流换流站，受端广东建设±800kV/ 5000MW 常规或柔性直流换流站，受端广西建设±800kV/3000MW 常规或柔性直流换流站，直流输电线路全长约 1450km，本工程已于 2020 年 12 月 27 日正式投产。

工程投产后，馈入广东珠三角地区的直流达到 10 回，总容量共计 37200MW，占 2020 年广东全省最大负荷的 30%。馈入广西电网的直流也达到 4 回，总容量 12200MW，占 2020 年广西全区最大负荷的 38%。受端广东电网交直流相互影响加剧，多回直流集中馈入受端系统引起的电压稳定问题、交直流交叉跨越线路导致多重故障或连锁故障引发的大面积停电风险问题、受端系统短路电流超标等问题是南方电网安全稳定运行的重大挑战，需要更加深入研究受端电网多直流馈入问题这个南方电网规划和运行重大课题。柔性直流输电技术的发展为解决多直流馈入受端系统稳定问题提供了可行的技术途径[4,5]。

1. 受端电网多直流馈入问题现状

1) 受端电网多直流有效短路比

根据多馈入有效短路比指标 MIESCR 计算方法，自 2010 年起随着楚穗、溪洛渡、糯扎渡、金中、永富、鲁西背靠背、滇西北直流相继投产，广东、广西电网多直流短路比的变化如表 7-16 所示。可以看出，随着落点受端的直流增多，特别是广东电网，其直流逆变站的多直流有效短路比最小值呈逐渐下降的趋势；对于同一直流逆变站，其多直流有效短路比也逐渐降低，从西站 2018 年多直流有效短路比接近 2.0，而落点广西的富宁站多直流有效短路比长期低于 2.0。

表 7-16　昆柳龙直流工程投产前广东、广西电网多直流有效短路比

逆变站	2010 年	2015 年	2016 年	2018 年
鹅城站	5.20	3.53	3.73	2.16
北郊站	3.41	2.50	2.50	2.39
肇庆站	5.33	3.94	3.81	2.75
宝安站	6.09	6.48	6.27	3.70
穗东站	4.45	3.47	3.43	2.79
侨乡站	—	4.26	4.15	3.15
从西站	—	2.71	2.75	2.01
东方站	—	—	—	3.13
桂中站	—		4.07	4.20
富宁站	—		1.89	1.83
罗平站	—		3.04	3.24

直流逆变站的多直流有效短路比太低，受端电压支撑能力不足，在大扰动或

检修方式下存在发生直流连续换相失败难以恢复甚至直流闭锁的风险。以永富直流为例，直流双极 3000MW 运行、受端富宁站投入一套 STATCOM 时，永富直流逆变站多直流有效短路比仅为 1.92，百色—武平线路发生三相短路 N–1 故障后，直流多次换相失败不能恢复并最终闭锁。

2) 多回直流同时换相失败分析

交流系统故障导致换流站交流母线电压跌落，并引发直流换相失败是常规直流输电系统的常见现象之一。根据研究的判据，当故障瞬间换流母线电压跌落到正常运行值的 90%以下时，认为该直流发生换相失败。对于多直流集中馈入系统，各逆变站间的电气距离较小，交流故障导致多回直流同时发生换相失败问题更加突出，如因交流系统开关拒动引发多回直流持续换相失败，直流输送功率中断，将可能导致电网失去稳定。

广东电网在楚穗直流投产后，30 个 500kV 厂站发生三相短路故障会导致 5 回直流同时发生换相失败；溪洛渡、糯扎渡直流投产后，因三相短路故障导致 5 回及以上直流同时发生换相失败的 500kV 厂站数量增加至 43 个，其中 17 个厂站发生三相短路故障会导致 8 回直流同时发生换相失败；滇西北直流投产后，存在 21 个 500kV 厂站发生三相短路故障会导致 8 回及以上直流同时发生换相失败，其中有 11 个厂站发生三相短路故障会导致广东、广西 9 回直流同时发生换相失败。可见随着落入受端电网的常规直流数量增多，多回直流同时发生换相失败的区域范围逐渐扩大。

综合上述分析可见，随着常规直流相继落入广东珠三角地区，广东电网各直流逆变站的多直流短路比逐渐降低，导致多回直流同时发生换相失败的交流故障范围不断扩大，广东电网多直流集中馈入系统导致的安全稳定风险是南方电网运行的重大挑战。

2. 受端采用常规直流或柔性直流对受端电网稳定性影响的对比分析

本部分基于前述计及柔性直流影响的多直流短路比计算方法，从多直流有效短路比、交流系统故障导致多回直流换相失败风险、交流故障对受端电网的稳定特性影响三个方面，采用 BPA 机电暂态仿真软件，对比分析昆柳龙直流工程受端采用常规直流或柔性直流对受端电网稳定性的影响。

1) 多直流有效短路比

2020 年昆柳龙直流工程投产前，广东电网同步运行时，广东电网各直流逆变站的多直流有效短路比最低在天广直流逆变站，为 2.68。昆柳龙直流工程投产后，受端广东侧采用常规直流，广东电网多直流有效短路比最低在本直流逆变站，为 2.13，若采用柔性直流，广东电网各直流逆变站的多直流有效短路比与直流投产前接近，不会大幅降低，计算结果详见表 7-17。

表 7-17　各直流逆变站多直流有效短路比(广东同步运行)

直流输电系统	直流投产前	广东常规直流+广西常规直流	广东柔性直流+广西柔性直流
昆柳龙直流(广东侧)	—	**2.13**	—
牛从直流	3.01	2.33	2.92
高肇直流	3.52	2.99	3.39
普侨直流	4.33	3.90	4.15
天广直流	**2.68**	2.34	**2.65**
楚穗直流	3.50	2.79	3.42
新东直流	3.78	3.06	3.35
兴安直流	3.83	2.76	3.07
三广直流	2.91	2.24	2.79
昆柳龙直流(广西侧)	—	3.07	—
金中直流	4.36	3.04	4.17
永富直流	1.88	1.81	1.88
鲁西背靠背	2.41	2.21	2.31

2) 交流故障导致多回直流换相失败的风险

昆柳龙直流工程投产前，广东、广西电网存在 17 个 500kV 厂站发生三相短路故障会导致 9 回及以上直流同时发生换相失败，其中 6 个 500kV 厂站发生三相短路故障会导致 10 回直流同时发生换相失败。

昆柳龙直流工程投产后，落点广东、广西电网的直流将达到 11 回，若受端广东、广西逆变站均采用常规直流方案，有 25 个 500kV 厂站发生三相短路故障会导致 9 回及以上直流同时发生换相失败，导致 10 回及以上直流同时发生换相失败的 500kV 厂站数量为 16 个，导致 11 回直流同时发生换相失败的 500kV 厂站数量为 4 个。若受端广东采用柔性直流方案，广西采用常规直流方案，有 20 个 500kV 厂站发生三相短路故障会导致 9 回及以上直流同时发生换相失败，导致 10 回及以上直流同时发生换相失败的 500kV 厂站数量为 6 个，导致 11 回直流同时发生换相失败的 500kV 厂站数量为 4 个。若受端广东、广西均采用柔性直流方案，交流故障最多引起 10 回直流同时发生换相失败，且只有 3 个 500kV 厂站发生三相短路故障导致 10 回直流同时发生换相失败，导致 9 回及以上直流同时发生换相失败的 500kV 厂站有 13 个。相较于受端采用常规直流方案，采用柔性直流后受端电网多回直流同时换相失败的区域明显缩小。对比结果详见表 7-18。

表 7-18 受端交流故障导致直流换相失败数量统计(广东同步运行)

三相短路导致换相失败的直流数量	广东常规直流+广西常规直流	广东柔性直流+广西常规直流	广东柔性直流+广西柔性直流
9 回及以上合计	25 个	20 个	13 个
10 回及以上合计	16 个	6 个	3 个
11 回	4 个	4 个	0 个

3) 交流故障对受端电网稳定性的影响

以 2020 年为水平年，针对昆柳龙直流工程投产前、本直流输电工程受端广东/广西采用常规直流或柔性直流方案下的南方电网丰大运行方式进行稳定计算，计算结果如表 7-19 所示。

表 7-19 受端采用常规直流或柔性直流对广东、广西电网稳定性影响对比(广东同步运行)

故障类型	直流投产前	广东常规直流+广西常规直流	广东柔性直流+广西常规直流	广东柔性直流+广西柔性直流
N–1 故障	0	0	0	0
单相短路中开关拒动	0	0	0	0
N–2 故障	4	6	5	5
三相短路中开关拒动	11	14	10	7

计算结果表明，昆柳龙直流工程投产前，输电工程 2020 年广东/广西电网发生 N–2 故障导致系统失稳的线路有 4 个，三相短路中开关拒动导致系统失稳的厂站数为 11 个。昆柳龙直流工程投产后，若受端广东、广西均采用常规直流，2020 年广东、广西电网发生 N–2 故障导致系统失稳的线路增加至 6 个，三相短路中开关拒动导致系统失稳的厂站数增加至 14 个。若受端广东采用柔性直流，广西采用常规直流，因交流系统故障导致广西侧常规直流发生换相失败，广东侧柔性直流发生暂时性闭锁，时间 400ms 以上，考虑交流故障导致直流换相失败的影响，2020 年广东、广西电网发生 N–2 故障导致系统失稳的线路为 5 个，三相短路中开关拒动导致系统失稳的厂站数为 10 个。若受端广东、广西均采用柔性直流换流器，2020 年广东、广西电网发生 N–2 故障导致系统失稳的线路为 5 个，三相短路中开关拒动导致系统失稳的厂站数进一步减少到 7 个[6]。

综上，本节依托昆柳龙直流工程，从多直流有效短路比、交流系统故障导致多回直流换相失败风险、交流故障对受端电网稳定性影响三个方面对比分析了柔性直流对直流多落点问题和提高电网稳定性的改善作用。

需要说明的是，常规直流在运行过程中需要消耗大量的容性无功功率，根据以往工程经验，需在换流站配置 45%～55%直流额定容量的并联无功补偿设备。而柔性直流不需要无功补偿设备，且可向交流系统发出或吸收容性无功，在交流系统电压过高时吸收容性无功实现稳态调压，在交流系统故障期间及故障恢复期间提供动态无功支撑，此时会向交流电网注入一定的短路电流，其注入交流系统的电流与故障点同换流站的距离、换流器的额定容量、控制保护逻辑相关，以 5000MW 容量的换流站为例，其向交流系统注入的工作电流大小为 $\frac{5000}{525\times\sqrt{3}}=5.50\text{kA}$。稳态运行时若提供 20%的动态无功，则此时的无功电流大小为 5.5×0.2=1.1kA；在故障期间由于交流电压降低，有功功率下降，可以提供高于 0.2p.u.的无功电流，具体可根据系统稳定特性、近区电网的短路电流水平以及设备的耐受能力合理设计暂态无功控制策略，可以削弱对交流系统短路电流的影响。

7.3.2　背靠背柔性直流分区互联

当同步电网过大时，其优势随电网规模的边际效应凸显，而产生的问题即使花大量费用也难以彻底解决。按稳定导则的分区原则设立多个独立电网，是世界电网发展的客观规律，也是为了提高电力系统可靠性和防止大停电而普遍认可的构网原则。近几年，南方电网在充分论证的基础上，云南电网与南方电网主网实施异步运行，从而将南方电网的稳定特性由复杂的快动态的功角失稳风险转变为相对简单的慢动态的频率失稳风险。

随着广东电网系统规模不断加大，广东电网负荷密度越来越高(图 7-29)。与此同时，广东内外双环网架结构日趋复杂，联系越来越紧密，负荷中心潮流穿越、电力传输受阻问题突出，短路电流大范围超标、交直流交互影响严重、大面积停电风险防控能力不足三大问题威胁着电网安全稳定运行。

(1)短路电流严重超标。较高的短路电流水平可以提高电网的安全稳定水平，给广东多直流馈入提供保障。但是，过高的短路电流水平给设备的性能提出了严峻的考验。广深佛莞四市在 2012 年用电负荷密度就已超过东京湾核心区(达到 3.02MW/km^2)，2020 年，广东电网全接线、全开机短路电流最大值为 67.6kA，超过 60kA 和 63kA 厂站数分别为 12 座和 3 座，濒临设备的极限控制水平。

(2)交直流交互影响严重。2019 年，九条常规直流集中落入珠三角区域，且此区域电压支撑薄弱，交直流交互影响问题尤为严重，甚至存在单一故障造成大范围直流换相失败的情况。存在 24 个厂站三相短路故障、9 个厂站单相短路故障导致全部直流换相失败，若故障不能快速切除甚至会引发直流闭锁并引起大停电事故。

(3)大面积停电风险防控能力不足。线路功能定位、解列点不清晰，难以有效构筑三道防线，极端故障下缺乏有效的控制手段，无法有效、迅速地实现事故隔离及控制，存在全网崩溃风险。存在 19 个 500kV 厂站发生三相短路单相开关拒动故障后，会造成系统失稳。

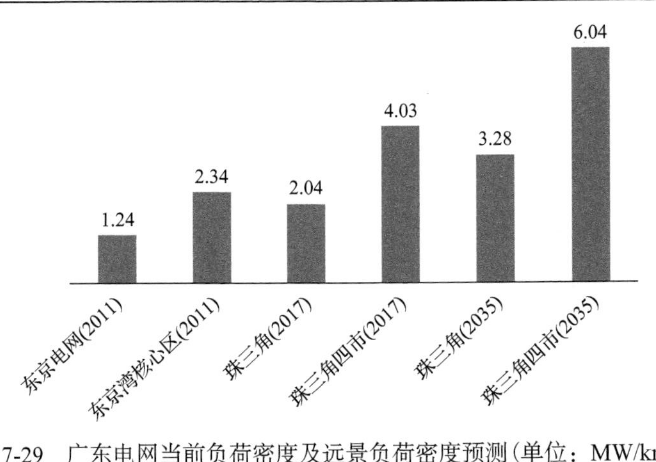

图 7-29　广东电网当前负荷密度及远景负荷密度预测(单位：MW/km^2)

此外，随着广东电网负荷、电源发展以及海上风电、西电东送及工程建设等诸多不确定因素，上述问题在负荷密集的珠三角地区将更为突出，亟须改变现有的内外双环网架结构。

对于广东电网，构建合理简化、分区的电网，不仅能够控制短路电流，减少直流间相互影响，而且可以打破目前“铁板一块”的局面，提前设置电网面临严重事故的解列点，从物理结构上化解由局部故障发展为全网性停电事故的风险。相对交流联网模式，柔性直流异步互联的核心优势在于对故障隔离的可靠性，是大电网解决全网性停电风险的根本措施。基于以上思路，为解决广东电网面临的“三大问题”，可利用背靠背柔性直流输电工程，到 2035 年左右，逐步将广东电网分为 2～4 分区(组团)，如图 7-30 所示[7-9]。

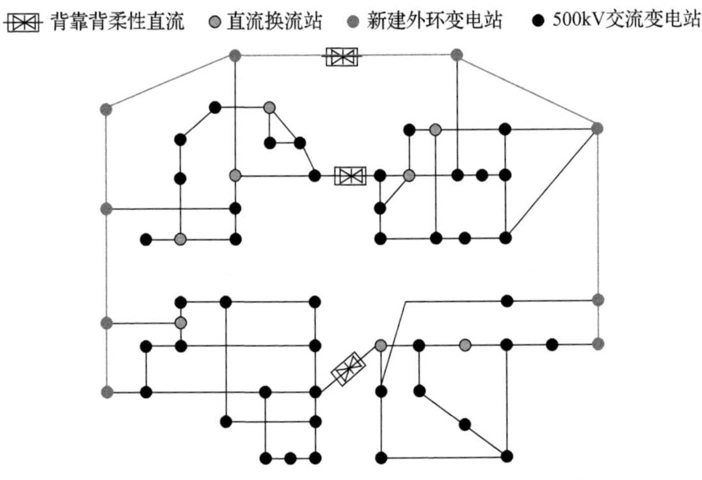

图 7-30　广东异步互联构网方案珠三角部分地区网架结构示意图

具体来说，沿珠江为界，广东东西部电力供应具备基本平衡条件，且东西部均各有 4～5 条常规直流，而广深佛莞是网架结构最为密集、短路电流最高的四个地市。因此，断开广东东西交流联络线，取而代之的是新建背靠背柔性直流输电工程，并沿珠三角外沿新建 500kV 交流外环通道，将广东电网分为四个分区，各分区通过一定数量输电线路与外环线路联系，避免大量潮流从负荷中心穿越。此构网方案可以降低直流之间的相互影响，又减小了珠三角地区的短路电流，并形成清晰的分区结构，有利于设置三道防线。

背靠背柔性直流在分区互联网中的作用主要体现在以下几个方面。

(1) 断开交流联系，缓解核心区短路电流超标问题：珠三角核心区域短路电流普遍下降，隔离点周边电网短路电流下降最为明显，下降 8～20kA，主要集中在广州北部、东莞西部及深圳等地区，也是短路电流水平较高的区域。

(2) 断开交流联系，拉开电气距离，减少多直流相互影响问题：背靠背柔性直流输电工程投产后，增加了珠三角地区受端换流站间的电气距离，在一定程度上阻隔了东西部电网直流故障之间的影响。

(3) 作为分区措施，能构建清晰的四分区结构，降低在严重极端故障下出现大面积停电的风险：背靠背柔性直流输电工程投产后，对于大范围连锁故障可构筑有效的第三道防线，事故解列点清晰。同时，在应对交叉跨越、多回直流同时双极闭锁、交流连锁故障等严重故障时，控制事故范围，减少事故扩大化。

(4) 作为潮流控制手段，按照需要安排东西功率交换的通道：背靠背柔性直流输电工程投产后，东西断面能力得到加强。背靠背保持中、南通道 3000MW 交换能力，满足近远期西往东送电的需求。在电力互济上，背靠背柔性直流输电工程的投产一定程度上使得东西交换潮流可控，不易出现局部过载问题。背靠背作为潮流控制手段，按照需要安排东西功率交换的通道。

(5) 作为紧急备用，应对各种事故，提高东西之间的事故支撑能力：背靠背柔性直流输电工程投产后，东西事故支援能力得到加强。潮流通过背靠背灵活调度，提供动态无功支撑，在事故过程中可提供一次调频支援和电压支撑，事故后的恢复过程中可提供备用容量支援，提高东西事故支援能力。

7.3.3 常规直流受端柔性化改造稳定性分析

改善多直流馈入受端电网安全稳定特性的另一个措施是实施对常规直流受端柔性化改造。

一般而言，典型的交流对直流影响过程可概括为交流系统发生严重故障，导致近区(多回)直流换流母线电压骤降，直流发生换相失败，直流控制动作但未能使直流换相顺利恢复，直流保护动作闭锁直流，在故障清除后，直流重新启动恢复送电。换相失败的危害不仅对直流输电设备可能造成损坏，而且还将对系统安全稳定运行产生不利影响。换相失败期间及恢复过程中，直流功率，特别是无功功率大幅变化，同时造成逆变站近区交流系统潮流大幅波动。对于多馈入直流电网，多个逆变器在受端交流系统发生故障/扰动情况下可能同时发生换相失败，其多重复合故障的电气特征将使问题更趋复杂。

近年来，随着混合直流输电(hybrid-HVDC)技术的成熟，为避免多馈入直流电网多回直流同时换相失败，可以考虑将其中部分常规直流的逆变侧改造为电压源换流器，如图 7-31 所示。从机理上讲，常规直流柔性化改造能够“切断”交流系统故障引起换流母线电压骤降导致直流换相失败的传导机制，有助于解决长期困扰学术界和工程界的直流落点过于集中可能造成电网重大安全隐患的问题。

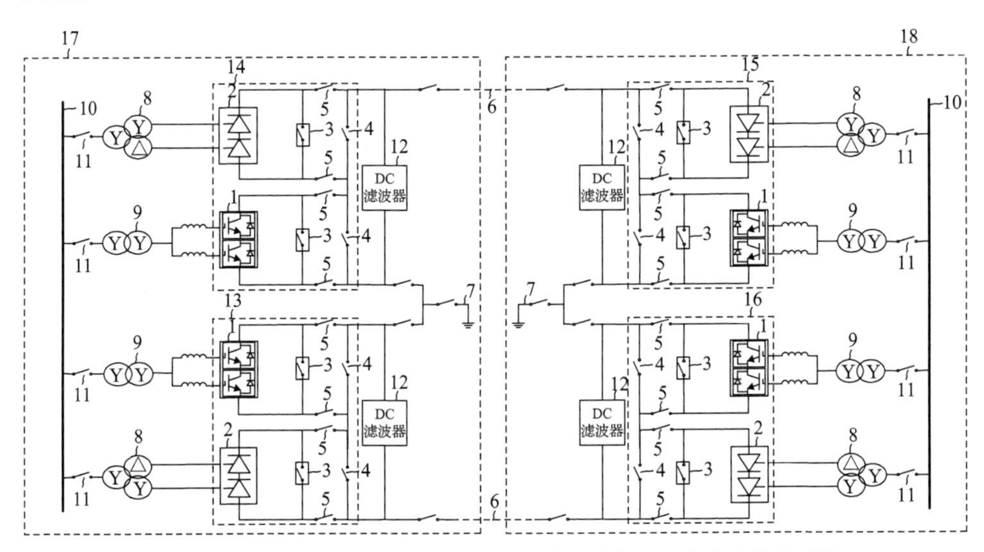

图 7-31　LCC 和 VSC 阀组串联组成两端的特高压混合直流输电系统

多直流相互影响因子(multi-infeed interaction factor，MIIF)矩阵反映了逆变站换流母线电压之间的相对变化关系，是衡量直流输电逆变站之间电气距离的量化指标，指标越大，说明直流逆变站换流母线之间的相互影响越大，图 7-32 为落点广东电网直流多直流相互影响因子，可以看到，鹅城—穗东、宝安—东方等站之间的相互影响较大。因此，可结合直流投运年限、柔性化改造效果及改造实施的可行性等因素，确定常规直流受端柔性化改造的顺序。下面以 2010 年投运的楚穗直流受端穗东换流站为假定柔性化改造对象，基于 7.3.2 节所述广东 2035 年东西组团同步互联构网方案，分析常规直流受端柔性化改造后广东电网的交直流相互影响和稳定性改善效果。

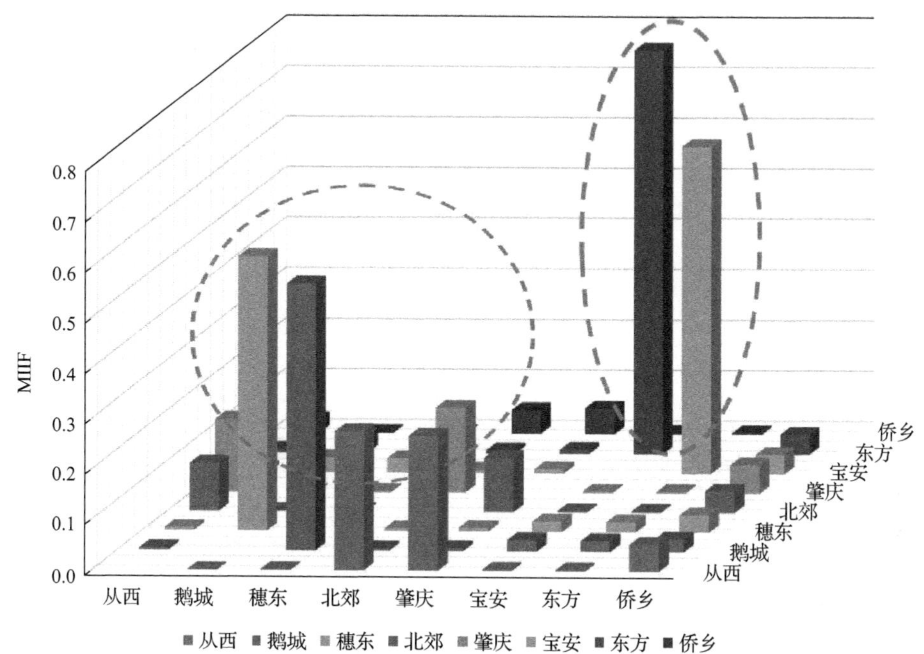

图7-32　落点广东电网直流多直流相互影响因子

1)直流间相互影响指标分析

楚穗直流改造前后的结果如表7-20和表7-21所示，可见，鹅城和穗东换流站之间的直流间相互影响基本消除。

表7-20　楚穗直流改造前直流间相对电压变化加权直流功率矩阵

序号	换流母线	从西	鹅城	穗东	北郊	肇庆	宝安	东方	侨乡
1	从西	0.00	0.00	0.00	0.08	0.13	0.00	0.00	0.04
2	鹅城	0.01	0.00	0.88	0.00	0.01	0.02	0.04	0.04
3	穗东	0.01	0.33	0.00	0.00	0.00	0.01	0.02	0.03
4	北郊	0.34	0.00	0.01	0.00	0.18	0.01	0.01	0.12
5	肇庆	0.30	0.00	0.00	0.10	0.00	0.00	0.00	0.09
6	宝安	0.02	0.03	0.05	0.00	0.01	0.00	1.08	0.06
7	东方	0.01	0.02	0.03	0.00	0.00	0.48	0.00	0.04
8	侨乡	0.03	0.00	0.00	0.02	0.03	0.00	0.00	0.00

表 7-21　楚穗直流改造后直流间相对电压变化加权直流功率矩阵

序号	换流母线	从西	鹅城	北郊	肇庆	宝安	东方	侨乡
1	从西	1	0.00	0.08	0.12	0.00	0.00	0.03
2	鹅城	0.01	1	0.00	0.01	0.02	0.03	0.05
3	北郊	0.34	0.00	1	0.18	0.01	0.01	0.10
4	肇庆	0.30	0.00	0.10	1	0.00	0.00	0.09
5	宝安	0.02	0.02	0.00	0.01	1	1.08	0.06
6	东方	0.01	0.01	0.00	0.00	0.48	1	0.04
7	侨乡	0.03	0.00	0.02	0.03	0.00	0.00	1

2) 多直流有效短路比指标分析

广东目标网架方案中珠三角主网分四个区，直流改造对同分区内直流短路比提升较明显，对不同分区直流基本无影响。楚穗直流柔性改造后，三广直流受端鹅城换流站的多直流有效短路比提高相对明显，如表 7-22 所示。

表 7-22　楚穗直流柔性改造后的多直流有效短路比

名称	未改造	改楚穗
三广直流	5.1	10.0
天广直流	4.1	4.1
高肇直流	4.7	4.7
兴安直流	5.3	5.4
楚穗直流	4.4	—
普侨直流	7.3	7.3
牛从直流	4.5	4.5
滇西北直流	5.2	5.3

3) 交流系统故障对直流影响分析

楚穗直流柔性改造后，多回直流同时换相失败、直流功率降为零的风险均有一定程度的下降，具体结果如表 7-23 所示。

4) 多类型故障扫描分析

楚穗直流柔性改造后，*N*–2、母线失压故障后的失稳数目没有下降，但三相单拒的失稳数大幅下降，仅为改造前的一半左右，具体结果如表 7-24 所示。

表 7-23　楚穗直流柔性改造后导致多回直流同时换相失败交流故障数减少量

直流换相失败/功率降为零数目	换相失败故障数减少量	直流功率降为零故障数减少量
≥9 回	0	0
≥8 回	0	0
≥7 回	0	0
≥6 回	0	0
≥5 回	0	0
≥4 回	3	0
≥3 回	0	0
≥2 回	43	28
≥1 回	5	0

表 7-24　楚穗直流柔性改造后广东电网故障扫描计算结果

改造方案	N–2	三相单拒	母线失压
未改造	2	27	84
楚穗直流改造	2	14	84

5) 故障临界切除时间分析

楚穗直流柔性改造前后三相短路故障临界切除时间如表 7-25 所示。相比不改造，楚穗直流柔性改造后直流近区部分线路三相短路故障临界切除时间有所提升，提升幅度在 1.0～2.5 周波。

表 7-25　楚穗直流柔性改造前后广东电网线路的 N–1 临界切除时间相对提升的周波数

序号	线路名称	临界切除时间相对改造前提升的周波数
1	博罗—龙门	2.5
2	穗东—横沥	1.0
3	沙角—莞城	2.0
4	水乡—崇焕	1.5

综上可知，通对过楚穗直流逆变侧穗东换流站进行柔性化改造，广东电网的交直流相互影响、多回直流之间相互影响和系统稳定性均得到改善。

参 考 文 献

[1] 徐政. 交直流输电系统动态行为分析[M]. 北京: 机械工业出版社, 2004.

[2] 肖浩, 李银红, 段献忠, 等. 计及 LCC-HVDC 交直流输电系统静态电压稳定的综合短路比强度指标[J]. 中国电机工程学报, 2017, 37(14): 4008-4017, 4279.

[3] 田宝烨, 袁志昌, 饶宏, 等. 一种通用的多直流馈入系统短路比指标[J]. 南方电网技术, 2019, 13(8): 1-8.

[4] 田宝烨, 袁志昌, 余昕越, 等. 混合双馈入系统中 VSC-HVDC 对 LCC-HVDC 受端电网强度的影响[J]. 中国电机工程学报, 2019, 39(12): 3443-3454.

[5] 饶宏, 洪潮, 周保荣, 等. 乌东德特高压多端直流输电工程受端采用柔性直流对多直流集中馈入问题的改善作用研究[J]. 南方电网技术, 2017, 11(3): 1-5.

[6] 姚文峰, 洪潮, 周保荣, 等. 采用常规直流配置动态无功补偿或柔性直流对受端广东电网稳定性影响的对比分析[J]. 南方电网技术, 2017, 11(7): 45-50.

[7] 蔡万通, 洪潮, 周保荣, 等. 广东电网内外双环网架结构向组团网架结构的转变研究[J/OL]. 中国电机工程学报: 1-11. http://kns.cnki.net/kcms/detail/11.2107.TM.20200401.1030.006.html[2020-06-24].

[8] 林勇, 陈允鹏, 王志勇, 等. 广东电网目标网架方案论证与建议[J]. 南方电网技术, 2020, 14(3): 42-48.

[9] 郭知非, 李峰, 郑秀波, 等. 广东在运直流柔性化改造提升系统稳定效果研究[J]. 南方电网技术, 2019, 13(9): 6-12.

第8章　柔性直流输电实时数字仿真技术

8.1　柔性直流输电数字仿真技术概述

8.1.1　柔性直流输电工程的数字仿真需求

仿真是利用模型模拟实际系统行为的过程，是一种有效且经济的研究手段。仿真一般可分为动态物理仿真和数字仿真[1]。动态物理仿真是在系统的物理模型上进行试验的技术，数字仿真是通过建立数学模型在计算机上实现的。本节主要介绍数字仿真，对于电力系统的数字仿真，则是将电力系统网络及负荷等元件建立其数学模型，用数学模型在计算机上进行试验和研究的过程。

现有的柔性直流输电系统仿真大多采用动态物理仿真或者数字仿真技术。但由于柔性直流换流器结构复杂，特别是模块化多电平换流器含有大量的电力电子器件[2]，采用数字仿真技术可以在计算机中进行大量的电力电子器件建模，不受空间及成本的限制。

数字仿真技术目前已成熟应用于国内外柔性直流输电工程技术研究，包括工程系统研究与总体设计、仿真验证、现场调试与运行支持等。

1. 系统研究与总体设计

在柔性直流输电工程的系统研究与总体设计中，包括一次系统方案设计和主参数计算、控制保护系统结构及功能、过电压绝缘配合、直流输电系统动态性能研究等工作离不开数字仿真技术。

2. 仿真验证

直流控制保护系统的功能和性能试验是设计、制造与工程现场调试和运行衔接的关键环节，在直流输电工程中具有十分重要的作用。在柔性直流控制保护系统试验中，通过数字仿真技术搭建详细的多类型子模块拓扑结构及其组成的模块化多电平换流器模型，还可以精细模拟换流器内部故障，是一种成本低且准确度高的试验方法。其中，实时数字仿真技术已成熟应用于柔性直流输电工程控制保护系统试验，通过建立硬件在环试验系统，对工程的控制保护系统功能和性能开展全面测试，检验控制保护系统的功能和性能是否达到设计规范要求，发现并解决系统存在的问题和缺陷，提升直流输电工程的安全可靠性。

3. 现场调试与运行支持

数字仿真技术可以应用于工程现场调试以及工程运行支持。通过采用仿真技术定位故障点和故障原因，有助于现场检修人员快速清除故障，并且还可对直流输电工程反事故措施开展全面验证，保障措施的有效性。仿真技术为故障反措、直流控制保护程序升级、直流故障快速排查提供重要的支持，是高压直流输电系统以及电网安全稳定运行不可缺少的技术。

8.1.2 柔性直流输电工程的数字仿真技术

数字仿真技术主要分为实时数字仿真技术和非实时数字仿真技术两种[3]，本节详细介绍柔性直流输电工程的两类数字仿真技术及其应用。

1. 柔性直流非实时数字仿真技术

非实时数字仿真技术根据需要研究的动态过程作用时间长短，主要分为机电暂态仿真、电磁暂态仿真，以及机电-电磁暂态混合仿真。

1) 机电暂态仿真

机电暂态仿真是研究电力系统受到大扰动后的暂态稳定和受到小扰动后的静态稳定性能，其算法是将电力系统各元件模型根据元件间的拓扑关系按照微分方程和代数方程的求解顺序分为交替解法和联合解法[4]。柔性直流采用机电暂态仿真主要是分析柔性直流与交流电网的相互作用，以及大扰动和小扰动分析，其中小扰动用于研究交直流静态稳定性，如低频振荡；大扰动则用于研究故障后交直流输电系统的动态特性。国内外常见的可用于柔性直流非实时机电暂态仿真的软件主要有 PSASP、PSD-BPA、PSS/E、DSP 等。

2) 电磁暂态仿真

电磁暂态仿真是用数值计算方法对电力系统中从数微秒至数秒之间的电磁暂态过程进行仿真模拟，其算法主要是建立元件和系统的代数或微分、偏微分方程。一般采用的数值积分方法为隐式积分法[5]。非实时电磁暂态仿真的数值计算方法主要有定步长法、变步长法和混合法。定步长法主要为节点分析法，优点是多列方程能保留电路结构信息，且列写速度较快，目前主流的非实时电磁暂态仿真软件都用此算法。国内外用于柔性直流的非实时电磁暂态仿真软件有 PSCAD/EMTDC、NETMAC、EMTP-RV 等。

柔性直流换流器模型根据从详细到简化程度的不同，目前常用的模型有详细开关模型、戴维南等效模型、解耦等效模型和平均值模型四种[6]。其中，详细开关模型模拟换流器内部详细特性，体现每一个开关在每一控制周期指令下的动作过程。戴维南等效模型兼具较快的仿真速度和较高的精度，其主要是简化了二极管和子模块电容。解耦等效模型将 MMC 桥臂模型和子模块模型进行了解耦，其准确性与戴维南等效模型相仿，但其拓展性好。平均值模型不关注 MMC 内部特性，将每个换流器桥臂的所有级联子模块等效为可控电压源，仿真速度较快。

3) 机电-电磁暂态混合仿真

机电-电磁暂态混合仿真是将电磁暂态仿真和机电暂态仿真进行结合，在一次仿真过程中实现对大规模电力系统的机电暂态仿真和局部网络的电磁暂态仿真，对研究大规模电力系统的暂态稳定和动态特性具有很强的工程实用价值和理论意义[7]。机电-电磁暂态混合仿真弥补了机电暂态仿真和电磁暂态仿真的不足，可以对柔性直流输电系统等快速响应的电力电子装置使用电磁暂态模型进行电磁暂态仿真，对传统电力网络采用机电暂态模型进行机电暂态仿真，既可以精确地模拟非线性电力电子器件的动态特性，又具有较高的仿真效率。

目前国内外支持机电-电磁暂态混合仿真的主流软件包括 DSP-EMTDC(南方电网科学研究院)、E-Tran(加拿大 Electranix 公司)、PSS/E+PSCAD 等。其中，DSP-EMTDC 是由南方电网科学研究院研发的非实时机电电磁暂态混合仿真工具，基于成熟商业电磁暂态计算软件 PSCAD 自定义功能与南方电网自主研发的 DSP 机电暂态仿真模块，形成了 DSP-EMTDC 混合仿真接口，并通过电磁暂态侧分布式并行仿真技术，极大提高了混合仿真的运行效率。该仿真工具已实现了对中国南方电网 110kV 及以上网络的全系统详细建模混合仿真，包括鲁西背靠背柔性直流、昆柳龙三端混合直流在内的所有直流输电系统全部采用电磁暂态仿真，其余部分采用机电暂态仿真；应用于昆柳龙直流工程可研及系统研究专题等工作中，在电磁侧采用分布式并行计算后，仿真效率提高十余倍。

2. 柔性直流实时数字仿真技术

实时数字仿真技术[8]在电力电子器件、控制保护装置的试验中起到十分重要的作用，是测试柔性直流输电控制保护系统功能和性能重要且有效的手段。本章后续内容主要介绍柔性直流输电工程实时数字仿真技术及其应用。

采用模块化多电平换流器的柔性直流输电系统由于包含大量电力电子开关器件，为实现对不同开关器件状态的准确快速模拟，需要在非常小的仿真步长下实时计算大量的电力电子开关器件，并需实时处理与被测装置的大量通信，从而达到闭环测试，这对实时数字仿真技术提出了新的挑战。对此，目前一般采用现场可编程门阵列(FPGA)技术，通过并行计算和快速大容量通信，实现柔性直流输电的实时数字仿真。

目前国内外常见的柔性直流输电实时数字仿真工具主要有 RTDS 实时数字仿

真器(加拿大曼尼托巴 RTDS 公司)、RT-LAB(加拿大 Opal-RT Technologies 公司)、HYPERSIM(加拿大魁北克水电局研究院)等。为了测试柔性直流输电工程控制保护系统的功能和性能，一般采用实时数字仿真技术，根据工程一次回路配置建立相应的实时数字仿真模型，通过输入输出接口板卡与工程实际控制保护实时传输数据，建立工程控制保护硬件在环实时数字仿真系统。在本书后面的章节里，将详细介绍柔性直流输电工程的实时数字仿真建模以及实时数字仿真试验技术，并提供了仿真应用实例。

8.2 柔性直流输电工程实时数字仿真建模

8.2.1 实时数字仿真建模基本原则

为了建立精确模拟柔性直流输电工程的实时数字仿真模型，下面给出柔性直流输电工程实时数字仿真建模的基本原则[9,10]。

(1) 建模参数：优先采用实测参数，若无法获得实测参数，宜与设计参数一致；若无设计参数，则可采用技术规范中的参数或同类典型参数。

(2) 交流开关：应模拟柔直变压器进线断路器，需要模拟保护信号经过操作箱到断路器的实际分/合时间。应合理设置断路器通态电阻和断态电阻，如无法获取具体参数，可采用典型参数。交流断路器应根据工程配置情况和研究需求配置选相合闸功能或合闸电阻。交流断路器可按分相模拟或三相模拟。如果需要研究与断路器相关的动态性能，宜精确搭建断路器的并联振荡回路和避雷器泄能回路。

(3) 启动回路：主要包括启动电阻及其旁路开关。应建立模拟启动回路的电阻模型及其并联的旁路开关。启动电阻阻值应与工程实际一致，旁路开关需根据工程实际设置开断电阻及允许开断电流。

(4) 直流开关：应建立详细的直流开关，包括金属-大地转换开关、高速直流开关(如有)、直流断路器(如有)等。在直流场开关的仿真模型中，除了设置开关通态电阻和断态电阻之外，还应模拟开关振荡回路，并设置可开断电流参数。对于直流断路器(如有)，宜采用硬件在环方式建立直流断路器的控制保护模型。

(5) 变压器：柔直变压器模型的分接开关通常按三相模拟，也可根据研究需要按单相模拟，模型需模拟铁心饱和特性。

(6) 直流线路及接地极线路模型：宜采用分布参数、相域频变模型模拟直流线路及接地极线路。直流线路应能模拟高次谐波及故障时的行波特性，且设定线路模型的高低频率参数时，要注意满足直流和高频需求。接地极应根据实际工程接地极电阻设置接地电阻值，考虑共用接地极时，宜模拟接地极控制开关。

(7) MMC 换流阀：应能模拟常见的子模块拓扑结构，如半桥结构、全桥结构等。除模拟子模块中的全控开关器件及电容器外，还需包含均压电阻器(采用电阻模拟，同时还可包括用于旁路均压电阻器的并联开关(如有))、旁路开关和保护晶闸管(如有)。其中子模块旁路开关控制信号宜为持续电平信号。模型宜具备模拟典型功率模块级故障的功能。

(8)桥臂电抗器：可单独采用电感模型模拟，也可与 MMC 封装在一个模型中模拟。应根据实际工程设置电抗器电感参数，宜设置实际电抗器的损耗电阻。

(9)直流电抗器：应根据工程实际配置，一般装设在每极直流极母线和中性线上，采用电感模型模拟，并根据实际工程设置电感参数，宜设置实际电抗器的损耗电阻。

(10)仿真步长：为了精确测试柔性直流阀控，MMC 模型的实时数字仿真步长不宜大于微秒级；除此之外，其他模型的仿真步长根据研究系统的仿真规模，建议不宜超过 100μs。

(11)仿真接口：控制保护装置硬件在环的仿真系统，实时数字仿真器输出至控制保护装置的数据采集回路误差不应超过实际工程测量设备误差。实时数字仿真器宜具备外部设备的数字信号接口、模拟信号及光信号接口，以及相关的接口设备与接口模型。

8.2.2　柔性直流换流阀实时数字仿真技术

随着柔性直流技术向高电压大容量发展，柔性直流换流站多达几千个子模块，含有大量非线性电力电子器件，控制周期短、控制保护装置功能复杂且数据传输量巨大，这给柔性直流 MMC 换流阀的实时数字仿真带来了巨大的挑战和困难。为此，柔性直流输电工程换流阀仿真一般采用基于 FPGA 的实时数字仿真技术[11]，采用基于高效等值的 MMC 换流阀实时数字仿真算法，有效降低计算的导纳矩阵的维度，从而在不影响 MMC 运行特性的前提下大大提高了仿真效率。

MMC 换流阀实时数字仿真算法可通过将子模块分类处理来提高仿真效率，以半桥为例，假设一个 MMC 换流阀包含 6 个半桥子模块，其中子模块 SM1 和 SM2 处于闭锁状态、SM3 和 SM4 处于旁路状态、SM5 和 SM6 处于解锁状态，则 MMC 半桥换流器可以等效为如图 8-1 所示的等值电路。

如图 8-1 所示的 MMC 换流阀等值电路，其包含 1 个串联的电抗器支路、闭锁状态子模块支路(二极管 D1、D2 和一个基本模块支路链)、解锁状态子模块支路(1 个基本模块支路链)，以及旁路状态子模块支路。等值电路具体包含哪些子模块，取决于每个时间步长中各子模块的实际状态，不同的仿真时间步长中，等值电路所包含的子模块会根据各子模块的实际状态而发生变化。

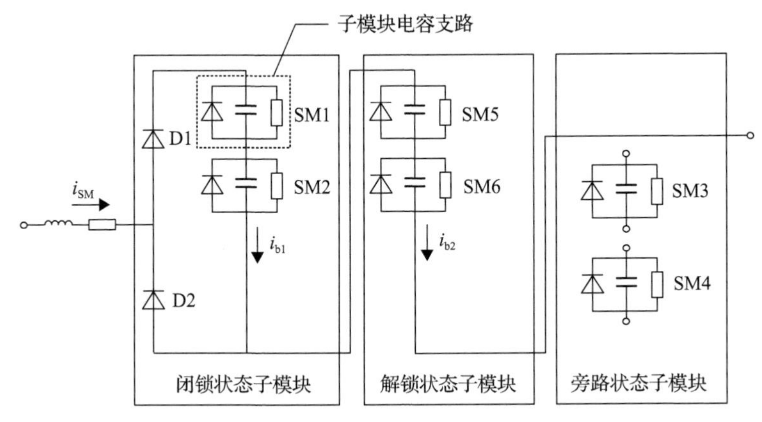

图 8-1　MMC 半桥阀等值电路示意图

等值电路中的二极管 D1 和 D2 是 MMC 换流阀的另外一个重要特征。对于处于闭锁状态的各子模块，其二极管均是同时开断的，并且只由 MMC 换流阀电流的方向决定。若等值电路的阀有 N 个子模块，则总的阀电压是单个子模块电压的 N 倍。这表明，无论一个阀含有多少个子模块，对于半桥子模块，其实际的等值电路中只包含 2 个开关器件，而对于全桥子模块，等值电路中也只包含 4 个开关器件。而传统的 MMC 实时数字仿真计算方法中，则包含几十个乃至几百个开关器件。

以 RTDS 实时数字仿真器中柔性直流换流阀 MMC 模型为例，表 8-1 给出了不同模型类型的特点以及在不同 FPGA 板卡上的仿真规模。

表 8-1　基于 RTDS 的柔性直流换流阀模型及其板卡

序号	MMC 模型名称	FPGA 板卡	子模块拓扑	每块板卡支持每个桥臂的子模块数量	一块板卡可模拟的桥臂数量
1	U5	ML605/VC707	半/全桥	512	3/6 个桥臂
2	GM	VC707	半/全桥	512	2 个桥臂
3	GMMX	VC707	半/全桥/混合桥	768	2 个阀

根据柔性直流输电工程的 MMC 子模块拓扑结构及数量，选择相应型号 FPGA 板卡的实时数字仿真设备及配套模型，按照工程 MMC 拓扑及参数设置模型的配置，实现工程柔性直流换流阀的实时数字仿真建模。具体地，以昆柳龙直流工程为例，该工程是送端为常规直流换流站，受端为两个柔性直流换流站的特高压多端混合直流输电系统。其中柔性直流换流阀 MMC 采用的是半桥全桥混合型拓扑结构，每个 MMC 桥臂的子模块共 216 个。由表 8-1 可知，可采用基于 VC707 型号的 FPGA 板卡及其配套的 GMMX 模型作为昆柳龙直流工程柔性直流换流阀

的仿真模型及设备。每个 MMC 换流阀需要 3 块 FPGA 板卡，特高压直流换流站由双极共 4 个阀组构成，则共需要 12 块 FPGA 板卡模拟一个特高压柔性直流换流站。

8.2.3　柔性直流换流阀故障仿真方法

柔性直流输电工程换流阀故障可分为换流阀级故障和功率模块级故障。换流阀级故障指的是功率模块外部故障，如桥臂接地故障、桥臂相间短路故障等。这类故障一般与功率模块内部器件故障无关，其仿真方法和常规直流输电类似，只需要在等效替代网络中预先设置好故障对应的拓扑连接关系即可。功率模块级故障指的是功率模块内部故障，如 IGBT 短路、电容短路等。这类故障往往涉及故障后功率模块内部器件的动态过程，往往包含多个阶段，除需要建立等效替代网络外，还需要对故障模块开关器件通断状态进行动态模拟。对功率模块级故障的实时数字仿真模拟方法，可根据故障类型将其分为直接模拟和间接模拟两种[12]。对于 IGBT 开路/短路、旁路开关误动等故障，可在实时数字仿真中直接模拟。而对于过温、电容过电压力等非电气量故障，可根据故障导致的电气量变化来间接模拟。具体的功率模块级故障类型及仿真模拟方式如表 8-2 所示。

表 8-2　功率模块级故障类型及仿真模拟方式

分类	元器件名称	故障类型	仿真模拟方式
功率传输器件	IGBT	开路、短路	直接模拟
		过温、过电流	间接模拟
	反并联二极管	过电压、过电流、过热或其他原因损坏	间接模拟
	电容	过电压力、欠压、过电压	间接模拟
		短路	直接模拟
控制保护辅助器件	旁路开关	拒动、误动	直接模拟
	自取能电源	过电压、欠压	间接模拟
	放电电阻	短路	间接模拟
	旁路晶闸管	过电压击穿	间接模拟
	电压传感器	采样异常	直接模拟
	驱动板	误触发	间接模拟
	控制板	脉冲丢失、电源故障等	间接模拟
	控制光纤	通信异常	间接模拟

8.2.4　交直流复杂大电网全景实时数字仿真系统

随着直流输电工程与交直流互联电网的不断发展，直流输电的容量占比持续攀高，直流输电系统的运行控制特性对电网安全稳定的影响将越发明显，例如，巴西电网美丽山一期直流输电因交流系统故障导致双极闭锁，最终引发了巴西"3 · 21"大停电事故。

在交直流复杂大电网中，具有交直流并联/异步运行、多回直流集中馈入受端电网、强直弱交、受端电网区外送电比例高等特点，多回直流与交流系统间强耦合特性、强非线性和高维数特性，以及微秒级至秒级的控制保护响应特性，共同决定了系统的暂态和动态稳定性。

在这样的复杂电网背景下，新建柔性直流输电工程控制保护系统的功能与动态性能试验必须考虑在运直流及实际交直流互联电网的运行特性，仅采用等值阻抗电压源模型将难以准确反映工程投运后的系统运行条件，对此有必要建立精确反映交直流电网运行特性的交直流复杂大电网全景实时数字仿真系统，并将新建的柔性直流输电工程接入全景实时数字仿真系统中，研究新建工程与电网的相互作用和影响，测试新建工程控制策略的适应性等。

交直流复杂大电网全景实时数字仿真系统一般由实时数字仿真器、实际的电网控制保护系统以及二者的仿真接口设备构成。实时数字仿真器用于模拟交直流大电网的一次部分(如发电机、变压器、输电线路与换流器等)和简化的二次控制保护系统。在进行交直流复杂大电网全景实时数字仿真建模之前，首先需确立科学合理的资源配置方案，包括确定并行仿真子系统数目、每个子系统节点数目、跨子系统输电线路选择等，保证各子系统计算资源和实际处理器使用尽量均衡。由于交流系统实时数字仿真规模受限，根据试验的目的与实际需求，需要对交流系统进行一定的简化处理，一般可采用动态等值或者宽频等值进行网络化简。

对此，基于 RTDS 实时数字仿真器，南方电网建成了国际领先的交直流复杂大电网全景实时数字仿真系统。如图 8-2 所示，南方电网交直流复杂大电网全景实时数字仿真系统主要包括南方电网所有(特)高压直流输电实际控制保护系统、机网协调控制系统、电网安稳控制系统、新能源发电以及电力集成新技术控制保护系统等。实时数字仿真规模覆盖南方电网 220kV 及以上电压等级交直流并联电网，每年根据电网构架变化与运行方式更新电网仿真模型，成为直流输电工程仿真试验、交直流输电系统运行分析与稳定控制技术等技术创新的最重要平台之一。

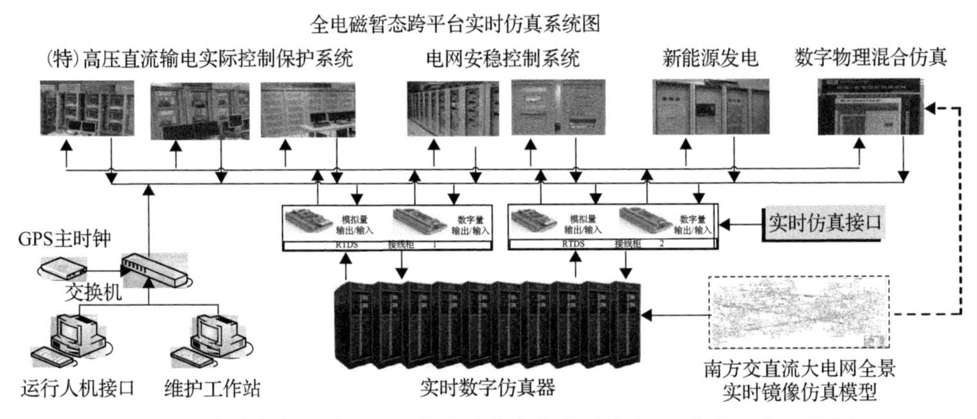

图 8-2　交直流复杂大电网全景实时数字仿真系统(GPS 指全球定位系统)

此外，南方电网交直流复杂大电网全景实时数字仿真系统在研究、测试交直流相互影响和多直流换相失败等场景中发挥了重要的作用。例如，利用全景实时数字仿真系统复现了南方电网“2012.8.11”、“2012.9.4”以及“2012.9.7”等典型交流故障引起多回直流换相失败故障全过程，“2012.8.11”结果如图 8-3 所示，故障期间直流电压、电流暂态变化与现场录波基本一致，从而验证了全景实时数字仿真系统的准确性以及实际故障反演分析的有效性。针对故障后保护正确动作、

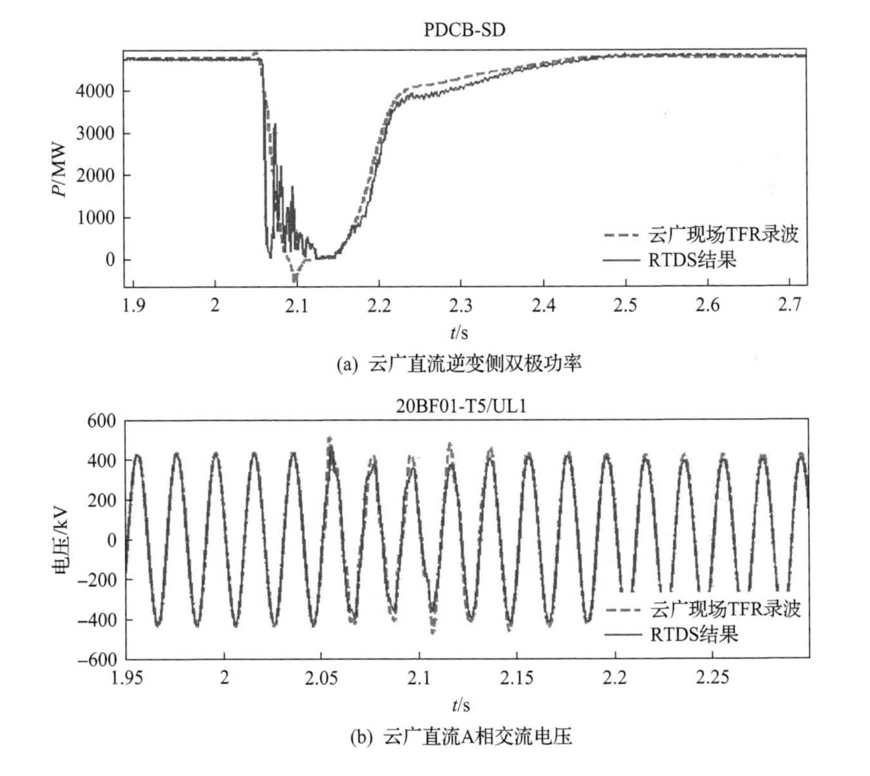

(a) 云广直流逆变侧双极功率

(b) 云广直流A相交流电压

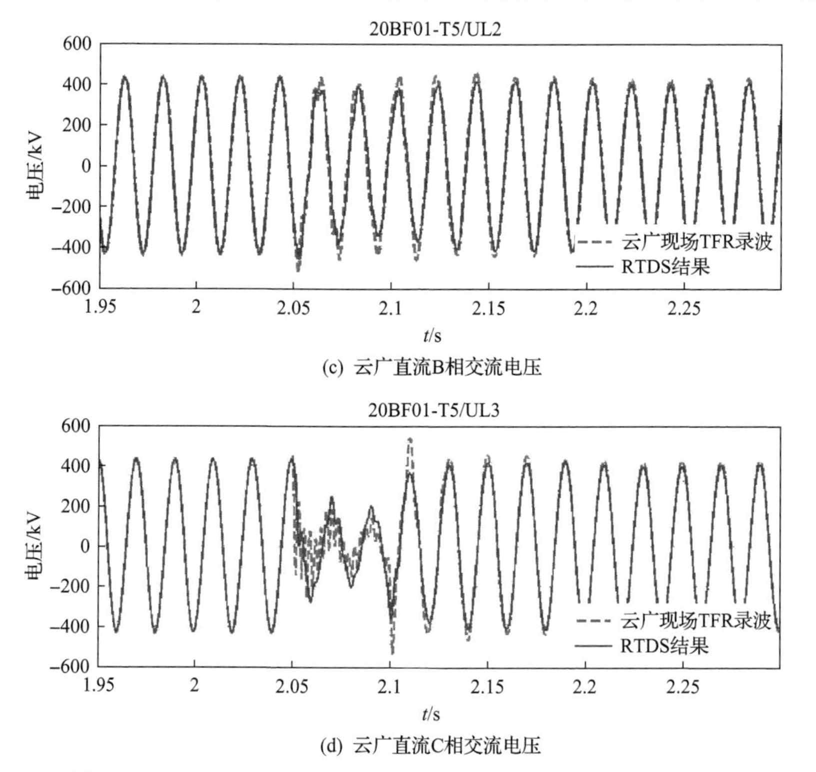

(c) 云广直流B相交流电压

(d) 云广直流C相交流电压

图 8-3 “2012.8.11”云广直流换相失败现场录波与仿真结果对比

保护或开关拒动严重故障等情况，评估了受端系统交流扰动对直流运行特性的影响，同时也分析了严重故障和系统振荡两种情况下直流保护系统的响应特性。

8.3 柔性直流输电工程实时数字仿真试验

8.3.1 硬件在环实时数字仿真系统

实时数字仿真系统包括实时数字仿真器、控制保护设备、阀控设备、测量系统等硬件装置。其中，根据所需测试或研究的目的选择接入的实际控制保护等硬件范围，并根据该硬件范围选择接口。

以某三端混合直流输电工程为例，如图 8-4 所示，开展硬件在环试验的系统主要包括被测试的直流输电工程控制保护系统、实时数字仿真系统(包括 MMC 仿真器)及其相关的接口设备。其中实时数字仿真系统用于模拟交流等值系统、交流滤波器、换流变压器、直流滤波器、柔直变压器、换流器(基于晶闸管的常规直流换流阀或者基于 MMC 的柔性直流换流阀)、平波电抗器、直流线路和接地极线路以及直流场主要开关、刀闸等。

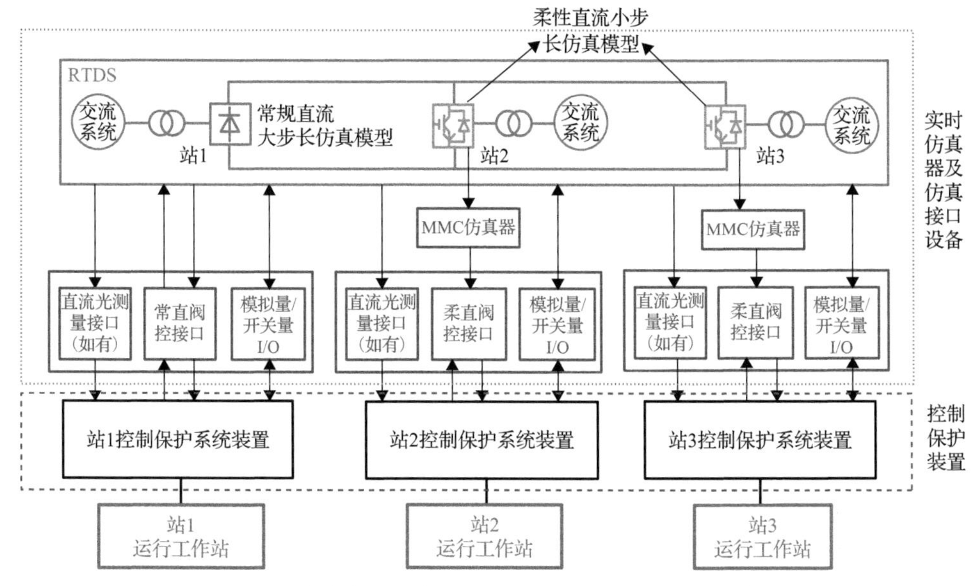

图 8-4　控制保护硬件在环实时数字仿真试验系统结构

1. 直流控制保护设备

直流控制保护设备包含了直流运行的核心算法，通常是研究和试验的重点。应根据研究或试验目的合理选择接入仿真系统的设备范围。参加试验的直流控制保护系统设备屏柜除了全部直流控制保护系统核心设备外，还包括冗余的局域网(local area network, LAN)以及现场总线等，具体常见的设备如下：

(1)运行人员控制层工作站设备；

(2)各站交流站控设备；

(3)各站直流站控设备、极控、阀组控设备；

(4)站直流极保护、阀组保护、直流线路保护设备；

(5)交直流故障录波设备及其工作站；

(6)时钟同步对时系统；

(7)测量设备；

(8)就地控制设备；

(9)各站各阀组的阀控设备；

(10)各站阀控与实时数字仿真器接口设备；

(11)各站换流变压器/联接变压器接口设备；

(12)直流场接口设备；

(13)相关网络设备及相关的连接线缆、光缆、通信接口设备。

2. 仿真接口设备

如前所述，柔性直流输电工程实时数字仿真试验系统主要包括实时数字仿真器、控制保护、阀控、测量等硬件设备，并需通过仿真接口设备，将实时数字仿真器与控制保护装置、阀控以及测量系统等硬件设备连接以形成闭环的仿真测试环境。下面分别介绍实时数字仿真器、柔性直流阀控装置，以及它们与直流控制保护装置的仿真接口。

1) 实时数字仿真器与直流控制保护系统的仿真接口

在控制保护系统中，一般需配置若干实时数字仿真器仿真输入/输出接口柜，用于安装实时数字仿真器的输入/输出接口板卡，主要包括以下类型的板卡：实时数字仿真器模拟量输出卡、实时数字仿真器模拟量输入卡、实时数字仿真器数字量输出卡、实时数字仿真器数字量输入卡、光测量单元通信协议卡等。

柔性直流输电试验系统与控制保护接口如图 8-5 所示。其中，电磁式互感器测量量(如交流母线电压、电流)经实时数字仿真器模拟量输出卡、功放放大输出到各控制保护主机。电子式互感器测量量(如直流电压、电流)经实时数字仿真器模拟量输出卡、远端模块、合并单元送出给各控制保护主机。若柔性直流换流站(柔直站)的桥臂电流、启动回路电流采用光学电流互感器进行测量，且光学电流互感器与合并单元之间的通信使用光纤通信协议，遵从 IEC 60044-8 标准。为和现场

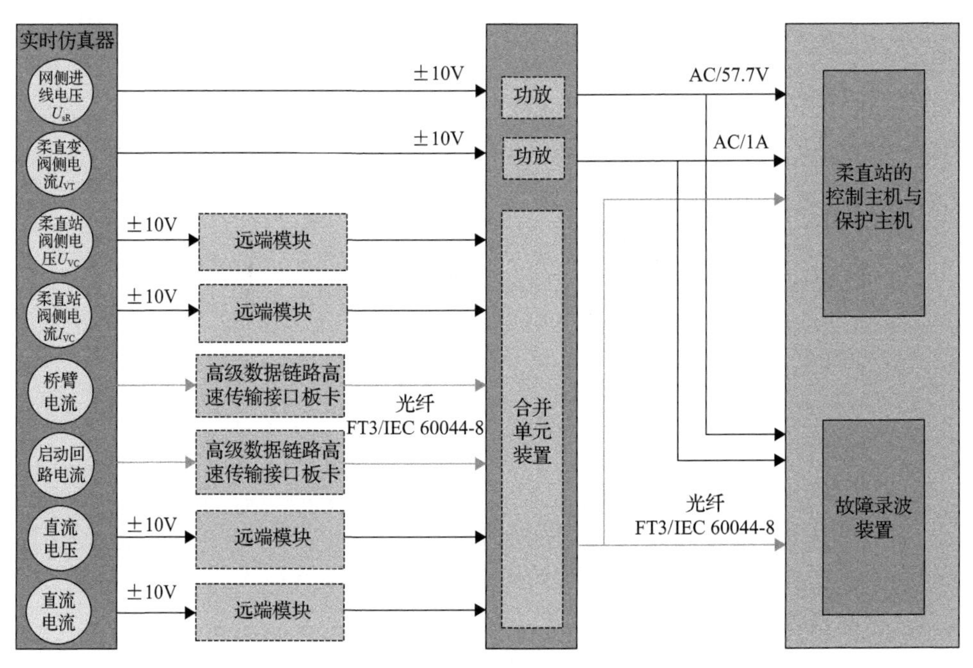

图 8-5　柔性直流输电试验系统与控制保护测量接口示意图

保持一致，试验系统需采用光测量单元通信协议卡作为通信接口卡。试验系统中，实时数字仿真器向该接口卡发送数据。该接口卡通过光纤通信将数据发送至合并单元装置。

2) 实时数字仿真器与柔性直流阀控装置的仿真接口

与常规直流不同，柔性直流阀控及功率模块控制包含主要的控制、保护、监测功能。进行完整的链路测试对保证二次系统运行可靠性至关重要。被试设备相关环节的缺失，将对工程的现场运行带来较大风险。

为将与现场功能配置一致的柔性直流换流阀(柔直阀)控制屏接入实时数字仿真系统，除需配有与现场功能一致的脉冲分配屏外，还需配置与实时数字仿真系统相匹配的接口装置，建立柔性直流换流阀全链路仿真试验平台，从而实现工程柔直阀阀控系统装置的全接入。柔直阀阀控系统装置保留与工程完全一致的硬件和软件，无须进行适配性修改，阀控系统与换流阀功率模块之间光纤通信与工程一致，包括硬件接口和协议内容，同时也进一步拓展了现有柔性直流实时数字仿真的边界，对以往工程较难涉及的功率模块控制板块逻辑功能进行了仿真检验，也能够开展精准的阀控系统链路延时测试，包括下行控制链路延时、上行控制链路延时和快速保护动作延时。

在这里介绍实际工程实时数字仿真试验中常用的一种 MMC 阀控与换流阀实时数字仿真器通信接口协议。采用国际通用的 AURORA 通信协议，主要包括物理层接口、数据链路层接口、应用层接口。MMC 阀控到换流阀实时数字仿真器的传输数据时序、换流阀实时数字仿真器发送至 MMC 阀控的数据包时序分别如图 8-6 和图 8-7 所示。

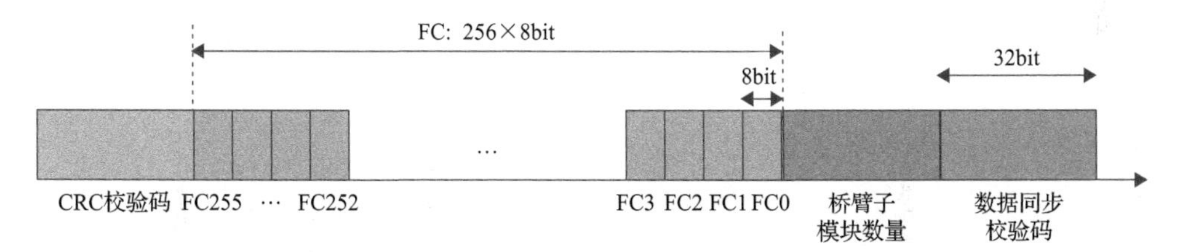

图 8-6　MMC 阀控到换流阀实时数字仿真器的传输时序

FC 是阀控的触发脉冲控制字，FC0 表示第 1 个模块的触发脉冲，由 8bit 构成

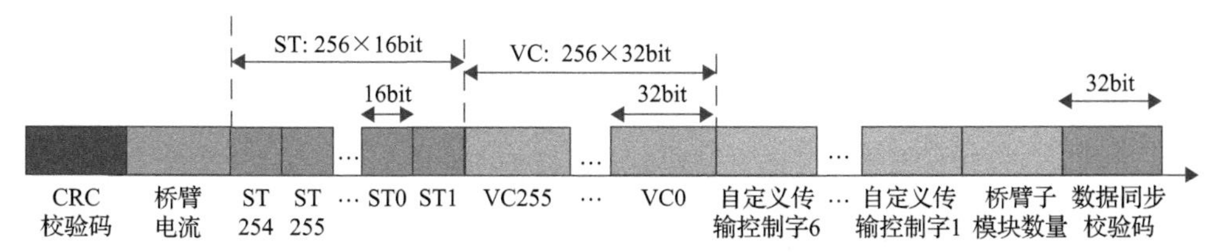

图 8-7　换流阀实时数字仿真器到 MMC 阀控的传输时序

ST 是阀模型发出的模块状态字，ST0 表示第 1 个模块的状态，由 16bit 构成。VC 是子模块的电容电压，VC0 表示第 1 个模块的电容电压，由 32bit 构成

8.3.2 仿真试验项目设计

1. 试验项目设计原则

工程直流控制保护实时数字仿真试验一般包含功能和动态性能试验两大项目，其试验目标是完整、全面地检验直流控制保护系统的功能与性能，试验项目设计尤为重要，既要覆盖全部的直流控制保护功能，也要兼顾测试效率。通过总结工程试验经验，提出了如下四条设计原则。

1)项目设计的第一个原则

基于已有的试验系统，控制保护系统的逻辑功能实现正向测试全覆盖(个别涉及交流场或者与换流阀等一次设备密切相关功能除外)，即控制保护规范明确写明的控制、保护功能都能在试验项目中得到正向检验。此类试验即正向试验。

2)项目设计的第二原则

结合设备或者系统预想故障，或者不同在运直流发生的同类设备故障(或异常)、同类系统故障，有针对性地设计预防性试验项目，测试此类故障工况直流控制保护响应是否合理、可控，是否对人身、设备、系统带来重大安全风险。如针对多个工程出现的直流电压测量异常、直流电流测量异常等问题。此类试验即预防性试验。

3)项目设计的第三原则

结合在运直流输电系统发生的典型故障及反应措施等，在后续工程设计相应典型项目进行测试。这里的专题试验可以是功能正向试验，也可以是预防性试验。

4)项目设计的第四原则

结合本直流输电工程的新特点，项目设计还需考虑典型方式(电压等级、投入端数、接线方式)全覆盖；对所有控制保护规范描述的功能均能进行有效性测试，尤其是三端混合直流的特有功能需要重点测试；直流保护试验中，除各个保护功能都必须测试到以外，还需要考虑保护对不同运行方式的适应性。

2. 试验项目设计要求

参考国家标准《柔性直流输电控制与保护设备技术要求》(GB/T 35745—2017)，柔性直流输电工程控制保护系统的功能和性能试验一般有 22 大类试验，具体如表 8-3 所示。

表 8-3　柔性直流输电工程控制保护系统的功能和性能试验大类列表

序号	试验名称	序号	试验名称
1	顺序控制	12	站间通信故障
2	换流器充电	13	交流系统故障
3	开路试验	14	开关故障
4	解锁/闭锁试验	15	直流场信号异常
5	控制模式切换	16	测量故障
6	稳态性能	17	跳闸试验
7	功率升降/功率反转	18	直流保护
8	阶跃响应	19	直流线路故障重启
9	金属大地转换（如有）	20	换流阀故障
10	稳定控制功能	21	系统监视与切换
11	降压运行（如有）	22	冗余系统故障

下面将从正向试验和预防性试验两个方面说明具体每一类试验的设计要求。

1）顺序控制

正向性试验设计：需测试在各站手动和自动方式下，能否顺利操作进入相应状态，相关设备的操作顺序与设计规范一致，包括各种极状态、各种直流接线方式、接地极接入/隔离等。需测试各站在自动和手动方式下，在站间通信正常和故障的情况下，验证各站的顺控联锁、设备联锁与设计规范是否一致。

预防性试验设计：考虑典型顺序控制手动操作异常后，相关联锁功能是否正常。

2）换流器充电

正向性试验设计：需测试各站各阀组的换流变压器充电后交流同步电压的测量、换流器触发角、分接头挡位调整正确。需测试换流变压器充电对交流系统的冲击情况。

预防性试验设计：无。

3）开路试验

正向性试验设计：需测试各站单极手动和自动方式下开路试验正常，不同运行工况下电压、挡位等正常；需测试各站在通信正常和通信故障的情况下，手动和自动进行带线路开路试验的正确性；需测试各站在通信正常的情况下，手动和自动进行不带线路开路试验的正确性；需测试各站在一极运行另一极进行空载加压试验时，空载加压试验功能的正确性及空载加压试验对运行极是否产生影响。

预防性试验设计：考虑存在实际故障情况下进行 OLT(空载加压试验)解锁操作的情况，包含解锁前的故障、解锁过程中的故障等。

4) 解锁/闭锁试验

正向性试验设计：需测试直流输电系统在不同接线方式下(包括 STATCOM)，单极(或多极)能在站级(或系统级)及不同功率控制模式下平稳无扰动解锁；需测试若干阀组运行时其他阀组在站级(或系统级)下平稳无扰动的解锁，阀组解锁时直流功率能平稳传输；需测试若干阀组运行时某运行阀组能在站级(或系统级)下平稳无扰动地闭锁，阀组闭锁时直流功率能平稳转移。

对于多端直流输电系统，需测试其他站正常运行时某个受端换流站在站级(或系统级)下平稳无扰动地投入，投入后直流功率能在规定时间内恢复稳态运行；需测试某个受端换流站在站级(或系统级)下能平稳无扰动地退出，退出后剩余在运换流站直流功率能在规定时间内恢复稳态运行。

预防性试验设计：无。

5) 控制模式切换

正向性试验设计：需测试不同方式下，各站在正常运行期间系统级/站级、主控/从控切换、Q 控制/Uac 控制切换、单极电流控制/双极功率控制等功率控制模式切换正常；换流变压器分接头角度控制/Udi0 控制、分接头手动/自动控制等模式切换是否正常。

预防性试验设计：无。

6) 稳态性能

正向性试验设计：需测试在规定的交流系统电压、频率和短路容量的变化范围内，所有测量值是否在要求范围内；需测试柔性直流换流站在功率传输模式、STATCOM 模式下无功功率相关性能是否在要求范围内；需测试交流系统存在谐波时直流运行各项指标情况。

预防性试验设计：无。

7) 功率升降/功率反转

正向性试验设计：需测试不同接线方式的组合下能否手动进行直流功率的升降，升降过程中换流变压器/柔直变压器分接头正确调节；需测试不同功率控制模式下能按自动功率曲线进行直流功率的升降，升降过程中换流变压器/柔直变压器分接头正确调节；需测试功率升降过程中功率保持、系统切换以及站间通信故障对功率升降的完成无影响；需测试直流功率的升降过程中换流变压器/柔直变压器分接头故障未对功率升降过程的完成产生影响；需测试能否以不同升降速率进行功率升降和反转，升降过程中柔直变压器分接头正确调节。

预防性试验设计：无。

8) 阶跃响应

正向性试验设计：对于直流输电系统所有可能的运行方式，验证有功功率、无功功率、直流电压以及直流电流的阶跃响应时间是否满足设计规范中的阶跃响应时间要求。

预防性试验设计：无。

9) 金属大地转换(如有)

正向性试验设计：需测试某极运行时，直流场大地回线和金属回线间能够顺利进行相互转换；需测试金属回线转换开关(MRTB)、金属回线开关(GRTS)这两个开关的正常切换；需测试额定功率情况下进行金属回线与大地回线的正确性以及对系统造成的影响；需测试额定功率情况下进行金属回线与大地回线是否有损坏开关设备的风险。

预防性试验设计：无。

10) 稳定控制功能

正向性试验设计：需测试直流输电系统不同方式下执行功率提升或者功率回降命令是否正确；需测试功率限制功能能否正确将直流总功率限制到设定的限制值。

预防性试验设计：考虑大电网模型出现交流故障后相关稳定功能的响应。

11) 降压运行(如有)

正向性试验设计：需测试直流降压运行过程中直流电压控制、分接头控制和无功控制等是否正确；验证不同接线方式下不同极能否在降压和全压方式间转换及协调配合符合设计规范要求。

预防性试验设计：无。

12) 站间通信故障

正向性试验设计：无。

预防性试验设计：考虑直流控制系统在功率升降过程中短暂断开站间通信不会中断功率的升降，可以继续升降功率；考虑直流控制系统在长时间站间通信故障情况下能正常进行功率升降；考虑直流控制系统在站间通信故障情况下进行紧急停运操作后，控制保护动作是否正确；考虑站间保护通信故障，相关保护响应是否合理；考虑同站极控间通信故障，控制系统响应是否合理。

13) 交流系统故障

正向性试验设计：需测试在各种运行方式及各种接线组合下，交流系统发生各类型故障后，直流输电系统能否在规定的时间内恢复输电功率，考察故障期间及故障后控制系统的响应是否满足设计规范的要求。

预防性试验设计：考虑在大电网模型中多条交流线路相继故障、某线路发展性复故障、故障核实跳闸重合成功/不成功情况下直流输电系统响应。

14) 开关故障

正向性试验设计：无。

预防性试验设计：考虑快速中性母线开关（HSNBS）偷跳、拒动时控制保护动作情况；考虑快速接地开关（HSGS）偷合、偷跳时控制保护动作情况；考虑极带功率运行中，金属大地转换开关故障时，大地回线和金属回线间能否顺利进行相互转换。

15) 直流场信号异常

正向性试验设计：无。

预防性试验设计：考虑直流稳态运行时直流场开关位置信号异常情况下控制保护监视、控制响应的正确性。

16) 测量故障

正向性试验设计：无。

预防性试验设计：考虑直流、交流电压测量故障时，控制保护系统响应是否正确。

17) 跳闸试验

正向性试验设计：需测试闭锁情况下，直流保护装置和控制装置的跳闸出口逻辑及回路的正确性；需测试解锁运行且通信正常情况下，单极/双极跳闸回路、紧急停运时序以及部分保护动作时序的正确性；需测试解锁运行且通信故障情况下，单极/双极跳闸回路、紧急停运时序以及部分保护动作时序的正确性；需测试极控、阀组控制或直流站控双系统掉电后控制保护系统动作行为是否正确；需测试直流极保护或阀组保护系统全部掉电后控制保护系统动作行为是否正确。

预防性试验设计：无。

18) 直流保护

正向性试验设计：需测试不同系统方式、不同接线方式、不同功率水平下，不同区域、不同故障类型下的直流保护动作行为，涉及项目必须覆盖典型的运行接线方式；需测试相关直流保护“二取一”“一取一”功能的有效性；需测试退出主保护后直流保护动作行为；需测试不同运行方式切换过程中的相关直流保护动作的正确性和有效性，从而验证直流保护的适应性。

预防性试验设计：无。

19) 直流线路故障重启

正向性试验设计：需测试线路故障时，线路两侧保护能否动作正确，重启时序、电压水平是否正确。

预防性试验设计：考虑联网/孤岛环境下直流线路单一故障；考虑联网/孤岛环境下直流线路相继故障；考虑联网/孤岛环境下单极闭锁后直流线路故障。

20) 换流阀故障

正向性试验设计：需测试柔性直流换流站功率模块级故障、脉冲触发故障时系统运行情况以及控制保护动作行为是否正确。

预防性试验设计：无。

21) 系统监视与切换

正向性试验设计：需测试各种通信网络(各类总线、LAN)及虚回路故障是否能被正确检测，控制系统切换及闭锁逻辑等是否正确；需测试主机板卡停运故障、各类电源故障是否能被正确检测，系统切换及闭锁逻辑是否正确，系统切换过程中直流输电系统运行无扰动；需测试双系统主机掉电之后，控制保护系统的动作过程及结果是否满足工程需要；需测试直流站控双系统掉电后，直流输电系统是否能保持 2h 稳定运行并正确执行闭锁命令；需测试对时系统故障是否能被正确检测并产生相应的事件告警，直流输电系统运行无扰动；需测试双重化或三重化配置的保护中，保护的出口切换逻辑；需测试阀控系统发生故障时极控能否正常切换系统，直流输电系统运行稳定；需测试插件式主机中在线更换板卡，相关值班主机的功能不受影响。

预防性试验设计：无。

22) 冗余系统故障

正向性试验设计：需测试在值班系统发生故障后，备用系统是否能立即投入值班运行，切换过程是否平稳。

预防性试验设计：无。

8.4　仿真应用实例

本节以基于 RTDS 实时数字仿真器建立的多端混合直流输电实时数字仿真闭环试验系统为例，介绍多端混合直流输电系统实时数字仿真模型拓扑及典型试验

结果，以及仿真试验结果与工程现场试验对比

8.4.1　多端混合直流输电系统拓扑

建立的多端混合直流实时数字仿真系统拓扑如图 8-8 所示，主要包含送端为常规直流换流站(以下简称站 1)，以及 2 个受端为柔性直流换流站(以下简称站 2 和站 3)的三端混合直流输电系统。其中，整个输电系统的额定直流电压为±800kV，常规直流换流站 1 的额定功率为 8000MW，柔性直流换流站 2 和站 3 的额定功率分别为 3000MW 和 5000MW。

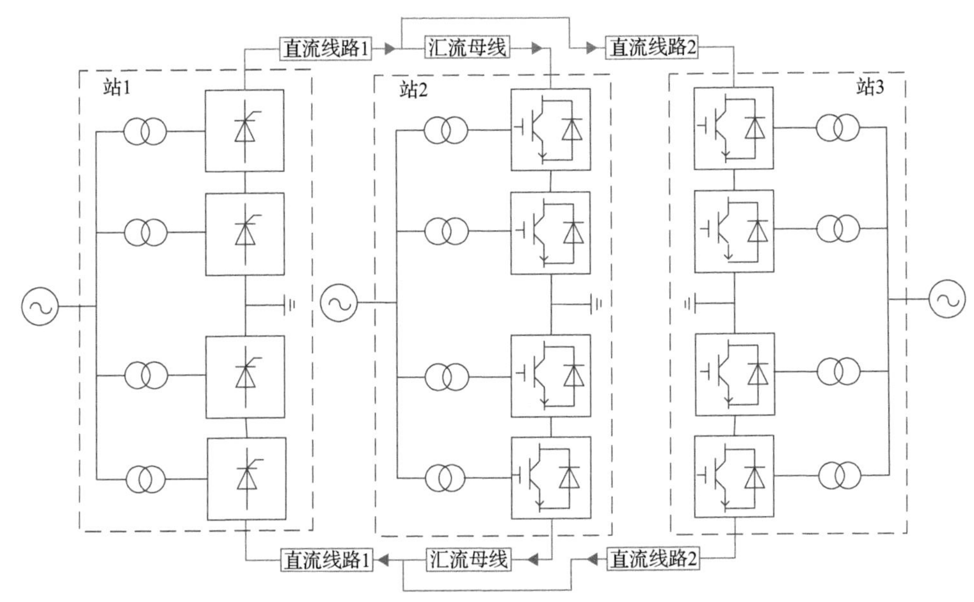

图 8-8　多端混合直流实时数字仿真系统结构图

8.4.2　多端混合直流实时数字仿真试验典型结果

1. 柔性直流换流器充电

以含有半桥和全桥的混合子模块柔性直流换流器的交流侧充电为例，一般分为两个阶段——不可控充电阶段和可控充电阶段。不可控充电阶段以交流侧开关合闸为开始信号，直流控制保护系统下发主动充电命令为止，此阶段的目的是让全桥和半桥模块快速进行充电，使模块电压快速上升。可控充电阶段以控制保护系统下发主动充电命令开始，至全桥和半桥子模块电压都达到额定电压为止，此阶段的目的是使全桥和半桥的模块都达到额定电压，且分散度小，以满足允许解锁状态 RFO(ready for operation)。图 8-9 给出了含半桥和全桥的混合子模块柔性直流换流器交流侧充电的典型流程图。

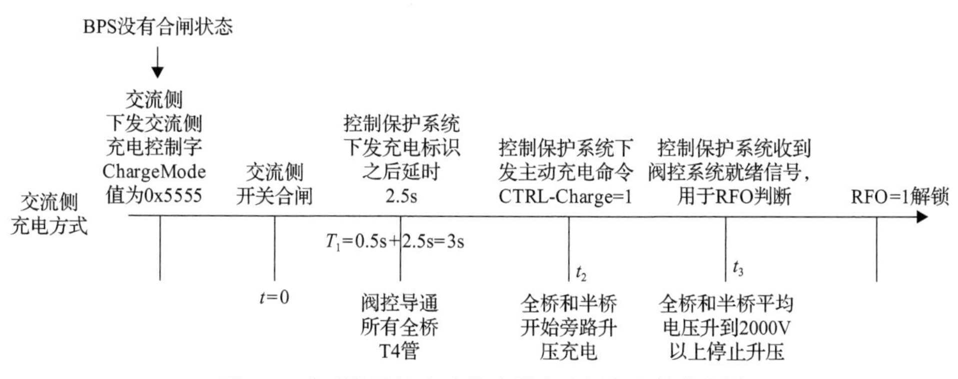

图 8-9　典型的柔性直流换流器交流侧充电的流程图

1) 不可控充电阶段

如图 8-10 所示，在 0.17s 时刻交流侧开关合闸后，桥臂电流会有一个较为明显的充电电流，幅值约为 140A，子模块的平均电压、高压母线直流电压、阀组间电压将会平稳上升，不可控充电后的 2s 后趋于平稳。

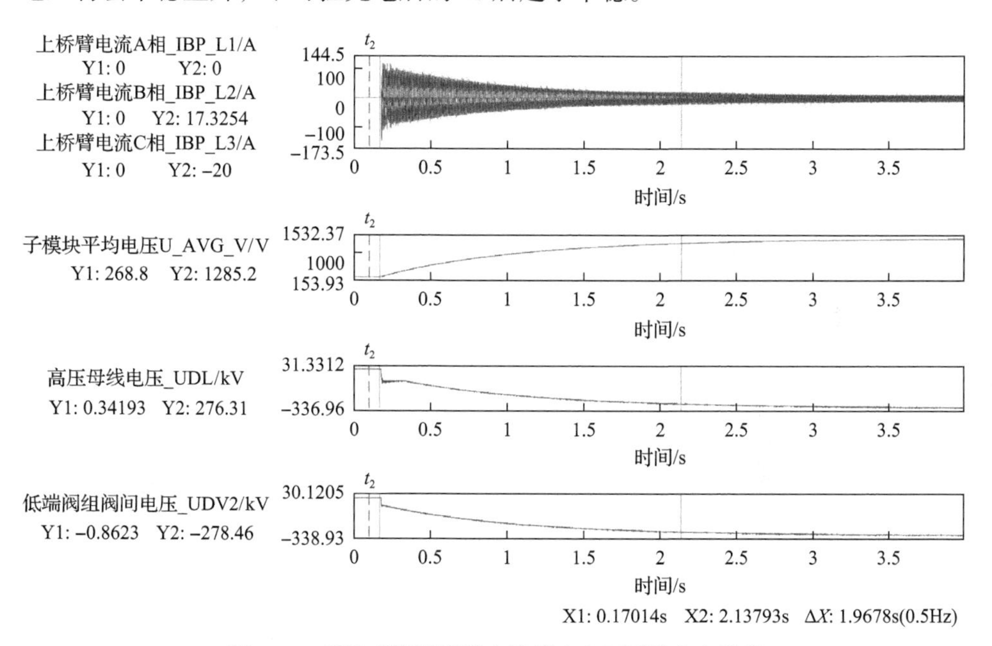

图 8-10　柔性直流换流器交流侧充电不可控充电阶段

2) 可控充电阶段

如图 8-11 所示，桥臂电流会有一个较为明显的充电电流，幅值约为 50A，子模块的平均电压、高压母线直流电压、阀组间电压将会平稳上升，将模块电压上升至额定电压(约 2100V)。

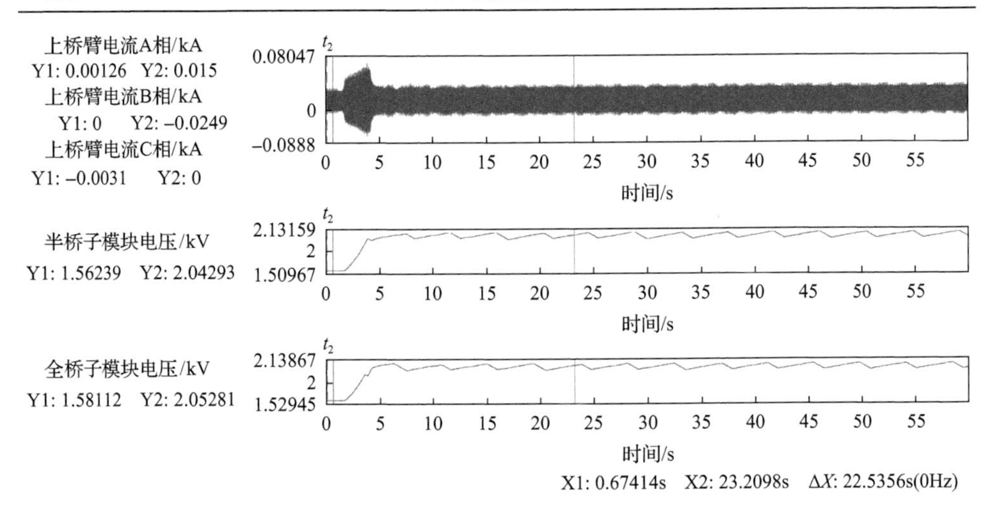

图 8-11　柔性直流换流器交流侧充电可控充电阶段

2. 多端混合直流输电工程混合直流模式下极解闭锁的波形

如图 8-12～图 8-14 所示，其中图 8-12 的仿真波形从上到下分别是：常规直流换流站的直流电压、直流电流、触发角。图 8-13 的仿真波形从上到下分别是柔性直流换流站 1 的直流电压、直流电流、本站解锁信号。图 8-14 的仿真波形从上到下分别是柔性直流换流站 2 的直流电压、直流电流、本站解锁信号。

在解锁前由于柔性直流换流站需要先对子模块进行充电，所以在解锁前直流电压约为 640kV。先解锁定电压柔性直流换流站(解锁时刻为 0.24s)，将直流电压

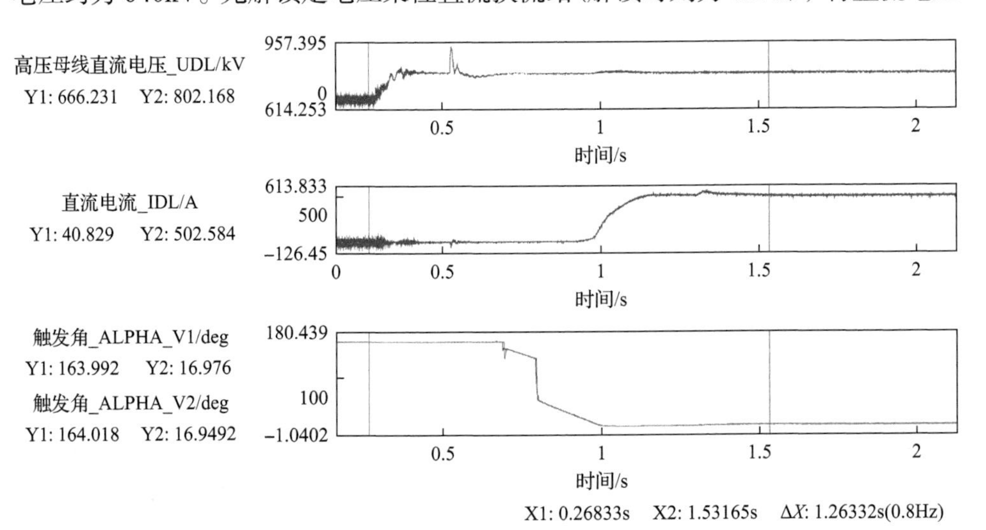

图 8-12　三端解锁常规直流换流站极控波形

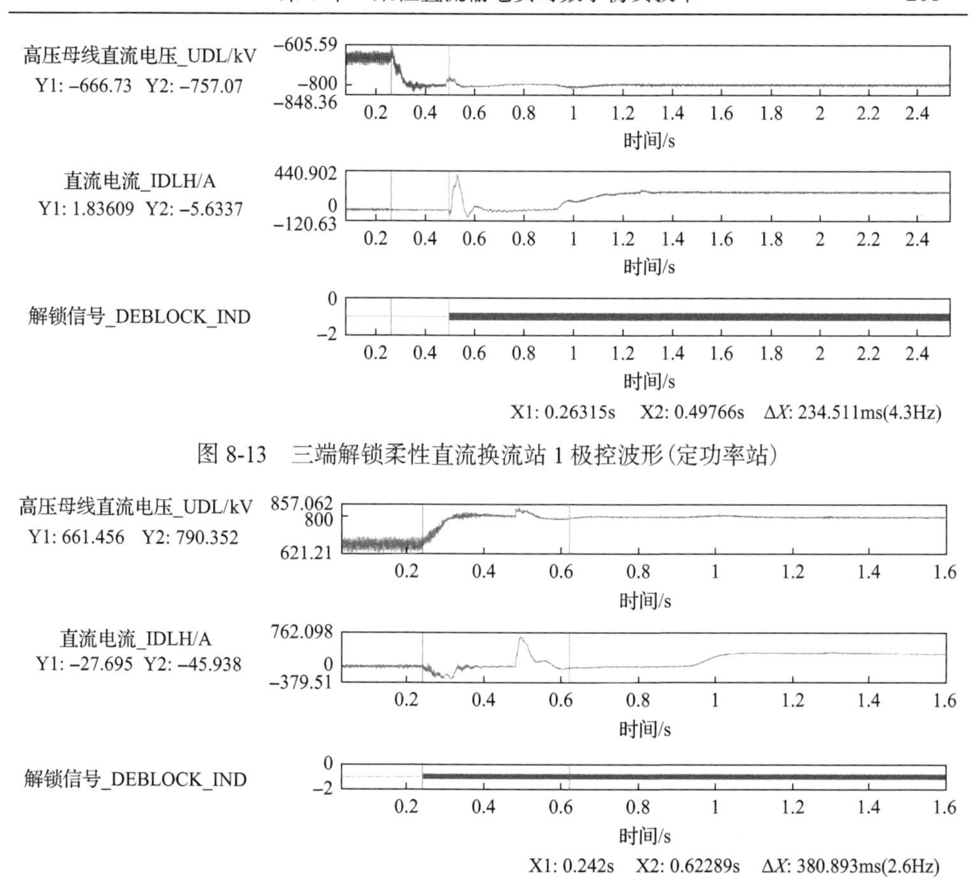

图 8-13　三端解锁柔性直流换流站 1 极控波形(定功率站)

图 8-14　三端解锁柔性直流换流站 2 极控波形(定电压站)

升至 800kV 后，接着解锁定功率柔性直流换流站(解锁时刻在 0.5s)，将直流功率控制在零功率水平。0.68s 时，整流站缓慢将角度从 164°下降进行电流提升。

如图 8-15 所示，对比两端常规特高压直流和混合直流的解锁功率提升的过程。其中蓝色曲线为混合直流输电工程，红色曲线为常规直流输电工程。从上到下分别是：直流单极功率、直流电压、解锁信号、直流电流。混合直流从解锁到功率升至 0.1p.u.所需时间为 433ms，常规直流从解锁到功率升至 0.1p.u.所需时间为 705ms。

3. 交流故障

如图 8-16 所示混合多端直流输电工程混合直流模式下直流线路故障的波形，仿真波形从上到下分别是柔性直流换流站交流三相电压、柔性直流换流站单阀组的无功功率、直流电压、直流电流。其中两端在额定功率运行，模拟柔性直流换流站附近交流线路发生单相接地故障，持续时间 100ms，交流电压跌落至 20%。

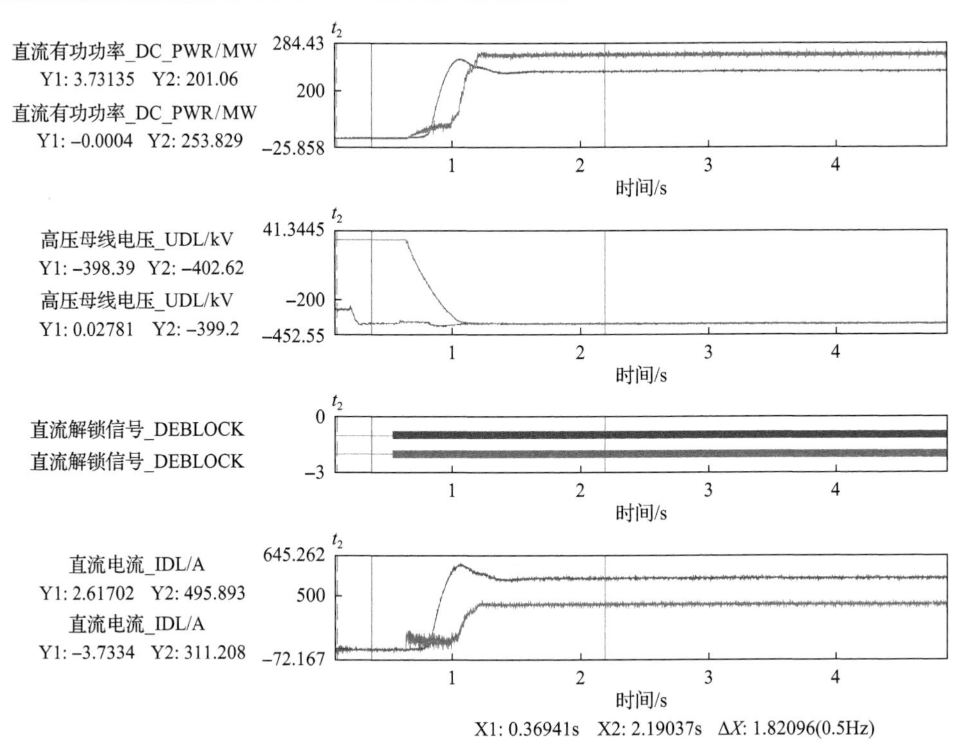

图 8-15　混合直流与常规直流解锁波形对比

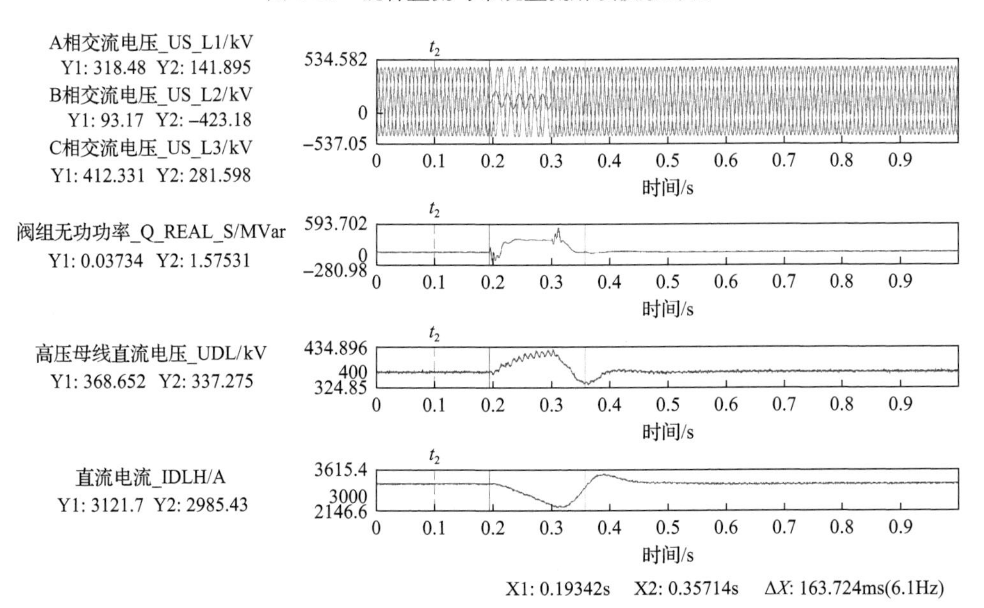

图 8-16　混合直流柔性直流换流站交流故障波形

故障后经过 63ms 直流功率恢复至故障前 90%，交流故障穿越成功。在故障期间，柔性直流换流站交流电压正序幅值跌落至 0.723p.u.，在故障期间输出无功电流为 0.289p.u.，单极双阀组为交流系统提供无功功率约为 500Mvar，支撑交流电压恢复。

如图 8-17 所示，常规直流在逆变站交流故障时，直流电压下降至 0kV，直流电流上升至 1.4 倍额定值，有明显的换相失败的过程，交流电压有所畸变。通过与混合直流柔性直流换流站(逆变站)交流故障的波形对比，混合直流柔性直流换流站在交流故障中，无换相失败，直流功率得以支撑，且可以发出无功支撑交流电压。

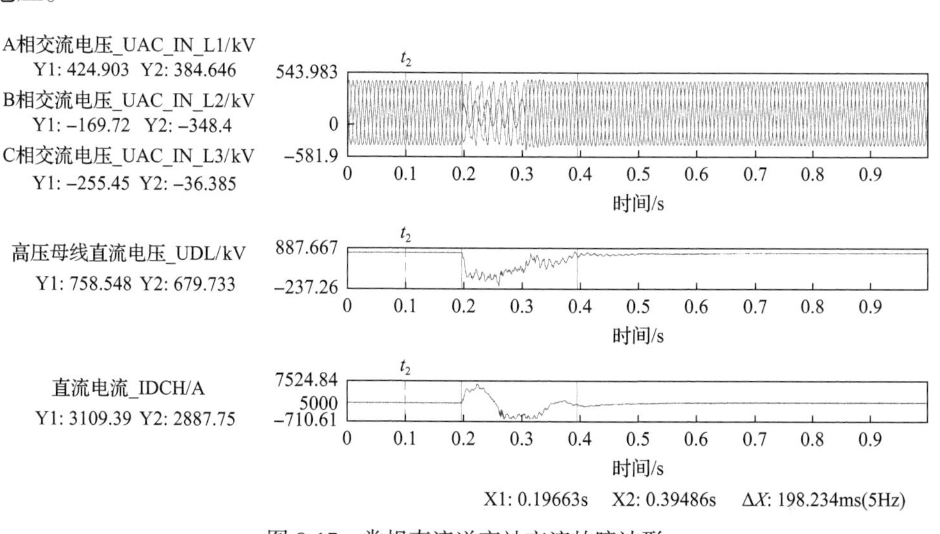

图 8-17　常规直流逆变站交流故障波形

4. 直流线路故障

如图 8-18 所示，波形从上到下分别是常规直流换流站直流单极功率、常规直流换流站直流电压、直流电流，混合多端直流输电工程混合直流模式下直流线路故障(线路中点发生瞬时金属性接地故障)的波形。

发生线路中点接地故障后，直流经历了故障过程、去游离过程、故障恢复过程。其中故障过程约 10ms，去游离过程约 400ms，故障恢复约 80ms(直流有功功率恢复至 90%)。故障及去游离期间，柔性直流换流站(定电压站)直流电压控制降到最低为–92kV，加速直流线路故障清除过程，实现架空线故障自清除。

5. 换流器区故障

如图 8-19 所示，仿真波形从上到下分别是柔性直流换流站极 1 高阀组三相上桥臂电流、子模块平均电压、高压母线直流电压、直流电流，以及混合多端直流输电工程混合直流模式下定电压柔性直流换流站换流器区故障(高压阀组阀侧单相接地）的波形。

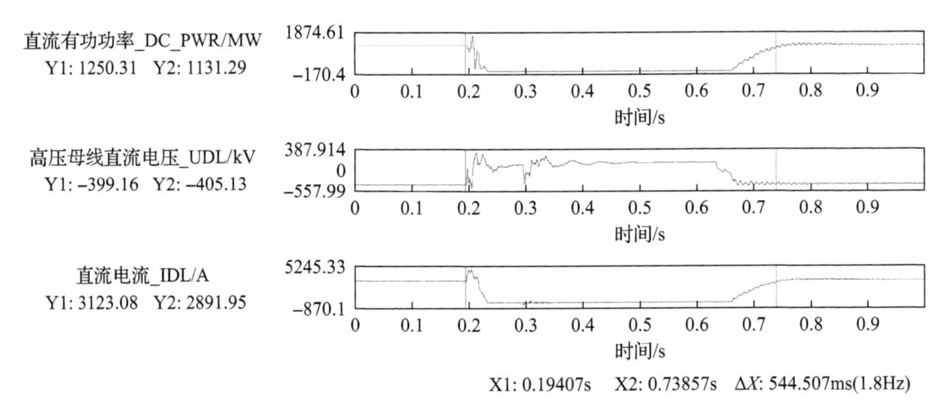

图 8-18 混合多端直流输电工程架空线路瞬时故障波形

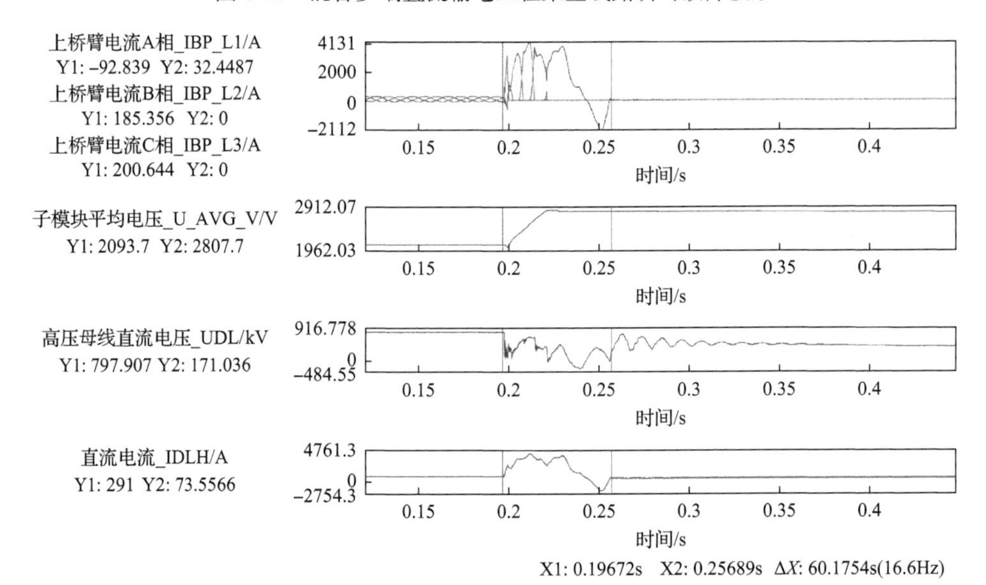

图 8-19 柔性直流换流站定电压站高压阀组阀侧单相接地故障录波

从波形中可以看出，在故障发生 1ms 后，柔性直流换流站换流阀快速闭锁，其间子模块平均电压快速上升，在 20ms 内上升至最大值 2832V。在阀组闭锁过程中，桥臂电流最大值为 4131A，故障约 60ms，故障电流降至零，实现柔性直流换流站换流阀故障自清除。

8.4.3 仿真试验结果与工程现场对比

1. 直流极解锁对比

如图 8-20 所示，波形从上到下分别是高压母线直流电压、直流电流。混合多端直流输电工程混合直流模式下极 2 低阀最小功率解锁(200MW)。

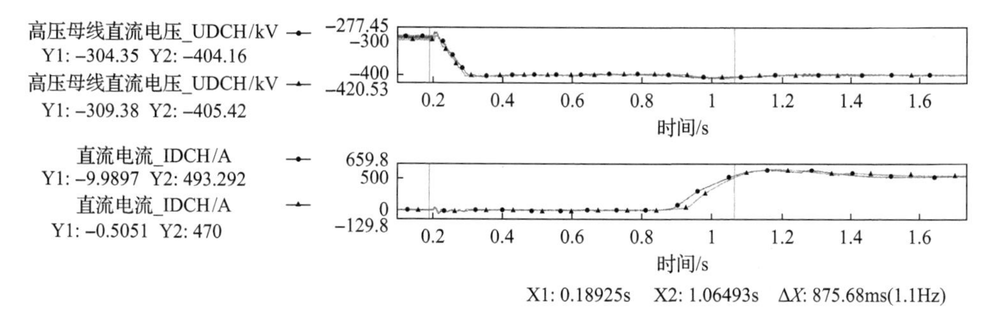

图 8-20　混合直流模式下解锁仿真波形与现场试验波形对比

混合直流两端极 2 低阀最小功率解锁，仿真与现场波形比对(蓝色为仿真波形，红色为现场波形)。解锁信号下达后，首先建立直流电压，直流电压从−304kV 升至−400kV，用时约 100ms。建立电压后的 400ms，开始建立直流电流，直流电流从零升至目标值约 200ms。从波形可以看出，直流电压和直流电流仿真波形与现场试验波形较为一致。

2. 直流极闭锁对比

如图 8-21 所示，波形从上到下分别是直流有功功率、高压母线直流电压、直流电流。混合多端直流输电工程混合直流模式下极 2 双阀金属回线闭锁(400MW)。

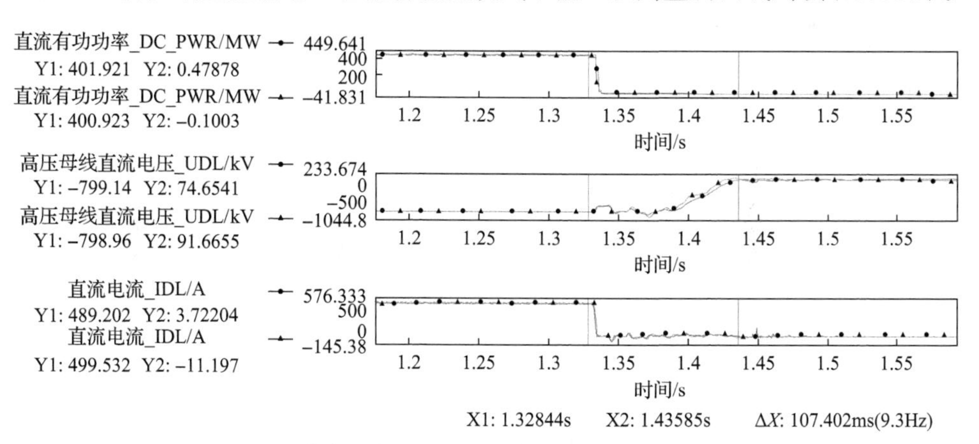

图 8-21　混合直流模式下闭锁仿真波形与现场试验波形对比

混合直流两端极 2 双阀最小功率闭锁，仿真与现场波形比对(蓝色为仿真波形，红色为现场波形)。闭锁信号下达后，首先直流从 500A 降为零，用时约 5ms，50ms 后控制电压从−800kV 降为零，用时约 50ms。从波形可以看出，仿真波形与工程现场波形吻合得较好。

3. 直流线路故障

如图 8-22 所示，波形从上到下分别是高压母线直流电压、直流电流、直流有功功率。混合多端直流输电工程混合多端直流模式，三端单阀组 400MW 运行，整流侧首端架空线路发生瞬时故障。

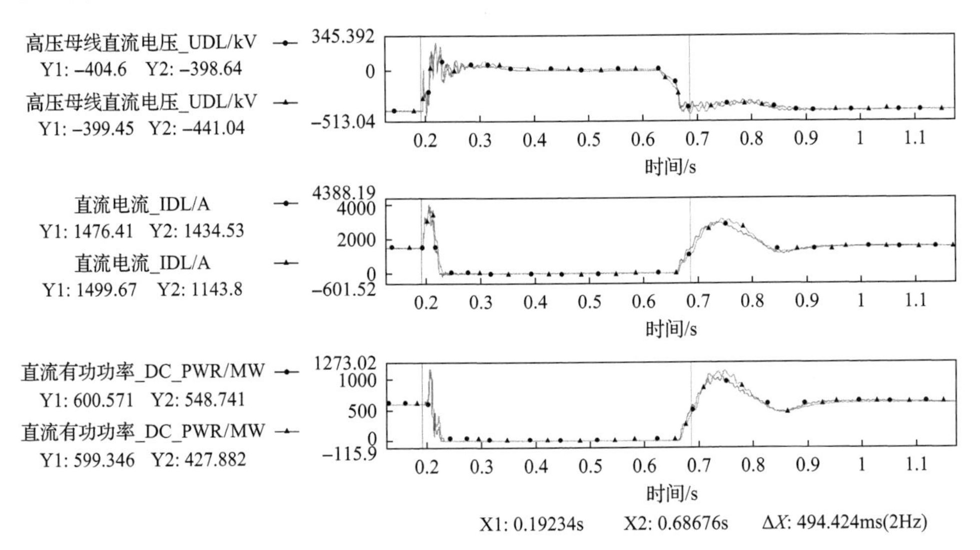

图 8-22　混合多端单阀组整流侧首端架空线路损失故障仿真波形与现场试验波形对比

直流架空线故障瞬间直流电压出现跌落，最低跌落至 0kV，直流电流上升，故障电流最大为 4050A。故障开始后 10ms，定直流电压站开始控负压，定直流功率站控零电流，整流站开始移相，将直流电流控为零，直流电压控为负压，直流电压在去游离期间电压为–20kV。去游离 400ms 结束后，定电压站先建立直流电压，将电压升至 400kV 用时约 35ms，随后直流电流升至目标值，因需要保证额定功率下功率恢复的动态性能，故小功率直流线路故障后的电流恢复有超调现象。

参 考 文 献

[1] 徐政. 柔性直流输电系统[M]. 2 版. 北京: 机械工业出版社, 2016.

[2] 邓夷, 赵争鸣, 袁立强, 等. 适用于复杂电路分析的 IGBT 模型[J]. 中国电机工程学报, 2010, 30(9): 1-7.

[3] Peralta J, Saad H, Dennetière S, et al. Detailed andaveraged models for a 401-level MMC-HVDC system[J]. IEEE Transactions on Power Delivery, 2012, 27(3): 1501-1508.

[4] 刘昇, 徐政, 唐庚, 等. VSC-HVDC 机电暂态仿真建模及仿真[J]. 电网技术, 2013, 37(6): 1672-1677.

[5] 管敏渊, 徐政, Guan M Y, 等. 模块化多电平换流器的快速电磁暂态仿真方法[J]. 电力自动化设备, 2012, 32(6): 36-40.

[6] 贺之渊, 刘栋, 庞辉. 柔性直流与直流电网仿真技术研究[J]. 电网技术, 2018, 42(1): 6-17.

[7] 岳程燕. 电力系统电磁暂态与机电暂态混合实时仿真的研究[D]. 北京: 中国电力科学研究院, 2005.
[8] 全国电网运行与控制标准化技术委员会. 电力系统实时数字仿真技术要求[S]. GB/T 40601—2021. 北京: 中国标准出版社.
[9] 南方电网. 多端直流输电系统实时数字仿真建模导则[S]. Q/CSG 1205039—2021. 广州: 南方电网, 2021.
[10] 电机工程学会. 基于 MMC 的柔性直流输电系统实时数字仿真建模方法导则[S]. T/CSEE 0278—2021. 北京: 北京国宇出版有限公司, 2021.
[11] 林雪华, 郭琦, 郭海平, 等. 基于 FPGA 的柔性直流实时仿真技术及试验系统[J]. 电力系统自动化, 2017, 41(12): 33-39.
[12] 陈钦磊, 郭琦, 黄立滨, 等. 基于 RTDS 的模块化多电平换流器功率模块级故障及保护逻辑动态模拟研究[J]. 南方电网技术, 2018, 12(8): 23-29.

第 9 章　柔性直流输电谐波及谐振特性

采用 MMC 的高压柔性直流电平数多，调制过程产生的谐波小，对电网影响小。除桥臂电抗器外，采用 MMC 拓扑的柔性直流输电工程通常不设置用于消除谐波的滤波器。尽管如此，柔性直流依然存在谐波及谐振问题，本章介绍柔性直流与交流电网间的谐振，以及柔性直流在高背景谐波电压下的运行特性问题。

9.1　交流侧谐振

9.1.1　柔性直流与交流电网间的谐振现象

与常规直流相比，柔性直流无换相失败问题，甚至可以接入无源网络进行黑启动，具有电网友好的特点。然而，柔性直流输电工程实际运行经验显示，电网状态改变后，柔性直流与交流电网存在谐振风险。例如，云南电网与南方电网主网鲁西背靠背直流异步联网工程(以下简称鲁西直流输电工程)柔性直流单元在多回交流出线退出运行后出现 1270Hz 振荡。电网状态变化激发了振荡[1]，表明柔性直流的谐振稳定问题与接入的交流电网相互耦合。鲁西直流输电工程及发生的谐振事件简介如下。

鲁西换流站(图 9-1)同站建设一回±350kV/1000MW 柔性直流及两回±160kV/1000MW 常规直流，实现云南电网与南方电网主网异步联网，以防范西电东送通道严重故障可能导致南方电网失稳的安全稳定风险。

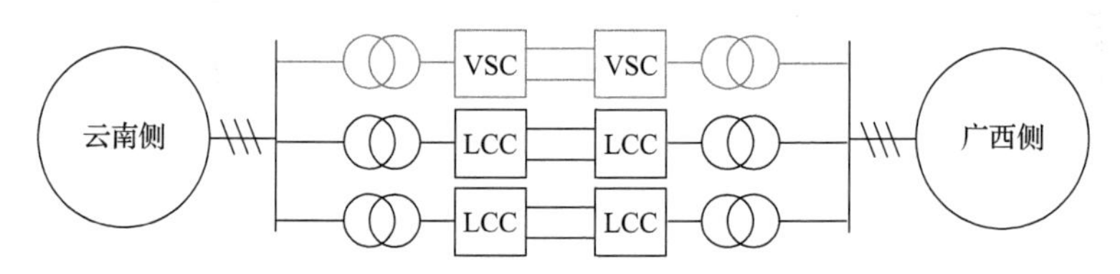

图 9-1　鲁西换流站三个换流单元示意图

2017 年 4 月 10 日，武百线检修停运。

13:44，因连锁故障西百乙线退出、站内常规直流单元退出、西马线鲁西侧断开，广西局部电网接线示意图如图 9-2 所示，交流系统短路容量由 17GVA 降低至 3.3GVA。形成了柔性直流单元经长链条单回线接入交流电网特殊运行工况，在局部电网观测到 1270Hz 高频谐波，鲁西站 1270Hz 谐波相电压达到 48.7kV。将有功功率由 800MW 降低至 100MW，无功功率由 100Mvar 降低至 0Mvar，其间振荡现象无明显变化。谐波电压、电流如图 9-3 所示，直流电压、电流无明显扰动。

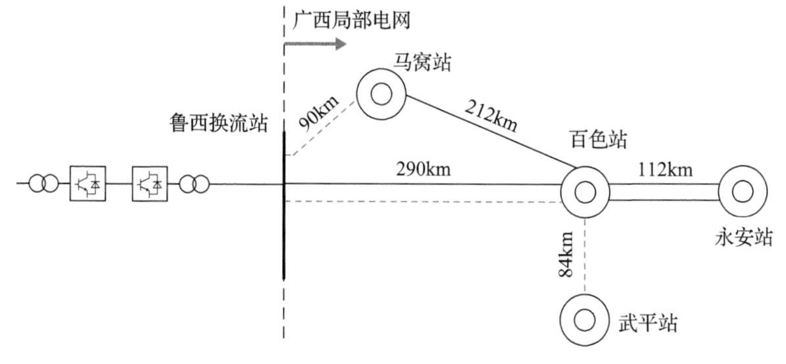

图 9-2　广西局部电网接线示意图

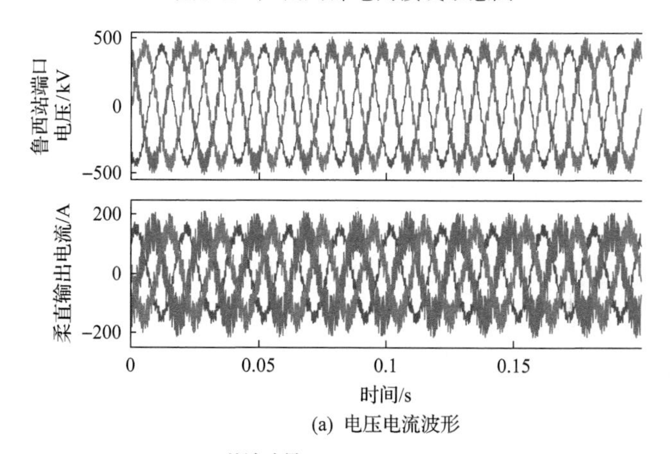

(a) 电压电流波形

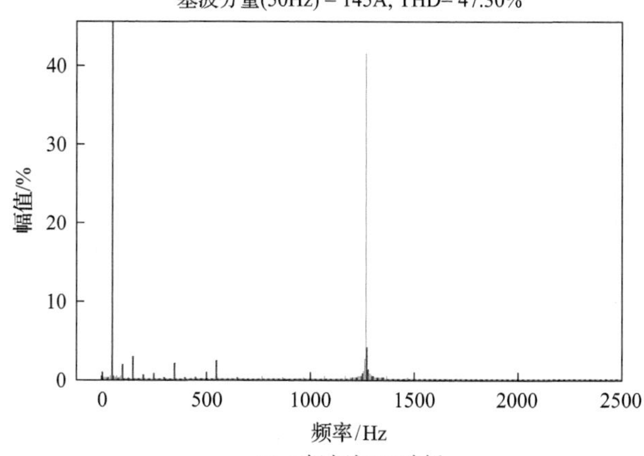

(b) B相电流FFT分析

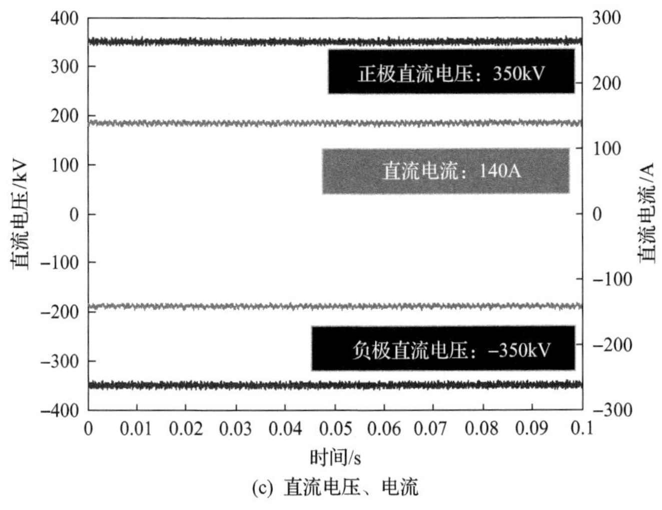

(c) 直流电压、电流

图 9-3　谐振期间柔性直流单元电压、电流

14:29，百永乙线永安侧手动断开，谐波电流消失数秒后又在数秒时间内重新增大。

14:34，百永乙线百色侧手动断开，谐振现象消失。

15:41，西百乙线百色侧手动断开，谐振再次发生，并导致柔性直流单元跳闸。柔性直流单元跳闸后电网高频谐波消失。

类似的谐振在国内外其他柔性直流输电工程中也有发生，如渝鄂直流输电工程调试期间在不同交流电网运行方式下发生 700Hz 及 1810Hz 谐振[2]、德国某风电送出工程在交流系统发生一次投切操作后发生岸上变流器与交流电网 1500～1800Hz 谐振、Borwin 1 工程运行过程中发生柔性直流与风电变流器间 250～350Hz 谐振[3]等。在实际运行过程中暴露的问题，说明柔性直流谐振并不是偶发性问题，而是柔性直流输电技术发展到一定水平，特别是在电压等级和容量提升、接入主网后必然需要经历和解决的问题。这一电力系统新型稳定性问题引起了学术界和工业界的广泛关注[4, 5]。

9.1.2　谐振稳定性分析

当前柔性直流输电工程中主要采用电网跟踪型(电流控制型)控制策略，柔性直流通过高频控制，调整其端口电压与电网电压的幅相差，实现对输出电流的控制。除基波量外，控制输出量中包含一定的谐波分量。忽略回路等效电阻，对中高频段[6]，柔性直流交流端口可等效为电感与受控电压源的串联支路，如图 9-4(a)所示，其中受控电压源电压 $U_{\mathrm{MMC}}=kU_{\mathrm{PCC}}$，$k=A+\mathrm{j}B$。

从电路等效角度分析，将受控电压源串联电抗支路等效为阻抗，如图 9-4(b)

所示，其中

$$
\begin{aligned}
Z_{\mathrm{MMC}} &= \frac{Z_1}{1-k} \\
&= \frac{B\omega L}{(1-A)^2+B^2} + \mathrm{j}\frac{\omega L(1-A)}{(1-A)^2+B^2}\bigg|_f
\end{aligned}
\tag{9-1}
$$

式中，L 为柔性直流交流侧等效电感，数值上等于变压器漏感与 1/2 桥臂电感之和。

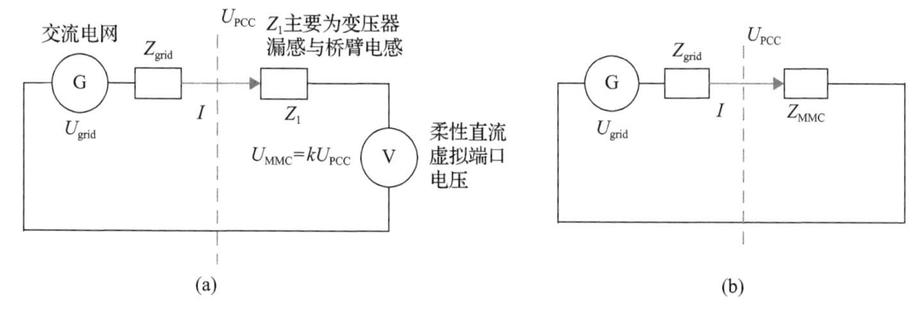

图 9-4　物理解释示意图

对于基波分量，调整 k 值可控制潮流；对于非基波分量，k 值与控制有关。理想情况下，$k|_{f\neq f_0}=1$，柔性直流输电系统产生与电网完全一致的谐波分量，保持输出电流无畸变，但工程上无法实现全频段无差控制。在中高频段，通常有$|k|\leqslant 1$，柔性直流等效阻抗虚部大于等于零，呈现出“阻+感”性或“负阻+感”性。这说明由于控制得不理想，柔性直流阻抗在部分频段具有负实部，从而可能引起谐振。

对于非基频段，如图 9-4 所示的电路，可在每个频率上等效为如图 9-5 所示的聚合阻抗等效电路。在某个频率点，若容抗与感抗值相等，且电阻小于零，则系统在该频率点发生谐振[7]。说明产生谐振有两个必要条件：

(1)若电网阻抗具有正实部，这通常在中高频段是成立的，柔性直流阻抗具有负实部是产生谐振的必要条件。这与“鲁西 4·10 事件”中能量流向判断结果相符。对于控制链路延时不为零的系统，其阻抗存在负实部是非常普遍的。

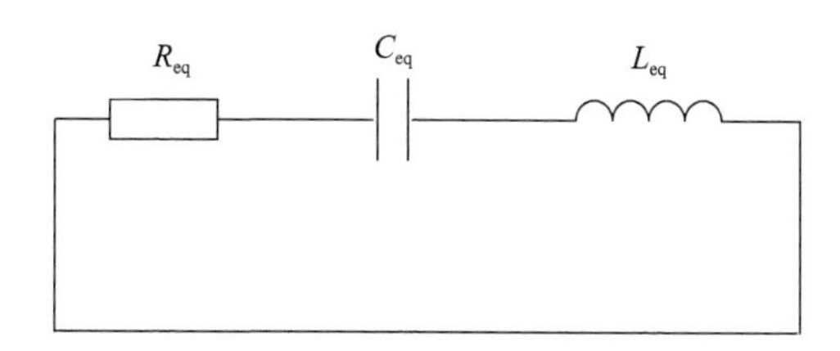

图 9-5　聚合阻抗等效电路示意图

(2)柔性直流与交流电网的阻抗在谐振点分别呈现电感特性和电容特性。对

于 $|k|\leqslant 1$ 的情况，电网呈现电容特性是谐振产生的必要条件。因此，如果采用理想电压源串联电阻、电感的等值电网模型开展柔性直流的试验测试，即使将电网短路容量设置得很小，也观测不到高频谐振现象。谐振现象与电网状态有关，但无法用短路比(SCR)评估风险大小。

从数学角度分析，通过阻抗稳定性判据分析谐振问题目前得到了较为广泛的认可和应用，即通过电网阻抗与柔性直流阻抗的比值判断系统稳定性[8, 9]，基本原理简述如下。对于如图 9-6 所示的阻抗分析模型，有

$$I = \frac{U_{\text{grid}} - AI_{\text{ref}} Z_{\text{MMC}}}{Z_{\text{grid}} + Z_{\text{MMC}}} \tag{9-2}$$

式中，U_{grid}、Z_{grid} 为电网等效电压、等效阻抗；AI_{ref} 为柔性直流等效电流源[1]；Z_{MMC} 为柔性直流交流阻抗。由于柔性直流接入理想电网可稳定运行，有

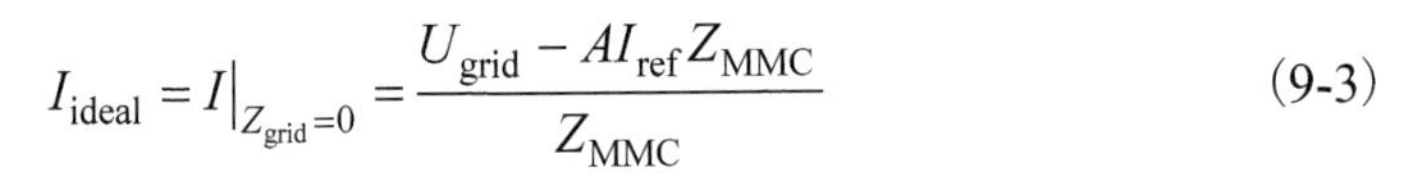

$$I_{\text{ideal}} = I\big|_{Z_{\text{grid}}=0} = \frac{U_{\text{grid}} - AI_{\text{ref}} Z_{\text{MMC}}}{Z_{\text{MMC}}} \tag{9-3}$$

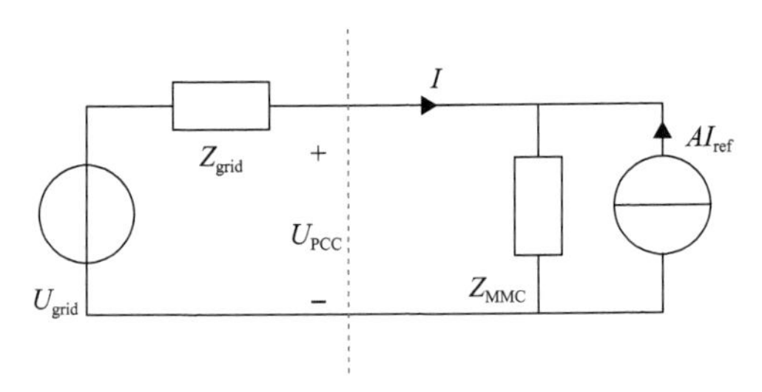

图 9-6　阻抗分析模型

式(9-2)可表示为柔性直流接入理想电网的电流与 $1/(1+Z_{\text{grid}}/Z_{\text{MMC}})$ 的乘积，如式(9-4)所示，从而可通过传递函数 $Z_{\text{grid}}/Z_{\text{MMC}}$ 判断系统的稳定性。

$$I = I_{\text{ideal}} \times \frac{1}{1 + Z_{\text{grid}} / Z_{\text{MMC}}} \tag{9-4}$$

根据奈奎斯特稳定性判据，可得系统稳定的两个充分不必要条件，指导谐振抑制措施的研究：

(1) 幅值条件，即电网阻抗幅值在全频段小于柔性直流阻抗；

(2) 相位条件，即电网阻抗与柔性直流阻抗相位差不穿越 $(2k+1)\pi$。

由于电网阻抗相位在(−90°,+90°)范围内变化，柔性直流阻抗具有负实部是 $Z_{\text{grid}}/Z_{\text{MMC}}$ 包围(−1, j0)、相位差穿越 $(2k+1)\pi$ 的必要条件。阻抗稳定性判据与物理解释判断的结果相同。

做类似推导，可知若换流站包含多个换流单元及无源设备，则可通过 $Z_{\text{grid}}/Z_{\text{eq}}$ 判断系统的稳定性，Z_{eq} 为换流站内各换流单元及无源设备并联等效阻抗[1]。

9.1.3　影响因素分析

1. 电网阻抗

电网阻抗与网架结构、负荷潮流、运行方式、线路参数等因素有关。即使是经单回线接入无穷大电源，单回长线路的杆塔结构、对地及弧垂高度、换相次数等因素都对系统阻抗有影响。下面以如图 9-7 所示的柔性直流经单回线接入理想电源为例说明电网阻抗的一些基本特征。

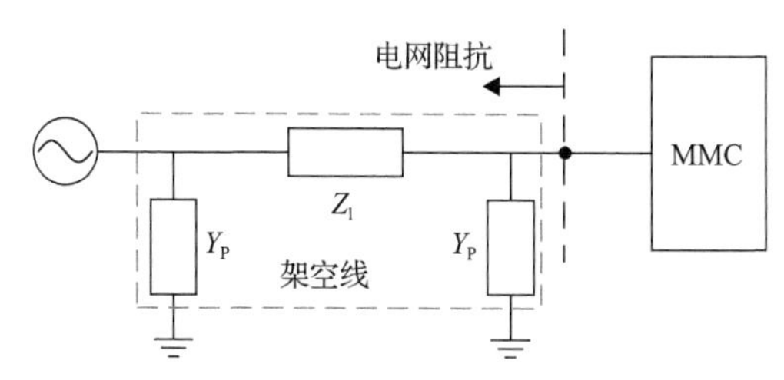

图 9-7　柔性直流经单回线接入理想电源示意图

不考虑趋肤效应，假设线路为均匀传输线，有

$$\begin{cases} Z_1 = Z_c \mathrm{sh}(\gamma l) \\ Y_P = \dfrac{\mathrm{ch}(\gamma l) - 1}{Z_c \mathrm{sh}(\gamma l)} \end{cases} \tag{9-5}$$

式中，$\mathrm{sh}(\gamma l)$、$\mathrm{ch}(\gamma l)$ 为双曲正弦、双曲余弦函数，$\gamma = \dfrac{R_0}{2}\sqrt{\dfrac{C_0}{L_0}} + \mathrm{j}\omega\sqrt{L_0 C_0}$，$Z_c = \sqrt{\dfrac{L_0}{C_0}} - \mathrm{j}\dfrac{R_0}{2\omega\sqrt{L_0 C_0}}$，$R_0$、$C_0$、$L_0$ 为线路单位长度电阻、电容、电感；l 为线路长度。

若 R_0=8.7mΩ/km，L_0=0.81mH/km，C_0=13.9pF/km，50km 和 100km 下，单回架空线接入理想电源系统阻抗如图 9-8 所示。从图中可以看出，交流系统阻抗存在谐振峰且谐振峰重复出现，谐振峰频率附近阻抗相位在感性与容性之间变化，这使得柔性直流与电网发生谐振成为可能。

单回线路谐振峰频率间隔由 C_0、L_0 及线路长度共同决定。线路越长，单位长度电感、电容越大，谐振峰间隔越小，第一个谐振峰频率越低，可能与柔性直流产生谐振的频率越低。当线路足够短时，交流电网在关注的频段(如控制频率的一半，5kHz)呈现阻感特性，可以用电阻串联电感的回路等效。根据前文分析结论，这种情况下柔性直流不会与交流电网发生高频谐振。

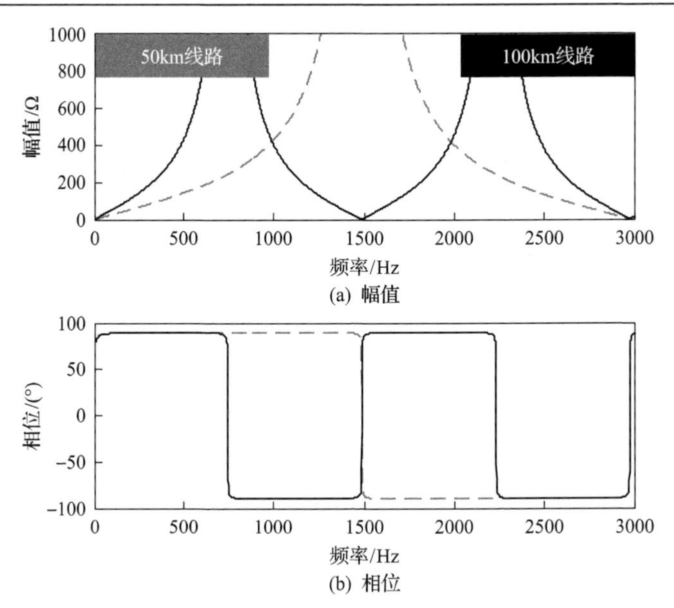

图 9-8　不同线路长度下单回架空线等效系统阻抗

实际交流电网接线复杂，可以通过系统阻抗扫描获得交流电网阻抗频率曲线。考虑上百种不同运行方式后，南方电网某节点系统阻抗幅值、相位变化范围如图 9-9 所示。可以看出，在 560Hz 以下，电网呈现阻感特性，在更高的频段，电网相位最小值接近−90°，呈现弱阻尼的电容特性，具备与柔性直流发生谐振的条件。

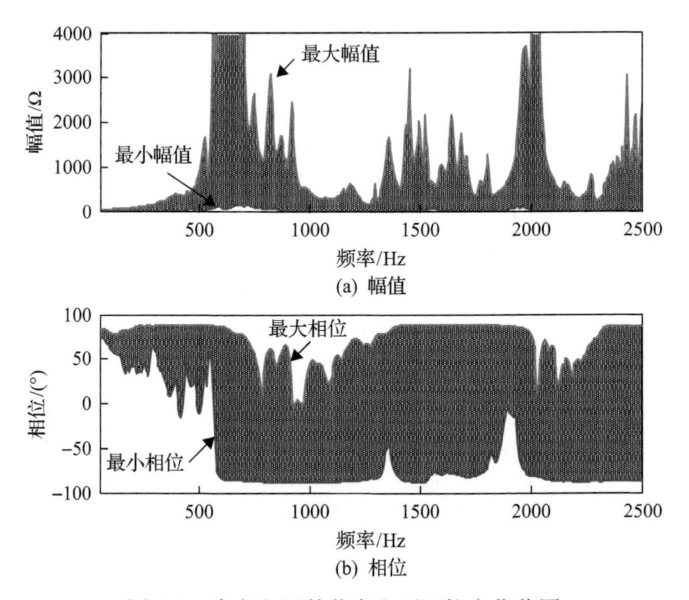

图 9-9　南方电网某节点电网阻抗变化范围

2. 柔性直流交流侧阻抗

柔性直流阻抗在相应频段具有负实部是发生中高频谐振的必要条件，分析影响柔性直流负实部的影响因素能够指导谐振抑制措施的研究。为分析非线性控制环节对换流器阻抗特性的影响，可采用谐波线性化的阻抗建模方法。假设在柔性直流换流器并网点注入正、负序电压小扰动信号，求解并网点正、负序电流小扰动信号，从而得到柔性直流换流器交流侧正负序阻抗。

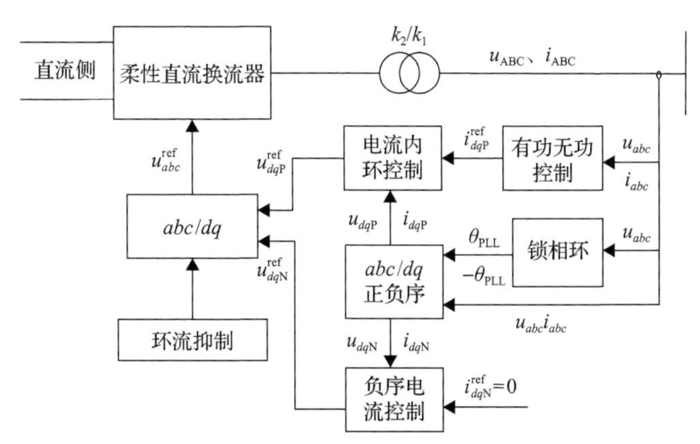

图 9-10 柔性直流换流器典型控制框图

柔性直流换流器阻抗与锁相环、功率环、电压环、电流环、电压前馈、正负序分离控制及控制链路延时等因素有关[9-11]。典型的柔性直流换流器控制系统如图 9-10 所示，控制系统首先采集交流侧电压 u_{abc} 和电流 i_{abc}，经过锁相环后得到交流侧电压正序相角 θ_{PLL}，交流侧电压、电流经过坐标变换和正负序分解分别得到正、负序旋转坐标系下的电压 u_{dqP}、u_{dqN} 和电流 i_{dqP}、i_{dqN}，作为电流控制回路的反馈信号；功率控制环输出正序电流 dq 轴参考值 i_{dqP}^{ref}，负序电流参考值 i_{dqN}^{ref} 给定为 0；参考电压经过坐标逆变换得到静止坐标系下 MMC 主电路的上下桥臂交流参考电压，再与环流抑制控制电压叠加后得到上下桥臂的参考电压 u_{abc}^{ref}；最后，桥臂参考电压经过电压调制策略生成 MMC 主电路的脉冲信号，完成换流器的控制。与两电平 VSC 相比，MMC 存在内部环流通路，因此会产生二倍频环流量，但一般认为 MMC 内部环流仅影响 100Hz 及以下频率特性，并且如果得到有效抑制，可以忽略内部环流对外部阻抗特性的影响，将 MMC 简化为电感滤波器并网 VSC 得到正序阻抗表达式，如式(9-6)所示[12]：

$$Z_{\mathrm{P}}=\frac{sL+\left(G_{\mathrm{i}}^{+}G_{\mathrm{sd}}^{+}-\mathrm{j}K_{\mathrm{d}}G_{\mathrm{sd}}^{+}+G_{\mathrm{i}}^{-}G_{\mathrm{sd}}^{-}+\mathrm{j}K_{\mathrm{d}}G_{\mathrm{sd}}^{-}\right)G_{\mathrm{d}}G_{\mathrm{si}}+\dfrac{3}{2}V_{1}G_{\mathrm{i}}^{+}G_{\mathrm{PQ}}^{+}G_{\mathrm{sv}}G_{\mathrm{si}}G_{\mathrm{d}}}{1-G_{\mathrm{d}}G_{\mathrm{sv}}-\dfrac{1}{2}G_{\mathrm{PLL}}^{+}G_{\mathrm{d}}G_{\mathrm{sv}}\left[\mathrm{e}^{\mathrm{j}\varphi_{\mathrm{i}}}I_{1}G_{\mathrm{si}}\left(G_{\mathrm{i}}^{+}G_{\mathrm{sd}}^{+}-G_{\mathrm{i}}^{-}G_{\mathrm{sd}}^{-}-\mathrm{j}K_{\mathrm{d}}\right)+V_{1}\left(1-G_{\mathrm{sv}}G_{\mathrm{sd}}^{+}+G_{\mathrm{sv}}G_{\mathrm{sd}}^{-}\right)-\omega_{1}Li_{q0}+\mathrm{j}\omega_{1}Li_{d0}\right]} \tag{9-6}$$

式中，s 为拉普拉斯算子；L 为回路等效电感，数值上等于桥臂电抗的 1/2 与变压器的漏感之和；G_i 为电流内环控制器传递函数；G_{sd} 为 1/4 工频周期延时滤波环节；K_d 为电流内环解耦系数；G_{sv}、G_{si} 分别为电压、电流采样环节传递函数；G_{PLL} 为锁相环传递函数；G_{PQ} 为功率外环控制器传递函数；G_d 为系统延时；i_{d0}、i_{q0} 分别为 d、q 轴稳态电流；V_1 为电网相电压幅值；ω_1 为基波角速度；φ_i 为网侧电流与电压相位差。由于正负序 dq 轴变换的存在，G_i、G_{sd}、G_{PQ}、G_{PLL} 等传递函数存在频率偏移，定义：

$$\begin{cases} G^{+} = G(s - \mathrm{j}\omega_1) \\ G^{-} = G(s + \mathrm{j}\omega_1) \end{cases} \tag{9-7}$$

当考虑换流器所有环节时，得到的换流器阻抗表达式相对复杂，为此需建立换流器的简单阻抗模型，并分析其适用范围。当忽略功率外环、锁相环、电流内环正负序独立控制及解耦控制时，得到简化条件下换流器的控制框图如图 9-11 所示。其中，U_{grid} 为并网点电压，I_{out} 为交流侧电流，I_{ref} 为交流侧电流参考值，K_{PWM} 为调制系数。

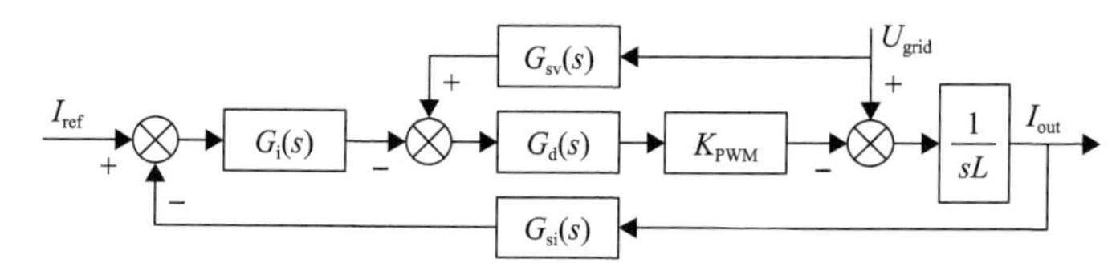

图 9-11　简化条件下换流器的控制框图

由图 9-11 得到简单阻抗模型表达式为

$$Z_{MMC} = \frac{sL + G_d G_{si} G_i}{1 - G_d G_{sv}} \tag{9-8}$$

当不考虑电压前馈控制时，式(9-8)简化为

$$Z_{MMC} = sL + G_d G_{si} G_i \tag{9-9}$$

采用如表 9-1 所示系统参数，对柔性直流换流器阻抗特性进行分析。

表 9-1　系统参数

参数	数值
交流侧电感/p.u.	0.2
锁相环 PI 控制器比例/积分系数	0.01/0.04
电流环 PI 控制器比例/积分系数	1/10

续表

参数	数值
功率环 PI 控制器比例/积分系数	0.8/20
采样延时 T_{ds}/μs	50
系统延时 T_d/μs	350
控制周期 T_s/μs	100
工频周期 T/s	0.02

1) 正负序电流独立控制对阻抗特性的影响

若不考虑电压前馈、锁相环、功率外环等因素的影响，简单电流控制(无负序电流控制)和正负序电流独立控制的正序阻抗表达式分别为

$$Z_{P0} = sL + G_d G_{si}(G_i - jK_d) \tag{9-10}$$

$$Z_{P1} = sL + G_d G_{si}(G_i^+ G_{sd}^+ - jK_d G_{sd}^+ + G_i^- G_{sd}^- + jK_d G_{sd}^-) \tag{9-11}$$

简单电流控制和正负序电流独立控制的正序阻抗表达式中，$G_i^+ G_{sd}^+ + G_i^- G_{sd}^-$ 与 G_i 在数值上接近，主要区别体现在 K_d 引入的交叉耦合项 $-jK_d G_{sd}^+ + jK_d G_{sd}^- = K_d e^{-sT/4}$ 上。图 9-12 给出了二者的阻抗频率特性曲线，简单电流控制和正负序电流独立控制的阻抗曲线在整体上基本一致，但正负序电流独立控制的换流器阻抗幅值在全频段存在小幅振荡，阻抗相角在中频段存在小幅振荡。阻抗相角特性曲线的波动，存

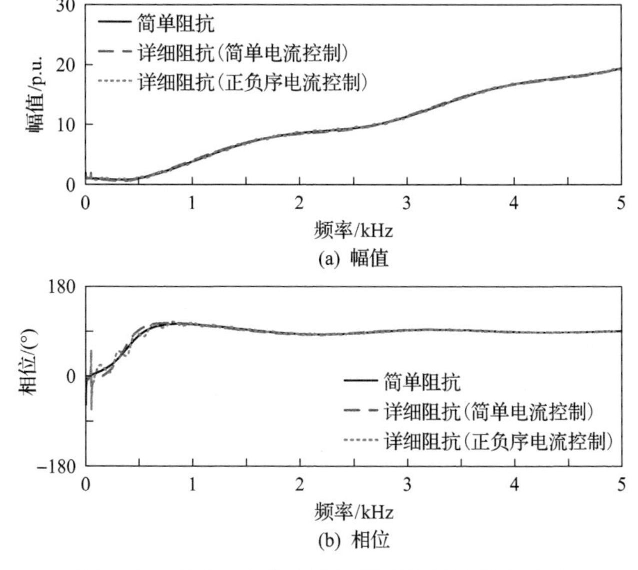

(a) 幅值

(b) 相位

图 9-12　考虑正负序电流控制前后阻抗模型对比

在抬高相角最大值的风险，不利于系统谐振稳定。该振荡主要由解耦控制与 1/4 工频周期延时滤波环节相互作用引入，因此在正负序电流独立控制中有必要探索采取其他正负序分量提取方法的可行性。另外由于系统延时的存在，500～1500Hz 附近相角频率特性曲线大于 90°，阻抗实部为负，系统呈现负阻尼特性。当频率大于 1500Hz 时，交流侧等效电感主导性增强，阻抗相角在 90°附近波动。

另外，为分析简单阻抗模型的适用性，图 9-12 还给出了简单阻抗模型的频率特性曲线，可见简单阻抗模型与详细阻抗模型(正负序电流控制)整体趋势基本一致，但无法反映由正负序电流独立控制和解耦控制引入的小幅振荡现象。

2)电压前馈对阻抗特性的影响

加入电压前馈后，正负序电流独立控制下的正序阻抗表达式如式(9-12)所示：

$$Z_{\mathrm{P2}}=\frac{sL+G_{\mathrm{d}}G_{\mathrm{si}}(G_{\mathrm{i}}^{+}G_{\mathrm{sd}}^{+}-\mathrm{j}K_{\mathrm{d}}G_{\mathrm{sd}}^{+}+G_{\mathrm{i}}^{-}G_{\mathrm{sd}}^{-}+\mathrm{j}K_{\mathrm{d}}G_{\mathrm{sd}}^{-})}{1-G_{\mathrm{d}}G_{\mathrm{sv}}} \tag{9-12}$$

对比式(9-11)，电压前馈把延时因素引入阻抗表达式的分母中，图 9-13 给出了加入电压前馈前后的阻抗曲线。加入电压前馈后，阻抗表达式分母为 $1-G_{\mathrm{d}}G_{\mathrm{sv}}$，而 $1-G_{\mathrm{d}}G_{\mathrm{sv}}$ 在 0Hz 处幅值为 0p.u.、相位为 90°，因此低频段的阻抗幅值被大幅抬升、相位整体下移了 90°，使低频段成为容性，同时在高频段增加了多个谐振点，并且出现了多处高频负阻尼，因此电压前馈显著增加了不稳定因素，而高频谐振点频率和幅值与系统延时大小直接关联。

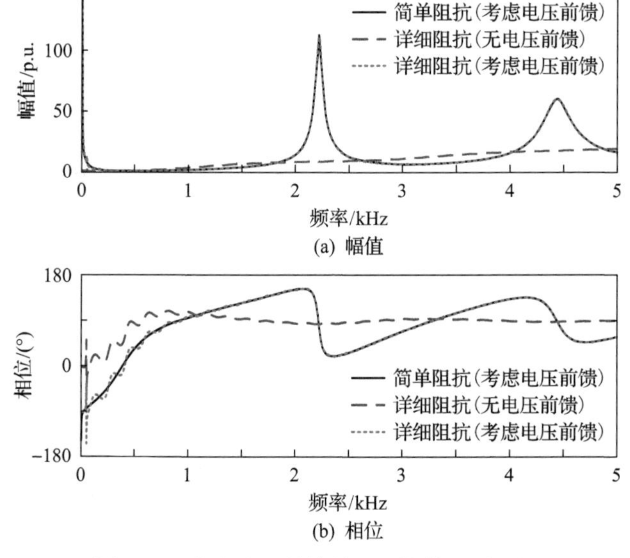

图 9-13　考虑电压前馈前后阻抗模型对比图

另外，简单阻抗模型频率特性曲线与详细阻抗模型基本重合，但无法反映低频段的振荡特性。

3) 锁相环对阻抗特性的影响

加入锁相环后，采用正负序电流独立控制的换流器阻抗表达式如式(9-13)所示：

$$Z_{\mathrm{P3}}=\frac{sL+G_{\mathrm{d}}G_{\mathrm{si}}(G_{\mathrm{i}}^{+}G_{\mathrm{sd}}^{+}-\mathrm{j}K_{\mathrm{d}}G_{\mathrm{sd}}^{+}+G_{\mathrm{i}}^{-}G_{\mathrm{sd}}^{-}+\mathrm{j}K_{\mathrm{d}}G_{\mathrm{sd}}^{-})}{1-G_{\mathrm{d}}G_{\mathrm{sv}}-\dfrac{1}{2}G_{\mathrm{PLL}}^{+}G_{\mathrm{d}}G_{\mathrm{sv}}\left[\mathrm{e}^{\mathrm{j}\varphi_{\mathrm{i}}}I_{1}G_{\mathrm{si}}(G_{\mathrm{i}}^{+}G_{\mathrm{sd}}^{+}-G_{\mathrm{i}}^{-}G_{\mathrm{sd}}^{-}-\mathrm{j}K_{\mathrm{d}})+V_{1}(1-G_{\mathrm{sv}}G_{\mathrm{sd}}^{+}+G_{\mathrm{sv}}G_{\mathrm{sd}}^{-})-\omega_{1}Li_{q0}+\mathrm{j}\omega_{1}Li_{d0}\right]} \tag{9-13}$$

锁相环引入的扰动体现在分母中，并且与稳态工作点有关，假设换流器稳态工作点为输出有功功率额定状态、无功功率为零，绘制考虑锁相环影响因素前后的阻抗特性曲线如图 9-14 所示。由图可知，加入锁相环后阻抗特性曲线没有发生明显变化，表明在该系统参数下锁相环对换流器阻抗特性几乎没有影响，主要原因是锁相环传递函数 G_{PLL}^{+} 除了在 50Hz 附近外，在其他频段具有很强的衰减性，因此在分析中高频谐振问题时可忽略锁相环引入的扰动因素。

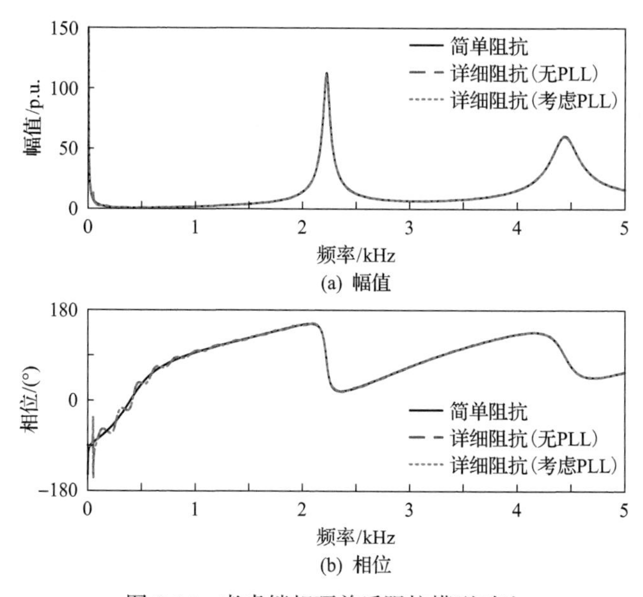

图 9-14　考虑锁相环前后阻抗模型对比

同时，简单阻抗模型的频率特性曲线除了在低频段与详细阻抗模型存在差异，在其他频段基本一致。

4) 功率外环对阻抗特性的影响

进一步考虑功率外环后，换流器阻抗表达式如式(9-6)所示。对比式(9-13)可知，功率外环引入的扰动体现在阻抗表达式的分子中，由于表达式中包含电流内环传递函数和功率外环传递函数。一般情况下功率外环的带宽为电流内环带宽的1/10以下，因此功率外环引入的扰动在高频段经过了较大衰减。绘制考虑功率外环影响因素前后的阻抗特性曲线如图 9-15 所示，功率外环主要对阻抗特性曲线1500Hz以下的频段产生影响。在低频段，阻抗幅值略微增加；在中频段，阻抗的相角特性变化较大，200～500Hz 范围内相角减小，接近 −90°；在 500～1500Hz 范围内相角增大，负阻尼范围变大，阻抗特性恶化。

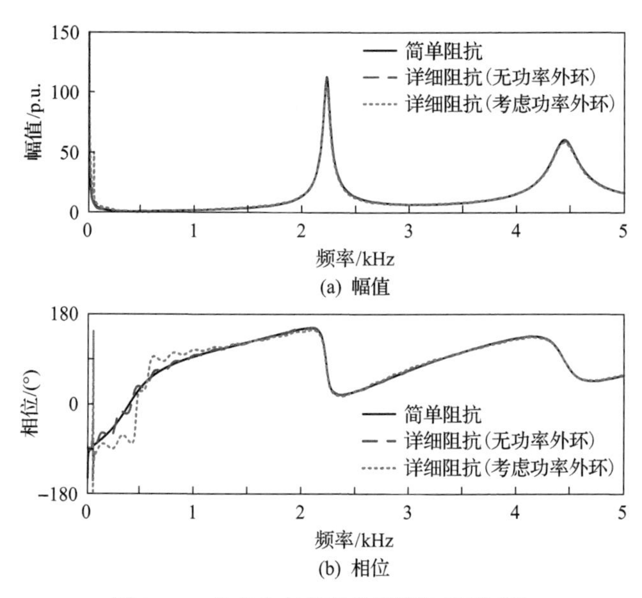

图 9-15　考虑功率外环前后阻抗模型对比

另外，对比简单阻抗模型与详细阻抗模型，1500Hz以下二者的相角频率特性曲线差异较大，采用简单阻抗模型对该频段的谐振稳定性进行分析将无法正确反映系统特性。

为降低柔性直流输电系统中高频谐振风险，需对柔性直流换流器阻抗进行优化，主要的阻抗改善措施包括加入电压前馈低通滤波器、减小控制系统延时、优化控制参数等。

(1)加入电压前馈低通滤波器。

由式(9-12)可知，阻抗特性曲线高频谐振点及负阻尼主要由分母中的控制链路延时项 $G_{\mathrm{d}}G_{\mathrm{sv}}$ 引起，当频率 $f\approx 1/(T_{\mathrm{d}}+T_{\mathrm{ds}})$ 时，$G_{\mathrm{d}}G_{\mathrm{sv}}\approx \mathrm{e}^{-s(T_{\mathrm{d}}+T_{\mathrm{ds}})}=1$，换流器阻抗表达式分母项 $1-G_{\mathrm{d}}G_{\mathrm{sv}}\approx 0$，使得高频段出现谐振点和负阻尼。为改善换流器的阻抗特性，削减阻抗谐振尖峰，减少负阻尼范围，在电压前馈环节加入二阶低通滤波器以削弱分母中链路延时项的作用，其表达式为

$$G_{\mathrm{f}}(s)=\frac{\omega_{\mathrm{n}}^{2}}{s^{2}+2\xi\omega_{\mathrm{n}}s+\omega_{\mathrm{n}}^{2}} \tag{9-14}$$

式中，$\xi=0.707$，$\omega_{\mathrm{n}}=200\times2\pi$。加入二阶低通滤波器后，阻抗模型表达式为

$$Z_{\mathrm{P2}}=\frac{sL+G_{\mathrm{d}}G_{\mathrm{si}}(G_{\mathrm{i}}^{+}G_{\mathrm{sd}}^{+}-\mathrm{j}K_{\mathrm{d}}G_{\mathrm{sd}}^{+}+G_{\mathrm{i}}^{-}G_{\mathrm{sd}}^{-}+\mathrm{j}K_{\mathrm{d}}G_{\mathrm{sd}}^{-})}{1-G_{\mathrm{d}}G_{\mathrm{sv}}G_{\mathrm{f}}} \tag{9-15}$$

由图 9-16 可知，电压前馈加入二阶低通滤波器后，阻抗特性曲线的高频段谐振尖峰和负阻尼特性消失，但 1500Hz 以下的中频段出现了负阻尼特性。由此可见，电压前馈二阶低通滤波器有助于削弱电压前馈引入的高频振荡特性，减小负阻尼频段范围，但是无法完全消除负阻尼。

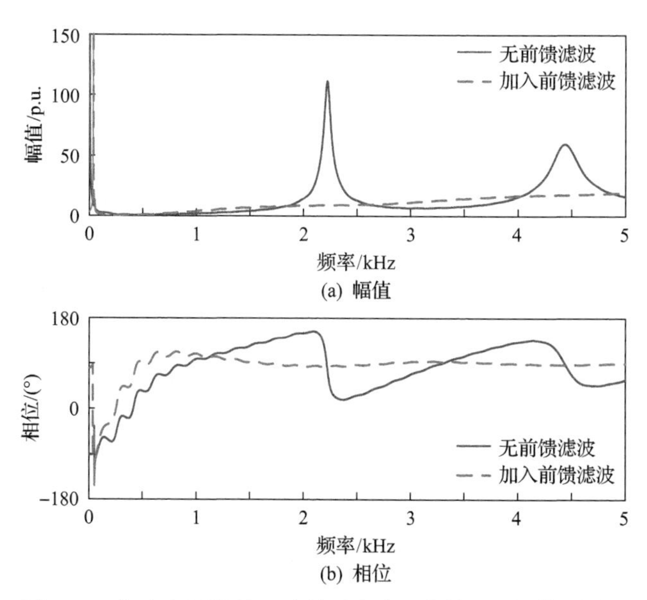

图 9-16　加入电压前馈二阶低通滤波环节前后阻抗模型对比

为抑制电压前馈对换流器阻抗特性的影响，除了在电压前馈中加入低通滤波器外，还可采用非线性滤波的方法[2]，在稳态情况下将电压前馈扰动项的影响完全消除，代价是将会牺牲系统的动态性能。

(2)减小系统延时。

加入电压前馈二阶低通滤波器后，能够削弱阻抗表达式分母中链路延时项的作用，但是由于分子中存在系统延时和采样延时项，500～1500Hz 范围内仍然存在负阻尼特性，为此可以通过改变延时大小改善阻抗特性。以改变系统延时大小为例，得到系统延时对阻抗特性的影响如图 9-17 所示。延时大小对阻抗的幅频特性影响较小，阻抗幅频特性曲线在一定包络线范围内波动。然而，减小系统延时

可以使阻抗相角特性曲线的负阻尼范围向高频段移动，由于在高频段电感项主导作用增强，从而起到削弱负阻尼的作用，以达到改善阻抗特性的效果。

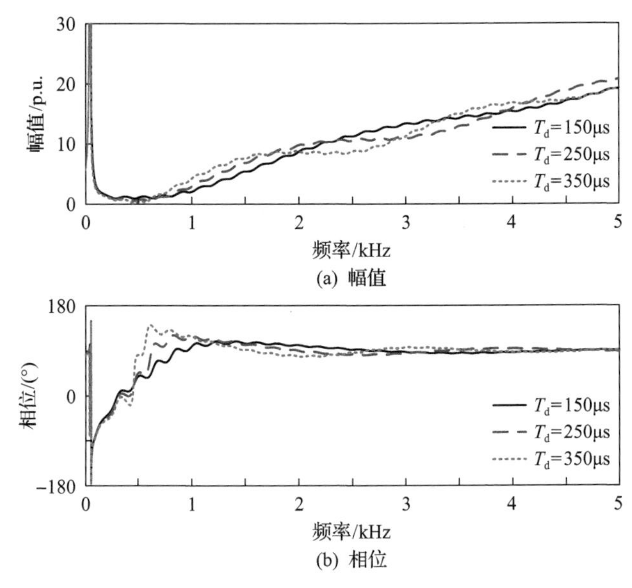

图 9-17　系统延时对阻抗特性的影响

柔性直流链路延时主要由以下几部分组成：①高压电压、电流采样延时；②采样处理单元延时；③采样处理单元与换流器控制单元间通信延时；④换流器控制单元执行控制算法延时；⑤换流器控制单元与阀控间通信延时；⑥阀级控制处理及执行控制算法延时；⑦功率模块板、驱动板执行开通关断信号及死区延时。目前柔性直流输电系统延时已优化降低至 200μs 以内。

(3) 优化控制参数。

锁相环在除了 50Hz 以外的其他频段具有很强的衰减性，对换流器中高频段阻抗特性几乎没有影响。因此，电压前馈中加入二阶低通滤波器后，换流器中高频段阻抗特性主要由阻抗表达式的分子项决定：

$$Z'_{\mathrm{P}} = sL + G_{\mathrm{i}}^{+} G_{\mathrm{PQ}}^{+} G_{\mathrm{sv}} G_{\mathrm{si}} G_{\mathrm{d}} + (G_{\mathrm{i}}^{+} G_{\mathrm{sd}}^{+} - \mathrm{j} K_{\mathrm{d}} G_{\mathrm{sd}}^{+} + G_{\mathrm{i}}^{-} G_{\mathrm{sd}}^{-} + \mathrm{j} K_{\mathrm{d}} G_{\mathrm{sd}}^{-}) G_{\mathrm{d}} G_{\mathrm{si}} \tag{9-16}$$

在中高频段，PI 控制器的积分项 $K_{\mathrm{i}}/(s \pm \mathrm{j}\omega)$ 很小，在此忽略 PI 控制器积分项的影响。同时为了简化控制参数优化的分析过程，忽略采样环节的影响。将控制器和 1/4 周期延时滤波器的传递函数代入式(9-16)得到

$$Z'_{\mathrm{P}} = sL + \left(K_{\mathrm{p\_i}} + K_{\mathrm{d}} \mathrm{e}^{-\frac{sT}{4}} + \frac{3}{2} K_{\mathrm{p\_i}} K_{\mathrm{p\_pq}} \right) G_{\mathrm{d}} \tag{9-17}$$

由式(9-17)可知，减小功率外环和电流内环 PI 控制器比例系数的大小可以削弱系统延时的影响。为观察改变 PI 参数对阻抗特性的改善效果，基于详细阻抗模型得到功率外环和电流内环 PI 参数对阻抗特性的影响如图 9-18 所示，图中 K_{p_pq}/K_{i_pq}、K_{p_i}/K_{i_i} 分别表示功率外环和电流内环 PI 控制器比例系数和积分系数。由图可知，K_{p_i} 或 K_{p_pq} 越小，阻抗相角特性曲线在 500～1500Hz 范围内越接近 90°，阻抗特性越好。当 K_{p_i} 为 2 或 K_{p_pq} 为 1.6 时，阻抗曲线恶化，不利于系统谐振稳定。

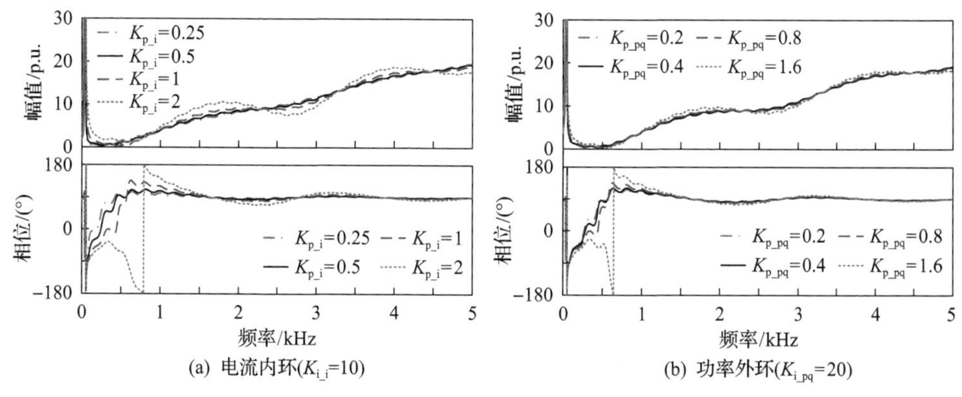

图 9-18 控制参数对阻抗特性的影响

由此可见，在保证换流器稳定运行的前提下，通过减小功率外环和电流内环 PI 控制器比例系数能削弱系统负阻尼特性，从而优化换流器阻抗特性，降低系统谐振风险。

接入主干电网的高压大容量柔性直流必然需经线路输送电能，面临宽范围变化的电网阻抗，在长控制链路延时特征下，通过控制手段完全消除负实部非常困难。在系统设计阶段需针对柔性直流接入点电网条件，设计合理的策略减小、消除柔性直流阻抗负实部使谐振风险受控。

9.1.4 仿真验证

基于工程实际模型，能够准确复现“鲁西 4 · 10 事件”谐振现象[1]。本节适当修改交流电网等效模型，分析不同线路长度对谐振的影响。仿真系统结构如图 9-7 所示，线路长度为 30km、40km、100km 时的电网阻抗、柔性直流阻抗伯德图如图 9-19 所示[13]。

由图 9-19(a)可以看出，线路长度为 30km 时，电网阻抗幅值在(2238Hz，2666Hz)区间大于柔性直流阻抗，且在 2666Hz 处二者相位差超过 180°，系统不稳定，仿真结果表明系统在 2595Hz 谐振。类似地，线路长度为 100km 时，电网阻抗幅值在(465Hz，915Hz)、(2161Hz，2303Hz)区间大于柔性直流阻抗，且在 915Hz

处二者相位差超过 180°，系统不稳定，仿真结果表明系统在 865Hz 谐振。架空线在 10～100km 变化时系统稳定性分析结果及仿真验证结果如表 9-2 所示。有趣的是，虽然趋势上线路越长，谐振频率越低，但线路长度为 30km 时系统不稳定，线路长度为 40km 时系统是稳定的。从图 9-19(b)中可以看出，电网阻抗与柔性直流阻抗谐振峰接近，使得二者相位差小于 180°，系统稳定。显然，模型中线路为 40km 时系统短路容量比线路为 30km 时小，说明短路容量的大小不能用于评估谐振风险。

表 9-2 不同线路长度下系统稳定性仿真分析结果

线路长度/km	分析结果		PSCAD 仿真结果	
	稳定性	频率点/Hz	稳定性	频率点/Hz
10	稳定	—	稳定	—
20	稳定	—	稳定	—
30	不稳定	2666	不稳定	2595
40	稳定	—	稳定	—
50	不稳定	1525	不稳定	1535
60	不稳定	1343	不稳定	1335
70	不稳定	1202	不稳定	1165
80	不稳定	1088	不稳定	1035
90	不稳定	994	不稳定	935
100	不稳定	915	不稳定	865

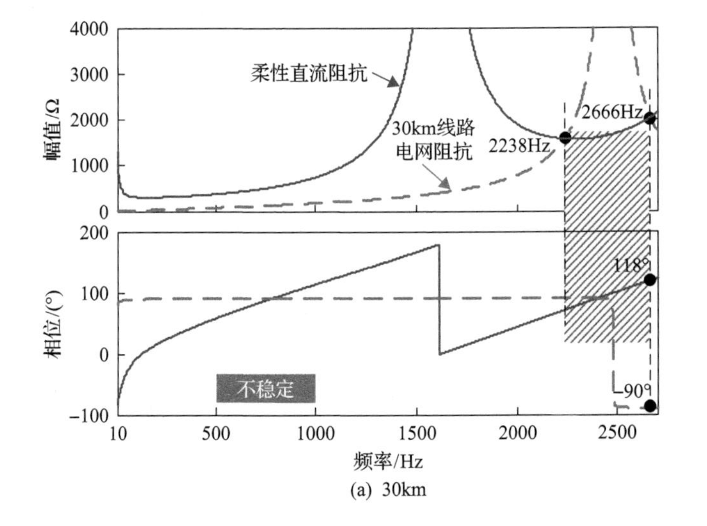

(a) 30km

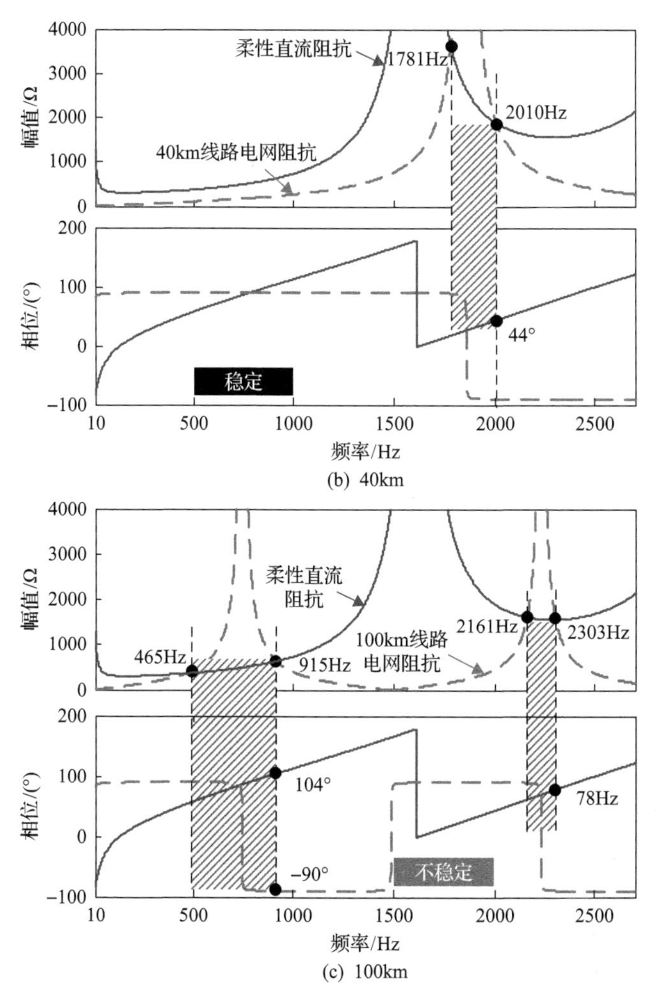

图 9-19　不同线路长度系统稳定性分析结果

9.1.5　高频谐振应对策略

1. 限制电网运行方式

柔性直流只与特定的交流电网发生谐振，若限制可能发生谐振的运行工况并不影响电网送电，则限制电网运行方式是最简单的应对措施。

然而，线路发生故障后控制保护程序可能自动切除部分线路，电网运行方式极多。采用该方案时，应考虑至少任意一回或数回线路退出后，系统仍不发生谐振。

2. 无源阻尼

在合适的位置增加电阻能够阻尼谐振。对于柔性直流，增加电阻可分为串联接入或并联接入两种。采用串联接入方案时，流经阻尼装置的电流为柔性直流额定电流。相比而言，并联接入方案流过阻尼装置的电流较小，且可参考常规直流输电交流滤波器的工程设计经验，技术相对成熟。

无源阻尼方案的缺点是需要增加额外的设备，用地面积、经济投入以及系统损耗都会增大。当谐振风险受控时，可不增加无源阻尼。

3. 谐振控制措施

减小控制链路延时有利于降低谐振风险，也为谐振控制措施提供了更大的优化空间。若控制链路延时降低到 100μs 以下，则瞬时值前馈可实现柔性直流阻抗在 5kHz(柔性直流控制频率 10kHz 的一半)以下具有正实部。通过应用高速光采样装置、高速通信、并行运算等技术，柔性直流控制链路延时已降低至 200μs 以下，为谐振的抑制提供了良好的硬件基础。

有源阻尼方法在小容量换流器中有丰富的研究经验，基本思路是通过控制模拟回路中的电阻特性，利用换流器的高频控制实现阻尼效果。然而，虚拟电阻的实现效果与控制链路延时有关，长控制链路延时可能使虚拟电阻失效[14, 15]。

借由柔性直流阻抗负实部的参数敏感性分析，可以寻找控制策略及控制参数的优化方向，减小或避免谐振风险。例如，对柔性直流接入交流电网应用场景，除非控制链路延时足够小，否则不应使用瞬时电压前馈。在此基础上，减小电流内环 PI 控制器能够进一步降低谐振风险。

4. 高频谐波保护

柔性直流只会与特定的交流电网发生谐振，发生概率低，但谐振却威胁着电网及设备的安全。因此，建议后续柔性直流输电工程配置高频谐波保护。在检测到谐振持续存在、超过保护定值时，降低柔性直流运行功率并闭锁退出。

根据以上分析可得如下结论：

(1)柔性直流与交流电网的谐振与电网阻抗、柔性直流阻抗密切相关；由于电网阻抗在中高频段具有正实部，柔性直流阻抗具有负实部是发生谐振的必要条件；若高频段柔性直流具有正虚部，则电网阻抗具有负虚部是发生谐振的必要条件，采用电阻串电感的等值电源模型不能复现高频谐振现象。

(2)对于采用电网跟踪型控制策略的换流器，长控制链路延时特征下难以消除阻抗负实部；因长线路影响，交流主网阻抗可能在宽频范围内呈现负虚部特性。因此，发生高频谐振是接入主干电网的高压大容量柔性直流的固有特性。工程设计阶段需采取必要措施限制或消除谐振风险。

(3)可以用柔性直流负实部的大小评估谐振风险大小，表征其对交流电网适应能力的强弱。减小控制链路延时有利于减小柔性直流阻抗负实部。短路比不能用于评估谐振风险大小。

(4)在柔性直流输电工程设计阶段，需开展谐振风险评估，并制定高频谐振抑制措施。建议柔性直流输电工程装设高频谐波保护装置。

9.2　背景谐波影响

柔性直流接入交流电网后，其交流侧阻抗与电网阻抗共同作用，可能产生谐波放大或缩小的效果，使换流站谐波电压高于电网背景谐波电压。此外，柔性直流输电系统的交流侧谐波阻抗较小，在较大的背景谐波电压下可激励产生较大的谐波电流。

9.2.1　柔性直流与交流电网共同作用的谐波放大/抑制效果分析

谐波在交流电网中的传递主要取决于交流线路的传递特性，同时与系统中的发电机、变压器、电力电子设备的影响相关。柔性直流受交流系统背景谐波影响主要从两个方面进行分析。

一方面，柔性直流的低次谐波阻抗与交流系统的低次谐波阻抗相比往往更低，使柔性直流在交流系统中形成阻抗低点，导致近区低次背景谐波电流流入柔性直流输电系统。

另一方面，柔性直流低次阻抗与近区交流系统阻抗形成低次谐振，从而导致柔性直流换流站交流母线谐波电压被放大。

对每个频率点做如图9-20所示的谐波放大系数分析，有

$$\beta_{\mathrm{f}}=\frac{V_{\mathrm{stattion},f}}{V_{\mathrm{background},f}}=\frac{Z_{\mathrm{station},f}}{Z_{\mathrm{station},f}+Z_{\mathrm{grid},f}} \tag{9-18}$$

式中，$V_{\mathrm{background},f}$、$V_{\mathrm{station},f}$ 分别为频率 f 处的电网背景谐波电压及换流站谐波电压；$Z_{\mathrm{station},f}$、$Z_{\mathrm{background},f}$分别为电网与换流站在频率 f 处的阻抗。

当换流站阻抗与电网阻抗构成谐振关系时，理论上背景谐波电压被无限放大。

柔性直流换流站受背景谐波影响与交流系统阻抗关系密切，而交流系统阻抗随着运行方式的变化而变化，分析时需考虑不同运行方式下交流系统阻抗的变化范围，计算最恶劣的工况。

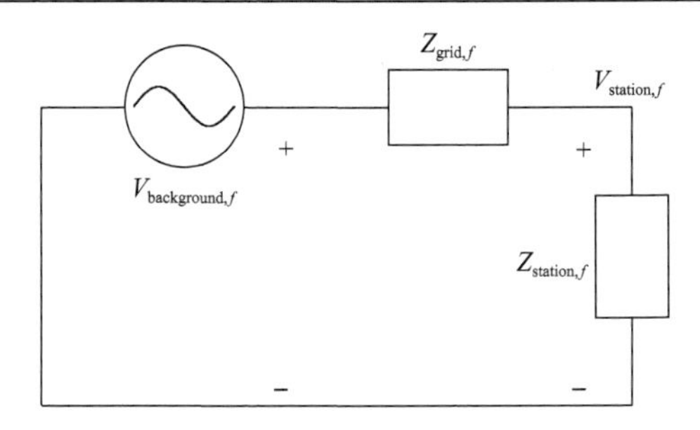

图 9-20　谐波放大系数分析示意图

考虑背景谐波对柔性直流输电系统的影响，必要时可考虑配置交流滤波器对谐波进行治理。

鲁西直流输电工程为多单元并联的背靠背直流输电工程，其中包括 2 个单元的常规直流和 1 个单元的柔性直流，常规直流不同滤波器的投切组合、柔性直流输电系统的低次阻抗特性、交流系统不同的运行方式导致电网背景谐波对换流站的谐波电压和谐波电流的影响更为复杂。

如图 9-21 所示，考虑鲁西换流站柔性直流投入、退出时流入鲁西换流站广西侧五次谐波电流的对比。当投入交流滤波器组数较少时，柔性直流阻抗与近区交流系统阻抗形成五次串联谐振，从而导致流入鲁西换流站的五次谐波电流增大，而柔性直流退出后，谐振关系被破坏，流入鲁西换流站五次谐波电流降低。鲁西换流站内的五次谐波阻抗随着交流滤波器投入组数的增多逐渐形成阻抗箝位，柔性直流的投退对流入鲁西换流站五次谐波电流影响降低。

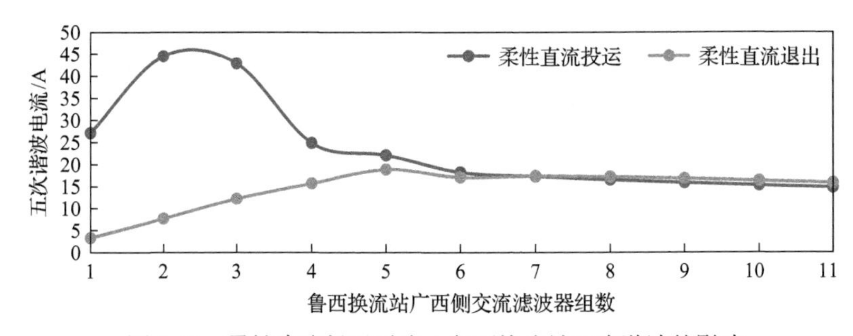

图 9-21　柔性直流投退对流入鲁西换流站五次谐波的影响

9.2.2　柔性直流谐波电流抑制方案

南方电网 500kV 主电网长期谐波监测结果表明，五次谐波是背景谐波的主要成分。以下以五次谐波为例，介绍可能的五次谐波抑制方案。

1. 控制不响应特定次谐波

受长控制链路延时影响，不采用附加控制时，高压柔性直流换流器通常不具备控制五次谐波电流的能力。在控制作用下的五次谐波阻抗低于换流器内无源元件的阻抗，即控制作用后放大了流入柔性直流的谐波电流。因此，控制不响应特定次谐波可以一定程度上抑制谐波电流。

工程上电流内环及电压前馈在正负序 dq 轴下进行，控制策略如图 9-22 所示。电流经 dq 变换及 1/4 工频周期延时滤波 $(1+e^{-0.005s})/2$ 后送入 PI 控制器。如表 9-3 所示，正序五次电流谐波在正序 dq 轴下为 200Hz 谐波，负序五次电流谐波在正序 dq 轴下为 300Hz 谐波；类似地，正序五次电流谐波在负序 dq 轴下为 300Hz 谐波，负序五次电流谐波在负序 dq 轴下为 200Hz 谐波。

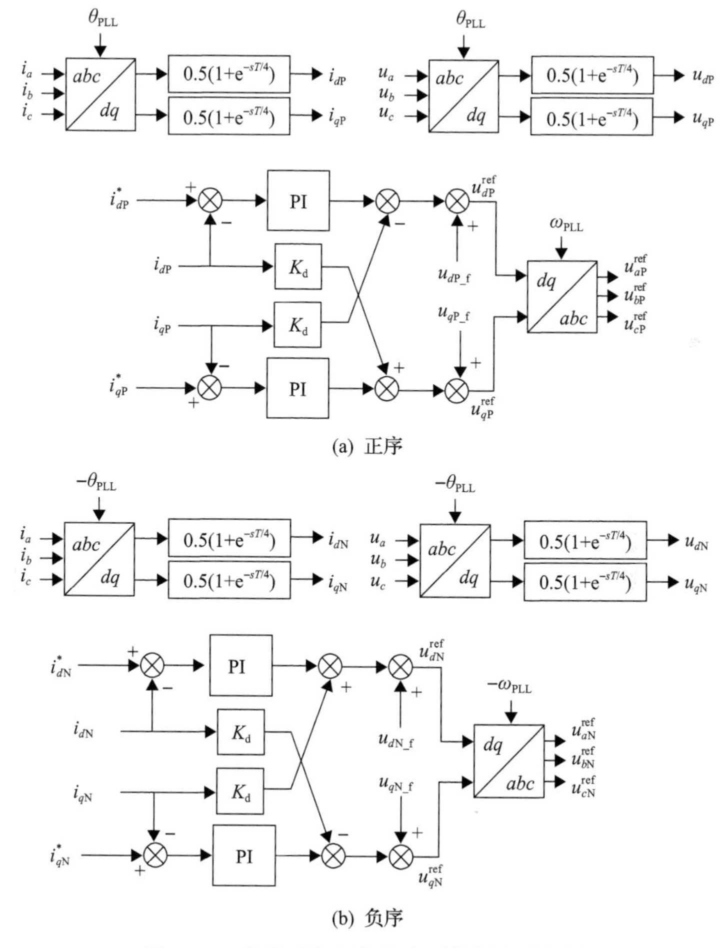

图 9-22　典型正负序电流内环控制实现框图

表 9-3　五次谐波在 *dq* 轴坐标下的对应关系

项目	正序 *dq* 轴控制	负序 *dq* 轴控制
正序五次谐波	200Hz	300Hz
负序五次谐波	300Hz	200Hz

1/4 工频周期延时滤波的伯德图如图 9-23 所示，从图中可以看出，该滤波器能完全滤除(100+200*k*) Hz 的谐波，*k* 为整数，因此五次谐波在 *dq* 轴中只映射出 200Hz 谐波，对五次谐波的抑制可在 *dq* 轴增加四次谐波抑制策略。实际工程中五次谐波电流以负序为主，故工程上在负序 *dq* 轴可以观察到较大的谐波电流。

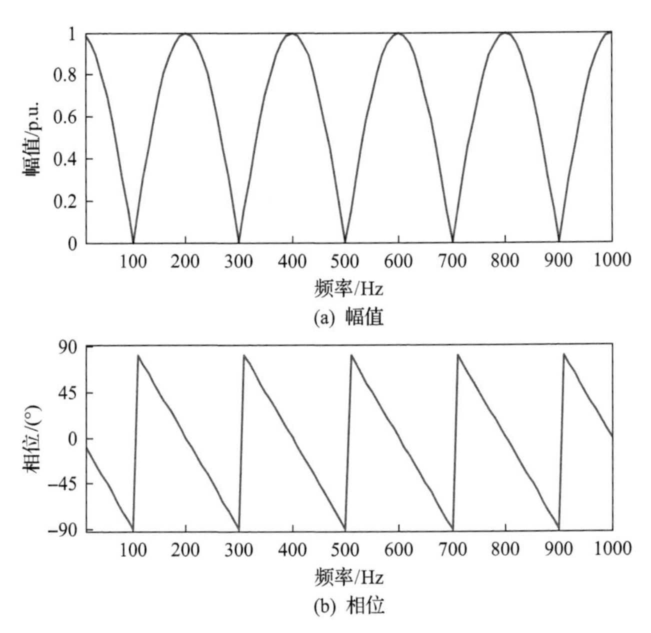

图 9-23　1/4 工频周期延时滤波器伯德图

将 *dq* 轴输出的所有谐波滤除，可以使柔性直流在五次谐波处呈现出无源元件特性，即柔性直流五次谐波阻抗将等于 1/2 桥臂电感与变压器漏感在 250Hz 处的感抗和。若 1/2 桥臂电感与变压器漏感标幺值为 0.2p.u.，则采用该控制策略后五次谐波阻抗为 1p.u.。若五次背景谐波电压为 1.5%，则激励产生的五次谐波电流为 1.5%。陷波器(图 9-24)的传递函数如式(9-19)所示：

$$\text{Notch} = \frac{s^2 + \omega^2}{s^2 + 2\varepsilon\omega s + \omega^2} \tag{9-19}$$

式中，ω 为 $2\pi\times200\text{Hz}$；ε 为阻尼系数。

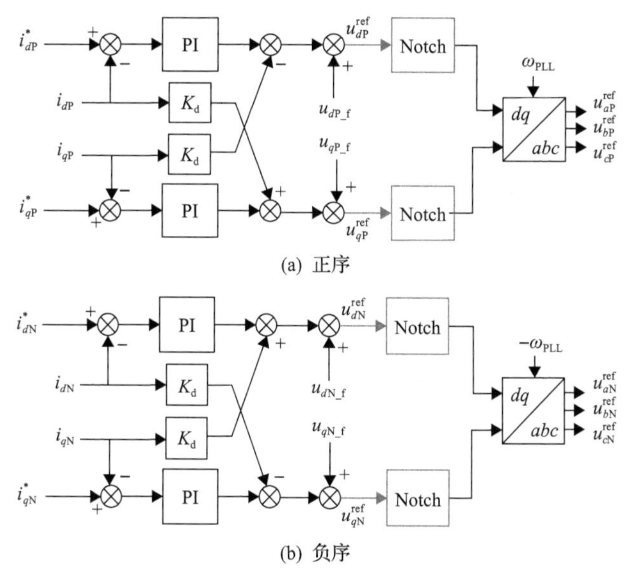

(a) 正序

(b) 负序

图 9-24　增加陷波器的五次谐波电流抑制方案

以鲁西直流输电工程为例，优化后五次谐波阻抗为 333Ω∠90°(1.36p.u.)，较优化前 120Ω(0.49 p.u.)的实测值提高了 177.5%，提高了柔性直流适应五次背景谐波电压的能力。

在交流电网中注入 9.1kV(3%)五次负序谐波电压，基于 RTDS 闭环仿真平台对上述分析进行了验证，在电源电压含有 3.8%的五次负序谐波情况下，投入陷波器控制前后广西侧进线五次谐波电流变化情况如图 9-25 所示。在投入陷波控制后五次谐波电流由 75A 降至了 26A，仿真结果表明，增加陷波器可以提高柔性直流对五次谐波的阻抗，降低五次谐波电流。

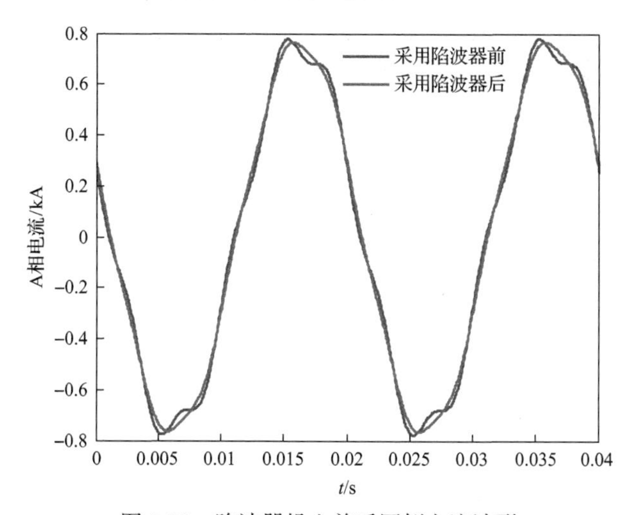

图 9-25　陷波器投入前后网侧电流波形

尽管电网阻抗变化范围大，其在五次谐波处通常仍为电阻+电感特性，如图 9-9 所示。采用该附加控制后，柔性直流呈现出电感特性，此时柔性直流不会放大背景谐波电压。

2. 特定次谐波电流主动控制

在柔性直流控制量中调制出与电网背景谐波电压同幅同相的五次谐波电压，可使柔性直流五次谐波阻抗增大到无穷大，消除流入柔性直流的谐波电流。增加五次旋转 dq 坐标系是一种可能的控制方法，控制策略如图 9-26 所示。考虑到电网中背景谐波电压缓慢变化的特点，五次谐波电流抑制附加控制宜选用尽可能小的控制器参数，以减小对系统稳定性的影响。控制产生的基波调制波与五次谐波调制波叠加后形成调制波的交流分量。

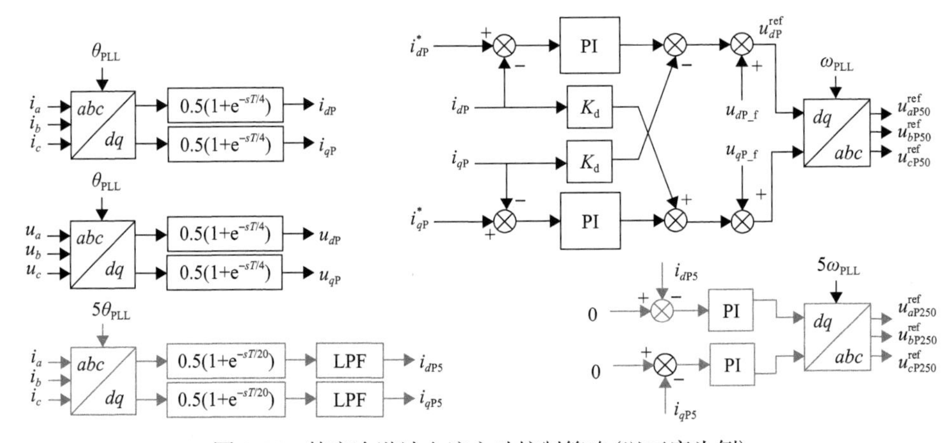

图 9-26　特定次谐波电流主动控制策略(以正序为例)

若采用该控制策略，在设计柔性直流换流器调制比时应考虑该部分的影响。在极端情况下，谐波电压与基波电压峰值叠加，这将增大换流器调制比，调制比增大的量与背景谐波电压大小有关。

采用特定次谐波电流主动控制可抑制某次谐波电流，对于存在多个谐波超标的应用场景，可以采用重复控制以同时消除多个频率点的谐波电流。基于重复控制的谐波抑制策略如图 9-27 所示。图中 T_i 为一个基波周期，$C(z)$ 为重复控制环路补偿器，Q 可用于改善重复控制器的鲁棒性和稳定性[16]。

三种谐波电流抑制策略对比如表 9-4 所示，控制不响应特定次谐波具有实现复杂度低的优点，但无法彻底消除谐波电流。

特定次谐波主动控制和重复控制在调制比满足条件时可彻底消除对应频率的谐波电流，但交流背景谐波电压越大，需要占用的调制比越大。若不改变换流器设计，背景谐波电压较大时可能需要通过限制功率来满足谐波抑制需求。

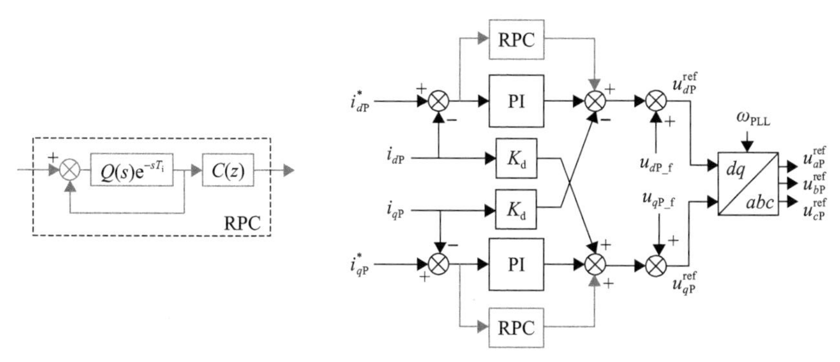

图 9-27　基于重复控制原理的谐波抑制策略(以正序为例)

当需要抑制多个频率点的谐波电流时，需按照所有谐波峰值叠加考虑对调制比的占用，这将极大地限制换流器的设计范围。工程设计时应兼顾谐波抑制需求及换流器的合理设计。

表 9-4　五次谐波电流抑制策略对比

项目	控制不响应特定次谐波	特定次谐波主动控制	重复控制
实现复杂度(单个频率谐波)	低	中	高
实现复杂度(多个频率谐波)	高	非常高	高
适应频段	每个附加控制适应单个频率，可串联多个陷波器实现多频率适应	每个附加控制适应单个频率，可并联多个附加控制实现多频率适应	多个频率
谐波抑制效果	有限降低谐波电流	不限幅时可完全消除谐波电流	不限幅时可完全消除谐波电流
对调制比影响	不增大调制比	增大调制比，增大幅度与背景谐波大小有关	增大调制比，增大幅度与背景谐波大小有关

参 考 文 献

[1] Zou C, Rao H, Xu S, et al. Analysis of resonance between a VSC-HVDC converter and the AC grid[J]. IEEE Transactions on Power Electronics, 2018, 33(12): 10157-10168.

[2] 郭贤珊, 刘斌, 梅红明, 等. 渝鄂直流背靠背联网工程交直流系统谐振分析与抑制[J]. 电力系统自动化, 2020, 44(20): 157-164.

[3] Buchhagen C B, Rauscher C, Menze A, et al. BorWin1-First experiences with harmonic interactions in converter dominated grids[C]. International ETG Congress, 2015: 1-7.

[4] 谢小荣, 刘华坤, 贺静波, 等. 电力系统新型振荡问题浅析[J]. 中国电机工程学报, 2018, 38(10): 2821-2828, 3133.

[5] Koochack Zadeh M, Rendel T, Rathke C, et al. Operating experience of HVDC links_behaviour during faults and switching events in the onshore grid[C]. CIGRE, 2017: 1-6.

[6] Wu H, Wang X, Kocewiak Ł, et al. AC impedance modeling of modular multilevel converters and two-level voltage-source converters: Similarities and differences[C]. The 19th Workshop on Control and Modeling for Power Electronics, 2015: 1-8.

[7] Liu H, Xie X, Gao X, et al. Stability analysis of SSR in multiple wind farms connected to series-compensated systems using impedance network model[J]. IEEE Transactions on Power Systems, 2018, 33(3): 3118-3128.

[8] Sun J. Impedance-based stability criterion for grid-connected inverters[J]. IEEE Transactions on Power Electronics, 2011, 26(11): 3075-3078.

[9] Wen D B B, Burgos R, Mattavelli P, et al. Inverse Nyquist stability criterion for grid-tied inverters[J]. IEEE Transactions on Power Electronics, 2017, 32(2): 1548-1556.

[10] Harnefors L, Bongiorno M, Lundberg S. Input-admittance calculation and shaping for controlled voltage-source converters[J]. IEEE Transactions on Industrial Electronics, 2007, 54(6): 3323-3334.

[11] Cespedes M, Sun J. Impedance modeling and analysis of grid-connected voltage-source converters[J]. IEEE Transactions on Power Electronics, 2014, 29(3): 1254-1261.

[12] 冯俊杰, 邹常跃, 杨双飞, 等. 针对中高频谐振问题的柔性直流输电系统阻抗精确建模与特性分析[J]. 中国电机工程学报, 2020, 40(15): 4805-4820.

[13] Rao H, Zou C, Li W, et al. Oscillation between VSC-HVDC and AC grid: Phenomena, analysis and solution[C]. International Forum on Smart Grid Protection and Control, 2020: 405-420.

[14] Liu B, Wei Q, Zou C, et al. Stability analysis of LCL-type grid-connected inverter under single-loop inverter-side current control with capacitor voltage feedforward[J]. IEEE Transactions on Industrial Informatics, 2018, 14(2): 691-702.

[15] Pan D, Ruan X, Bao C, et al. Capacitor-current-feedback active damping with reduced computation delay for improving robustness of LCL-type grid-connected inverter[J]. IEEE Transactions on Power Electronics, 2014, 29(7): 3414-3427.

[16] Chen D, Zhang J, Qian Z. An improved repetitive control scheme for grid-connected inverter with frequency-adaptive capability[J]. IEEE Transactions on Industrial Electronics, 2013, 60(2): 814-823.

第10章　柔性直流输电工程系统试验

柔性直流输电工程的系统试验遵循国家标准《柔性直流输电工程系统试验》(GB/T 38878—2020)规定。工程系统试验包括如下主要阶段:

(1)分系统试验;

(2)站系统试验;

(3)系统试验。

分系统试验是在换流站各单体设备安装试验完成的基础上，验证整组设备功能和技术指标的试验，一般由换流站的安装施工单位和设备供货商具体实施。

站系统试验是在分系统试验完成的基础上，在各换流站内验证换流站功能的试验；系统试验是在站系统试验的基础上，验证柔性直流输电系统及与之连接的交流系统相互作用的功能和特性的试验。站系统试验和系统试验一般由调试单位会同安装施工单位和相关供货商负责具体实施。

站系统试验和系统试验是整个工程建设的一个必要环节，也是工程投入商业运行前的重要检验手段。在该阶段，所有设备将实现加压通流，特别是系统试验，首次将整个系统连成一个整体，开始输送功率。控制保护系统的参数将在实际系统中得到验证，所有设计、制造和安装中遗漏的缺陷将力求通过系统试验发现，并得到妥善解决。因此，这部分工作的全面和成功与否，直接关系着工程投入运行后能否满足技术规范要求，能否保证长期安全可靠运行。

10.1　站系统试验和系统试验的主要工作

10.1.1　站系统试验和系统试验的计算分析

为了保证试验期间的系统安全，科学完整地验证整个系统的各项性能，合理设置试验项目，调试单位需要在试验前根据试验期间的交流系统方式安排完成系统试验的计算分析工作。主要的工作内容有:

(1)计算分析站系统试验阶段，柔性直流换流器无功输出引起的系统电压波动以及对系统稳态电压的影响，据此提出运行方式安排和电压控制建议;

(2)计算分析系统试验阶段直流送、受端换流母线短路电流是否符合要求;

(3)计算分析试验期间交流系统的潮流稳定情况;

(4)计算分析试验期间的交、直流过电压情况;

(5) 计算分析试验期间的系统接线方式与谐振风险；

(6) 计算分析系统试验过程中直流功率升降对系统的影响，提出试验过程中应对主通道沿线电压和主要联络线功率、系统频率加强监视和控制的建议；

(7) 其他计算工作。

10.1.2 试验方案的制定

在完成上述系统计算工作后，参考试验相关标准，结合其他工程的试验实践，制定站系统和系统试验方案。主要的工作有：

(1) 试验方案的技术论证，提出建议的调试项目清单，征求意见并修改完善；

(2) 调试方案的编制和审批，完成调试方案编制，提交校核和评审；

(3) 根据计算分析结果，结合交流系统及工程特点，制定系统试验的调度方案；

10.1.3 调试实施阶段的工作

站系统和系统试验实施阶段的具体工作内容如下：

(1) 根据试验结果进行直流输电系统的测试、分析和评价，汇总、分析、解决试验中出现的问题；

(2) 开展过电压、谐波、电磁环境、设备温升等的测试、分析和评价；

(3) 研究分析、跟踪解决在调试中所发现的关键技术问题。

10.2 站系统和系统试验项目设置及内容

10.2.1 现场调试阶段划分及项目设置

经过不同柔性直流输电工程的实践，柔性直流输电系统系统试验已经基本形成相对明确的阶段划分和项目设置，但伴随着柔性直流快速发展，如多端柔性直流和特高压柔性直流的应用，系统试验的阶段划分和项目设置也在不断完善[1-3]。

图 10-1 为典型特高压多端直流输电系统主接线图，为目前直流输电系统中较为完整和复杂的接线型式。以该多端柔性直流输电系统为例，系统试验通常可划分为三个阶段：站系统试验→端对端系统试验→多端系统试验。

站系统试验范围包括单个换流站及直流线路。站系统试验中换流器只具备带无功负荷条件，不具备带有功负荷的条件，如表 10-1 所示。

端对端系统试验在站系统试验完成后开展，具备开展带有功功率负荷的条件。在对称双极应用场合，端对端系统试验还包含“金属/大地运行方式转换”、“双极启停”、“双极功率转移”和“双极电流平衡控制”等相关试验项目，而在特高压柔性直流应用场合，端对端系统试验中还包含阀组投退等双阀组相关试验项目，如表 10-2 所示。

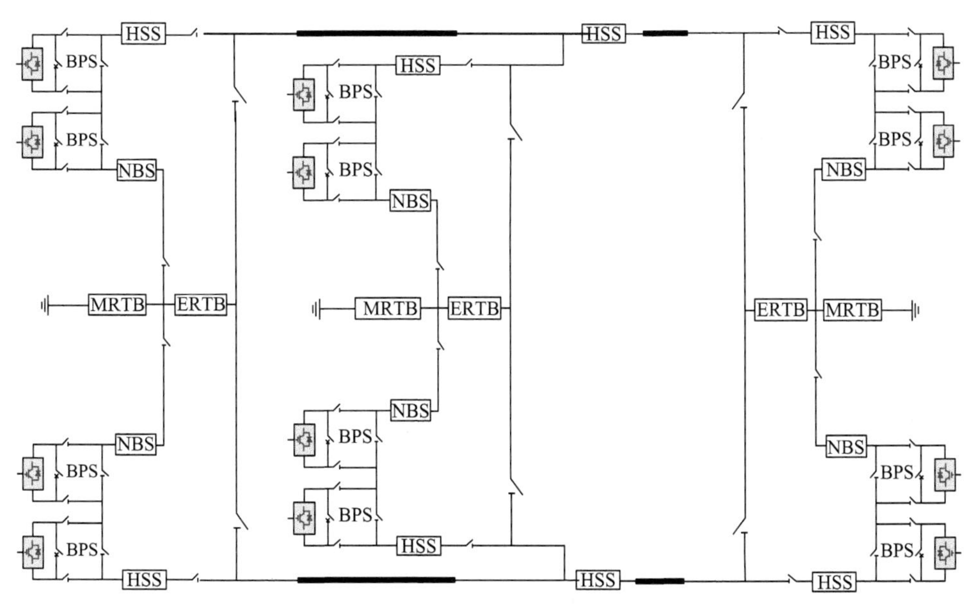

图 10-1　典型特高压多端直流输电系统主接线图

BPS 为旁路开关，NBS 为中性母线开关，HSS 为直流高速开关，MRTB 为金属回线转换开关；ERTB 为大地回线转换开关

表 10-1　站系统试验项目

序号	试验项目名称	试验主要作用
1	不带电顺序操作试验	验证顺序操作及相关连锁功能
2	不带电跳闸试验	验证各装置跳闸回路正确性
3	柔直变压器充电试验	验证变压器带电性能
4	换流器充电试验	验证换流器带电性能，验证换流器功率模块自取能及监视功能，验证可控充电功能(如有)
5	换流器空载输出试验	验证换流器阀控系统功能，换流器桥臂电压波形、相序、幅值和电平数均应符合设计要求
6	带电跳闸试验	换流器带电状态下，验证跳闸回路和相关闭锁信号传递回路的正确性
7	抗干扰试验	换流器带电状态下，验证控制保护屏柜抗电磁干扰性能
8	STATCOM 运行方式试验	验证 STATCOM 方式启停功能，验证换流器无功输出性能，验证无功控制模式功能
9	冗余切换试验	STATCOM 运行状态下，验证冗余设备切换功能
10	空载加压试验(开路试验)	验证站内直流设备及站外直流线路绝缘耐压水平

表 10-2 端对端系统试验项目

序号	试验项目名称	试验主要作用
1	直流侧充电试验	验证受试端换流阀直流侧充电功能
2	解/闭锁性能试验	验证控制保护解锁、闭锁时序，验证换流阀解锁、闭锁性能
3	紧急停运试验	验证双端运行状态下，操作台紧急停运按钮的紧急停运功能
4	保护跳闸试验	双端运行状态下，验证跳闸回路和相关闭锁信号传递回路正确性
5	功率模块冗余试验	验证柔性直流换流阀功率模块冗余设计
6	有功功率升降试验	验证双端直流输电系统的有功功率输出能力和自动升降功能
7	功率阶跃响应试验	验证功率阶跃响应性能
8	功率反转试验	验证直流输电系统有功功率反转过程的控制性能
9	稳态性能试验	验证系统稳态运行性能，电压和电流波形满足控制要求，柔直变压器分接开关挡位应正确
10	冗余切换试验	双端运行状态下，验证冗余设备切换功能
11	无功控制模式切换试验	验证各类无功控制功能，验证各类无功控制模式切换功能
12	最后断路器跳闸试验	验证最后断路器跳闸保护逻辑
13	热运行试验	验证直流输电系统换流器、变压器和电抗器等主要设备长时间满负荷运行能力，验证各类设备散热冷却性能
14	过负荷试验	验证直流输电系统换流器、变压器和电抗器等主要设备过负荷运行能力
15	黑启动试验	验证柔性直流输电系统接入无源网络的黑启动能力
16	运行方式转换试验	验证金属/大地回线转换时序，转换前后直流输电系统应保持稳定运行
17	降压运行试验	验证直流输电系统降压后的系统控制和稳定运行功能
18	交流线路故障试验	验证直流输电系统的交流侧故障穿越能力
19	直流线路故障试验	验证直流输电系统的直流侧故障后保护设计，验证直流线路故障自清除和再启动能力(如有)

多端系统试验通常在端对端系统试验完成后开展，是在端对端系统试验基础上开展多端功能相关试验的环节，如表 10-3 所示。

表 10-3 多端系统试验项目

序号	试验项目名称	试验主要作用
1	多端系统解锁/闭锁	验证多端直流输电系统启动解锁和闭锁停运中的时序配合
2	多端系统紧急停运试验	验证多端直流输电系统的紧急停运功能

续表

序号	试验项目名称	试验主要作用
3	多端系统功率升降/稳态性能试验	验证多端直流输电系统的功率分配和功率升降功能
4	单端计划退出试验	验证多端直流输电系统中单端计划退出的时序配合
5	单端计划投入试验	验证多端直流输电系统中单端计划投入的时序配合
6	单端非计划退出试验	验证多端直流输电系统中单端非计划退出时的保护功能和单端非计划退出时序配合

10.2.2　站系统和系统试验项目内容

1. 站系统典型试验项目内容

站系统典型试验项目包括柔直变压器充电试验、换流器充电试验、STATCOM运行方式试验、冗余切换试验等。

1)柔直变压器充电试验

闭合柔直变压器网侧断路器，向柔直变压器充电。柔直变压器充电次数应不少于5次(其中至少一次充电保持时间不小于1h，每次充电间隔不少于5min)。

2)换流器充电试验

换流器充电试验宜在自动顺序控制模式下进行,闭合柔直变压器网侧断路器,向柔直变压器以及处于闭锁状态且直流线路断开的换流器充电。充电回路启动电阻应正确自动旁路，相关充电回路和换流器保护不应动作。换流器充电时功率模块应正常充电，功能正常，阀控系统工作正常。试验不应导致功率模块损坏，如果出现功率模块故障报警信号，应暂停试验，分析并明确不会发生换流器更严重故障时，可继续试验。

3)STATCOM运行方式试验

试验内容包括STATCOM解锁/闭锁试验、保护跳闸试验、紧急停运试验、无功功率升降试验、无功功率阶跃试验等。

4)冗余切换试验

冗余切换试验的对象通常包括直流站控系统、交流站控系统；极控制系统、换流器控制系统、阀控系统；LAN系统、主时钟系统和运行人员工作站；阀冷却系统、柔直变压器冷却系统。冗余设备切换，直流电压及无功功率应无明显波动。各系统切换后的状态及切换时间应满足设计要求。

2. 端对端系统典型试验项目内容

端对端系统典型试验项目包括端对端系统解锁/闭锁试验、功率模块冗余试验、无功控制模块切换试验、功率阶跃响应试验、热运行试验和黑启动试验等。

1) 端对端系统解锁/闭锁试验

直流输电系统选择功率传输运行方式，最小功率定值下解锁/闭锁换流器。解锁/闭锁过程中两端之间解锁/闭锁指令时序应配合正确。解锁过程中，系统应平稳建立直流电压，直流输送功率应按照预设速率升至设定值。解锁/闭锁过程中，系统不应有交、直流保护误动作。

2) 功率模块冗余试验

功率模块冗余试验在直流输电系统解锁状态下进行，在各端的任一桥臂上使功率模块逐一旁路，并使旁路个数大于桥臂冗余数。功率模块旁路数在冗余数量之内时，端对端系统应保持稳定运行，超过冗余数量后系统应立即闭锁跳闸。

3) 无功控制模块切换试验

在各端分别进行定无功功率控制、定交流电压控制等不同的无功控制模式切换，在不同控制模式下修改控制目标值，观察无功功率的输出。无功控制模式的切换过程应平滑，当由定无功功率控制模式切换到定交流电压控制模式后，应按照交流电压目标值和预定的控制策略正确输出无功功率；当由定交流电压控制模式切换到定无功功率控制模式时，应保持当前无功功率输出。

4) 功率阶跃响应试验

功率阶跃响应试验应在各端分别进行。端对端系统稳态运行后，通过在控制器外环输入环节修改目标值的方式使系统产生有功功率/无功功率的阶跃。有功功率阶跃量宜选择 0.1p.u.和 0.5p.u.。有功功率和无功功率阶跃响应应满足设计要求的响应时间和超调量。

5) 热运行试验

端对端系统达到额定功率后，退出换流器、柔直变压器、电抗器(油浸式)的冗余冷却系统，保持长时间稳态运行，通常为 6～8h，直至柔直变压器绕组温度、柔直变压器(包括套管)油温和换流器冷却水温达到稳定值。在热运行试验前后，应对柔直变压器中的油样进行色谱分析，监测乙炔等气体含量的变化。

6) 黑启动试验

柔性直流输电系统具有黑启动控制功能。对于设计有黑启动功能的换流站应配置独立的后备站用电源。整个试验过程中，进行黑启动的一端换流站应始终保持与交流电网隔离的状态。

10.3　柔性直流输电系统试验典型案例

本节以昆柳龙直流工程[3,4]为例，结合工程现场的实际波形，对柔性直流输电系统的典型试验工况进行描述。

10.3.1　昆柳龙直流工程概况

昆柳龙直流工程方案示意如图 10-2 所示。采用特高压、多端直流输电方案，送端云南侧建设±800kV、8GW 昆北换流站，采用基于半控型晶闸管换流阀的常规直流输电技术；受端广东侧建设±800kV、5GW 龙门站，广西侧建设±800kV、3GW 柳州站，均采用基于全控型 IGBT/IEGT 换流阀的柔性直流输电技术。总输电距离为 1452km，昆北—柳州段为 905km，柳州—龙门段为 547km。

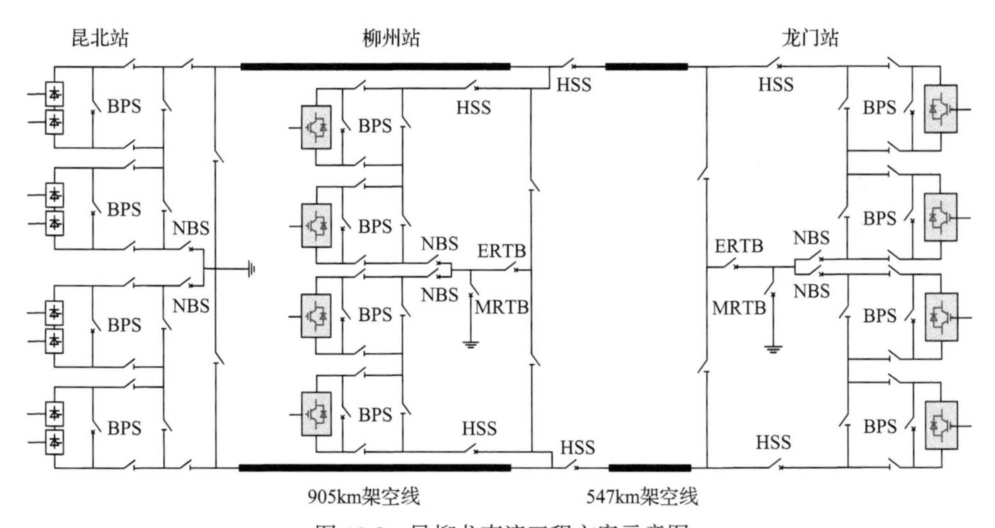

图 10-2　昆柳龙直流工程方案示意图

BPS 为旁路开关，NBS 为中性母线开关，HSS 为直流高速开关，MRTB 为金属回线转换开关；ERTB 为大地回线转换开关

工程采用对称双极接线，昆北站采用 400kV+400kV 双 12 脉动串联方式，柳州站、龙门站也采用 400kV+400kV 串联方式。为了提高工程运行方式的灵活性，实现阀组在线投退、换流站在线投退、金属-大地转换，直流侧配置了 MRTB、ERTB、BPS、NBS、HSS 等开关设备。柳州站和龙门站采用 70%全桥+30%半桥模块方案，

以实现直流架空线路的故障自清除。

10.3.2 昆柳龙直流工程系统试验典型案例

1. 混合直流的启动解锁

直流输电系统整体解锁是系统试验中具有里程碑意义的试验项目，是检验所有设备整体带电运行能力的重要试验。昆柳龙直流工程三端解锁波形如图 10-3 所示，试验验证了常规直流与柔性直流构成站-站混合运行的可行性。昆柳龙直流输电系统解锁时序如下：

(1) 半桥全桥混合型拓扑的柔性直流换流站进入主动充电后即通过不控整流产生直流电压，其大小由设计的阀侧电压决定，龙门站阀侧电压 244kV，不控整

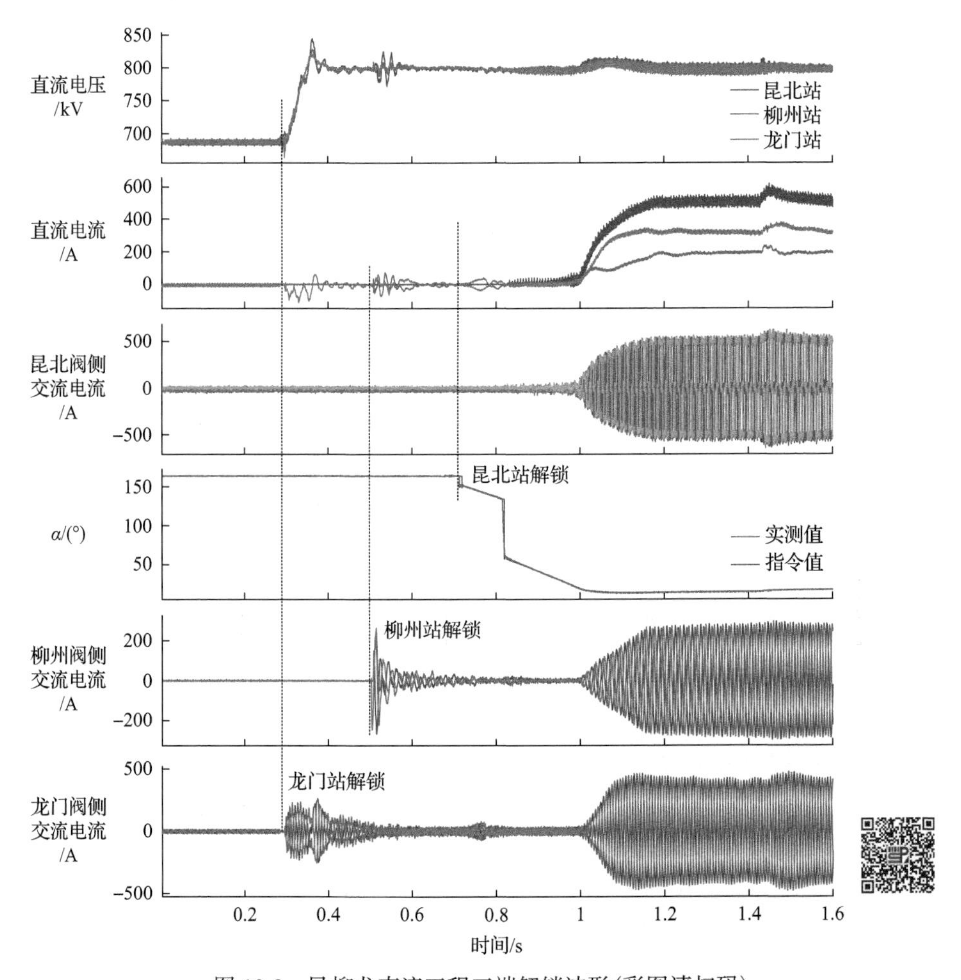

图 10-3 昆柳龙直流工程三端解锁波形(彩图请扫码)

流电压约 690kV。电压主控站(龙门站)解锁后提升直流电压，直流电压按照预设的上升速率逐渐升高至 800kV。

(2) 200ms 后另一柔性直流换流站(柳州站)解锁，两端柔性直流换流站保持零功率运行。

(3) 在 200ms 后送端常规直流换流站(昆北站)解锁，α 按照预设的速率下降直至建立稳定的直流电流，三端解锁完成。

某传统两端直流解锁波形如图 10-4 所示。常规直流解锁时序如下：

(1) 受端解锁，解锁后采用定熄弧角控制，不会建立直流电压；

(2) 送端解锁，解锁后送端 α 按照预设速率下降，直流电压逐渐上升至额定值；

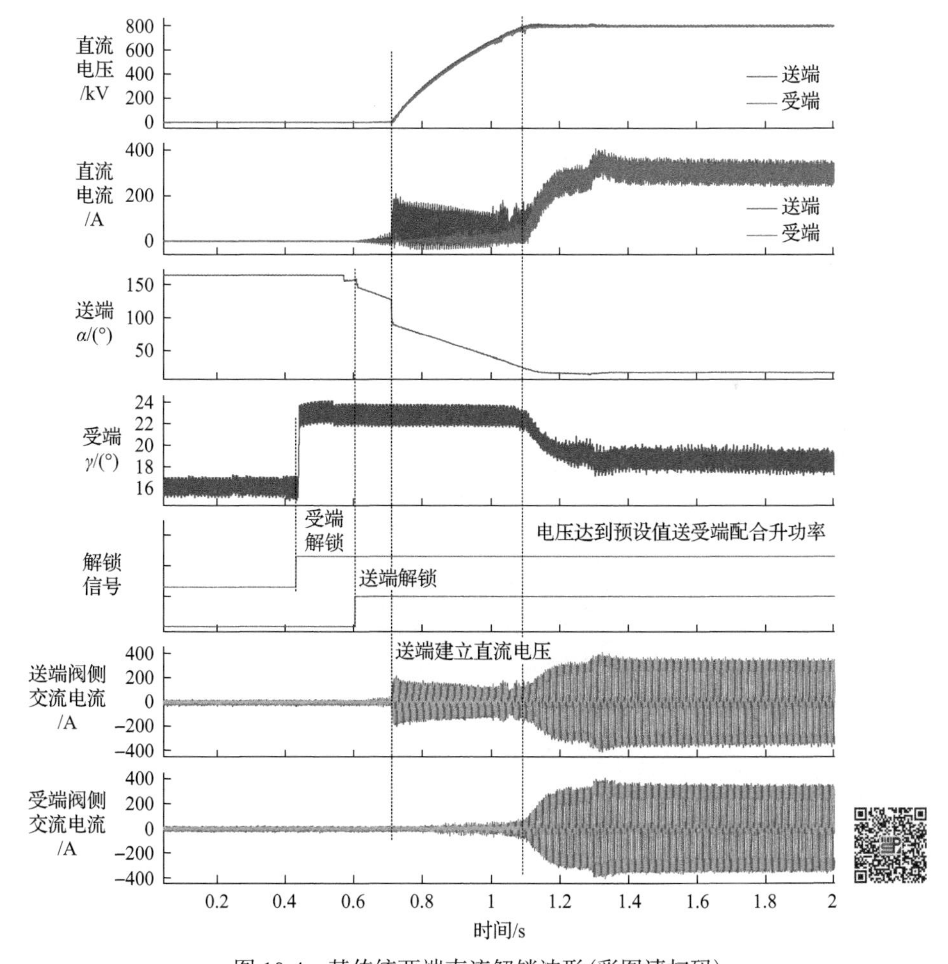

图 10-4　某传统两端直流解锁波形(彩图请扫码)

(3)受端检测到直流电流后切换到定直流电压控制，接管直流电压，送受端配合提升直流功率。

混合直流与常规直流解锁时序存在差异，混合直流(受端柔性直流)受端充电后即建立直流电压，直流电压大小由阀侧电压决定，受端解锁后直流电压达到额定值；常规直流在送受端解锁、送端 α 减小后建立直流电压。

2. 混合直流清除直流故障

直流线路故障清除是架空线柔性直流输电系统的重要功能，工程上可通过人工模拟线路接地故障来测试系统的故障穿越能力。昆柳龙直流工程现场直流架空线故障试验现场如图 10-5 所示。

图 10-5　直流故障试验

昆柳龙三端满功率 8000MW 运行时，昆北站极 1 直流线路人工短路现场试验结果如图 10-6 所示，试验验证了半桥全桥混合型拓扑结构清除直流线路故障的可行性。直流故障清除时序如下：

(1)昆北站检测到发生直流故障后紧急移相，柳州站、龙门站监测到发生直流故障切换到定电流控制，将直流电流控制到零；

(2)故障发生约 10ms 后柔性直流换流站直流电流过零，约 100ms 后电弧熄灭；

(3)故障发生 420ms 后龙门站开始升压，随后昆北站提升直流输送功率，故障约 520ms 后极 1 直流功率恢复到 90%(3600MW)，其中去游离时间 400ms。

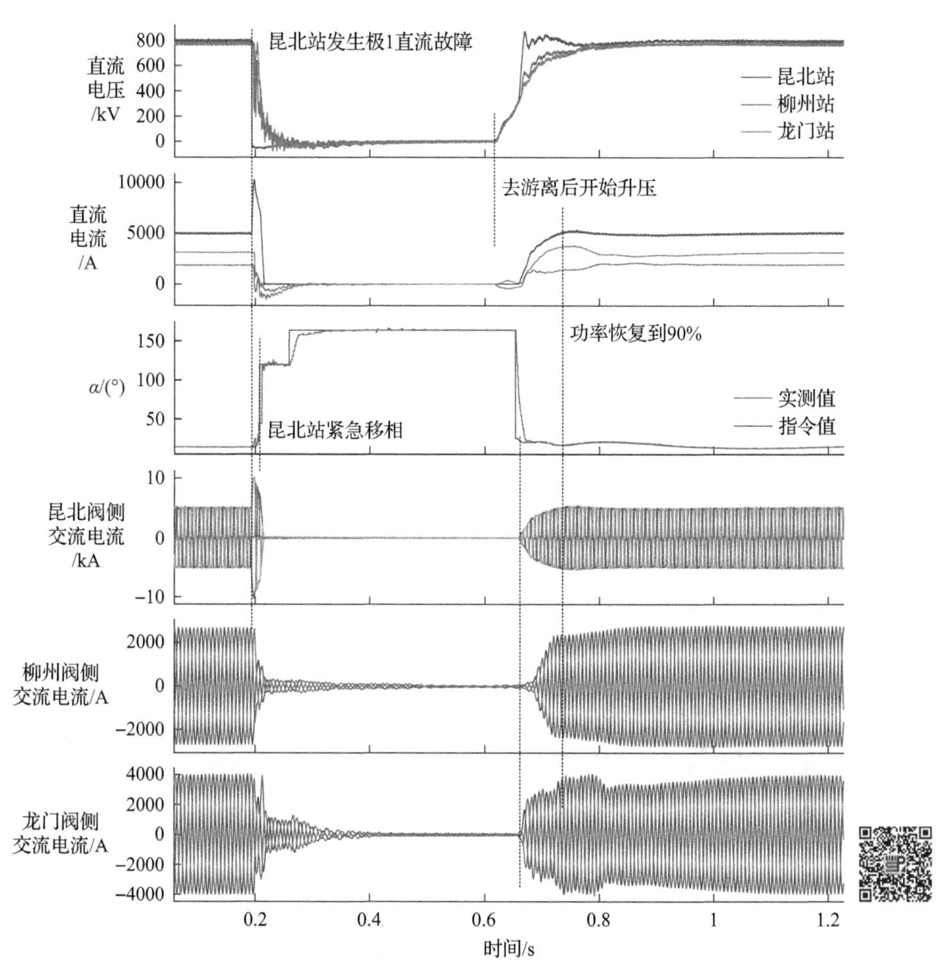

图 10-6　昆柳龙直流工程直流故障清除波形(彩图请扫码)

半桥全桥混合型柔性直流通过定直流电流控制主动降压可以清除直流故障，故障恢复时间主要取决于去游离时间，可实现 500ms 左右内恢复功率。半桥拓扑配合交流断路器，发生直流故障后交流断路器断开以完成熄弧，熄弧后重合实现重启。该方案下故障恢复时间将更长，如 Zambezi(Caprivi)工程采用该方案，直流故障恢复时间约 1.5s。

某常规直流输电工程直流故障清除波形如图 10-7 所示。常规直流发生直流故障后受端电流自然截止，通过采用半桥全桥混合型拓扑能够实现和常规直流相同的直流故障穿越性能。同时，在直流故障穿越期间送受端有功传输中断，常规直流由于消耗的无功功率中断、但滤波器组保持在投入状态，给电网带来过电压问题。柔性直流在直流故障穿越期间保持交流侧无功可控，减小对交流电网的扰动。常规直流和混合直流发生直流故障后受端交流电压对比如图 10-8 所示。

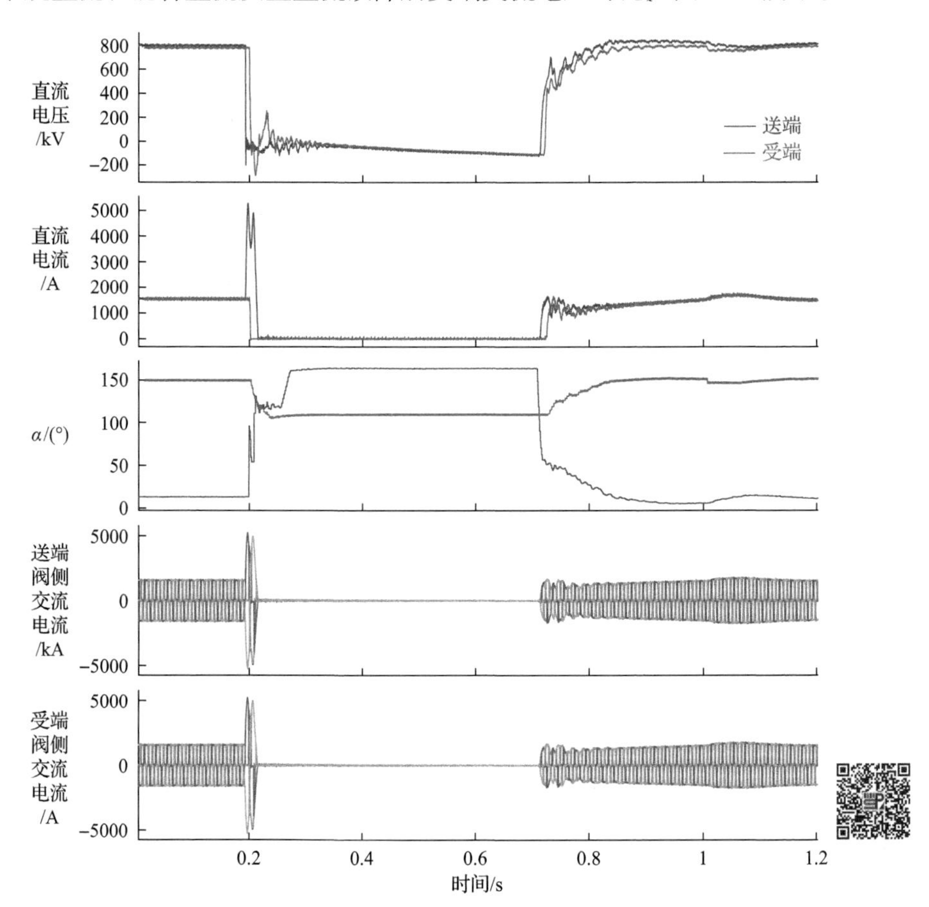

图 10-7　某常规直流输电工程直流故障清除波形(彩图请扫码)

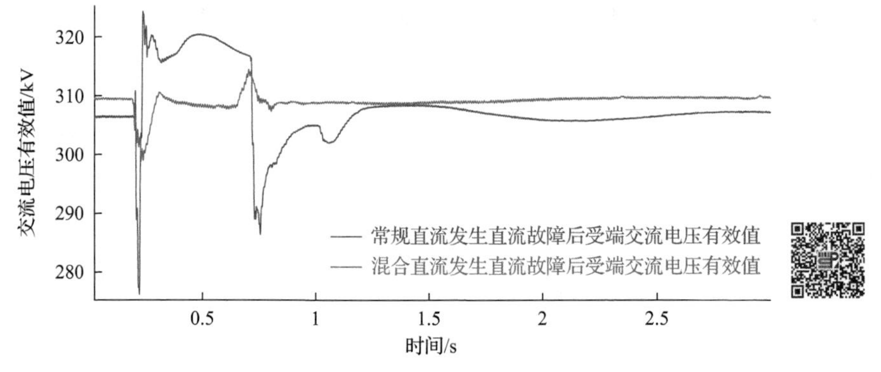

图 10-8　常规直流和混合直流发生直流故障后受端交流电压对比(彩图请扫码)

3. 柔性直流换流阀穿越交流故障

能够穿越交流故障并在故障穿越期间提供无功补偿是柔性直流区别于常规直流的显著特征。昆柳龙三端满功率 8000MW 运行时，龙门站某出线 C 相单相接地故障清除波形如图 10-9 所示。从图中可以看出，人工接地短路后龙门站 C 相交流电压有效值跌落到 103kV(约 0.34p.u.)，直流电压、直流功率小幅波动，保持功率持续传输，故障及其恢复期间龙门站柔性直流最大发出约 1000Mvar 无功支撑交流电网恢复。

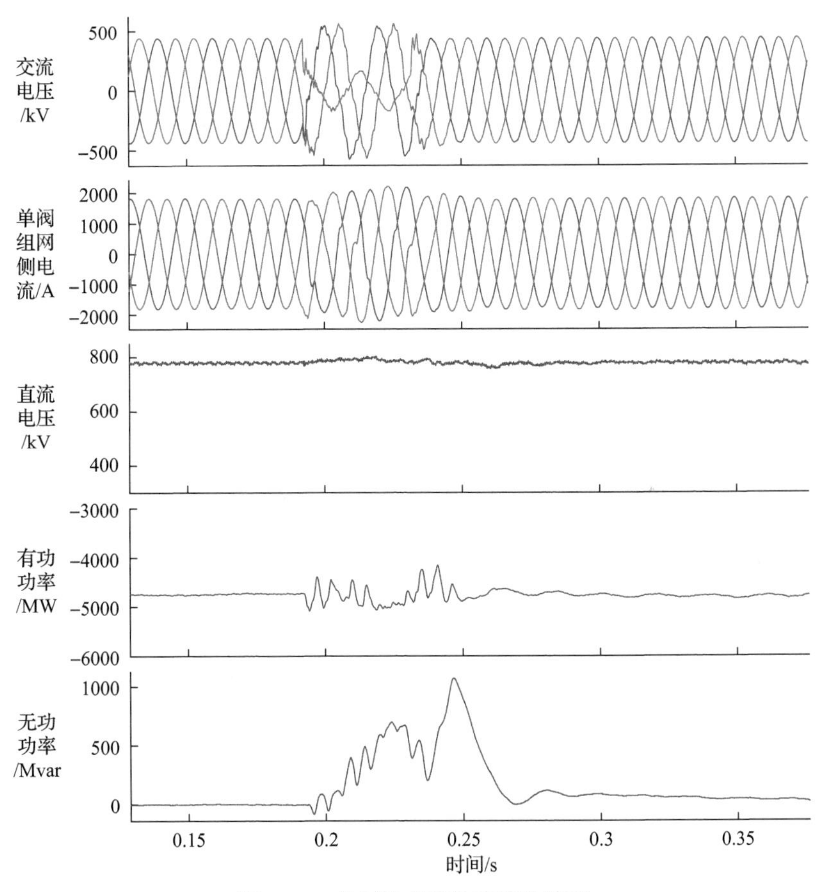

图 10-9　龙门站交流故障清除波形

某常规直流输电工程小功率运行时发生受端交流故障后的受端波形如图 10-10 所示，从图中可以看出，故障发生后直流电压出现大幅扰动，直流电压最低跌落到 263kV，功率传输出现中断，在功率恢复过程中换流器吸收大量无功功率，引起交流电压下降。

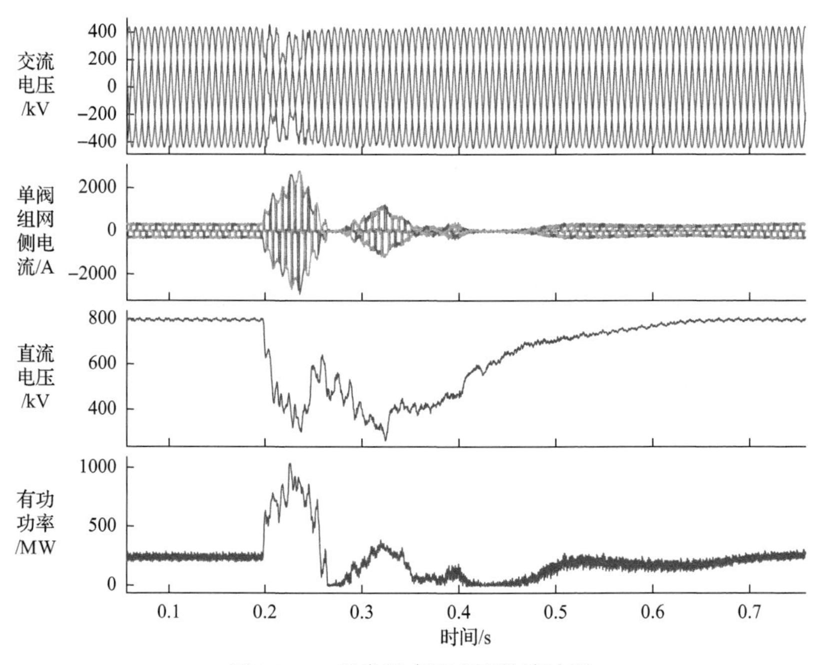

图 10-10　某常规直流交流故障波形

昆柳龙直流工程龙门站先后开展 7 次单相交流人工短路试验，试验时近区直流出现换相失败，而柔性直流保持功率传输。混合直流可以实现受端交流故障无闭锁全穿越，穿越过程功率传输不中断，克服了常规直流换相失败的固有缺陷，还能在故障期间为交流系统提供无功支撑。

4. 混合直流阀组投退

昆柳龙直流工程采用高低阀组串联设计，可以实现任一阀组的在线投退，提高直流输电系统的可用率。阀组在线投退功能验证如下。

1) 阀组故障退出

阀组故障退出过程龙门站波形如图 10-11 所示。

正常运行时送端昆北换流站极 1 高端阀组发生故障后：

(1) 昆北极 1 低端阀组立即闭锁并合上送端 BPS，极 1 功率短时中断；

(2) 龙门站控制直流电压快速降低到零后合上受端预设阀组 BPS；

(3) 受端预设阀组 BPS 合上后闭锁故障阀组，实现故障阀组的退出。

当故障发生在柔性直流阀组时，由于送端功率盈余，将在故障阀组出现暂态过电压，直至 BPS 合上。

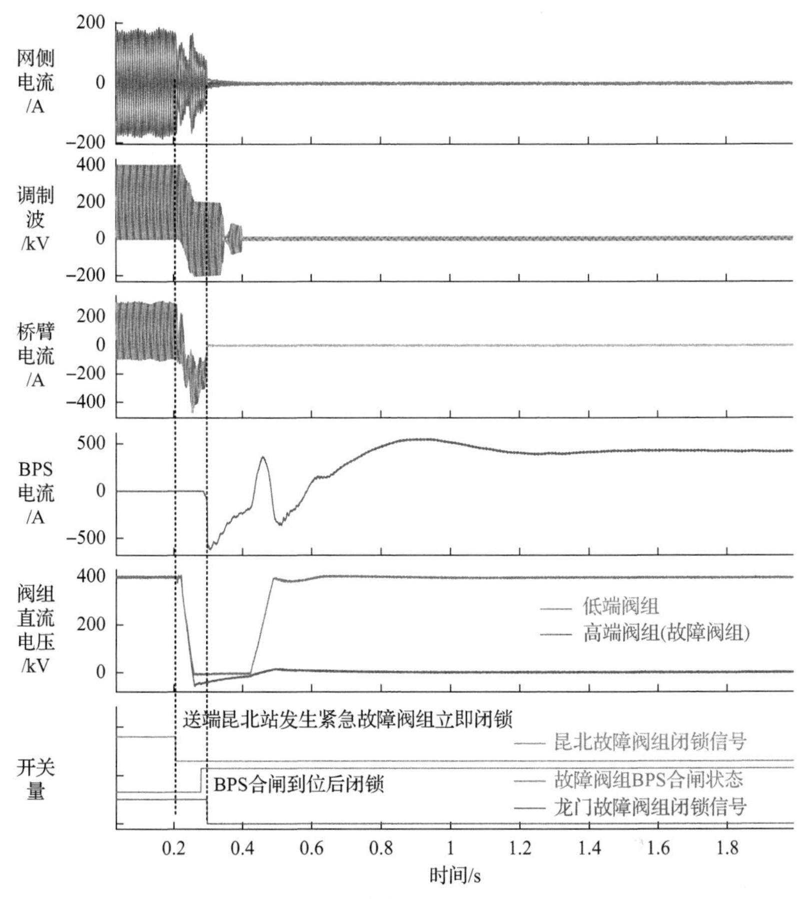

图 10-11　阀组故障退出过程龙门站波形

2) 阀组计划退出

阀组计划退出过程龙门站待退出阀组波形如图 10-12 所示。与阀组故障退出不同，收到阀组手动退出指令后，待退出阀组逐渐降低直流电压至零；随后合上 BPS；待确认 BPS 合闸到位后闭锁阀组，电流转移到 BPS 上。阀组计划退出过程功率不中断，对系统无扰动。

3) 阀组在线投入

阀组在线投入过程龙门站待投入阀组波形如图 10-13 所示。

试验前三站三阀组 800MW 运行，试验后三站四阀组 800MW 运行。试验验证了串联阀组的在线投入功能。阀组在线投入时序如下：

(1) 待投入阀组解锁，维持直流电压为零，此时直流电流同时流过换流阀和 BPS；

(2)待投入阀组端间电压注入谐波制造 BPS 过零点，BPS 具有稳定的过零点后断开 BPS，直流电流全部转移到换流阀桥臂；

(3)待投入阀组按照预设曲线提升直流电压，完成阀组在线投入过程。

通过现场调试验证了混合多端直流能实现特高压直流要求的阀组在线投退功能，提高系统可用率。

5. 换流站在线投退技术验证

昆柳龙直流工程采用多端设计，其中昆北站为送端，柳州站、龙门站为受端。通过配置直流机械式高速开关，受端换流站可实现在线投退。受端换流站在线投退功能验证如下：

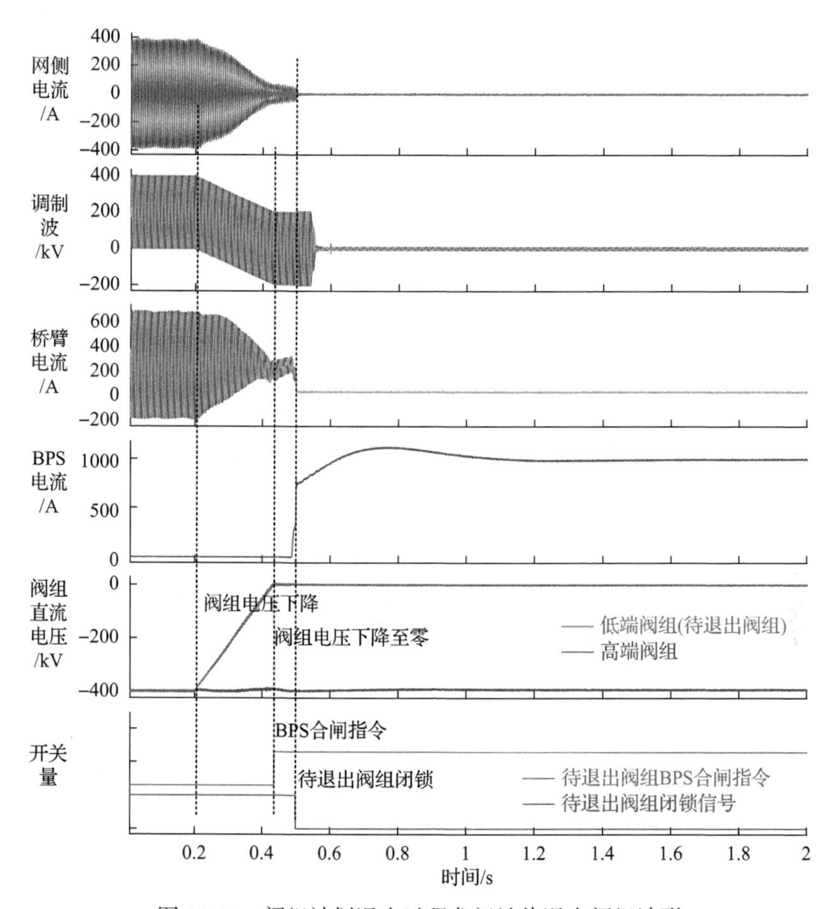

图 10-12　阀组计划退出过程龙门站待退出阀组波形

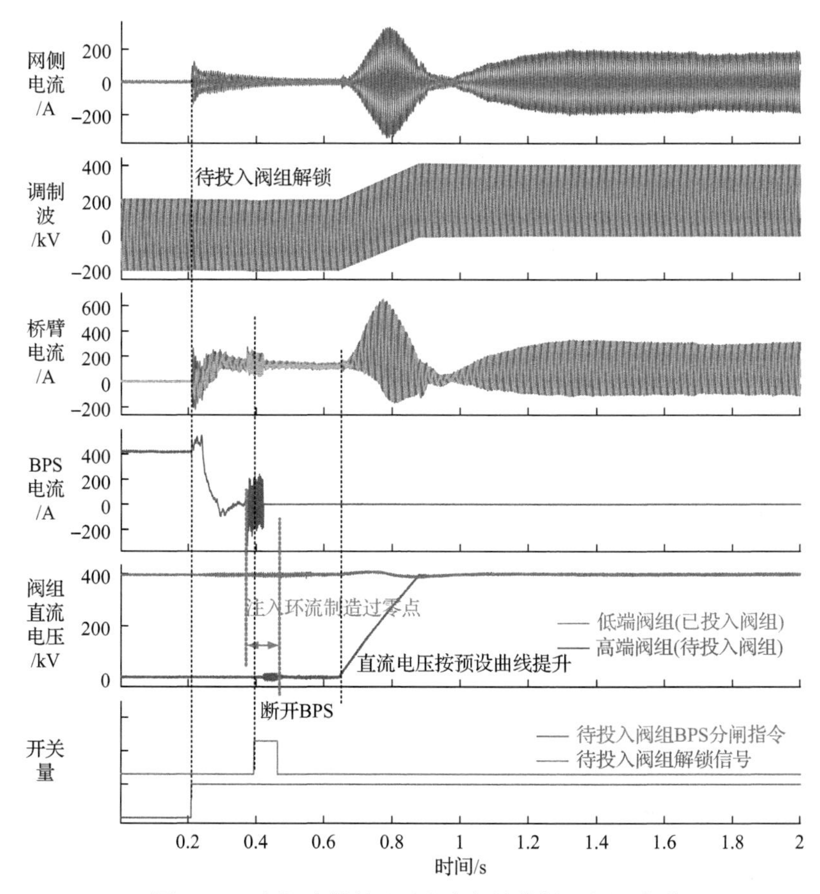

图 10-13　阀组在线投入过程龙门站待投入阀组波形

1) 柔性直流换流站故障退出

试验前三站功率为 5500MW、500MW、5000MW，试验后龙门站极 2 退出，龙门站损失功率转移到柳州站，试验后三站功率为 5500MW、3000MW、2500MW。龙门站极 2 故障退出过程三站波形如图 10-14 所示。退出过程时序如下：

(1) 龙门站极 2 发生故障后立即紧急闭锁；

(2) 昆北站收到龙门站闭锁信号紧急移相，柳州站收到龙门站闭锁信号切换到电压控制，将直流电压控制到零后闭锁；

(3) 柳龙线电流小于设定值后断开柳龙线 HSS；

(4) HSS 可靠断开后昆柳两端重启。

上述过程中昆柳龙三端极 1 保持持续运行，极 2 损失功率转移至极 1，送端输送功率维持不变。

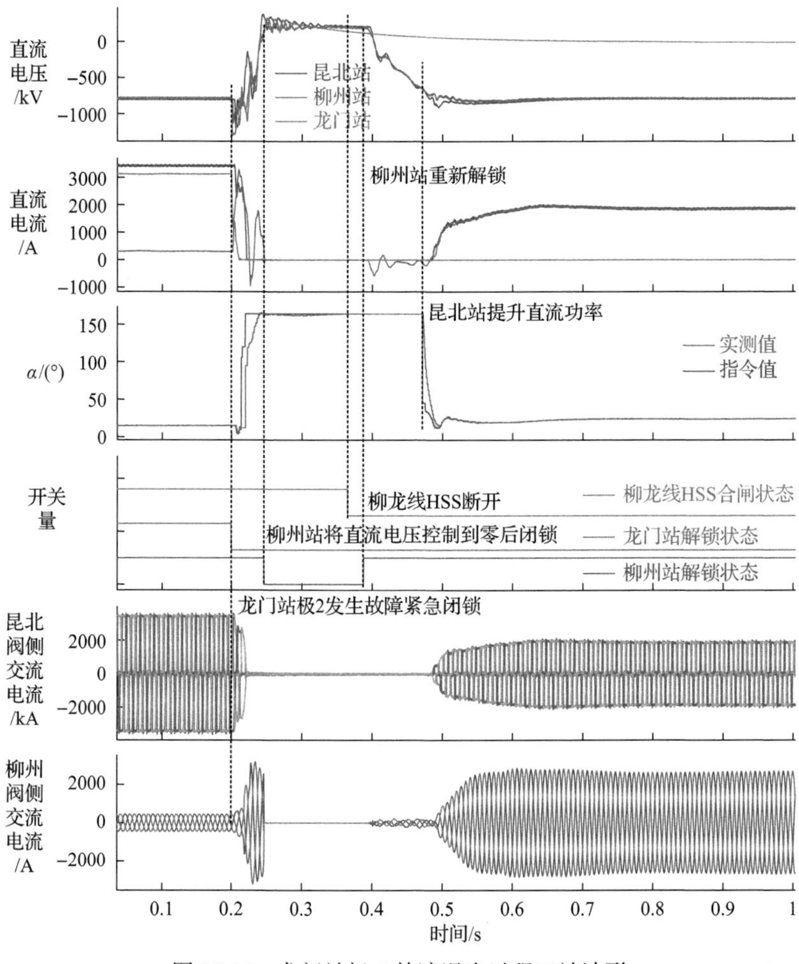

图 10-14　龙门站极 2 故障退出过程三站波形

2) 柔性直流换流站计划退出

柔性直流换流站计划退出时，待退出换流站将功率降低至最小功率后闭锁。柔性直流换流站故障后，故障换流站无论当前功率大小立即闭锁。除此差异之外，柔性直流换流站计划退出和故障退出过程类似。

3) 柔性直流换流站在线投入

龙门站极 1 在线投入试验波形如图 10-15 所示。龙门站单站解锁后维持零功率运行，在柳州站、龙门站 HSS 可靠合闸 300ms 后龙门站升功率、柳州站降功率(以满足最小功率要求)，HSS 合闸和功率调整过程系统功率平滑无扰动。

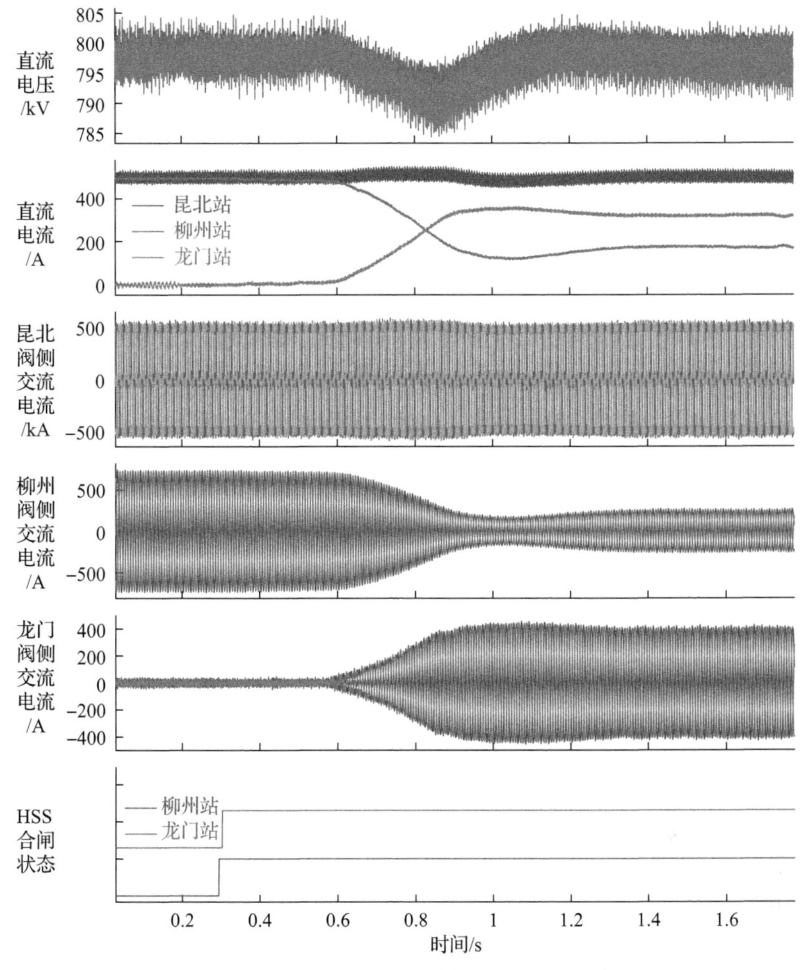

图 10-15　龙门站极 1 在线投入过程三站波形

通过配置直流机械式高速开关，可以实现多端系统的换流站投退功能，换流站退出时高速开关需要开断线路的充电电流，昆柳龙直流工程多次换流站投退试验中该电流小于 5A。通过本工程的实施提供了一种依靠多端系统逻辑时序配合、控制直流电流至零附近后利用机械开关切断小电流，无需直流断路器的换流站在线投退方案。

参 考 文 献

[1] 魏伟, 许树楷, 李岩, 等. 南澳多端柔性直流输电示范工程系统调试[J]. 南方电网技术, 2015, 9(1): 73-77.

[2] 石吉银, 唐志军, 林国栋, 等. 厦门柔性直流输电工程系统调试及关键技术[J]. 南方电网技术, 2017, 11(1): 15-20.

[3] Rao H, Zou C Y, Xu S K, et al. The on-site verification of key technologies for Kunbei-Liuzhou-Longmen hybrid multi-terminal ultra HVDC project[J]. CSEE Journal of Power and Energy Systems, 2022, 8(5): 1281-1289.

[4] Rao H, Zhou Y B, Xu S K, et al. Key technologies of ultra-high voltage hybrid LCC-VSC MTDC systems[J]. CSEE Journal of Power and Energy Systems, 2019, 5(3): 365-373.

第 11 章　柔性直流输电工程

随着电力电子器件和控制技术的发展，柔性直流输电在风电场并网、电网互联、孤岛和弱电网供电及城市供电等领域有了越来越多的工程应用。本章首先介绍柔性直流输电工程的核心技术——成套设计，然后分别就背靠背柔性直流、多端柔性直流输电、特高压混合直流输电、柔性直流电网、远海风电经柔性直流送出五类典型场景简要介绍柔性直流输电工程的应用情况。

11.1　成套设计

直流输电系统需要根据交流系统的特性，综合系统稳定、电网安全、设备能力、工程造价等因素，对柔性直流输电工程进行整体方案选择，根据系统研究确定设备性能指标和技术参数要求，定制研发。每个直流输电工程的控制保护系统功能和性能需求不同，直流控制保护系统同样需要定制研发，并开展实时仿真试验，检验其正确性和动态特性，优化并确定控制保护参数。基于上述特点，需要开展定制化设计，即成套设计，它是直流输电工程的核心技术。

由于直流输电系统涉及的技术复杂、设备种类繁多，设计及建设难度大，如何将众多设备组合成一个有机整体，使之实现直流输电系统的整体功能，达到科学合理、经济节约、安全可靠、保护环境、可持续发展的工程目标是直流输电成套设计的基本任务。成套设计贯穿于工程的整个建设运行过程，对于不同的建设模式和投资主体，其所涵盖的工作内容略有区别。本节以南方电网公司建设的柔性直流输电工程为例，如图 11-1 所示，成套设计主要包括专题研究、系统研究、总体设计、试验验证、运行支持五大类工作。

1. 专题研究

由于直流输电工程需要结合交流系统条件、工程特点和需求开展定制化设计，需要针对工程的特点和关键技术问题进行专题研究，结合系统、环境等条件，明确交流系统对工程的要求、建设规模和直流电压、初步的直流主回路设计和设备选型，评估直流输电系统接入的影响，研究新技术应用的可行性(如有)，为直流输电工程可行性研究阶段方案提供必要的技术支撑。

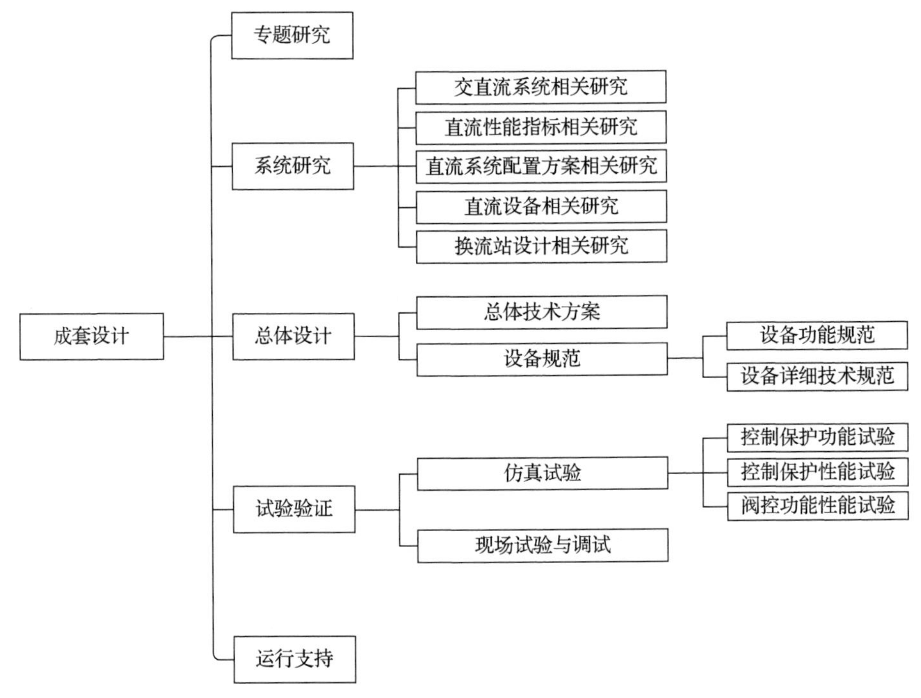

图 11-1　柔性直流输电工程成套设计示意图

2. 系统研究

系统研究是成套设计的重要技术支撑，结合国内外设备企业的制造能力、换流站址及系统条件，完成优化直流输电系统整体性能的所有研究工作，确定系统参数和设备参数。系统研究涉及工程的主要技术范畴，一部分是与直流输电工程本身有关的研究，另一部分是与整个电网运行有关的研究，主要研究内容详见图 11-2。系统研究一般根据工程需求分阶段进行研究，其成果分别支撑预初步设

交直流系统相关	直流性能指标	直流系统配置方案	直流设备	站设计方面
□ 潮流、稳定	□ 过负荷能力	□ 接线运行方式	□ 设备技术参数	□ 高海拔空气净距
□ 低次谐波谐振	□ 可靠性	□ 主设备参数	□ 试验要求	□ 接地网研究
□ 次同步振荡	□ 损耗	□ 无功补偿		□ 阀厅屏蔽等
□ 多回直流相互影响和协调控制	□ 谐波	□ 交直流滤波器配置——性能和定值		
□ 孤岛运行方式	□ 电磁干扰	□ 避雷器配置方案——过电压和绝缘配合		
□ 共用接地极	□ 通信干扰			
	□ 可听噪声			

图 11-2　系统研究主要研究内容

计、关键设备功能规范书、设备设计、施工图设计，并且作为控制保护功能试验和动态性能试验(FPT&DPT)、调试等工作的技术依据。

3. 总体设计

基于系统研究各阶段的成果，成套设计单位开展直流输电系统的总体设计，主要工作包括总体技术方案、设备规范和设备详细规范编制，其间开展直流设备的设计联络与设计冻结工作。

1) 总体技术方案

在工程可行性研究完成后，编写总体技术方案，确定工程主要技术原则、完整的设计边界与基本参数，主要包括站址及环境条件、电力系统条件、性能要求、主接线设计、主回路参数、主要设备选型、控制保护系统要求等。总体技术方案支撑设备功能规范编制，指导工程后续各阶段的工作。

2) 设备规范

在直流输电工程中，设备规范编制工作分为两个阶段：设备功能规范和设备详细技术规范。在直流主设备采购阶段，成套设计方依据总体技术方案、系统研究、预初步设计的要求，编制设备功能规范。在设计联络阶段，进一步细化明确设备的数量、型号、功能、性能指标、技术参数和试验要求等，明确设备之间以及设备与设计之间的接口，完成设备详细技术规范，该规范是设备制造、试验、监造、验收的重要依据。

4. 试验验证

1) 仿真试验

仿真试验是验证成套设计的重要技术手段，可通过全电磁暂态、机电与电磁暂态混合仿真等离线或实时仿真手段，优化系统性能、验证设计结论，对直流输电工程调试与电网安全稳定运行至关重要。柔性直流输电工程中，仿真试验主要包括阀控功能性能试验、控制保护功能试验和动态性能试验。

控制保护功能试验主要对直流控制保护、操作与监视系统和控制保护装置间相互作用的正确性进行检验；动态性能试验主要是分析交直流输电系统的相互影响，优化控制保护系统的功能及参数，检验整个直流输电系统在暂态过程、动态过程中的特性以及在电网安全稳定方面发挥的作用。

由于柔性直流输电系统 MMC 功率模块数量多，在已投运的柔性直流输电工程中发现由阀控导致故障停运事件的占比较高，近年来南方电网建设的柔性直流输电工程增加了阀控功能性能试验环节，将工程实际的阀控装置、功率模块单元控制装置、直流控制保护装置和实时数字仿真器连接成一个完整的闭环系统进行测试，提前排除隐患，提升设备可靠性。

2) 现场试验与调试

现场试验与调试是工程投产前的最终检验，主要包括设备交接试验、分系统调试、站系统调试、系统调试。其中设备交接试验、分系统试验由安装单位和设备供货商具体实施。站系统调试和系统调试一般由成套设计方会同相关的供货商负责具体实施，主要工作包括调试方案制定、支撑调试的相关计算研究、站系统调试、系统调试和现场测试。

5. 运行支持

运行支持是成套设计的工作延伸。在试运行和运行期间，成套设计单位发挥其技术优势，参与运行故障分析、优化运行策略和设计、制定防范措施等研究工作，支持换流站运行。

11.2 柔性直流输电工程类型

柔性直流输电作为第三代直流输电技术，其应用范围涵盖了远距离大容量输电、高密度负荷中心送电、大规模新能源送出、交流电网分区互联、构建多端直流输电系统(含直流电网)、无源系统供电、受端电网多直流集中馈入等典型应用场景。本节将选取一些重要应用场景的具体工程做详细介绍。

11.2.1 背靠背柔性直流输电工程

电力系统的发展势必走向联网，背靠背柔性直流输电工程是交流电网分区互联的典型应用。背靠背柔性直流输电工程采用全控器件，具有快速、独立的有功和无功控制能力，可作为 STATCOM 运行等优点，随着电力系统联网运行要求的增多以及功率器件的快速发展，背靠背柔性直流技术将得到更广泛的应用，已投运背靠背直流输电工程见表 11-1。本节重点介绍世界首个在主网架应用高压大容量柔性直流技术——云南电网与南方电网主网鲁西背靠背直流异步联网工程。

表 11-1　已投运的背靠背柔性直流输电工程(2022 年统计)

序号	工程名称	国别	功率/MW	换流器技术	直流电压/kV	投运年份	备注
1	伊格-帕斯背靠背互联工程(Eagle Pass BTB)	美国 墨西哥	36	三电平	±15.9	2000	
2	麦基诺互联工程(Mackinac BTB)	美国	200	多电平	70	2014	

续表

序号	工程名称	国别	功率/MW	换流器技术	直流电压/kV	投运年份	备注
3	云南电网与南方电网主网鲁西背靠背直流异步联网工程	中国	1000	多电平	±350	2016	世界首个主电网应用
4	渝鄂直流背靠背联网工程	中国	4×1250	多电平	±420	2018	当前直流电压最高
5	大湾区中通道直流背靠背工程	中国	2×1500	多电平	±300	2022	
6	大湾区南粤直流背靠背工程	中国	2×1500	多电平	±300	2022	

1. 工程概况

云南电网与南方电网主网鲁西背靠背直流异步联网工程建设 2 个 1000MW 常规直流背靠背单元和 1 个 1000MW 背靠背柔性直流单元，常规直流单元直流电压 ±160kV，柔性直流单元直流电压±350kV，技术方案如图 11-3 所示。该工程是世界首个在 500kV 主网架中应用高压大容量柔性直流输电技术的工程，而且是世界上首次采用柔性直流与常规直流并联运行模式的背靠背直流输电工程，其中柔性直流单元的技术参数达到了同期建设及已投运柔性直流输电工程的最高水平，也是国内第一个背靠背柔性直流工程，换流站鸟瞰图如图 11-4 所示。工程建成后可有效化解交直流功率转移引起的电网安全稳定问题，简化复杂故障下电网安全稳定控制策略，避免大面积停电风险。

2. 运行方式

鲁西换流站背靠背柔性直流单元的主要运行方式如下。

(1) 直流正向运行方式(云南—广西)，这是通常的运行方式；
(2) 反向输送运行方式(广西—云南)；
(3) STATCOM 运行方式；
(4) 云南侧黑启动运行方式；
(5) 广西侧黑启动运行方式；
(6) 两侧 OLT 运行。

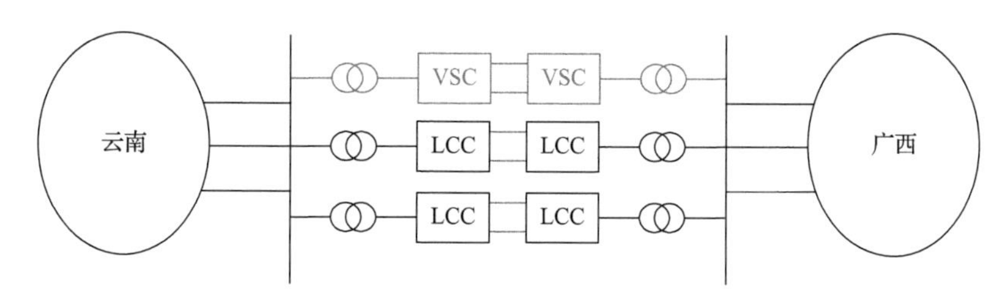

图 11-3　异步联网工程技术方案示意图

图 11-4 异步联网工程鲁西换流站

3. 主回路设计

鲁西换流站柔性直流单元采用对称单极接线方式，由于背靠背直流输电系统发生直流故障的概率极低，换流器采用基于半桥拓扑的模块化多电平换流器。鲁西换流站的接地方式首次创造性地采用柔直变压器 YNyn 接线，阀侧中性点经高阻接地，不会因三次谐波及零序的传递影响正常运行及故障时特性，同时降低了接地设备以及变压器的制造难度、设备造价和占地面积。启动回路设置在柔直变压器阀侧，启动电阻直接与旁路开关并联。

直流极线上不设置断路器，正负极母线均装设直流电压/电流测量装置、避雷器、隔离开关等设备。在两极母线上各配有两套极母线设备，以满足两端柔性直流换流阀阀组均能作为 STATCOM 独立运行的要求和一端带电运行、另一端电检修的要求。

鲁西换流站柔性直流单元主要相关参数如表 11-2 所示。

表 11-2 鲁西换流站柔性直流单元主要相关参数

参数	取值
额定功率	1000MW
直流电压/kV	±350
直流电流/A	1429
STATCOM 无功输出范围/Mvar	–1057～479
额定功率下最大无功输出/Mvar	±300

4. 主要设备选型

鲁西换流站云南侧和广西侧的柔性直流换流阀为支撑式、水冷却方式，分别采用4500V/1500A压接型、3300V/1500A焊接型功率器件，采用了一种频率可控的电平逼近调制算法，设计了高速、实时分布式数字化硬件控制系统，突破了超多电平高压柔性直流换流阀的高性能实时控制。

阀冷系统采用了满足大流量大负荷阀冷系统的主循环结构形式，解决了多泵并联和单套阀冷超大负荷时稳定运行的技术难题。

柔直变压器采用单相双绕组变压器，单台额定容量375MVA，短路阻抗14%，YNyn0，冷却方式为强迫油循环导向风冷(ODAF)。

桥臂电抗器采用干式空心电抗器，额定电感105mH。

5. 直流控制保护系统设计

鲁西换流站常规直流背靠背单元与背靠背柔性直流单元并联运行，两个单元的协调控制功能由直流站控系统来实现，协调控制的主要功能包括有功协调控制与无功协调控制两部分。常规直流输电技术具有过载能力强的特点，而柔性直流输电技术具有控制响应快、有功/无功解耦可控的特点，两者在并联运行中，可以根据不同的工况，对其进行适当的控制，以发挥其优点。

该工程首次研制了柔性直流与常规直流混合背靠背直流控制保护系统，实现同一换流站内两个常规、一个柔性直流换流单元间毫秒级有功协调、稳态无功协调、暂态无功控制等快速协调控制，直流电压、电流控制误差小于0.5%，有功无功阶跃响应时间小于50ms。全站控制保护屏柜超过300面，实现6个换流器同站协同控制。同时提出了双端电压裕度控制、柔性直流换流器与弱电网谐振抑制控制等核心控制保护策略，实现了柔性背靠背直流输电系统精确快速协同控制及交流系统的故障隔离穿越。

6. 运行情况

鲁西换流站柔性直流单元于2016年8月29日正式投运，随着投运初期部分控制保护相关缺陷暴露并解决，柔性直流单元逐渐进入稳定运行阶段，2018年柔性直流单元实现全年利用小时数5000h，年输送电量50.34亿kWh，年能量可用率超过96%，达到同期常规直流平均可用率水平，成为西电东送的主要通道之一。

柔性直流单元两侧功率模块数量分别为2010个和2808个，工程现场采用年度检修集中消缺方式对已旁路故障功率模块进行处理，工程没有发生因旁路模块超过冗余导致强迫停运的事件。

11.2.2 多端柔性直流输电工程

1. 工程概况

南澳多端柔性直流输电工程(图 11-5)是世界首个多端柔性直流输电工程，工程依托国家 863 课题“大型风电场柔性直流输电接入技术研究与开发”进行建设，工程的建设实现了大规模风电通过多端柔性直流输电系统输送并网，大幅提高了汕头南澳岛风电场的低电压穿越能力和风资源利用率。

工程于 2013 年建成了三端柔性直流输电系统，直流电压±160kV，对称单极接线，其中金牛站和青澳站位于汕头市南澳岛，容量分别为 100MW 和 50MW，连接岛上 110kV 交流电网和风电场，塑城站位于汕头市澄海区，容量 200MW，连接大陆 110kV 主干网。工程直流线路包含了架空线、直流陆缆和直流海缆的多种形式，也是世界首个将模块化多电平拓扑应用于架空线场合的工程。

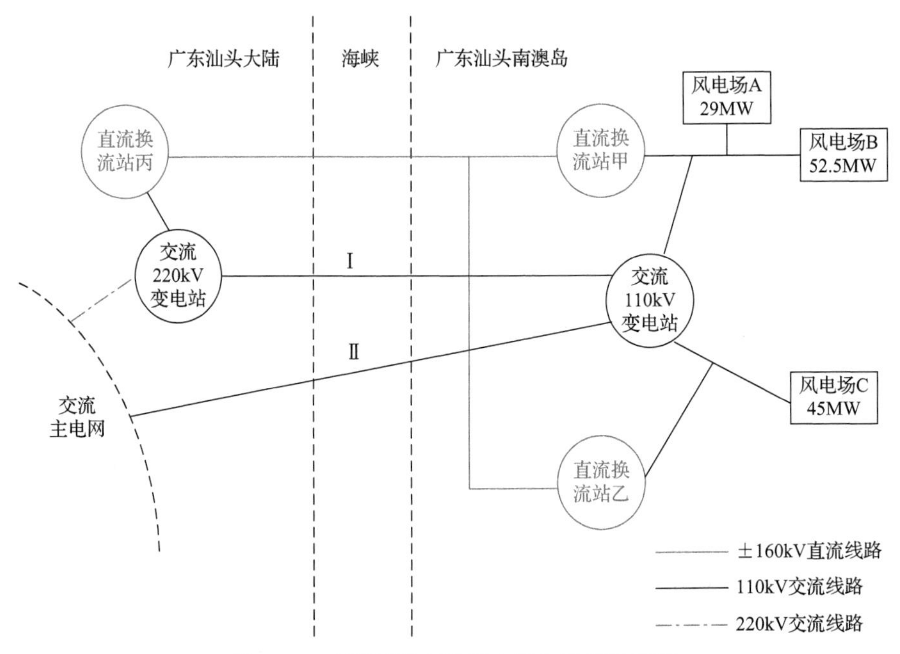

图 11-5 南澳柔性直流接入风电系统示意图

通过工程应用示范，重点实现了多端系统拓扑柔性直流输电技术、风电经柔性直流接入电网关键技术、高压大容量柔性直流输电理论技术、高压大容量柔性直流装备制造技术和柔性直流输电系统成套设计技术等方面的创新和突破。

2. 运行方式

南澳多端柔性直流输电工程与当地 110kV 交流网架深度融合，共有 9 种主要运行方式，如表 11-3 所示。

表 11-3　南澳多端柔性直流输电工程运行方式

运行方式	柔性直流输电系统与交流电网联系图	换流站控制模式		
		塑城站	金牛站	青澳站
1. 日常运行方式（金牛母联断开）	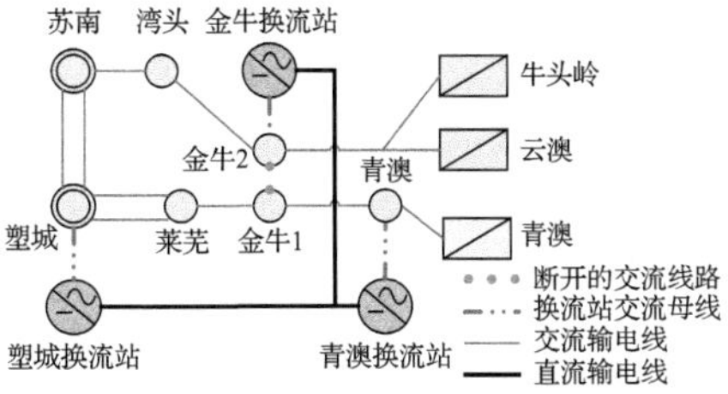	VdcQ	*PQ*	*PQ*
2. 全接线方式（金牛母联闭合）	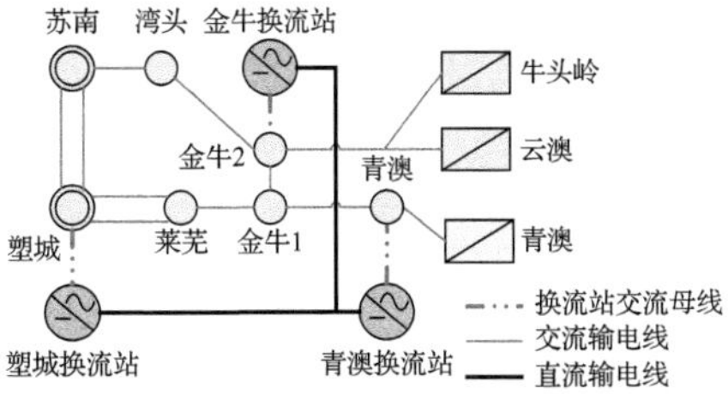	VdcQ	*PQ*	*PQ*
3. 混合方式 2（青金线断开）	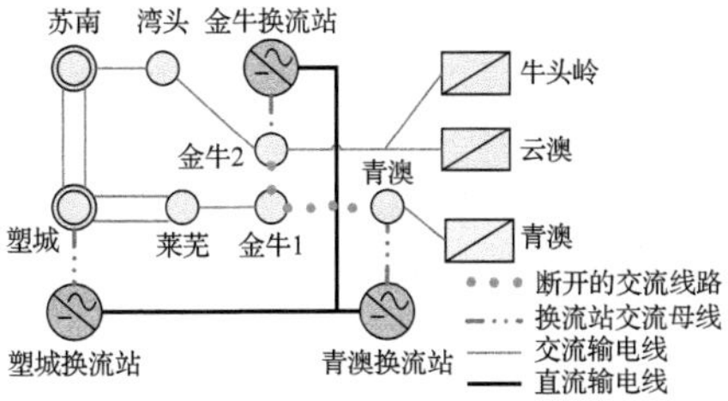	VdcQ	*PQ*	*VF*
4. 纯孤岛方式	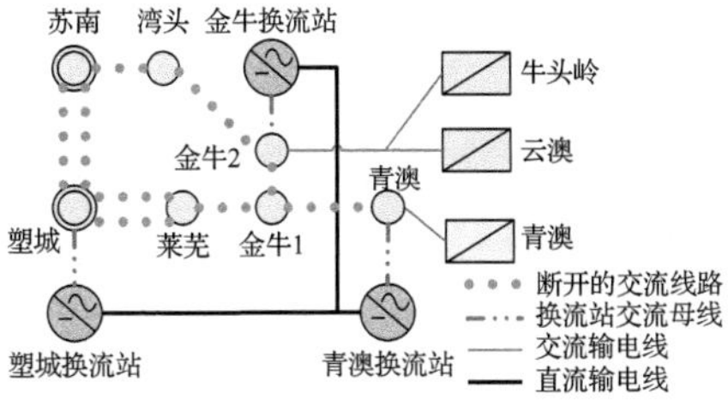	VdcQ	*VF*	*VF*
5. 金牛—莱芜—塑城线路检修	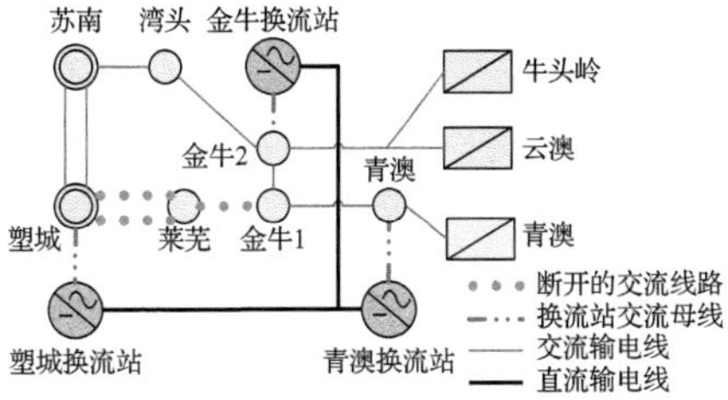	VdcQ	*PQ*	*PQ*

续表

运行方式	柔性直流输电系统与交流电网联系图	换流站控制模式		
		塑城站	金牛站	青澳站
6. 金牛—湾头—塑城线路检修	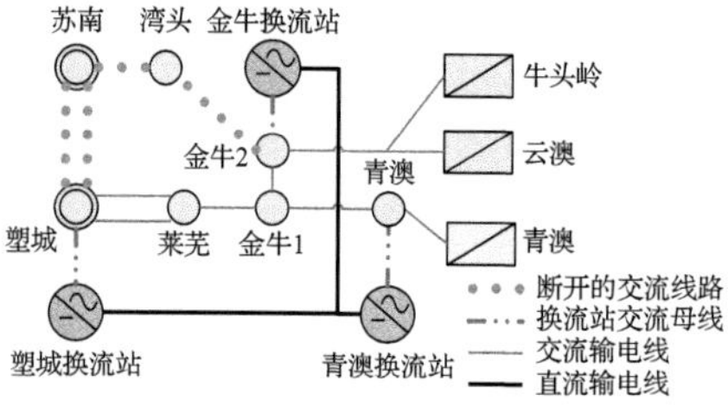	VdcQ	*PQ*	*PQ*
7. 混合方式 1（金牛单孤岛）	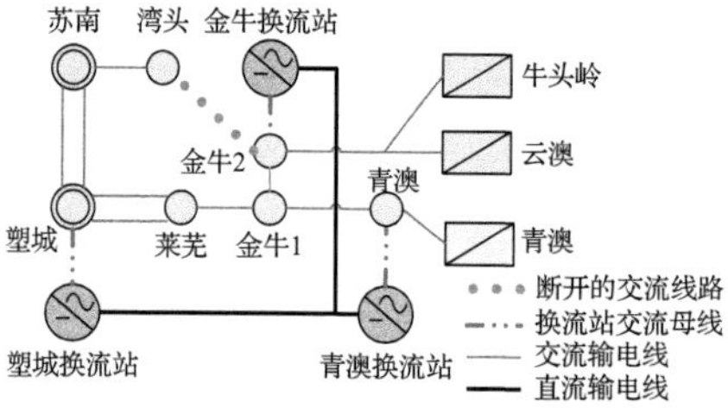	VdcQ	*VF*	*PQ*
8. 混合方式 2（塑城—莱芜—金牛通道断开）	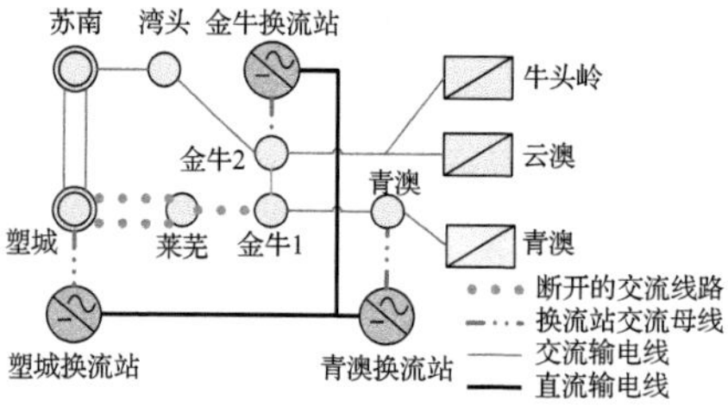	VdcQ	*PQ*	*VF*
9.STATCOM	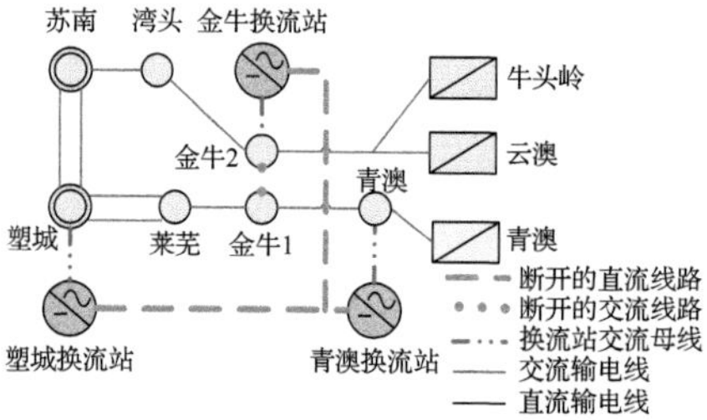	VdcQ	VdcQ	VdcQ

注：VdcQ 指定直流电压+定无功控制模式，*PQ* 指定有功/无功功率控制模式，*VF* 指定交流电压幅值+定交流电压频率控制模式。

3. 主回路设计

南澳多端柔性直流输电系统采用对称单极接线型式(图 11-6)，柔直变压器采用 DYn 接线型式，中性点经大电阻接地。启动回路设置在柔直变压器阀侧，启动电阻直接与旁路开关并联。直流极线上设置直流电抗器、直流隔离开关、避雷器和测量装置。

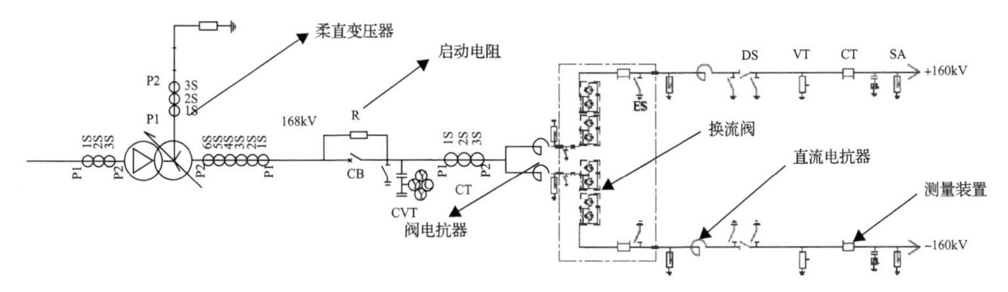

图 11-6　南澳柔性直流主接线示意图(单站)

三端换流站主要相关参数如表 11-4 所示。

表 11-4　南澳柔性直流单元主要相关参数

项目	塑城	金牛	青澳
额定容量/MVA	200	100	50
无功输出范围/Mvar	−200～100	−100～60	−50～35
额定直流电压/kV	±160	±160	±160
额定直流电流/A	625	313	157

4. 主要设备选型

根据实际输送容量，三端换流站分别采用压接型 4500V/1500A(塑城站)、焊接型 3300V/1000A(金牛站)和焊接型 3300V/400A(青澳站)功率器件。换流阀为立地支撑、水冷却方式。

柔直变压器采用单相双绕组变压器，容量分别为 240MVA(塑城站)、120MVA(金牛站)和 63MVA(青澳站)，联结组别为 DYn，油浸自冷(ONAN)。

桥臂电抗器采用干式空心电抗器，额定电感 100mH(塑城站)、180mH(金牛站)和 360mH(青澳站)。

5. 直流控制保护系统设计

控制保护是南澳多端柔性直流输电工程的技术难点之一。首先南澳多端柔性直流输电工程运行方式多样，控制保护需完全覆盖适应所有运行方式的需要。同时，柔性直流解锁运行前需要预先进行换流阀充电，充电包含普通功率传输模式下的交流侧充电和孤岛运行模式下的直流侧充电，同时换流阀本体对充电时序和维持时间均有一定限制，因此在多端系统中控制保护含有较为复杂的启动和停运逻辑。另外，工程控制保护系统还需要适应新能源接入、直流断路器等特定应用的需求，通过设计实现高比例风电接入、潮流自动调节、第三站在线投退等众多功能。

工程所研制的世界上首个多端柔性直流控制保护系统，兼顾多端系统整体性能、设备安全和长期效益，成为工程实现诸多技术创新和长期稳定运行的重要保障。

6. 运行情况

南澳多端柔性直流输电工程于 2013 年 12 月 25 日正式投运，工程成为南澳岛装机超过 180MW 风电场的主要送出通道，年平均输送风电超过 2 亿 kWh，解决了工程投运前依靠交流跨海线路容量受限和可靠性低的问题。工程自 2014 年开始长期处于稳定运行状态，年平均能量利用率达到 95%以上，每端换流阀功率模块年旁路率维持在 1%以下。

南澳多端柔性直流输电工程在输送风电的同时，也为南澳岛供电发挥了重要作用，依靠潮流自动控制，工程在风电间歇期成为南澳岛供电的重要通道，同时依靠“联网-孤岛”在线切换功能，在并联交流线路发生故障后工程已在近年来多次实现在线切换，避免了南澳岛区域和整岛失电的风险。2017 年，南澳多端柔性直流输电工程实现了“多端柔性直流+直流断路器”的组合应用，解决了三端和双端之间在线转换的难题，运行灵活性和可靠性得到了进一步提升。

11.2.3 特高压混合直流输电工程

1. 工程概况

乌东德电站送电广东广西输电特高压多端直流示范工程（以下简称“昆柳龙直流工程”）是国家《电力发展“十三五”规划》明确的跨省跨区输电通道重点工程和电力领域重大科技示范工程。昆柳龙直流工程采用±800kV 特高压混合多端直流技术，送端云南建设±800kV、8000MW 常规直流换流站（昆北站），受端广东建设±800kV、5000MW 柔性直流换流站（龙门站，见图 11-7），广西建设±800kV、3000MW 柔性直流换流站（柳州站，见图 11-8）。该工程送电距离达到 1452km。

昆柳龙直流工程创造了多项世界尖端技术：是世界容量最大、国内首个特高压多端直流输电工程；是世界首个送端采用常规直流、受端采用柔性直流的特高压混合直流输电工程；是世界首个采用特高压柔性直流输电技术的直流输电工程；是世界首个采用柔性直流+远距离架空线组合技术的直流输电工程。

图 11-7　昆柳龙直流工程受端龙门换流站

图 11-8　昆柳龙直流工程受端柳州换流站

2. 主接线设计

图 11-9 为昆柳龙直流工程的系统接线示意图。该工程送端昆北换流站采用特高压常规直流输电技术，每极采用典型的 400kV+400kV 双 12 脉动串联方案。换流变压器采用单相双绕组型式，网侧套管在网侧接成 Y0 接线与交流系统直接相连，阀侧套管在阀侧按顺序完成 Y、△连接后与 12 脉动阀组相连。受端龙门换流站和柳北换流站采用特高压柔性直流输电技术，每极采用 400kV+400kV 高低阀组均衡串联方案，变压器采用单相双绕组型式，网侧套管在网侧接成 Y0 接线与交流系统直接相连，阀侧套管在阀侧接成 Y 接线，与换流阀的三相分别连接。

在直流侧，昆北换流站按极对称装设直流旁路开关(BPS)、直流隔离开关、直流高速开关等设备，龙门换流和柳州换流站又按极对称装设旁路断路器、直流隔离开关、直流高速开关等，可以实现 400kV 阀组在线投退。

在每极直流中性母线上，装设了中性母线高速开关(NBS)，其作用：一是迅速将已闭锁阀组与正常运行阀组隔离；二是在双极运行期间，切除故障阀组在两

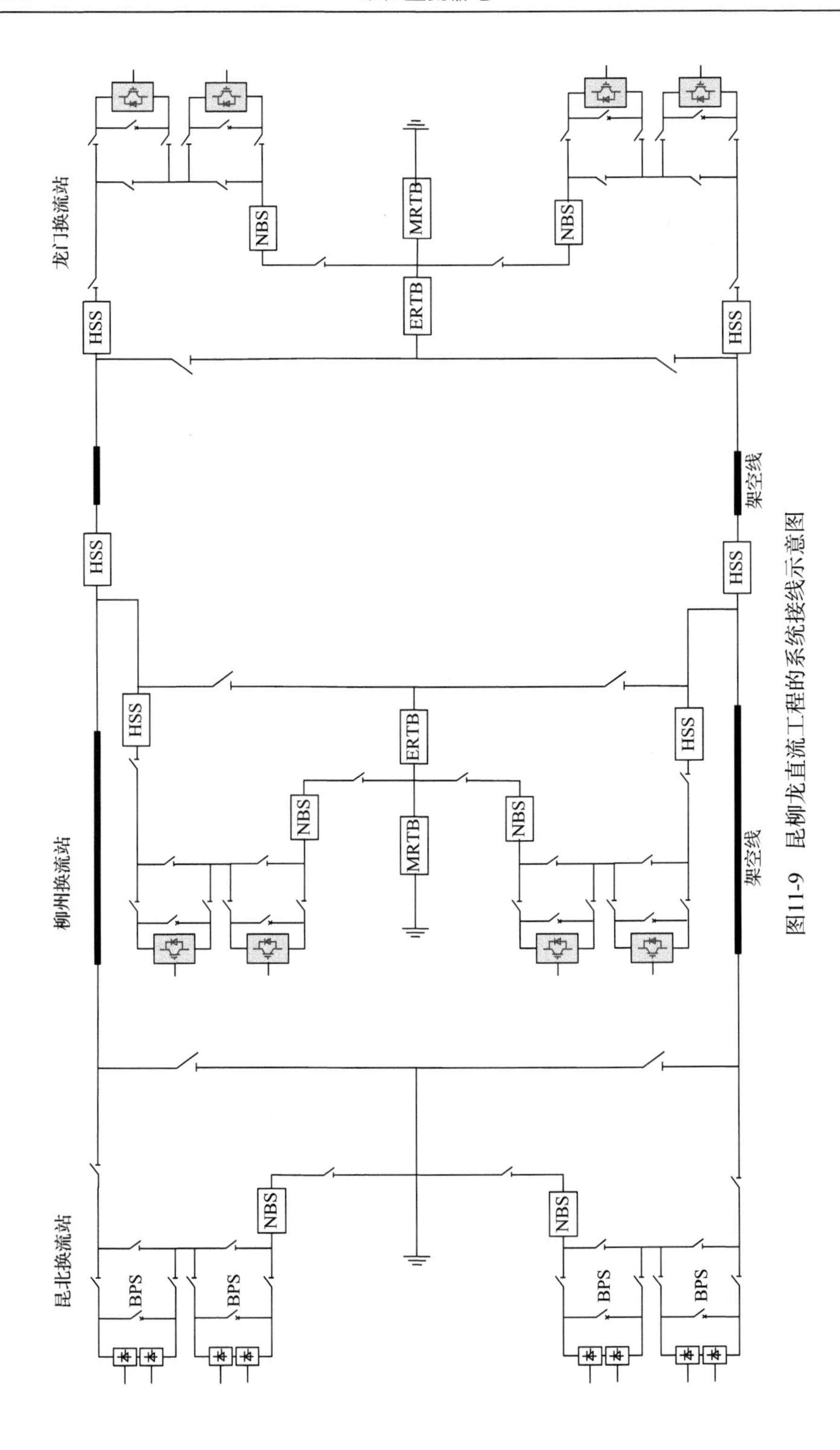

图11-9　昆柳龙直流工程的系统接线示意图

个阀组中性线连接点前的接地故障(切除前，需闭锁故障极)，以降低在一个极范围内故障而引起双极停运的概率。

为在不中断直流功率输送的情况下，将直流电流从单极大地回线转换到单极金属回线，或将直流电流从单极金属回线转换到单极大地回线，在龙门换流站和柳州换流站的接地极线回路中装设金属回线转换开关(MRTB)、在极线和接地极线之间装设大地回线转换开关(ERTB)，昆北换流站不设置开关。

为了实现受端柔性直流换流站的在线投入、退出，在龙门换流站的直流母线和柳州换流站的直流母线、汇流母线(至龙门换流站)均装设直流高速并列开关(HSS)。

由于采用架空线作为输电线路，线路沿途地形、气候复杂，易发生直流对地故障。为保证工程的可靠性，昆柳龙直流工程具备快速清除直流线路故障并且再启动的能力。当线路对地绝缘下降后，还具备 80%降压运行能力。考虑满足直流线路故障自清除、快速降压、阀组在线投退等技术要求，昆柳龙直流工程的特高压柔性直流换流阀拓扑结构采用了半桥全桥混合型结构，换流器拓扑结构如图 11-10 所示。

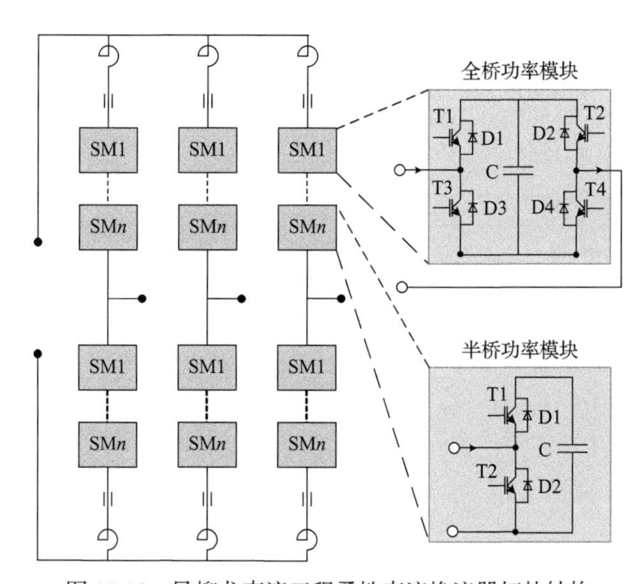

图 11-10　昆柳龙直流工程柔性直流换流器拓扑结构

3. 主回路参数

送端昆北换流站额定输送容量 8000MW，额定直流电流 5000A。受端龙门换流站额定输送容量 5000MW，额定直流电流 3125A。受端柳州换流站额定输送容量 3000MW，额定直流电流 1875A。

在直流送电运行方式、交流母线电压525kV的条件下，龙门换流站具备1000Mvar无功支撑能力，柳州换流站具备900Mvar无功支撑能力。

在 STATCOM 运行方式、交流母线电压525kV的条件下，龙门换流站具备1500Mvar无功支撑能力，柳州换流站具备1200Mvar无功支撑能力。

在从昆北换流站向柳州换流站和龙门换流站输送功率时，双极直流允许的最小直流电流应不大于500A。

表11-5和表11-6分别为该工程三个换流站的主回路额定参数。

表 11-5 昆北换流站主回路参数

项目		送端换流站
额定功率(整流器直流母线处)	P_N	8000MW
最小功率	P_{min}	400MW
额定直流电流	I_{dN}	5000A
额定直流电压	U_{dN}	±800kV（极对中性线）
直流降压运行电压	U_{r1}	±640kV（极对中性线）
直流降压运行电压	U_{r2}	±560kV（极对中性线）
额定整流器触发角	α	15°(12.5°～17.5°)
柔直变压器容量(单相双绕组换流变压器)	S	406MVA
柔直变压器短路阻抗	U_k	20%
平波电抗器电感值	L	300mH

表 11-6 龙门换流站和柳州换流站主回路参数

项目		龙门换流站	柳州换流站
额定直流电流	I_{dN}	3125A	1875A
额定直流电压	U_{dN}	±800kV/±400kV	±800kV/±400kV
直流降压运行电压	U_{r1}	640kV(极对中性线)	640kV(极对中性线)
直流模式无功支撑能力	Q_h	±1000Mvar	±900Mvar
STATCOM 模式无功支撑能力	Q_s	±1500Mvar	±1200Mvar
柔直变压器容量(单相双绕组)	S	480MVA	290MVA
柔直变压器短路阻抗	U_k	18%	16%
启动电阻	R	5000Ω	5000Ω
桥臂电抗器电感	L	40mH	55mH

4. 运行方式

在上述主回路接线方式下，乌东德直流输电工程具备以下运行方式：

(1) 云南—广东—广西三端双极运行方式(全压、半压、一极全压一极半压)。
(2) 云南—广东—广西三端单极金属回线方式(全压、半压)。
(3) 云南—广东—广西三端单极大地回路方式(全压、半压)。
(4) 云南—广东两端双极运行方式(全压、半压、一极全压一极半压)。
(5) 云南—广东两端单极金属回线方式(全压、半压)。
(6) 云南—广东两端单极大地回路方式(全压、半压)。
(7) 云南—广西两端双极运行方式(全压、半压、一极全压一极半压)。
(8) 云南—广西两端单极金属回线方式(全压、半压)。
(9) 云南—广西两端单极大地回路方式(全压、半压)。
(10) 广东—广西两端双极运行方式(全压、半压、一极全压一极半压)。
(11) 广东—广西两端单极金属回线方式(全压、半压)。
(12) 广东—广西两端单极大地回路方式(全压、半压)。
(13) 云南双极-广东双极-广西单极运行方式。
(14) 云南双极-广东单极-广西双极运行方式。
(15) 云南双极-广东单极-广西单极运行方式。
(16) 降压运行方式。
(17) 受端柔性直流 STATCOM 运行方式。

5. 主要设备选型

受端龙门换流站和柳州换流站柔性直流换流阀采用户内支撑、空气绝缘、水冷却形式，具备单一功率模块故障不引起系统跳闸能力。龙门换流站采用 3000A 压接型功率器件，柳州换流站采用 2000A 压接型功率器件，阀冷系统选用纯水冷却方案，每个换流阀组设置一套独立的阀冷却系统，采用闭式循环水-水冷却方式。

柔直变压器为油浸式单相双绕组变压器，冷却方式为强油循环风冷/强油导向风冷，YNyn0 接线型式。

桥臂电抗器采用干式空心电抗器，主要设备参数见表 11-7。

表 11-7　龙门换流站和柳州换流站主要设备参数

项目		龙门换流站	柳州换流站
换流变压器	额定容量/MVA	480	290
	变比	525kV/244kV	525kV/220kV
	漏抗/%	18	16
	分接头级数	–4～4	–4～4
	分接开关分接间隔/%	1.25	1.25

续表

项目		龙门换流站	柳州换流站
桥臂电抗器	电感值/mH	40	55
换流阀	器件类型	IGBT	IGBT
	器件额定电压/V	4500	4500
	器件额定电流/A	3000	2000
	模块电容值/mF	18	12

6. 直流控制保护系统设计

昆柳龙直流工程作为世界首个特高压多端混合直流输电工程，综合利用了常规直流的大容量、远距离、成本低、技术成熟等优点和柔性直流的有功/无功快速独立解耦控制，具有动态无功补偿、良好的电网故障后的快速恢复控制、易于构成多端直流、无换流相失败等优点。由于柔性直流与常规直流在运行特性和控制原理上存在较大的差异，该工程在直流控制保护系统设计时面临多项技术难题。针对特高压多端混合直流的技术难点，本工程实现了以下技术突破：

(1)首次研制了特高压混合多端直流控制保护系统，实现了特高压柔性直流与特高压常规直流在混合多端接线下的协调控制，并设计了相应的保护配置方案。

(2)柔性直流换流阀首次采用半桥全桥混合型拓扑结构，攻克了半桥全桥混合型换流阀在交流侧充电、直流侧短接充电以及半桥全桥子模块电容电压均压控制技术难题。

(3)首创了特高压混合直流阀组在线投退策略，攻克了柔性直流换流阀零压大电流运行难题，将柔性直流的输电等级提升至±800kV。

(4)攻克了混合直流输电系统直流故障的快速清除难题，实现了柔性直流在远距离架空线输电场合的首次应用。

(5)解决了常规直流与柔性直流在交流故障下的协调控制难题，提高了系统抵御交流故障的能力。

(6)为了增加多端直流输电系统运行的灵活性，首次采用具有故障自清除能力的半桥全桥混合型MMC+快速机械开关(HSS)方案，实现了第三换流站在线投入退出的控制功能。

(7)首次设计了多端混合直流双极系统的运行方式转换方法，攻克了金属大地转换潮流分配、多端系统双极平衡技术难题，提高了系统运行的灵活性。

(8)首次分析了混合直流通过架空线传递谐波的机理，揭示了混合直流在换流变励磁涌流、交流侧不对称故障等典型工况下的交直流谐波传递特性。

(9)首次提出了多端直流输电系统的双环网通信架构，并设计了多端系统线路保护的配置方案，提高了系统通信的可靠性和线路检修的灵活性。

11.2.4　柔性直流电网工程

直流电网是至少包含一个直流网孔的输电系统，即直流端彼此互联的三端直流输电系统为直流电网的最简单形态。基于此定义，张北可再生能源柔性直流电网试验示范工程(以下简称“张北柔性直流电网工程”)是世界上唯一具有真正网络特性的柔性直流电网输电工程，本节以张北柔性直流电网工程为例进行柔性直流电网工程介绍。

1. 工程概况

张北柔性直流电网工程首期建设四端“口”字形架空线柔性直流电网，包含康保和张北两个新能源送端换流站、北京受端换流站，以及丰宁(抽水蓄能调节)换流站，系统正常运行时北京换流站接地，丰宁换流站备用接地。远期规划中，为进一步扩大新能源接入规模和范围，将御道口、蒙西的可再生新能源基地纳入输电网络，并将消纳范围延伸至唐山等京津唐负荷中心，最终形成如图 11-11 所示的七端柔性直流电网[1]。

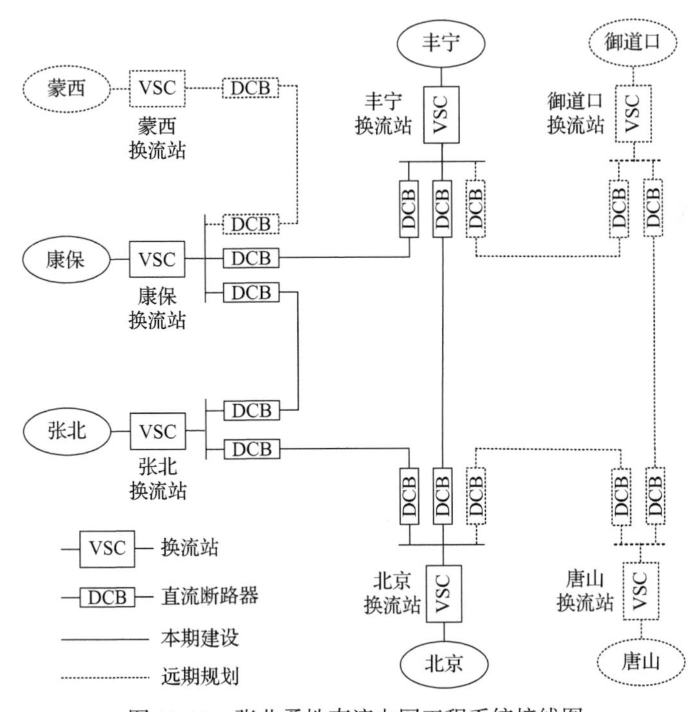

图 11-11　张北柔性直流电网工程系统接线图

2. 系统主要设计参数

张北柔性直流电网工程系统设计额定直流电压±500kV，康保和丰宁换流站额定容量1500MW，张北和北京换流站额定容量3000MW。直流架空线路最终建设总长约666km，各段线路长度分别为康保—丰宁206.8km，丰宁—北京191.6km，北京—张北218.0km，张北—康保49.5km。张北柔性直流输电工程本期建设四座换流站主要参数如表11-8所示[2-4]。

表 11-8 张北柔性直流电网工程换流站主要参数

参数	康保换流站	丰宁换流站	张北换流站	北京换流站
柔直变压器容量/MVA	1700	1700	3400	3400
柔直变压器电压变比（网/阀）/kV	230/290.9	525/290.9	230/290.9	525/290.9
子模块电压/V	2200	2200	2200	2200
子模块电容/mF	8	8	15	15
单桥臂子模块数量	264（20）	264（20）	264（20）	264（20）
桥臂电抗/mH	100	100	75	75
中性线限流电抗/mH	300	300	300	300
直流极线平波电抗/mH	150	150	150	150

注：括号内数值表示冗余子模块数量。

3. 运行方式

张北柔性直流电网工程“手拉手”的环形组网方式方便直流功率通过环形电网传输，正负极功率可以相互转带，均可独立运行组成两个独立环网，系统根据负荷和调度要求，具备如下基本运行方式：

（1）对称双极运行方式；

（2）正500kV极线加金属回线运行方式；

（3）负500kV极线加金属回线运行方式。

此外，张北和康保换流站具备孤岛运行能力，同时也可交直流并联运行。

4. 电气主接线方案

张北柔性直流电网工程四座换流站均采用真双极接线形式，换流器采用半桥子模块拓扑结构，换流站主接线图以北京换流站为例，如图11-12所示。

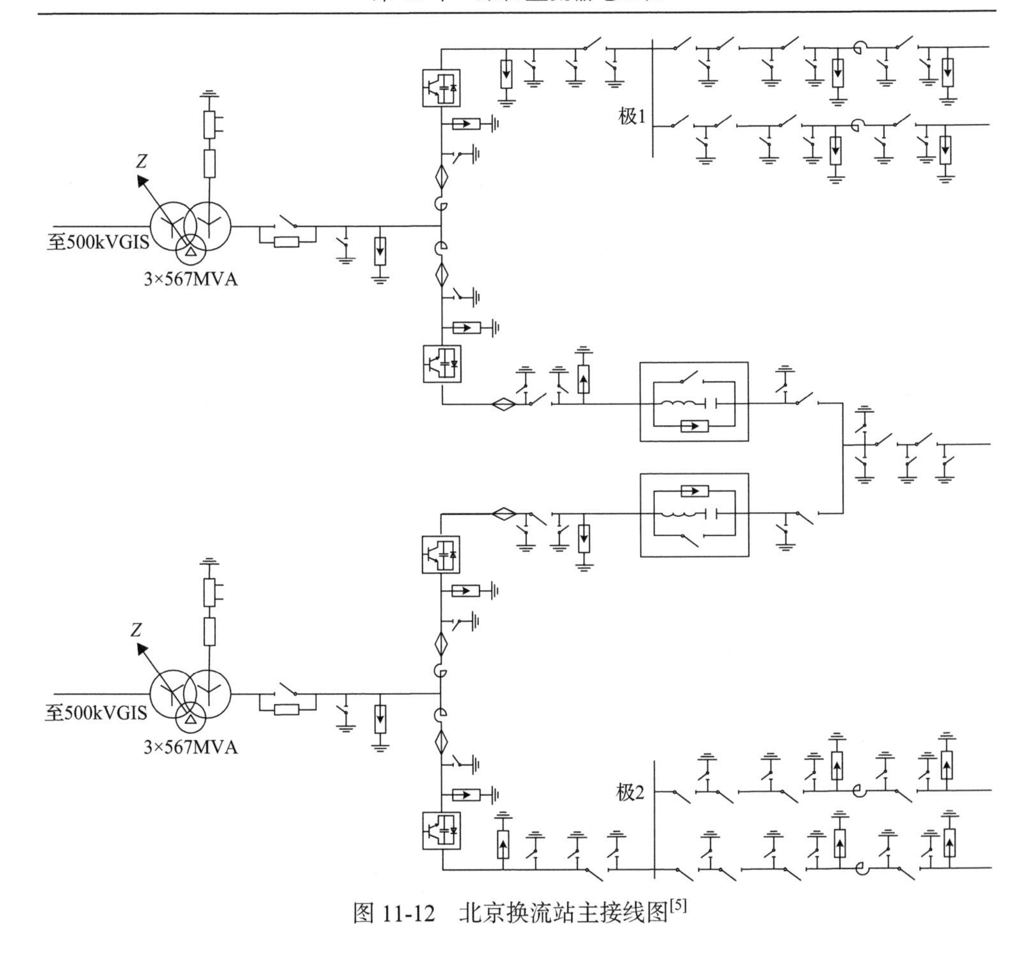

图 11-12　北京换流站主接线图[5]

5. 关键设备

张北柔性直流电网工程的柔性直流换流阀额定容量 3000MW，额定电压 535kV。为解决故障时大容量直流高速开断的世界性难题，张北柔性直流电网工程研制了 500kV 混合式、机械式、耦合负压式三种高压直流断路器配置在每条线路首末两端，借助 16 台高压直流断路器实现直流侧灵活组网与故障隔离。

6. 直流电网控制保护系统

考虑直流电网的系统特点与功能性能要求，按照分层设计原则可以将张北柔性直流电网工程的控制保护系统大致划分为系统监视与控制层、控制保护层、现场输入输出层(含阀控接口 VBC)。保护分区需要考虑一次设备、系统拓扑结构特点、运行维护以及确认故障范围的需要，确保对所有相关的直流设备进行保护，保护区域之间重叠且不存在死区。此外，直流线路快速保护关系到直流电网系统和设备的安全、可靠运行，张北柔性直流电网工程具有线路故障快速识别、故障线路的快速隔离及重启配合的功能特点。

11.2.5 柔性直流配电网工程

随着可再生能源技术和储能技术的发展，在现代配电网中将包含越来越多的分布式新能源和储能设备。另外，随着用电侧电力电子技术的发展，直流/变频负荷的比例也在持续增加。采用柔性直流配电技术不仅可更好地接纳高密度的分布式能源和直流负荷，而且系统潮流灵活可控，同时可缓解城市电网站点走廊有限与负荷密度高的矛盾，在负荷中心提供动态无功支持，提高系统安全稳定水平并降低损耗，改善传统交流配电网容易产生的谐波污染、电压间断、波形闪变等电能质量问题，解决配电网短路电流超标问题。

国内外许多国家都先后开展了直流配电工程实践，欧美国家较早便开展了相关装备研制与工程建设，国内起步稍晚但发展迅速。本节以珠海唐家湾柔性直流配电工程为例介绍柔性直流配电网工程。

1. 工程概况

珠海唐家湾柔性直流配电工程由鸡山Ⅰ换流站(10MW)、鸡山Ⅱ换流站(10MW)、唐家换流站(20MW)采用地下电缆相连接，接入唐家湾科技园的风、光、储、充以及多元直流负荷，构成多端多层级、可网络重构的±10kV/40MW柔性直流配电网，实现了多个交流变电站的直流柔性互联和备用功率支撑，提高了系统供电可靠性。该工程的拓扑结构如图11-13所示。

2. 系统主要设计参数

珠海唐家换流站、鸡山Ⅰ、鸡山Ⅱ换流站的主要参数如表11-9所示。

3. 电气主接线方案

珠海唐家湾柔性直流配电工程采用对称单极接线方式，柔直变压器采用Dyn接线型式，并且将阀侧绕组的中性点经电阻接地。换流站主要接线图如图11-14所示。

4. 运行方式

珠海唐家湾柔性直流配电工程的直流配电系统通过3个换流器与交流系统交换能量，既可由各端的电压源换流器向直流输电系统供电，又可在其中一端(或两端)电压源换流器退出运行时，由剩余的电压源换流器维持系统的正常运行。同

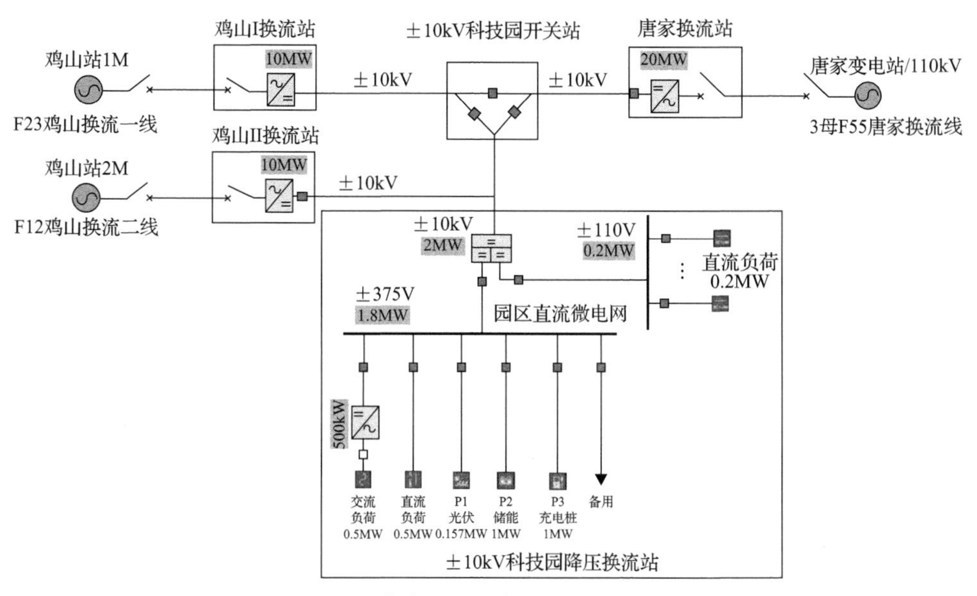

图 11-13　珠海唐家湾柔性直流配电工程系统接线图

表 11-9　珠海唐家湾工程换流站主要参数

设计参数	唐家换流站	鸡山 I 换流站	鸡山 II 换流站
额定容量/MVA	20	10	10
无功输出范围/Mvar	−10～10	−5～5	−5～5
额定直流电压/kV	±10.5	±10.5	±10.5
额定直流电流/A	1000	500	500
换流器(阀)侧额定交流电压/kV	10.5	10.5	10.5
换流器(阀)侧最高交流电压/kV	12	12	12
额定交流电流/A	1155	577	577
桥臂额定电流/A	666	333	333

时，直流配电系统内的线路断开、部分可控设备退出运行都可能导致运行方式的改变。珠海唐家湾工程有以下五种基本的运行模式：

(1) 三端联网运行方式；

(2) 双端手拉手运行方式；

(3) 双端隔离供电运行方式；

(4) 单端供电运行方式；

(5) STATCOM 运行方式。

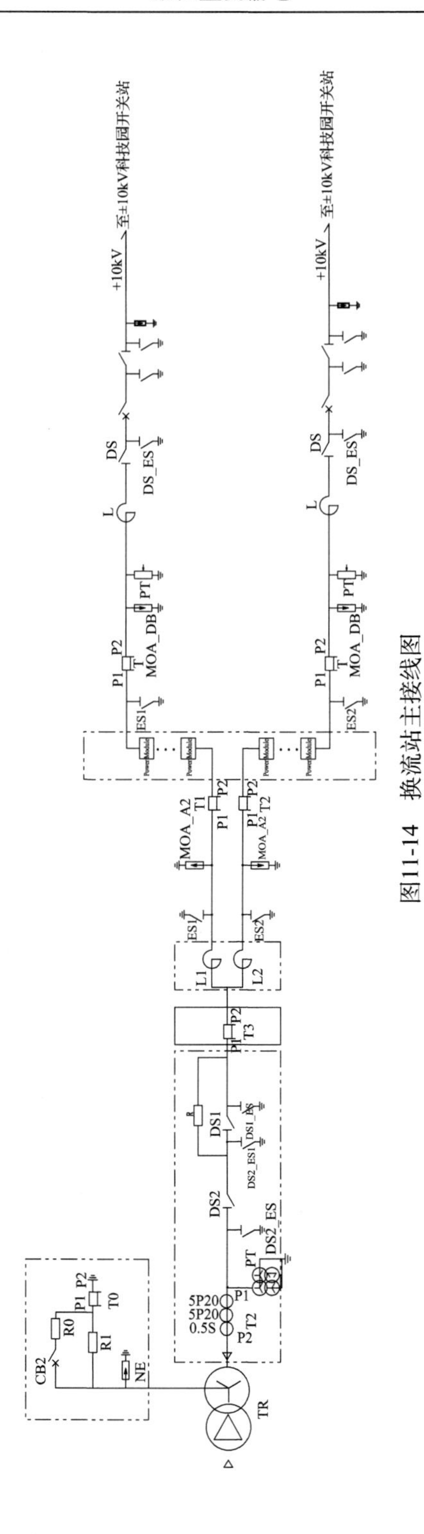

图11-14　换流站主接线图

5. 关键设备参数

珠海唐家湾项目电压源换流器具备能量双向控制能力，具备直流电压控制、交流电压控制和功率控制三种工作模式，唐家换流站、鸡山 I 换流站和鸡山 II 换流站的换流器主要参数如表 11-10 所示。

表 11-10　唐家换流站(鸡山 I &II 换流站)换流器参数设计

序号	参数	单位	数值
1	额定容量	MVA	20(10)
2	最大有功功率	MW	20(10)
3	最大无功功率	Mvar	10(5)
4	交流电压	kV	10
5	直流电压	kV	±10
6	IGBT 选型	—	1700V/1200(650)A
7	子模块电容	mF	30(15)
8	桥臂电抗	mH	3.5(7)

珠海唐家湾工程直流变压器具备能量双向控制能力，具有±10kV 高压直流电压控制、±375V 低压直流电压控制、±110V 低压直流控制和功率控制三种工作模式，其主要参数如表 11-11 所示。

表 11-11　直流变压器参数设计

序号	参数	单位	数值
1	额定容量	MW	2
2	高压侧可选 IGBT 标称	—	1200V/150A
3	高压侧电压	kV	±10
4	低压侧可选 IGBT 标称	—	1200V/400A
5	低压侧电压	kV	±0.375
6	高压侧电容	μF	900
7	低压侧电容	μF	1800

珠海唐家湾工程应用了三端口直流断路器，通过合理配置快速机械开关支路和电力电子器件串联开关支路的接线方式，在维持原有性能的前提下，最多可以将电力电子器件的使用数量减半，从而显著降低系统成本，同时仍可实现快速重

合闸的功能。其主要参数如表 11-12 所示。

表 11-12 三端口直流断路器参数设计

序号	参数	单位	三端口直流断路器		
			唐家端	鸡山 I 端	鸡山 II 端
1	额定直流电压	kV	10.7	10.7	10.7
2	额定直流电流	A	1000	500	600
3	最大连续直流电流	A	1100	550	660
4	额定开断电流	kA	10	10	10
5	电流截断时间(全电流范围)	ms	3	3	3
6	重合闸时间	ms	<1	<1	<1

6. 直流配电网控制保护系统

珠海唐家湾柔性直流配电工程控制保护系统包括直流控制保护系统、运行人员控制系统、交流及直流暂态故障录波系统、直流线路故障定位系统、交流保护系统、调度自动化系统、换流设备辅助系统的控制保护以及上述系统与通信系统的接口。控制保护系统采用模块化、分层分布式、开放式结构。软、硬件结构和分层设计保证功能和系统各部分的负载分布合理，运行可靠，各子系统间独立，各层次之间的耦合关系尽量减少，避免某一部分的故障影响整个系统的运行。

11.2.6 远海风电经柔性直流送出工程

与陆上风电相比，海上风电具有风能资源丰富、发电利用小时数高、不占用陆地资源以及适合大规模开发的优点，近年来引起了广泛关注。我国海岸线长达18000km，拥有超过 300 万 km^2 的海域，风能资源储量丰富，具备大规模发展海上风电的条件，同时沿海地区电力需求巨大，易于就近消纳海上风电，为海上风电在我国发展提供了良好契机。

1. 国内外工程概况

目前，海上风电开发在全球呈高速发展态势，欧洲是全球海上风电行业的领跑者，以英国、德国表现最为突出，亚洲则以中国为主。截至 2018 年底，全球海上风电装机总容量为 23.1GW，其中欧洲海上风电开发走在世界前列，累计装机容量占全球八成左右，约为 18.3GW，亚太地区海上风电装机容量为 4.8GW，仅次于欧洲，未来几年海上风电部署范围将逐渐扩大到北美和大洋洲。据国际可再生能源署估计，2030 年全球海上风电装机容量将达到 228GW，2050 年可能突破 1000GW。

海上风电送出方式主要有高压交流送出和高压直流送出两种方式，交流输电是海上风电较为成熟的送出方式，具有结构简单、海上平台重量小的优点，但存在交流电缆电容电流大限制了输送距离、风电侧和陆上交流电网两侧交流系统故障易相互传播、海底电缆线路电容与陆上电网电感间存在谐振风险导致电网电压畸变风险、相较直流输电所需电缆造价高/损耗大/数量多、输电走廊大等缺点。

相比交流送出方式，直流送出方式输送距离不受限制，所需电缆数量少、占用输电走廊资源少、控制灵活，对于离岸距离超过 80km 的大规模、远海岸风电场送出几乎是目前最佳的技术方案。另外采用柔性直流送出方式易于拓展为多端直流输电系统，进一步提高了控制的灵活性和风电消纳风力。

1) 欧洲海上风电送出工程

欧洲由于特殊的地理位置和气候条件，海上风电资源十分丰富，海上风电开发走在世界前列。欧洲海上风电主要分布在英国、德国、丹麦、荷兰等国家，根据欧洲风能协会数据，截至 2018 年底欧洲各国海上风电装机容量如表 11-13 所示。

表 11-13　截至 2018 年底欧洲各国海上风电装机容量

国家	风电场数量	并网风电机组台数	并网容量/MW
英国	39	1975	8183
德国	25	1305	6380
丹麦	14	514	1329
比利时	7	274	1186
荷兰	6	365	1118
瑞典	4	192	192
芬兰	3	71	71

目前英国、丹麦、比利时、荷兰等国家海上风电场均主要采取高压交流分散式接入电网模式，包括容量 630MW 的 London Array、容量 659MW 离岸距离 20km 的 Walney Extension，容量 1200MW 的世界最大风电场 Hornsea One。目前已投运大规模远海岸风电直流送出并网工程主要分布在德国，包括 Borwin1/2/3、Dorwin1/2/3、Helwin1/2 及 Sylwin1 等。表 11-14 为欧洲已建、在建或规划中的远海岸风电柔性直流送出工程。

表 11-14　欧洲已建、在建和规划远海岸风电柔性直流送出工程

工程名称	投运时间	电缆长度/km		容量/MW	直流电压/kV	换流器
		海缆	陆缆			
BorWin1	2010	125	75	400	±150	2 电平
BorWin2	2015	125	75	800	±300	MMC
DolWin1	2015	75	90	800	±320	MMC
HelWin1	2015	85	45.5	576	±250	MMC
HelWin2	2015	85	45.5	690	±320	MMC
SylWin1	2015	159	45.5	864	±320	MMC
DolWin2	2016	45	90	916	±320	MMC
DolWin3	2017	85.4	76.5	900	±320	MMC
BorWin3	2019	130	30	900	±320	MMC
DolWin6	2023	45	45.5	900	±320	MMC
DolWin5	2024	100	30	900	±320	MMC
BalWin1	—	254	98	2000	±525	MMC

2) 我国海上风电送出工程

我国海上风电起步较晚，但近年来呈现出良好的发展态势。为促进能源转型，近年我国政策大力支持海上风电开发利用，江浙闽粤等 9 省市海上风电规划相继获能源局批复。中国未来将成为全球海上风电开发的主力军。

根据中国风能协会统计数据，2018 年我国海上风电新增装机 436 台，新增装机容量达到 1.66GW，同比增长 42.7%，累计装机容量达到 4.45GW。目前我国已投产的海上风电工程均属于近海中小规模风电场，风电场容量 100～400MW，离岸距离 10～40km，均采用交流送出方式，电压等级为 110kV 或 220kV。

2021 年投运的江苏如东海上风电柔性直流输电示范工程是国内首个远海风电直流送出工程，额定容量 1100MW、电压等级±400kV，是目前世界上已投运工程中容量最大、电压等级最高的远海风电柔性直流送出工程。江苏如东海上风电柔性直流输电示范工程是如东 H6（400MW）、H10（400MW）和 H8（300MW）三个海上风电场的配套送出工程，三个风电场内分别建设一座 220kV 海上升压站，风电机组通过 35kV 海缆接入 220kV 海上升压站，再经 220kV 电缆接入送端海上换流站，直流侧经一回±400kV 直流电缆送往陆上换流站，最后接入江苏 500kV 电网。

2. 海上风电柔性直流送出工程成套设计

与陆上柔性直流输电工程相比，海上风电柔性直流送出工程存在工程整体投

资较高、运行环境特殊、检修维护不便、消防要求高等特点。海上风电直流送出换流站整体设计需考虑多方面因素，特别是海上换流站，其电气设计、布置安装、结构设计等互为支撑，相辅相成。由于海上风电送出工程特殊的使用场景，海上风电直流送出换流站具有紧凑化布置和高可靠性的特殊要求。在满足可靠性和运维检修试验便利的前提下，选择能节省占地和设备投资的、简化设备要求的设计方案，实现紧凑化轻量化设计，在满足可靠性的前提下，降低工程成本。

1) 主回路设计

现有海上风电送出柔性直流输电系统均采用对称单极接线，柔性直流换流器一般采用模块化多电平拓扑半桥结构，海上换流站采用若干组具备过负荷能力的柔直变压器经阀侧母线汇集后接入单极换流器，陆上换流站设置启动回路和直流耗能装置。

对于采用柔性直流输电技术的海上风电送出工程，随着输电容量的提高，平台的尺寸、重量随之提高，对建设造价和难度均存在较大影响，需要通过主设备选型优化和电气布置紧凑化设计降低设备重量和占地空间。

换流器电容器容值对换流器体积和重量影响较大，其他参数相同时，电容越大换流器模块体积和重量越大，将造成运行维护不便等问题。此外，电容值越大，放电产生的破坏性效果也将更大。通过探索全桥负电平利用、高纹波运行、最优三次谐波注入、主动环流控制等降低柔性直流换流器容值方法的工程化应用方案，有望降低电容容值 15%～30%。

随着功率器件通流能力的提高，对于海上风电采用柔性直流送出还可探索采用低压大电流技术方案，不仅可以大为降低功率模块数和换流阀塔占地面积，通过降低设备绝缘水平和空气净距要求还可降低换流站整体电气布置尺寸，但该方案对直流电缆提出了新的低压大电流技术需求，并需要结合损耗等进行不同方案的技术经济比较以确定最优方案。

2) 电气一次关键设备

柔性直流换流站主要包含换流阀及阀控设备、换流阀水冷设备、直流场设备、交流场设备。其中直流场设备包括直流电压测量装置、避雷器、隔离开关等设备。交流场设备包括柔直变压器启动电阻、旁路开关等启动回路设备、电流互感器、电压互感器以及避雷器等设备。换流站主设备型式选择应尽量选择紧凑化设备，并结合制造水平及投资等多方面因素综合考虑。

(1) 换流阀及阀冷。考虑到可靠性、防火防爆的要求，开关器件宜选择具有失效短路能力的双面全压接型封装器件，为减少模块数量，宜选择较高电压等级的器件。考虑到海上平台的少人化或无人化设计，可以减少阀控的就地监控的功能，从而减少屏柜数量。换流阀冷却系统一般选择海水直冷三循环方式，内循环采用去离子水冷却，中间采用公用冷却系统，外部采用海水直冷。

(2)柔直变压器。因海上变压器发生故障后无法快速更换维护，根据输送容量需求，海上换流站通常采用多组变压器并联互为冗余的方式提高可靠性，单台变压器容量为满载容量的 70%～80%，单台变压器故障时利用另外一台变压器的过负荷能力，减小传输功率损失。考虑传输容量要求和运输能力限制，一般海上换流站设置多台三相柔直变压器，陆上换流站一般设置多组单相或三相柔直变压器。

(3)桥臂电抗器。桥臂电抗器可安装在换流阀的交流侧或直流侧。电抗器主要有干式空芯电抗器和油浸式电抗器两种，由于桥臂电抗器的电感值要求一般不大，且海上换流站的场地条件苛刻，检修维护不便，对消防要求高，海上换流站推荐采用干式空心电抗器。陆上换流站同样推荐采用干式空心电抗器。

(4)启动电阻及其旁路开关。启动电阻一般串联安装于柔直变压器网侧或阀侧母线，在换流器预充电阶段限制电网对功率模块直流电容的充电电流，使换流阀和相关设备免受电流、电压冲击，保证设备安全运行。海上风电送出柔性直流输电系统启动回路仅需设置在陆上换流站，可陆上侧单独启动或带海上侧换流站启动。启动电阻旁路开关建议采用隔离开关。

(5)交直流开关。直流 GIS 可集成安装开关、避雷器、直流测量装置等直流场设备，但目前成熟的供货商较少。目前用于海上风电送出的柔性直流输电系统均采用对称单极接线结构，海上换流站直流侧仅在极母线出线处设置一组隔离开关和接地开关，接线简单，因此直流场可考虑采用敞开式设备。

与直流开关场设备较少不同，海上风电柔性直流输电送出工程海上换流站交流配电装置进出线回路相对较多，交流 GIS 技术成熟，且 GIS 设备具有明显的紧凑化优势，海上换流站交流侧配电装置采用 GIS。陆上交流配电装置采用 GIS 或敞开式均可，具体根据站址条件进行选择。

(6)直流测量装置。换流站对电压测量的需求为变压器阀侧电压测量装置和极线直流电压测量，变压器阀侧电压测量装置选用电容分压型电子式电压互感器，极线直流电压测量选用阻容分压型电子式电压互感器。

换流站对电流测量的需求为变压器中性点电流测量装置、变压器阀侧电流测量装置、桥臂电流测量装置、母线电流测量装置、极线电流测量装置。变压器中性点电流测量装置可选择 TPY 型电流互感器。变压器阀侧电流和桥臂电流测量装置包含交流分量与直流分量，采样率要求较高，选取光学式电流互感器。母线电流与极线电流可选取有源电子式电流互感器。

(7)直流耗能装置。直流耗能装置安装于陆上换流站的直流侧，如果交流电网发生故障导致直流输电系统无法送出功率，耗能装置能够消耗风电场发出的盈余功率，风电场发电可以不受影响，使直流输电系统具有故障穿越能力。

在已建成的海上风电柔性直流输电工程中，主要为功率器件串联的集中耗能电阻方案和模块化分散式耗能电阻方案。集中耗能电阻方案的技术难度较高，斩波电路的工作会在直流线路产生较大的电流脉动，需要一定的高压滤波电容提供缓冲，虽然直流线路的电容效应能够提供一定的滤波效应，但仍可能对直流输电系统产生较大的冲击。模块化分散式耗能电阻方案便于设计制造，斩波模块中含有滤波电容，可以降低斩波电路产生的电流纹波，对直流输电系统冲击较小。模块化分散式电阻方案的可行性较高、综合性能较优，但造价相对较高，应根据工程实际情况选取合适的耗能装置型式。

3)直流控制保护

海上风电柔性直流送出工程控制保护系统总体设计原则大致与陆上柔性直流输电工程控制保护系统一致。但是考虑到海上平台型换流站具有无人值守、运行环境恶劣、载重以及占地受限等特点，海上风电柔性直流控制保护系统需进行特殊化设计。另外，对于风电场，其输出功率与风速紧密相关，具有一定的波动性，如何安全、可靠、稳定输出风电场功率，是海上风电柔性直流控制保护系统需解决的核心问题。此外，相对于陆上柔性直流输电工程，海上风电柔性直流输电工程还存在故障情况下高低电压穿越问题，如何协调风电场控制保护系统与直流控制保护系统之间的关系，确保风电场在故障情况下不脱网运行，也是海上柔性直流控制保护系统需处理的关键问题。

11.3　工程展望

近年来，随着柔性直流输电技术的快速发展，关键设备和元器件的技术和工艺不断进步，柔性直流关键设备的可靠性逐步提高、损耗和造价逐步降低，可靠性和经济性的提升推动了远距离大容量输电、大规模新能源送出、交流电网分区互联、构建多端直流输电系统(含直流电网)等场合的广泛应用。

柔性直流输电技术以其有功/无功独立调节、无源供电能力以及易于构建直流电网等特点，受到越来越多的关注，随着功率器件的容量逐步提升，目前柔性直流已经具备了与常规直流相当的输送容量，未来世界范围内柔性直流输电工程应用将会得到更迅猛的发展，某些领域将可能逐步取代常规直流和交流输电。

参 考 文 献

[1] 郭贤珊, 周杨, 梅念, 等. 张北柔性直流电网故障电流特性及抑制方法研究[J]. 中国电机工程学报, 2018, 38(18): 5438-5446.

[2] 沈阳绿恒环境咨询有限公司. 张北可再生能源柔性直流电网示范工程环境影响报告书[R]. 沈阳: 沈阳绿恒环境咨询有限公司, 2016.

[3] 赵江涛, 周杨. 电网建设工程张北可再生能源柔性直流电网试验示范工程开工[Z]//于崇德. 中国电力年鉴. 北京: 中国电力出版社, 2019.

[4] 赵翠宇, 齐磊, 陈宁, 等. ±500kV 张北柔性直流电网单极接地故障健全极母线过电压产生机理[J]. 电网技术, 2019, 43(2): 530-536.

[5] 韩亮, 白小会, 陈波, 等. 张北±500kV 柔性直流电网换流站控制保护系统设计[J]. 电力建设, 2017, 38(3): 42-47.